Teubner Studienbücher Mechanik

H. Eckelmann
Einführung in die
Strömungsmeßtechnik

Leitfäden der angewandten Mathematik und Mechanik LAMM

Herausgegeben von
Prof. Dr. Dr. h. c. mult. G. Hotz, Saarbrücken
Prof. Dr. P. Kall, Zürich
Prof. Dr. Dr.-Ing. E. h. K. Magnus, München
Prof. Dr. E. Meister, Darmstadt

Band 74

Die Lehrbücher dieser Reihe sind einerseits allen mathematischen Theorien und Methoden von grundsätzlicher Bedeutung für die Anwendung der Mathematik gewidmet; andererseits werden auch die Anwendungsgebiete selbst behandelt. Die Bände der Reihe sollen dem Ingenieur und Naturwissenschaftler die Kenntnis der mathematischen Methoden, dem Mathematiker die Kenntnisse der Anwendungsgebiete seiner Wissenschaft zugänglich machen. Die Werke sind für die angehenden Industrie- und Wirtschaftsmathematiker, Ingenieure und Naturwissenschaftler bestimmt, darüber hinaus aber sollen sie den im praktischen Beruf Tätigen zur Fortbildung im Zuge der fortschreitenden Wissenschaft dienen.

Einführung in die Strömungsmeßtechnik

Von Prof. Dr. rer. nat. Helmut Eckelmann
Universität Göttingen

 Springer Fachmedien Wiesbaden GmbH 1997

Professor Dr. rer. nat. Helmut Eckelmann

1936 geboren in Göttingen. 1953 bis 1957 Lehre und Tätigkeit als Meßtechniker, anschließend bis 1961 Physikingenieurstudium an der Physikalisch-Technischen Lehranstalt Lübeck-Schlutup. Von 1961 bis 1967 Studium der Physik an der Georg-August-Universität Göttingen, gleichzeitig Entwicklung von Meßgeräten in der Aerodynamischen Versuchsanstalt Göttingen. Ab 1967 am Max-Planck-Institut für Strömungsforschung Göttingen, bis 1993 Arbeitsgruppenleiter und gleichzeitig Akademischer Rat, später Hochschuldozent am Institut für Angewandte Mechanik und Strömungsphysik der Georg-August-Universität Göttingen (heute Institut für Nichtlineare Dynamik). 1970 Promotion, 1985 Habilitation, 1990 apl. Professor an der Universität Göttingen, 1996 Fellow der American Physical Society.

Die Deutsche Bibliothek – CIP-Einheitsaufnahme

Eckelmann, Helmut:
Einführung in die Strömungsmeßtechnik / von Helmut Eckelmann. –
Stuttgart : Teubner, 1997
  (Leitfäden der angewandten Mathematik und Mechanik ; Bd. 74)
  (Teubner-Studienbücher : Mechanik)
  ISBN 978-3-519-02379-1   ISBN 978-3-663-09882-9 (eBook)
  DOI 10.1007/978-3-663-09882-9

Das Werk einschließlich aller seiner Teile ist urheberrechtlich geschützt. Jede Verwertung außerhalb der engen Grenzen des Urheberrechtsgesetzes ist ohne Zustimmung des Verlages unzulässig und strafbar. Das gilt besonders für Vervielfältigungen, Übersetzungen, Mikroverfilmungen und die Einspeicherung und Verarbeitung in elektronischen Systemen.

© Springer Fachmedien Wiesbaden 1997

Ursprünglich erschienen bei B. G. Teubner, Stuttgart 1997.

Vorwort

Das vorliegende Buch wendet sich vor allem an Studenten der Strömungsmechanik, die beabsichtigen, experimentell zu arbeiten; es kann aber auch eine Hilfe für jene Studenten sein, die sich einen Einblick in die physikalischen Grundlagen der Strömungsmeßtechnik verschaffen wollen. Nicht zuletzt soll es dem Praktiker helfen, sich in die Strömungsmeßtechnik einzuarbeiten.

Das Buch ist aus einer zweisemestrigen Vorlesung, die vom Verfasser an der Universität Göttingen über viele Jahre gehalten wurde, entstanden und gliedert sich in fünf Teile. Der erste Teil konzentriert sich inhaltlich auf mechanische Meßmethoden, die wegen ihrer hohen Genauigkeit noch immer nicht an Bedeutung verloren haben. Die hier vorgestellten Druckmeßsonden und Mikromanometer wurden zum großen Teil in der Aerodynamischen Versuchsanstalt (AVA) Göttingen, heute Deutsche Forschungsanstalt für Luft- und Raumfahrt (DLR), entwickelt und gebaut. Im einzelnen werden Druck-, Wandschubspannungs-, Durchfluß-, Kraft- und Reibungswiderstands-Messungen behandelt. Diese Meßgrößen werden noch einmal im zweiten Teil, der sich den elektromechanischen Wandlern und der Messung von Schwankungsgrößen widmet, aufgegriffen. Außerdem wird hier der Hitzdraht- und Heißfilmanemometrie, wegen der großen Bedeutung für die Messung von Geschwindigkeits- und Wandschubspannungsschwankungen, ein gebührender Platz eingeräumt. Auch der dritte Teil, der die optischen Meßmethoden beinhaltet, befaßt sich noch einmal mit der Messung von Geschwindigkeitsschwankungen. Hier sind vor allem die Laser-Doppler-Anemometrie und die Geschwindigkeitsfeldmessungen zu nennen, von denen letztere auch unter dem Namen „particle image velocimetry" bekannt sind. Des weiteren werden in diesem Teil Meßmethoden dargestellt, die auf der Dichteabhängigkeit des Brechungsindex des Fluids beruhen. Dies sind die klassischen Schatten-, Schlieren- und Interferenzverfahren. Schließlich wird noch eine neue Methode der optischen Druckmessung beschrieben. Der vierte Teil konzentriert sich vor allem auf die Sichtbarmachung von Luft- und Wasserströmungen; es werden aber auch fotochromatische Substanzen angesprochen. Im fünften und letzten Teil wird auf Versuchsanlagen für Luft- und Wasserströmungen eingegangen. Hier werden Niedergeschwindigkeits-, Transsonische-, Überschall- und Hyperschall-Windkanäle behandelt und die Funktion der einzelnen Komponenten dieser Kanäle beschrieben. Außerdem werden Stoßwellenrohre, Wasserkanäle und ein Ölkanal vorgestellt. Am Ende eines jeden Teils befindet sich eine Zusammenstellung des im Text genannten Schrifttums. Die für eine vertiefende Einarbeitung zu empfehlende Literatur ist hier ebenfalls aufgeführt.

An der Erstellung des Buches, die sich über mehrere Jahre erstreckte, waren ein Teil meiner ehemaligen Doktoranden und Kollegen, sei es durch Anfertigen von Abbildungen, durch eine kritische Durchsicht des Manuskripts oder durch wertvolle Anregungen beteiligt. Besonders möchte ich an dieser Stelle den Herren Dres. M. Brede, M. Bruse, H. Eisenlohr, R. Engler, U. Fey, C. Klein, M. König, B.R. Noack, M. Schäfer und G. Schewe danken. Der Dank gilt auch meinen ehemaligen technischen Mitarbeitern im Max-Planck-Institut für Strömungsforschung, den Herren K.-H. Nörtemann und S. Raday, sowie der studentischen Hilfskraft, Herrn B. Gossieaux aus Frankreich, für die Anfertigung zahlreicher Abbildungen. Für das bereitwillige Überlassen von Bildmaterial und Zeichnungen bin ich auch Kollegen und Firmen aus dem In- und Ausland zu Dank verpflichtet. Nicht zuletzt gilt mein Dank Frau A. Backes, Frau R. Breyhan und Frau U. Eberhardt für die Anfertigung des druckreifen Manuskripts sowie Herrn Dr. M. Brede für mannigfache Hilfe bei der elektronischen Datenverarbeitung.

Göttingen, im August 1997   Helmut Eckelmann

Inhalt

1 Mechanische Meßmethoden   **11**
   1.1 Druckmessungen   11
     1.1.1 Druckeinheiten   12
     1.1.2 Bernoulli Gleichung   13
       1.1.2.1 Stationäre, inkompressible Strömung   15
       1.1.2.2 Stationäre, kompressible Unterschallströmung   17
       1.1.2.3 Stationäre Überschallströmung   20
     1.1.3 Druckmeßsonden zur Bestimmung des Betrages der Geschwindigkeit   22
       1.1.3.1 Gesamtdrucksonden (Pitot Rohre)   22
       1.1.3.2 Sonden zur Messung des statischen Drucks   23
       1.1.3.3 Sonden zur gleichzeitigen Messung des Gesamtdrucks und des statischen Drucks (Prandtl Rohre)   25
       1.1.3.4 Meßfehler bei Prandtl- und Pitot Rohren   27
     1.1.4 Druckmeßsonden zur Bestimmung der Strömungsrichtung   32
       1.1.4.1 Zweilochsonden   33
       1.1.4.2 Mehrlochsonden   34
     1.1.5 Messung der Wandschubspannung   35
       1.1.5.1 Messung der Wandschubspannung in einer Rohr- oder Kanalströmung   36
       1.1.5.2 Messung der Wandschubspannung in einer turbulenten Grenzschichtströmung   37
     1.1.6 Durchflußmessung   39
       1.1.6.1 Durchflußmessung mittels Meßblende oder Meßdüse   39
       1.1.6.2 Schwebekörper Durchflußmessung   42
   1.2 Mikromanometer   43
     1.2.1 Flüssigkeitsmanometer   43
       1.2.1.1 U-Rohr Manometer mit gleichen Schenkeldurchmessern   44
       1.2.1.2 U-Rohr Manometer mit ungleichen Schenkeldurchmessern   50
       1.2.1.3 Umgekehrtes U-Rohr Manometer   54
     1.2.2 Federmanometer   54
   1.3 Kraftmessungen   56
     1.3.1 Hebelwaagen   57
     1.3.2 Stielwaagen   58
     1.3.3 Messung des Reibungswiderstands   62
   1.4 Schrifttum   66
     1.4.1 Nicht im Text genanntes Schrifttum   67

2 Elektromechanische Wandler und Messung von Schwankungsgrößen   **68**
   2.1 Wandler zur Druckmessung   69
     2.1.1 Schnelle Druckwandler   69
       2.1.1.1 Elektrodynamischer Wandler (dynamisches Mikrofon)   70
       2.1.1.2 Piezoelektrischer Wandler (Kristallmikrofon)   71
       2.1.1.3 Kapazitiver Wandler (Kondensatormikrofon)   71
     2.1.2 Druckwaagen   73
     2.1.3 Bleeding Probe   74
   2.2 Wandler zur Geschwindigkeitsmessung   74
     2.2.1 Schalenkreuzanemometer   74
     2.2.2 Flügelradanemometer   76
     2.2.3 Pulsdrahtanemometrie   76
     2.2.4 Hitzdraht in der Wirbelstraße   77
   2.3 Hitzdraht- und Heißfilmanemometrie   79

2.3.1 Zusammenhang zwischen Geschwindigkeit, Temperatur und abgeführter Wärme 81
2.3.2 Konstant-Strom-Methode 83
    2.3.2.1 Sensorempfindlichkeit für zeitlich konstante Geschwindigkeiten und quasistationäre Geschwindigkeitsschwankungen 84
    2.3.2.2 Sensorempfindlichkeit für Geschwindigkeitsschwankungen . 85
    2.3.2.3 Messung von Geschwindigkeitsschwankungen 90
    2.3.2.4 Messung von Temperaturschwankungen 92
2.3.3 Konstant-Temperatur Methode 93
    2.3.3.1 Sensorempfindlichkeit 94
    2.3.3.2 Messungen in inkompressiblen Strömungen 96
    2.3.3.3 Linearisierung der Anemometerausgangsspannung 99
    2.3.3.4 Messungen in kompressiblen Strömungen 101
2.3.4 Richtungsempfindlichkeit eines zylindrischen Sensors 103
    2.3.4.1 Richtungsempfindlichkeit eines unendlich langen Sensors . 103
    2.3.4.2 Richtungsempfindlichkeit eines Sensors endlicher Länge . . 105
2.3.5 Messung von Schwankungsgeschwindigkeiten 106
    2.3.5.1 Messungen mit X- oder V-Sonden 107
    2.3.5.2 Messungen mit Schrägdrahtsonden 111
    2.3.5.3 Messungen mit Mehrsensorsonden 112
2.3.6 Spezielle Probleme bei Messungen in Flüssigkeiten 113
    2.3.6.1 Elektrische Leitfähigkeit 114
    2.3.6.2 Wahl der Sensortemperatur 114
    2.3.6.3 Blasenbildung 115
    2.3.6.4 Verschmutzung 115
2.3.7 Messung der Wandschubspannung 116
    2.3.7.1 Zusammenhang zwischen Wärmestrom und Wandschubspannung 117
    2.3.7.2 Messungen mit bündig in die Wand eingebauten Heißfilmen 120
    2.3.7.3 Zusammenhang zwischen Massenstrom und Wandschubspannung 121
    2.3.7.4 Messungen mit der elektrochemischen Methode 123
    2.3.7.5 Pulsdrahtwandsonde 125
2.4 Ultraschall Velocimetrie 126
  2.4.1 Prinzipielle Arbeitsweise der Dopplermethode 126
  2.4.2 Prinzipielle Arbeitsweise der Laufzeitmethode 129
2.5 Durchflußmessung 130
  2.5.1 Induktive Durchflußmessung 131
  2.5.2 Wirbeldurchflußmesser 132
2.6 Kraftmessung 134
2.7 Schrifttum 138
  2.7.1 Nicht im Text genanntes Schrifttum 141

3 Optische Meßmethoden   142
3.1 Laser-Doppler-Anemometrie (LDA) 142
  3.1.1 Referenzstrahl-Methode 143
  3.1.2 Differential- oder Kreuzstrahl-Methode 146
  3.1.3 Interferenzstreifenmodell 148
    3.1.3.1 Messung des Vorzeichens der Geschwindigkeit 151
    3.1.3.2 Größe des Meßvolumens 153
    3.1.3.3 Meßvolumen in einer Flüssigkeit 158
    3.1.3.4 Dopplersignale 159
  3.1.4 Streuteilchen 161
  3.1.5 Verarbeitung der Dopplersignale 162

8   Inhalt

	3.1.5	Verarbeitung der Dopplersignale	162
		3.1.5.1 FFT Analysator	164
		3.1.5.2 Counter Processor	164
		3.1.5.3 "Bias" Korrektur	166
		3.1.5.4 Frequenz Tracker	167
	3.1.6	Prinzipieller Aufbau eines Laser-Doppler-Anemometers	168
		3.1.6.1 Mehrkomponenten Laser-Doppler-Anemometer	171
		3.1.6.2 Mehrkomponentenmessungen in Flüssigkeiten	173
		3.1.6.3 Messung von Effektivwerten und der turbulenten Schubspannung mit nur einem Anemometermodul	175
3.2	Laser Zwei Fokus Anemometer (L2F)		177
3.3	Geschwindigkeitsfeldmessung		178
	3.3.1	Particle Image Velocimetry (PIV)	181
		3.3.1.1 Zweidimensionale Aufzeichnung von Geschwindigkeitsfeldern	182
		3.3.1.2 Bildverschiebung (Image Shifting)	184
		3.3.1.3 Auswertung von Teilchenaufnahmen	186
		3.3.1.4 Dreidimensionale Aufzeichnung von Geschwindigkeitsfeldern	191
	3.3.2	Laser-Speckle-Velocimetry (LSV)	195
		3.3.2.1 Speckle-Photographie	196
	3.3.3	Particle-Tracking-Velocimetry (PTV)	197
3.4	Optische Verfahren, die auf der Dichteabhängigkeit des Brechungsindex beruhen		198
	3.4.1	Schattenverfahren	202
	3.4.2	Schlierenverfahren	205
	3.4.3	Interferenzverfahren	211
		3.4.3.1 Mach-Zehnder-Interferometer	211
		3.4.3.2 Differentialinterferometer	217
		3.4.3.3 Holographische Interferometer	219
3.5	Optische Druckmessung		221
	3.5.1	Theoretische Grundlagen	223
	3.5.2	Kalibrierung und Druckverteilungsmessung	223
3.6	Schrifttum		226
	3.6.1	Nicht im Text genanntes Schrifttum	230

4 Methoden der Strömungssichtbarmachung 231

4.1	Sichtbarmachung von Luftströmungen		239
	4.1.1	Fadensonde	239
	4.1.2	Streuteilchen für Luft	241
		4.1.2.1 Bewegungsgleichung für Streuteilchen	241
		4.1.2.2 Schwerkraftwirkung	245
		4.1.2.3 Brownsche Bewegung	245
		4.1.2.4 Wirkung eines Geschwindigkeitsgradienten	246
		4.1.2.5 Auswahl der Streuteilchen	247
	4.1.3	Rauch	248
		4.1.3.1 Laserlichtschnittverfahren	250
		4.1.3.2 Rauchdraht	251
		4.1.3.3 Rauchlinien	254
	4.1.4	Heißdraht	255
	4.1.5	Heliumseifenbläschen	255
	4.1.6	Anstrichbilder	256
		4.1.6.1 Wandstromlinien	256
		4.1.6.2 Umschlag laminar-turbulent	257
4.2	Sichtbarmachung von Wasserströmungen		258

4.2.1	Fadensonde			258

```
        4.2.1    Fadensonde ................................................ 258
        4.2.2    Streuteilchen für Wasser .................................. 259
                 4.2.2.1   Auswahl der Streuteilchen ....................... 260
        4.2.3    Farbe ...................................................... 261
        4.2.4    Tellurmethode .............................................. 262
        4.2.5    Wasserstoffbläschenmethode ................................. 265
        4.2.6    Anstrichbilder ............................................. 267
        4.2.7    Flüssigkristalle ........................................... 269
   4.3  Sichtbarmachung mit Hilfe fotochromatischer Substanzen ............. 270
   4.4  Brechungsindexanpassung ............................................ 272
   4.5  Schrifttum ......................................................... 274
        4.5.1    Nicht im Text genanntes Schrifttum ......................... 277
```

5 Versuchsanlagen für Modelluntersuchungen — 278

```
   5.1  Ähnlichkeitsgesetze ................................................ 278
   5.2  Windkanäle ......................................................... 283
        5.2.1    Niedergeschwindigkeitswindkanäle ........................... 284
                 5.2.1.1   Antriebsmotor, Gebläse und Umlenkung ............ 286
                 5.2.1.2   Diffusor ........................................ 287
                 5.2.1.3   Vorkammer, Strömungsgleichrichter und Siebe ..... 288
                 5.2.1.4   Düse ............................................ 291
                 5.2.1.5   Meßstrecke ...................................... 293
                 5.2.1.6   Auffangtrichter ................................. 295
                 5.2.1.7   Beispiele für ausgeführte Windkanäle ............ 297
        5.2.2    Windkanal für hohe Unterschallgeschwindigkeiten ............ 300
        5.2.3    Transsonischer Windkanal ................................... 300
        5.2.4    Überschallwindkanal ........................................ 302
                 5.2.4.1   Strömung eines idealen Gases aus einer nur konvergenten
                           Düse ............................................ 302
                 5.2.4.2   Laval Düse ...................................... 305
                 5.2.4.3   Laval Düse mit falschem Gegendruck .............. 308
                 5.2.4.4   Überschalldiffusor .............................. 309
                 5.2.4.5   Meßstrecke ...................................... 311
                 5.2.4.6   Beispiele für ausgeführte Überschallwindkanäle .. 314
        5.2.5    Hypersonischer Windkanal ................................... 317
   5.3  Stoßwellenrohre .................................................... 320
        5.3.1    Stoßwellenkanal ............................................ 324
        5.3.2    Hochenthalpiekanal ......................................... 325
        5.3.3    Rohrwindkanal .............................................. 326
   5.4  Wasserkanäle ....................................................... 329
        5.4.1    Wasserumlaufkanal .......................................... 330
        5.4.2    Kavitationskanal ........................................... 332
        5.4.3    Schlepptank ................................................ 336
        5.4.4    Strömungskanäle für spezielle Aufgaben ..................... 338
   5.5  Schrifttum ......................................................... 341
        5.5.1    Nicht im Text genanntes Schrifttum ......................... 342
```

Namensverzeichnis — 343

Sachverzeichnis — 345

1 Mechanische Meßmethoden

Einem Fluid ist im allgemeinen nicht anzusehen, ob es strömt oder ruht. Ein Strömen kann durch eine unmittelbare Beobachtung nur dann erkannt werden, wenn sich im Fluid beispielsweise Fremdkörper befinden, die als Anhaltspunkt für eine Bewegung dienen können. Eine einfache Weg-Zeit-Messung zur Ermittlung der Fluidgeschwindigkeit ist somit nicht gegeben. Bei der Bestimmung der Fluidgeschwindigkeit ist man auf indirekte Methoden, wie z.B. die Messung einer geeigneten Druckdifferenz, die Messung der Drehgeschwindigkeit eines Flügelrads oder die Messung der Kraft auf einen in der Strömung festgehaltenen Körper angewiesen, um nur die gebräuchlichsten mechanischen Methoden zu nennen. Da die Geschwindigkeit eine vektorielle Größe ist, muß außer dem Betrag auch die Richtung ermittelt werden. Auch die Bestimmung des Betrags allein setzt, da im allgemeinen richtungsempfindliche Meßgeräte verwendet werden, die Kenntnis der Strömungsrichtung voraus.

Im folgenden sollen nur Druck- und Kraftmessungen behandelt werden. Abgesehen davon, daß der Druck in einem Fluid selber eine Größe ist, die unmittelbar interessiert, werden Druckmessungen vor allem zur Bestimmung von Betrag und Richtung der Fluidgeschwindigkeit und zur Ermittlung der Wandschubspannung oder des Durchflusses herangezogen. Unter dem Durchfluß versteht man die Menge eines Fluids (Volumen, Masse oder Gewicht), die pro Zeiteinheit durch eine bestimmte Fläche strömt. Für Druckmessungen werden zum einen Meßstellen oder Sonden für die Druckentnahme und zum anderen Geräte zur Druckablesung, sogenannte Mikromanometer, benötigt.

Im Abschnitt 1.1. werden die physikalischen Grundlagen der Druckmessungen und die hierauf basierenden Verfahren zur Messung der Geschwindigkeit, der Wandschubspannung und des Durchflusses behandelt. Der Abschnitt 1.2 ist den Mikromanometern und der Abschnitt 1.3 der Messung von Kräften, die von der Strömung auf einen festen Körper übertragen werden (z.B. Auftriebs- und Widerstandskraft eines Tragflügels), gewidmet.

1.1 Druckmessungen

Der Druck ist als Kraft pro Flächeneinheit definiert und wird, abhängig vom benutzten Maßsystem, jeweils in anderen Einheiten angegeben. Früher wurde zwischen dem technischen und dem physikalischen Maßsystem unterschieden. Beim technischen Maßsystem sind die Kraft und die Länge Grundeinheiten für den Druck. Beim physikalischen Maßsystem wird als eine Atmosphäre der Barometerdruck bezeichnet, der dem durchschnittlichen Luftdruck in Meereshöhe entspricht und der gleich dem Gewicht einer Quecksilbersäule von 760 mm Höhe mit der Flächeneinheit als Querschnitt entspricht. Bei einer Druckangabe in den heute gesetzlich vorgeschriebenen SI-Einheiten ist die Kraft keine Grundeinheit mehr, sondern eine aus den Grundeinheiten Meter, Kilogramm und Sekunde (MKS-System) abgeleitete Größe. Hiermit ergeben sich, im Vergleich zum technischen und physikalischen Maßsystem, für den Druck dann sehr große Zahlenwerte, die dadurch vermieden werden können, daß die in MKS-Einheiten gemessene Kraft auf die Flächeneinheit cm² bezogen wird.

1.1.1 Druckeinheiten

Da immer noch ältere Meßgeräte im Labor anzutreffen sind, die den Druck in Millimeter Wassersäule (mm WS), Millimeter Quecksilbersäule (mm QS oder mm Hg) Torr, technischen Atmosphären (at) oder physikalischen Atmosphären (Atm) angeben, statt die heute gesetzlich vorgeschriebenen SI-Einheiten Pascal (Pa) oder Bar (b) zu benutzen, sollen hier einmal die alten und neuen Druckeinheiten zusammengestellt werden. Häufig werden bei Importgeräten auch noch amerikanische Druckeinheiten wie PSI (pound per square inch) oder PSF (pound per square foot) benutzt, die mit der technischen Atmosphäre oder dem mm WS verwandt sind, da das "pound" (lb$_f$) eine amerikanische Grundeinheit für die Kraft ist. In der folgenden Tabelle 1.1 sind die verschiedenen Druckeinheiten zusammengestellt, wobei die in der ersten Zeile stehenden Einheiten alle ähnliche Zahlenwerte für den Druck besitzen, d.h. 1 b $\triangleq$ 1,0197 at $\triangleq$ 0,98695 Atm.

SI-Einheiten	technisches Maßsystem	physikalisches Maßsystem
1 b $= \frac{10\ N}{cm^2}$	1 at $= \frac{1\ kp}{cm^2}$	1 Atm = 760 mm QS
1 Pa $= \frac{1\ N}{m^2}$	1 mm WS $= \frac{1\ kp}{m^2}$	= 760 Torr
1 b $= 10^5$ Pa	1 at $= 10^4$ mm WS	
$= 10^{-1}$ MPa		
1 mb = 1 hPa	1 PSI $= \frac{1\ lb_f}{(zoll)^2}$	
	1 PSF $= \frac{1\ lb_f}{(fuß)^2}$	

Tabelle 1.1: Zusammenstellung verschiedener Druckeinheiten

Das Newton (N), das keine Grundeinheit darstellt, ist eine Abkürzung für kg m/s². Die im technischen Maßsystem benutzte Grundeinheit Kilopond (kp) wird durch einen im Internationalen Büro für Maße und Gewichte in Sèvres bei Paris aufbewahrten Prototypen definiert, der dem Gewicht von einem Liter Wasser bei 4°C und einer Schwerebeschleunigung g = 9,80665 m/s² entspricht. Einem Kilopond entsprechen damit 9,80665 Newton und einem "pound" 4,44822 Newton. Die Umrechnungsfaktoren zwischen den einzelnen Druckeinheiten sind in Tabelle 1.2 zusammengestellt.

	$Pa = 10^{-5}$ b	$mmWS = 10^{-4}$ at	$mmQS = mmHg$ $= (1/760)Atm$	$PSI = 144$ PSF
1 Pa = 10^{-5} b	1	0,10197	$7,5008 \cdot 10^{-3}$	$1,4503 \cdot 10^{-4}$
1 mmWS = 10^{-4} at	9,8067	1	$7,3556 \cdot 10^{-2}$	$1,4223 \cdot 10^{-3}$
1 mmQS = 1 Torr = (1/760)Atm	133,32	13,595	1	$1,9335 \cdot 10^{-2}$
1 PSI = 144 PSF	6895,1	703,09	51,719	1

Tabelle 1.2: Umrechnungsfaktoren zwischen verschiedenen Druckeinheiten

1.1.2 Bernoulli Gleichung

Die Bernoulli Gleichung bildet die Grundlage für die Messung der Strömungsgeschwindigkeit mit Hilfe von Staurohren. Sie wird aus der Eulerschen Bewegungsgleichung (siehe Lehrbücher der Strömungslehre, z.B. Wieghardt (1965))

$$\frac{\partial \underline{U}}{\partial t} + (\underline{U} \cdot \text{grad}) \underline{U} = -\frac{1}{\rho} \text{grad } p + \underline{K} \tag{1.1}$$

durch Integration längs einer Stromlinie *) (vgl. Abb. 4.4) erhalten.

In Gl. (1.1) bedeuten:

$\underline{U}(\underline{x},t) = \underline{i} U + \underline{j} V + \underline{k} W$ den Geschwindigkeitsvektor,

$\underline{x} = \underline{i} x + \underline{j} y + \underline{k} z$ den Ortsvektor,

---

*) Eine Stromlinie ist die Integralkurve des Richtungsfeldes der Geschwindigkeit $\underline{U} = \underline{U}(\underline{x}, t)$ in einem bestimmten Moment $t = t_1$.

	t	die Zeit,
	p	den Druck,
	$\underline{K}$	die auf die Masseneinheit bezogene äußere Kraft
und	ρ	die Dichte des Fluids.

Wenn außer der Schwerkraft $\underline{K} = \underline{k}\, g$ keine weiteren äußeren Kräfte vorhanden sind, kann

$$\underline{K} = -\operatorname{grad} g\, z \qquad (1.2)$$

gesetzt werden (z-Koordinate nach oben positiv, g: Schwerebeschleunigung). Nach Umformen des konvektiven Beschleunigungsgliedes

$$(\underline{U} \cdot \operatorname{grad})\, \underline{U} = \operatorname{grad} \frac{U^2}{2} - \underline{U} \times \operatorname{rot} \underline{U} \qquad (1.3)$$

ergeben sich die folgenden Integrale

$$\int_{s_0}^{s_1} \frac{\partial \underline{U}}{\partial t} \cdot d\underline{s} + \int_{s_0}^{s_1} \operatorname{grad}\left[\frac{U^2}{2} + gz\right] \cdot d\underline{s} + \int_{s_0}^{s_1} \frac{\operatorname{grad} p}{\rho} \cdot d\underline{s} - \int_{s_0}^{s_1} (\underline{U} \times \operatorname{rot} \underline{U}) \cdot d\underline{s} = 0 \quad (1.4)$$

Wenn s_0 und s_1 zwei beliebige Punkte auf einer Stromlinie bezeichnen, dann verschwindet das letzte Integral in Gl. (1.4) wegen der beim Spatprodukt möglichen zyklischen Vertauschung

$$\underline{U} \times \operatorname{rot} \underline{U} \cdot d\underline{s} = \operatorname{rot} \underline{U} \times d\underline{s} \cdot \underline{U} = d\underline{s} \times \underline{U} \cdot \operatorname{rot} \underline{U}$$

und der Tatsache, daß längs einer Stromlinie Integrationsweg und Geschwindigkeitsvektor parallel verlaufen und damit $d\underline{s} \times \underline{U} = 0$ wird. Das zweite Integral in Gl. (1.4) kann noch weiter vereinfacht werden. Damit ergibt sich dann die allgemeine Form der Bernoulli Gleichung:

$$\int \frac{\partial \underline{U}}{\partial t} \cdot d\underline{s} + \int d\left[\frac{U^2}{2} + gz\right] + \int \frac{dp}{\rho} = 0 \qquad (1.5)$$

Sie stellt eine auf die Masseneinheit bezogene Energiegleichung dar. Für zwei Spezialfälle lassen sich allgemeine Lösungen angeben.

1.1.2.1 Stationäre, inkompressible Strömung

Bei stationärer Strömung verschwindet in Gl. (1.5) das erste Integral. Außerdem können, da ρ = const ist, auch die beiden übrigen Integrale zusammengefaßt werden zu

$$\int d\left[\frac{U^2}{2} + gz + \frac{p}{\rho}\right] = 0. \qquad (1.6)$$

Nach Ausführung der Integration wird daraus dann die allgemein bekannte Form der Bernoulli Gleichung

$$\frac{\rho}{2}U_0^2 + \rho g z_0 + p_0 = \frac{\rho}{2}U_1^2 + \rho g z_1 + p_1 = \text{const} \qquad (1.7)$$

erhalten, die auch als

$$p_d + p_s = p_g \qquad (1.8)$$

geschrieben werden kann.

Die einzelnen Glieder in Gl. (1.7) haben folgende Bedeutung:

$p_d = \frac{\rho}{2}U^2$ <u>dynamischer Druck</u> (kinetische Energie/Volumeneinheit)

$p_s = p + \rho g z$ <u>statischer Druck</u> (Arbeit/Volumeneinheit)

p_g <u>Gesamtdruck</u>

Der Gesamtdruck unterscheidet sich im allgemeinen von Stromlinie zu Stromlinie. Nur wenn im gesamten Strömungsfeld $\underline{U} \times \text{rot } \underline{U} = 0$ ist, ist p_g für alle Stromlinien gleich. Der statische Druck setzt sich aus zwei Anteilen, einem Druckglied p und einem Höhenglied $\rho g h$, mit $h = z_1 - z_0$, zusammen. Die anschauliche Bedeutung der beiden Glieder zeigt <u>Bild 1.1</u>. In einer Flüssigkeit kommt in der Tiefe $z = h$ zu der vom äußeren Luft-

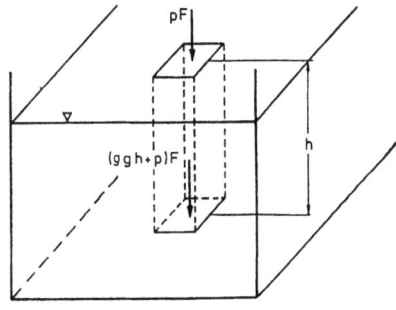

<u>Bild 1.1:</u>
Zur Erklärung des statischen Drucks in einer Flüssigkeit

druck erzeugten Kraft pF noch das Gewicht der Flüssigkeitssäule ρ g h F hinzu. Diese Größe kann in einem Gas im allgemeinen vernachlässigt werden. Wie später gezeigt werden wird (Gl. 1.23), gilt die Bernoulli Gleichung in der Form der Gl. (1.7) auch für Gasströmungen bis etwa 60 m/s. Für 1 m Höhendifferenz beträgt

in Luft: $\quad \rho\,g\,h = \dfrac{1,29 \text{ kg}}{m^3} \;\; \dfrac{9,81 \text{ m}}{sec^2} \;\; 1 \text{ m} = \dfrac{12,7 \text{ N}}{m^2} \;\hat{=}\; 1,29 \text{ mmWS},$

aber

in Wasser: $\quad \rho\,g\,h = \dfrac{10^3 \text{ kg}}{m^3} \;\; \dfrac{9,81 \text{ m}}{sec^2} \;\; 1 \text{ m} \approx \dfrac{10^4 \text{ N}}{m^2} \;\hat{=}\; 10^3 \text{ mmWS},$

weshalb dieser auch als Höhenglied bezeichnete Term in Luft in den meisten Fällen vernachlässigt werden kann.

Mit Hilfe der Bernoulli Gleichung soll im folgenden die lokale Geschwindigkeit in einer strömenden Flüssigkeit bestimmt werden. Als Sonde diene ein stumpfer Körper (Bild 1.2), der zur Messung des Gesamtdrucks im vorderen Staupunkt mit einer Druckanbohrung versehen ist. Der hier gemessene Gesamtdruck

$$p_{1g} = \frac{\rho}{2} U_0^2 + p_0 \qquad (1.9)$$

wird für die im Staupunkt der Sonde endende Stromlinie (Staustromlinie) aus Gl. (1.7) erhalten.

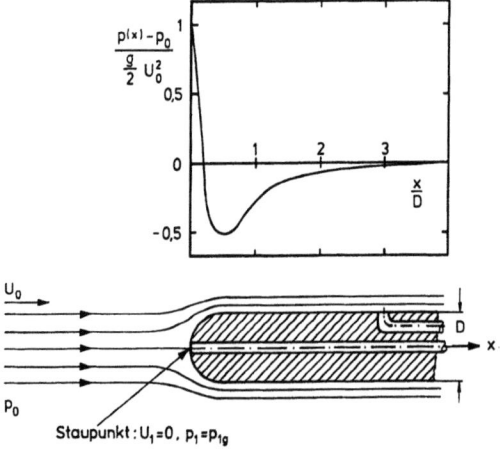

<u>Bild 1.2:</u>   Messung von Gesamtdruck und statischem Druck

Zur Bestimmung der Geschwindigkeit U_0 muß außer dem Gesamtdruck p_{1g} auch noch der statische Druck gemessen werden. Dies kann ebenfalls mit der in Bild 1.2 dargestellten Sonde geschehen, wenn an geeigneter Stelle noch eine weitere Druckanbohrung angebracht wird. Um diese Stelle zu finden, ist in Bild 1.2 auch der Druckverlauf $p(x)$ längs der Sondenoberfläche dargestellt. Etwa drei bis vier Sondendurchmesser stromabwärts vom vorderen Staupunkt ist die durch die Sonde verursachte Störung des Strömungsfeldes soweit abgeklungen, daß, bis auf einen kleinen Fehler, mit einer hier angebrachten Meßstelle der statische Druck p_0 gemessen werden kann (vgl. hierzu auch Unterkapitel 1.1.3.3). Es wäre auch denkbar, p_0 bei $x/D \approx 0{,}3$, also am Ort des Nulldurchgangs des in Bild 1.2 gezeigten Druckverlaufs, zu messen. Da sich aber die Lage des Nulldurchgangs sehr empfindlich mit der Anströmrichtung ändert, müßte die Sonde dann immer exakt ausgerichtet sein. Dies ist aber in der Praxis nicht immer möglich. Aus diesem Grund wird der letzte Weg auch nicht beschritten.

Wenn p_{1g} und p_0 bekannt sind, ergibt sich die lokale Geschwindigkeit U aus dem dyamischen Druck zu

$$U_0 = \sqrt{\frac{2}{\rho} p_d} = \sqrt{\frac{2}{\rho}(p_{1g} - p_0)}. \qquad (1.10)$$

Hieraus lassen sich dann zwei einfache Formeln bilden, mit denen die Strömungsgeschwindigkeit leicht im Kopf berechnet werden kann. Es gilt

für Luft $\qquad U[m/s] \approx 1{,}25 \sqrt{p_d \,[Pa]} \qquad (1.11)$

und für Wasser $\qquad U[m/s] \approx 0{,}045 \sqrt{p_d \,[Pa]} \qquad (1.12)$

Wird der dynamische Druck in mmWS gemessen, so lauten die Faktoren vor der Wurzel bei Luft 4 und bei Wasser 0,14. Man beachte, daß diese Formeln nur für die angegebenen Dimensionen gelten.

1.1.2.2 Stationäre, kompressible Unterschallströmung

Zur Messung der Strömungsgeschwindigkeit in einer Gasströmung kann ebenfalls die in Bild 1.2 dargestellte Sonde benutzt werden. Der Druckanstieg auf der Staustromlinie erfolgt jetzt jedoch adiabatisch. Auch für diesen Fall läßt sich das dritte Integral in Gl. (1.5) leicht berechnen. Außerdem vereinfacht sich noch das zweite Integral, da bei Gasströmungen im allgemeinen das Höhenglied vernachlässigt werden kann.

1   Mechanische Meßmethoden

Mit Hilfe der Adiabatengleichung

$$\frac{p}{\rho^\kappa} = \frac{p_0}{\rho_0^\kappa} \qquad (1.13)$$

(κ: Verhältnis der spezifischen Wärme, das für ein zweiatomiges Gas etwa 1,4 ist) läßt sich eine Beziehung zwischen Dichte und Druck angeben,

$$\frac{1}{\rho} = \frac{p_0^{1/\kappa}}{\rho_0} \frac{1}{p^{1/\kappa}}, \qquad (1.14)$$

die, in Gl. (1.5) eingesetzt,

$$\int d\left[\frac{U^2}{2}\right] + \frac{p_0^{1/\kappa}}{\rho_0} \int \frac{dp}{p^{1/\kappa}} = 0 \qquad (1.15)$$

ergibt. Nach Ausführen der Integration folgt

$$\frac{U_1^2 - U_0^2}{2} + \frac{\kappa}{\kappa-1} \frac{p_0^{1/\kappa}}{\rho_0} \left[p_1^{\frac{\kappa-1}{\kappa}} - p_0^{\frac{\kappa-1}{\kappa}}\right] = 0, \qquad (1.16)$$

woraus dann für die Staustromlinie ($U_1 = 0$, $p_1 = p_{1g}$)

$$-\frac{U_0^2}{2} + \frac{\kappa}{\kappa-1} \frac{p_0}{\rho_0} \left[\left[\frac{p_{1g}}{p_0}\right]^{\frac{\kappa-1}{\kappa}} - 1\right] = 0 \qquad (1.17)$$

und durch Einführen von Schallgeschwindigkeit

$$a_0 = \sqrt{\kappa\, p_0/\rho_0} \qquad (1.18)$$

und Mach Zahl

$$M_a = \frac{U_0}{a_0} \qquad (1.19)$$

die Beziehung

$$p_{1g} = p_0 \left[\frac{M_a^2\,(\kappa-1)}{2} + 1\right]^{\frac{\kappa}{\kappa-1}} \qquad (1.20)$$

erhalten wird. Wie im Fall der inkompressiblen Strömung Gl. (1.10), wird auch hier die Geschwindigkeit aus der Druckdifferenz

$$p_{1g} - p_0 = p_0 \left[\left[\frac{Ma^2 (\kappa-1)}{2} + 1 \right]^{\frac{\kappa}{\kappa-1}} - 1 \right] \qquad (1.21)$$

ermittelt. Wenn p_0 auf der rechten Seite von Gl. (1.21) noch einmal mittels Gl. (1.18) und (1.19) umgeformt wird, so folgt

$$p_{1g} - p_0 = \frac{\rho_0}{2} U_0^2 \cdot \underbrace{\frac{2}{\kappa\, Ma^2} \left[\left[\frac{Ma^2 (\kappa-1)}{2} + 1 \right]^{\frac{\kappa}{\kappa-1}} - 1 \right]}_{F(Ma)} \quad \text{für Ma} < 1. \qquad (1.22)$$

Man erkennt, daß die in einer kompressiblen Strömung gemessene Druckdifferenz nicht mehr dem dynamischen Druck $\frac{\rho}{2} U_0^2$, sondern einem um den Faktor F(Ma) größeren Wert entspricht. Daher wird zur Unterscheidung hier die Druckdifferenz $p_{1g} - p_0$ kinetischer Druck genannt.

Wann in einer Gasströmung der Einfluß der Kompressibilität berücksichtigt werden muß, läßt eine Reihenentwicklung von Gl. (1.22) nach der Mach Zahl

$$p_{1g} - p_0 = \frac{\rho}{2} U_0^2 \left[1 + \frac{1}{4} Ma^2 + \frac{2-\kappa}{24} Ma^4 + ... \right] \qquad (1.23)$$

erkennen. Es zeigt sich, daß nur für relativ kleine Mach Zahlen $F(Ma) \approx 1$ ist. Bei Ma = 0,2 und a_0 = 300 m/s entsprechend U_0 = 60 m/sec, unterscheidet sich bereits der kinetische vom dynamischen Druck

$$p_{1g} - p_0 = \frac{\rho_0}{2} U_0^2 \left[1 + \frac{1}{4} 4 \cdot 10^{-2} + \frac{0,6}{24} 16 \cdot 10^{-4} + ... \right] \approx 1{,}01 \frac{\rho_0}{2} U_0^2$$

um 1%. In Gasströmungen nimmt bei kleinen Geschwindigkeiten der Einfluß der Kompressibilität etwa quadratisch mit der Geschwindigkeit zu. Wenn jedoch Fehler bis zu 1% in Kauf genommen werden können, lassen sich Gasströmungen bis zu etwa 60 m/s noch wie Flüssigkeitsströmungen behandeln.

1.1.2.3 Stationäre Überschallströmung

Bei Überschallanströmung kommt es vor der Sonde zu einem abgelösten Verdichtungsstoß (Bild 1.3). Stromaufwärts vom Verdichtungsstoß wird die Strömung durch die Sonde nicht gestört, da hier die Geschwindigkeit U_0 größer als die Schallgeschwindigkeit a_0 ist und sich Störungen maximal nur mit Schallgeschwindigkeit ausbreiten können. Über dem Verdichtungsstoß ändern sich dann Druck, Dichte und Geschwindigkeit unstetig. Für einen senkrechten Verdichtungsstoß, der auf der Staustromlinie vorliegt, gilt:

$$\frac{\hat{p}}{p_0} = \frac{2\kappa\ \text{Ma}^2 - (\kappa-1)}{(\kappa+1)} \qquad (1.24)$$

$$\frac{\hat{\rho}}{\rho_0} = \frac{U_0}{\hat{U}} = \frac{(\kappa+1)\ \text{Ma}^2}{(\kappa-1)\ \text{Ma}^2+2} \qquad (1.25)$$

Ma = U_0/a_0 ist die Mach Zahl vor dem Stoß und $\hat{p}$, $\hat{\rho}$, $\hat{U}$ sind Größen direkt hinter dem Stoß. Die Ableitung der Gl. (1.24) und (1.25) kann Lehrbüchern der Gasdynamik oder auch Wieghardt (1965) entnommen werden.

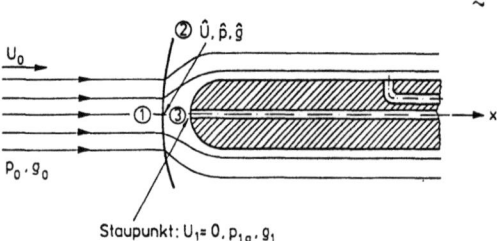

Bild 1.3: Zur Messung von Gesamtdruck und statischem Druck bei Überschallströmung

Zur Berechnung des von der Sonde gemessenen Gesamtdrucks p_{1g} wird die Staustromlinie in drei Abschnitte eingeteilt. Im 1. Abschnitt vor dem Verdichtungsstoß (Bild 1.3) ändern sich Druck, Dichte und Geschwindigkeit nicht. Im 2. Abschnitt über dem Verdichtungsstoß gelten die Gleichungen (1.24) und (1.25). Für den 3. Abschnitt ist der Zusammenhang zwischen Druck und Dichte durch die Adiabatengleichung (1.13) gegeben. Hier gilt die im letzten Unterkapitel (1.1.2.2) durchgeführte Rechnung. Anstelle von p_0, ρ_0 und U_0 sind die hinter dem Stoß geltenden Größen $\hat{p}$, $\hat{\rho}$ und $\hat{U}$ in Gl. (1.17) einzusetzen, die jetzt damit lautet:

$$\frac{\hat{U}^2}{2} = \frac{\kappa}{\kappa-1} \frac{\hat{p}}{\hat{\rho}} \left[\left[\frac{p_{1g}}{\hat{p}}\right]^{\frac{\kappa-1}{\kappa}} - 1 \right]. \qquad (1.26)$$

Um den gesuchten Zusammenhang zwischen U_0 und p_{1g} herzustellen, werden $\hat{p}$, $\hat{\rho}$ und $\hat{U}$ mittels Gl. (1.24) und (1.25) ersetzt. Durch Anwenden von Gl. (1.18) und (1.19) wird nach einer Zwischenrechnung

$$p_{1g} - p_0 = \frac{2\ \kappa\ Ma^2 - (\kappa-1)}{(\kappa+1)} \left[\frac{Ma^2\ (\kappa+1)^2}{4\ \kappa\ Ma^2 - 2(\kappa-1)} \right]^{\frac{\kappa}{\kappa-1}} \qquad (1.27)$$

erhalten. Die Geschwindigkeit wird wieder wie in den beiden letzten Unterkapiteln 1.1.2.1 und 1.1.2.2 aus der Differenz von Gesamtdruck und statischem Druck

$$p_{1g} - p_0 = p_0 \left[\frac{2\ \kappa\ Ma^2 - (\kappa-1)}{(\kappa+1)} \left[\frac{Ma^2\ (\kappa+1)^2}{4\ \kappa\ Ma^2 - 2(\kappa-1)} \right]^{\frac{\kappa}{\kappa-1}} - 1 \right] \qquad (1.28)$$

erhalten. Wenn jetzt noch p_0 mittels Gl. (1.18) und (1.19) umgeformt wird, folgt

$$p_{1g} - p_0 = \frac{\rho_0}{2} U_0^2 \underbrace{\left[\frac{\kappa+1}{\kappa} \left[\frac{(\kappa+1)^2\ Ma^2}{4\ \kappa\ Ma^2 - 2(\kappa-1)} \right]^{\frac{1}{\kappa-1}} - \frac{2}{\kappa\ Ma^2} \right]}_{F(Ma)}, \quad \text{für Ma} > 1. \qquad (1.29)$$

In <u>Bild 1.4</u> ist für Luft ($\kappa = 1{,}405$) der Verlauf von F(Ma) sowohl für Ma < 1 (Gl. 1.22)

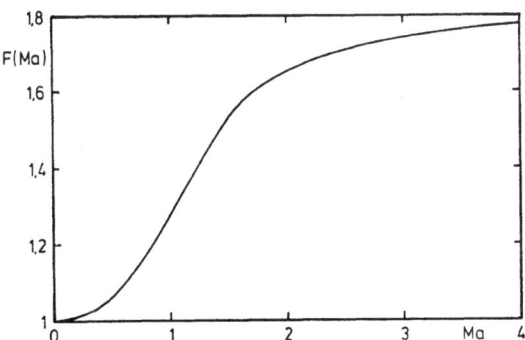

Bild 1.4: Verhältnis F(Ma) zwischen kinetischem und dynamischem Druck als Funktion der Mach Zahl

als auch für Ma > 1 (Gl. (1.29) dargestellt. Bei Ma = 1 schließen beide Verläufe stetig und differenzierbar aneinander an. Für Ma → ∞ strebt F(Ma) gegen den Grenzwert 1,84.

1.1.3 Druckmeßsonden zur Bestimmung des Betrages der Geschwindigkeit

Wie im vorhergehenden Kapitel gezeigt wurde, kann der Betrag des Geschwindigkeitsvektors in einem Punkt des Strömungsfeldes aus der Differenz von Gesamtdruck und statischem Druck (Gl. 1.10) ermittelt werden. Vielfach reicht aber die Kenntnis des Gesamtdrucks allein schon aus, wenn der statische Druck bekannt ist (z.B. Atmosphärendruck) oder auf andere Weise leicht ermittelt werden kann (z.B. durch eine Wandanbohrung).

1.1.3.1 Gesamtdrucksonden (Pitot Rohre)

Der Gesamtdruck stellt sich im vorderen Staupunkt eines Körpers ein und kann hier durch Anbringen einer Bohrung gemessen werden. Als einfachste Körperform bietet sich hierfür ein parallel zur Strömung ausgerichtetes Rohr (<u>Bild 1.5</u>) an. Hiermit hat der französische Physiker Henri Pitot (1732) als erster die Strömungsgeschwindigkeit in einem Fluß gemessen. Ihm zu Ehren werden heute Gesamtdrucksonden als Pitot Rohre und der Gesamtdruck auch als Pitot Druck bezeichnet.

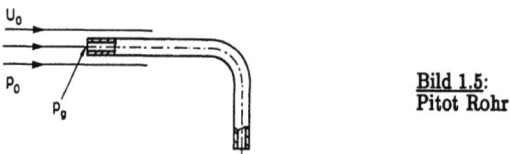

<u>Bild 1.5</u>:
Pitot Rohr

Da es bei Gesamtdruckmessungen immer darauf ankommt, die Sonde so auszurichten, daß Staupunkt und Druckanbohrung zusammenfallen, wurden Sondenkopfformen entwickelt, bei denen sich der Staupunkt möglichst wenig mit der Anströmrichtung verschiebt. Einige gebräuchliche Sondenkopfformen sind in <u>Bild 1.6</u> zusammengestellt.

Ein scharfkantiges Rohr ist um so richtigungsunempfindlicher, je dünnwandiger es ist. Mit einem extrem dünnwandigen Rohr kann der Gesamtdruck mit einem maximalen Fehler von 1% in einem Winkelbereich von ± 23° gemessen werden. Bei dickwandigen Rohren nimmt die Richtungsunempfindlichkeit mit zunehmendem Innen- zu Außendurchmesserverhältnis d/D ab. Bei dickwandigen Rohren kann jedoch durch eine geeignete Kopfform die Richtungsunempfindlichkeit wieder vergrößert werden. So nimmt der 1%-Bereich der Richtungsunempfindlichkeit in Bild 1.6 von links oben nach rechts unten von scharfer Vorderkante (±10°) über halbkugelförmige (±12°), keglige (±19°) elliptische Vorderkante (±21°) zum dünnwandigen Rohr (±23°) hin zu. Durch Umhüllen des Pitot Rohrs (Bild 1.6 unten) kann die Richtungsunempfindlichkeit noch bis auf ±60° gesteigert werden. Die hier angegebenen Winkel sind Richtwerte. Sie hängen außer vom d/D Verhältnis auch noch von der Mach Zahl ab. Mit zunehmender Mach Zahl nimmt die Richtungsunempfindlichkeit der Sonde etwas ab.

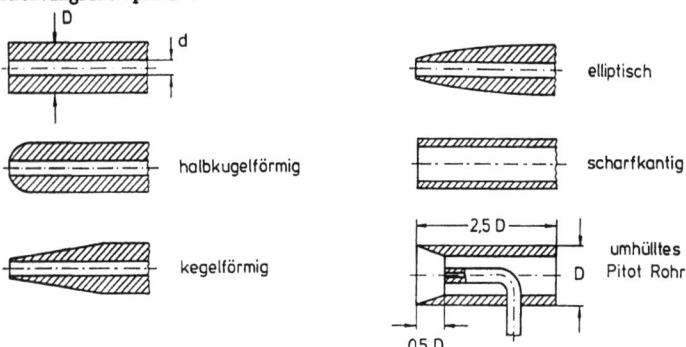

Bild 1.6: Gebräuchliche Kopfformen für Pitot-Rohre

1.1.3.2 Sonden zur Messung des statischen Drucks

Zur Messung des statischen Drucks in einer Strömung wird ein vorn geschlossenes, mit mehreren seitlichen Bohrungen versehenes Rohr (Bild 1.7) benutzt, das so ausgerichtet sein muß, daß die Bohrungen tangential überströmt werden. Die Bohrungen dürfen keinen Grad oder irgendeine Fassette aufweisen und müssen scharfkantig ausgebildet sein. Des weiteren müssen die Bohrungen genügend weit von der Sondenspitze und dem abgewinkelten Stiel entfernt angebracht sein. Siehe hierzu das im folgenden Kapitel Gesagte.

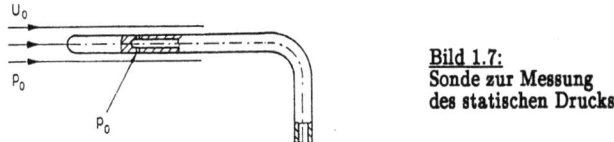

Bild 1.7:
Sonde zur Messung des statischen Drucks

Eine weitere Möglichkeit, in einer Strömung den statischen Druck zu messen, ist durch die Sersche Scheibe (Bild 1.8) gegeben. Diese Sonde besitzt den Vorteil, daß sich die

Strömungsrichtung in der Scheibenebene beliebig ändern kann; dagegen reagiert sie sehr empfindlich auf Richtungsänderungen in der Ebene normal zur Scheibe. Eine Verbesserung stellt eine Scheibe dar, die auf jeder Seite eine getrennt nach außen geführte Druckmeßstelle besitzt. Die Scheibe läßt sich dann durch eine Differenzdruckmessung parallel zur Strömung ausrichten. Aus einer Einzelmessung kann danach der statische Druck in der Strömung bestimmt werden. Durch die bei dieser Ausführung erforderliche größere Dicke der Scheibe wird der statische Druck systematisch zu klein gemessen.

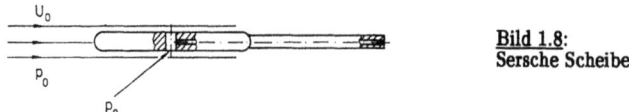

Bild 1.8:
Sersche Scheibe

Bei einem umströmten Körper, z.B. einem Tragflügel, oder einem durchströmten Körper, z.B. einem Rohr oder einem Diffusor, kann der statische Druck mit einer Wandanbohrung (Bild 1.9) gemessen werden. Dabei stört die Grenzschicht an der Wand, in der die Geschwindigkeit vom Wert der ungestörten Außenströmung auf den Wert Null an der Wand absinkt, nicht. Vielmehr wird der Druck der Grenzschicht von der Außenströmung aufgeprägt und ist nach dem Haupttheorem der Grenzschichttheorie über die Grenzschicht konstant.

Die Achse einer Wandanbohrung muß senkrecht zur Wand und damit auch senkrecht zur Strömung ausgerichtet sein.

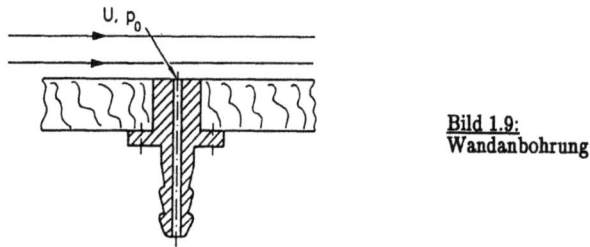

Bild 1.9:
Wandanbohrung

Unsauber ausgeführte oder schräg verlaufende Bohrungen führen zu einer Verfälschung des gemessenen Wanddrucks (Bild 1.10). Die Anbohrungen dürfen weder einen Grad noch eine Fassette besitzen und müssen scharfkantig ausgebildet sein. Mit der Ausführung von Wandanbohrungen zusammenhängende Meßfehler sind von Franklin und Wallace (1970) untersucht worden.

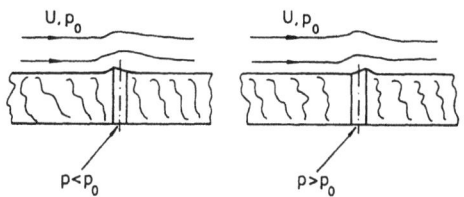

Bild 1.10: Fehlerhaft ausgeführte Wandanbohrungen, die zur Messung eines zu kleinen (rechts) oder zu großen (links) statischen Drucks führen.

1.1.3.3 Sonden zur gleichzeitigen Messung des Gesamtdrucks und des statischen Drucks (Prandtl Rohre)

Ein Prandtl Rohr (Bild 1.11) ist eine Kombination aus Pitot Rohr und statischer Drucksonde, wobei die einzelnen Druckanbohrungen so angeordnet sind, daß ein möglichst kleiner Meßfehler über einen möglichst großen Winkelbereich der Anströmung erhalten

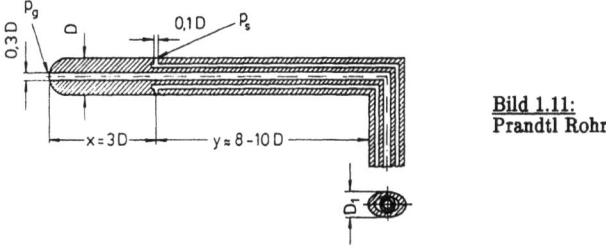

Bild 1.11: Prandtl Rohr

wird. Problematisch ist dabei die statische Druckmessung. Die Anbohrung hierfür kann nicht beliebig weit entfernt vom Kopf der Sonde angebracht werden, da sonst die Sonde zu lang wird. Damit wird der statische Druck immer etwas zu klein gemessen (Bild 1.12 links). Durch Ausnutzen des unvermeidlichen Aufstaus der Strömung vor dem Sondenstiel (Bild 1.12 rechts) kann ein Teil dieses Fehlers wieder ausgeglichen werden. Bei geschickter Wahl von Sondenlänge und Lage der statischen Druckanbohrung kann erreicht werden, daß sich beide Fehler so gut wie möglich kompensieren. Zur Vergrößerung des Winkelbereichs der Sonde wird der statische Druck nicht nur mit einer, sondern mit einer Anzahl über den Umfang verteilter Bohrungen oder mit Hilfe eines Ringspalts gemessen.

Bei dem in Bild 1.11 dargestellten Prandtl Rohr wird der statische Druck drei Sondendurchmesser vom Kopf und neun Stieldurchmesser von der Sondenhalterung entfernt ge-

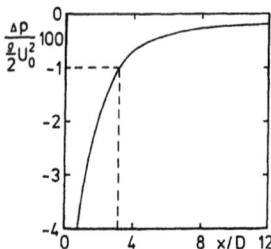 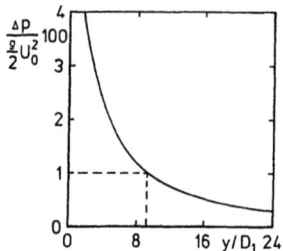

Bild 1.12: Fehler bei der statischen Druckmessung
links: in Abhängigkeit vom relativen Abstand x/D vom Sondenkopf,
rechts: in Abhängigkeit vom Abstand y/D_1 vom Sondenstiel

messen. Hier beträgt nach Bild 1.12 der jeweils auf den dynamischen Druck der ungestörten Strömung bezogene Meßfehler

$$\frac{\Delta p}{\frac{\rho}{2} U_0^2} = \frac{p_{s\,gemessen} - p_0}{\frac{\rho}{2} U_0^2}$$

minus bzw. plus 1 %. Bei dem in <u>Bild 1.13</u> gezeigten Prandtl Rohr neuerer Bauart sind die statischen Druckanbohrungen weiter vom Sondenkopf entfernt angebracht. Entsprechend muß auch jetzt der Abstand zum Sondenstiel vergrößert werden. Gegenüber der in Bild 1.11 dargestellten Sonde älterer Bauart vergrößert sich jetzt die Länge von 12 auf 20 Sondendurchmesser.

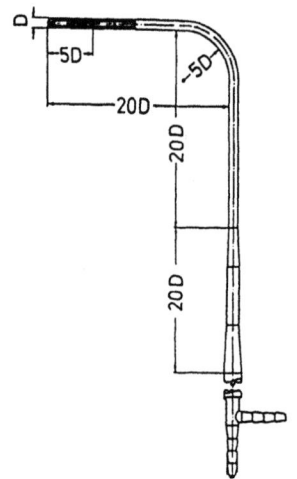

Da beim Prandtl Rohr aus technischen Gründen der Gesamtdruck p_g und der statische Druck p_s nicht an derselben Stelle des Strömungsfeldes gemessen werden können, ist eine Geschwindigkeitsmessung gemäß der Beziehung (Gl. 1.10)

$$U = \sqrt{\frac{2}{\rho}(p_g - p_s)}$$

nur dann sinnvoll, wenn der Krümmungsradius der Stromlinien groß gegen den Abstand der beiden Druckmeßstellen ist.

Bild 1.13: Prandtl Rohr

Zur Anpassung an das jeweilige Meßproblem sind Prandtl Rohre verschiedener Baureihen mit Durchmessern von D = 3 bis etwa 20 mm gebräuchlich. Für das in Bild 1.13 dargestellte Prandtl Rohr sind in Bild 1.14 die bei der Messung von statischem und dynamischem Druck auftretenden Meßfehler in Abhängigkeit vom Anströmwinkel α angegeben.

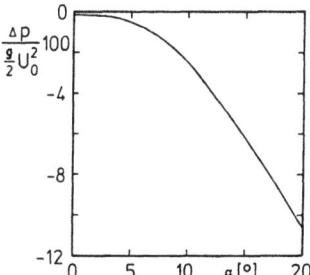
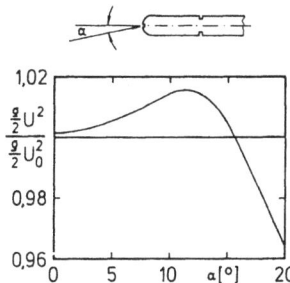

Bild 1.14: Meßfehler des in Bild 1.13 dargestellten Prandtl Rohres als Funktion des Anströmwinkels α, statischer Druck (links), dynamischer Druck (rechts)

Außer durch eine Schräganströmung durch ein ungenaues Ausrichten der Sonde können bei Messungen mit Prandtl- oder Pitot Rohren noch weitere Fehler auftreten, die im folgenden behandelt werden sollen.

1.1.3.4 Meßfehler bei Prandtl- und Pitot Rohren

1) Zähigkeitseinfluß (Barker Effekt)

Die Bestimmung des Betrages der Geschwindigkeit mit einem Pitot- oder Prandtl Rohr geschieht über den dynamischen Druck (Gl. 1.10). Während beim Prandtl Rohr der Gesamtdruck und der statische Druck gemeinsam ermittelt werden, muß beim Pitot Rohr der statische Druck, wenn er nicht, wie in einer freien Strömung, zu vernachlässigen ist, z.B. in einer Rohr- oder Kanalströmung, durch eine Wandanbohrung auf der Höhe der vorderen Öffnung des Pitot Rohres gemessen werden. In beiden Fällen ist die Bernoulli Gleichung Ausgangspunkt für die Berechnung der Geschwindigkeit. Die Bernoulli Gleichung, die ein Integral der Euler Gleichung ist, gilt aber nur so lange, wie die Zähigkeit des Fluids zu vernachlässigen ist. Experimentell wurde gefunden, daß, wenn die auf den äußeren Sondendurchmesser D bezogene Reynolds Zahl Re = UD/ν (ν: kinematische Zähigkeit) beim Pitot Rohr größer als 100 und beim Prandtl Rohr größer als 400 bleibt, die Zähigkeit noch keine Rolle spielt. Für kleinere Sonden-Reynolds-Zahlen

Zahlen ergibt sich dann ein zu großer Gesamtdruck. Dieser Effekt, der erstmals von Frau Barker (1922) für Pitot Rohre untersucht und später nach ihr benannt wurde, beschreibt die Abweichung des Druckkoeffizienten

$$C = \frac{p_g - p_0}{\frac{\rho}{2} U_0^2} \tag{1.30}$$

vom Wert eins. Für einen halbkugelförmigen Sondenkopf kann der Anstieg des Druckkoeffizienten mit der Reynolds Zahl durch $C = 1 + 6/Re$ beschrieben werden. Das Glied $6/Re$ ergibt sich aus der von Stokes (1851) durchgeführten Rechnung für die schleichende Umströmung einer Kugel. Da diese Rechnung nur für $Re \ll 1$ gilt, kann dem Glied $6/Re \gg 1$ willkürlich eine eins hinzugefügt werden. Dies hat dann gleichzeitig den Vorteil, daß für $Re \rightarrow \infty$ der Druckkoeffizient $C \rightarrow 1$ strebt, womit dann formal der Übergang von kleinen zu großen Reynolds Zahlen richtig beschrieben werden kann. Ein sehr ähnliches Ergebnis kann auch durch numerische Integration der Navier-Stokes-Gleichung längs der Staupunktstromlinie des Pitot Rohres und Anpassung der Lösung an die Potentialströmung erhalten werden.

Neben der Kopfform des Pitot Rohres spielt vor allem die Geometrie der Drucköffnung eine wesentliche Rolle für den Barker Effekt. Bei kleinen Reynolds Zahlen ist ein scharfkantiges Rohr besser als eine Sonde mit halbkugelförmigem Kopf geeignet. Durch Verwenden von flachgedrückten Rohren, sog. Fischmaulsonden (<u>Bild 1.15</u>), kann das Einsetzen des Barker Effektes weiter zu kleinen Reynolds Zahlen hin verschoben werden. Dies ist vor allem für Geschwindigkeitsmessungen innerhalb einer Grenzschicht wichtig. Scharfkantige und flachgedrückte Pitot Rohre zeigen im Gegensatz zum halbkugelförmigen Sondenkopf vor dem Anstieg des Druckkoeffizienten einen Reynolds-Zahl-Bereich,

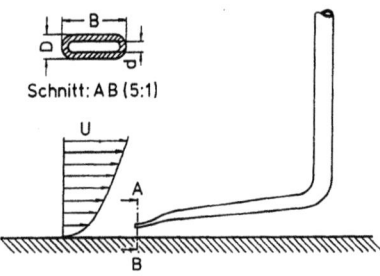

<u>Bild 1.15:</u>   Flachgedrücktes Pitot Rohr (Fischmaulsonde) für Grenzschichtmessungen

in dem C etwas kleiner als eins ist. Die Reynolds-Zahl-Abhängigkeiten des Druckkoeffizienten C für ein scharfkantiges Pitot Rohr und für eine Fischmaulsonde sind in Bild 1.16 dargestellt. Außerdem zeigt dieses Bild den Verlauf $C = 1 + 6/Re$.

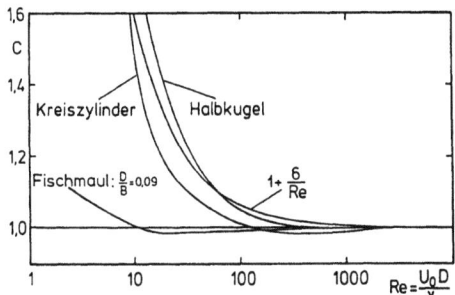

Bild 1.16: Abhängigkeit des Druckkoeffizienten C von der Reynolds Zahl für verschiedene Kopfformen von Sonden

Daß der Barker Effekt bei praktischen Messungen schnell ins Spiel kommt, verdeutlicht das folgende Beispiel. Soll in Luft eine Strömungsgeschwindigkeit von 0,7 m/s gemessen werden, so ist hierfür ein Prandtl Rohr mit einem Durchmesser von 1 cm erforderlich, damit $Re > 400$ bleibt. Wegen der etwa 15mal geringeren kinematischen Zähigkeit können in Wasser bei gleicher Geschwindigkeit kleinere Sonden benutzt werden.

2) Mittelungsfehler

Die Bernoulli Gleichung wurde aus der Euler Gleichung durch Integration längs einer Stromlinie gewonnen. Nur längs einer Stromlinie oder wenn rot $\underline{U}$ überall im Strömungsfeld verschwindet, liefert das Glied $\underline{U} \times \text{rot}\, \underline{U} \cdot d\underline{s}$ keinen Beitrag (Gl. 1.4). Die Bernoulli Gleichung darf daher formal nicht auf turbulente Strömungen angewendet werden. In Ermangelung eines besseren Weges wird sie dennoch häufig bei der Geschwindigkeitsmessung in stark schwankenden oder turbulenten Strömungen herangezogen. Um eine interpretierbare Anzeige zu erhalten, müssen die schwankenden Drucke zeitlich gemittelt werden. Hierdurch wird der Gesamtdruck zu groß gemessen. Zur Herleitung dieses Meßfehlers sei vereinfacht angenommen, daß der Momentanwert der Geschwindigkeit

$$U(t) = \bar{U} + u(t)$$

in einen zeitlichen Mittelwert $\bar{U}$ und eine Schwankungsgeschwindigkeit $u(t)$ aufgeteilt werden kann. Wegen der Nichtlinearität der Bernoulli Gleichung tritt bei der zeitlichen Mittelung

$$\overline{p_g} = \overline{p_s(t) + \frac{\varrho}{2}(\bar{U} + u(t))^2}$$
$$= \overline{p_s} + \frac{\varrho}{2}(U^2 + \overline{u^2})$$

zusätzlich das Glied $\frac{\varrho}{2}\overline{u^2}$ auf. Das gemischte Glied verschwindet, da der zeitliche Mittelwert der Schwankungsgröße definitionsgemäß Null ist.

In einer turbulenten Strömung kommen zu der mit der Hauptströmung zusammenfallenden Schwankungsgeschwindigkeit u(t) noch die beiden senkrecht zu U verlaufenden Schwankungsgeschwindigkeiten v(t) und w(t) hinzu. Bei Annahme eines isotropen Schwankungsfeldes mit $\overline{u^2} = \overline{v^2} = \overline{w^2}$ konnte Goldstein (1936) zeigen, daß sich der Mittelwert des statischen Drucks um $\frac{\varrho}{2}\frac{\overline{u^2}}{3}$ erhöht. Für nicht isotrope Turbulenz, wie sie in einer Rohr-, Kanal- oder Grenzschicht-Strömung vorkommt, ist nach Fage (1936) für die Erhöhung des statischen Drucks besser der Wert $\frac{\varrho}{2}\frac{\overline{u^2}}{2}$ zu benutzen.

Bei schwankenden Drucken kommt es außerdem zu wechselseitigem Ein- und Ausströmen durch die Sondenöffnungen (Gesamtdrucköffnung und statische Drucköffnung) oder Wandanbohrungen. Da kaum zu erwarten ist, daß die Durchflußwiderstände in beiden Richtungen gleich sind, müssen in solchen Fällen dann weitere Abweichungen vom richtigen Mittelwert erwartet werden.

3) Positionsfehler

Bei Pitot-Rohr-Messungen in einem Scherfeld (z.B. Grenzschicht oder Freistrahl) wird im allgemeinen ein etwas zu hoher Gesamtdruck gemessen. Nach Young und Maas (1936) kann der Einfluß des Geschwindigkeitsgradienten dadurch korrigiert werden, daß nicht die Mitte des Pitot Rohres, sondern ein um

$$\Delta y = 0{,}13\, D + 0{,}08\, d \tag{1.31}$$

zur höheren Geschwindigkeitsseite hin verschobener Punkt als Meßort benutzt wird (Bild 1.17). In Gl. (1.31) als auch in der von MacMillan (1956) angegebenen Beziehung

$$\Delta y = 0{,}15\, D \tag{1.31a}$$

kommt der Geschwindigkeitsgradient selbst nicht vor! Bei Messungen in einer Grenzschicht oder einer dünnen Scherschicht muß, um eine hohe Auflösung zu erreichen,

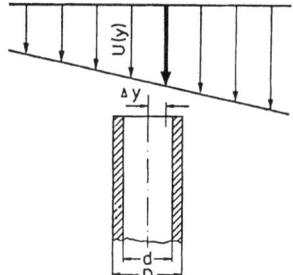

Bild 1.17:
Verschiebung des Meßwerts bei einer Gesamtdruckmessung in einem Scherfeld

ohnehin mit kleinen Sondendurchmessern oder einer Fischmaulsonde gearbeitet werden. Hier ist der durch den Geschwindigkeitsgradienten hervorgerufene Meßfehler meist kleiner als die Positionierungsgenauigkeit der Meßsonde. Nach MacMillan (1956) kommt es in der Nähe einer Wand zu einem gegenläufigen Effekt. Für Wandabstände $y < 2D$ wird dann eine systematisch zu kleine Geschwindigkeit gemessen.

4) Kavitation am Sondenkopf

Die Messung des statischen Druckes mit Hilfe eines stumpfen Körpers (Prandtl Rohr, statische Drucksonde) kann in einer Wasserströmung durch Kavitation stark beeinträchtigt werden. Mit Kavitation bezeichnet man die Dampfblasenbildung in einer Flüssigkeit, wenn der lokale Druck p unter den Dampfdruck p_D der Flüssigkeit absinkt (vgl. Kap. 5.4.2). Während der Gesamtdruck im Staupunkt eines Prandtl- oder Pitot Rohres noch richtig gemessen wird, kann sich durch die starke Abnahme des statischen Drucks kurz hinter dem Sondenkopf (vgl. Bild 1.2) eine Kavitationsblase, also ein mit Wasserdampf gefüllter Hohlraum, bilden. Die Länge des Hohlraums nimmt mit abnehmender Kavitations Zahl

$$\sigma = \frac{p_0 - p_D}{\frac{\rho}{2} U_0^2} \qquad (1.32)$$

zu, und der Ort an der Sonde, an dem der statische Druck der ungestörten Strömung gemessen werden kann, verschiebt sich stromabwärts (Bild 1.18).

5) Mach-Zahl-Einfluß

Beim Prandtl Rohr entsteht durch die starke Zunahme der Geschwindigkeit kurz hinter dem Sondenkopf (vgl. Bild 1.2) auch schon bei Unterschallströmungen (Ma $\gtrsim 0{,}7$) ein lokales Überschallgebiet, das stromab durch einen Verdichtungsstoß abgeschlossen wird. Dieses Überschallgebiet kann zu einem Verfälschen des statischen Druckes führen. Bei

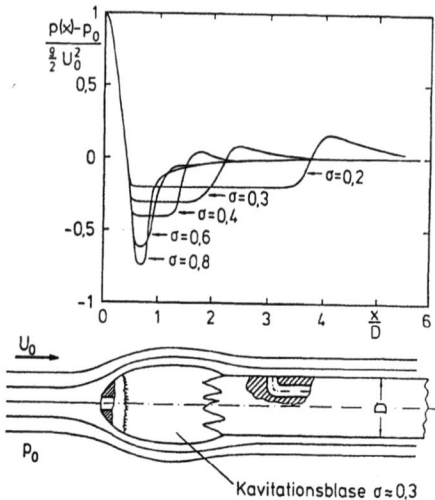

Bild 1.18: Einfluß von Kavitation auf die Druckverteilung längs eines zylindrischen Körpers mit halbkugelförmigem Kopf.

hohen Unterschallgeschwindigkeiten ist ein rotationsellipsoidförmiger Sondenkopf wegen des geringeren Geschwindigkeitsanstiegs vorteilhafter, als der in Bild 1.11 dargestellte halbkugelförmige Kopf des Prandtl Rohres.

1.1.4 Druckmeßsonden zur Bestimmung der Strömungsrichtung

Die Fluidgeschwindigkeit ist eine vektorielle Größe, die durch Angabe von Betrag und Richtung im Raum vollständig bestimmt ist. Bei vorgegebener Strömungsrichtung kann der Betrag der Geschwindigkeit aus der Differenz von Gesamtdruck und statischem Druck (Gl. 1.10) z.B. mit einem Prandtl Rohr bestimmt werden (vgl. 1.1.3.3). Für nicht allzu kleine Geschwindigkeiten ($U \gtrsim 1$ m/s) läßt sich die Strömungsrichtung auf besonders einfache Weise mit Hilfe eines Seiden-, Nylon- oder Nähgarnfadens bestimmen, der an einem sich zum Ende hin verjüngenden Stiel (vgl. Kap. 4.1.1) befestigt ist und sich parallel zur Strömung ausrichtet. Ein eventuelles Flattern des Fadens deutet gleichzeitig auf eine turbulente oder abgelöste Strömung hin. Genauer läßt sich die Strömungsrichtung mit geeigneten Sonden aus Druckdifferenzmessungen bestimmen. Die Druckanbohrungen müssen so angebracht sein, daß eine möglichst große Abhängigkeit des Differenzdruckes von der Strömungsrichtung erhalten wird. Bei einem symmetrischen Aufbau des Sondenkopfes wird die Druckdifferenz Null, wenn die Strömungsrichtung mit der Symmetrieachse zusammenfällt.

1.1.4.1 Zweilochsonden

Die Strömungsrichtung in einer Ebene kann mit der in Bild 1.19 dargestellten Keilsonde ermittelt werden. In den beiden, der Strömung zugerichteten und keilförmig aufeinanderzulaufenden Flächen befinden sich Druckanbohrungen. Bei der Messung wird die Sonde so lange um ihre Achse gedreht, bis die Druckdifferenz Null ist. Die Winkelhalbierende des Keils weist dann in Strömungsrichtung. Außerhalb des Strömungsfeldes kann mit Hilfe eines am Sondenstiel befestigten Zeigers der Winkel gegen eine Bezugsrichtung abgelesen werden.

Statt eines keilförmigen Sondenkopfes kann auch ein querangeströmter Zylinder mit zwei seitlichen, getrennt herausgeführten Druckanbohrungen, deren Achsen einen Winkel von etwa $90°$ bilden, benutzt werden.

In Gebieten mit Geschwindigkeitsgradienten sind zur Strömungsrichtungsmessung zwei gegeneinander geneigte und in einem Bogen auf einen Punkt zulaufende Pitot Rohre wegen ihres geringen Abstands oder besser noch zwei vorn schräg abgeschnittene und dicht über- oder nebeneinander angeordnete Pitot Rohre (sog. Fingersonden) geeignet. Den Sondenkopf einer Zweifingersonde nach Reichardt zeigt Bild 1.20. Mittels zweier Hülsen, die über die abgeschrägten Pitot Rohrenden geschoben werden können, läßt sich die Richtungssonde in eine Gradientensonde umwandeln. Auf diese Weise kann ein bei der Richtungsmessung störender Geschwindigkeitsgradient bestimmt und bei der Auswertung berücksichtigt werden.

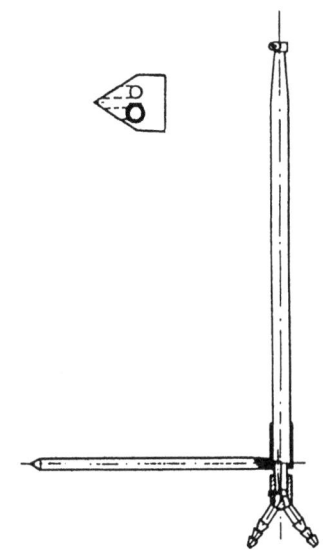

Bild 1.19: Keilsonde

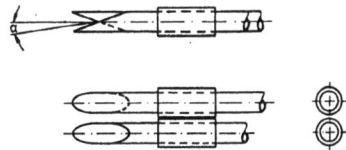

Bild 1.20:
Sondenkopf der Reichardtschen Zweifingersonde

1.1.4.2 Mehrlochsonden

Eine Erweiterung der ebenen auf eine räumliche Richtungsmessung führt von der Keil- zur Kegelsonde oder von der Zylinder- zur Kugelsonde. Mit der in <u>Bild 1.21</u> dargestellten Richtungssonde nach Conrad können gleichzeitig Betrag und Richtung des Geschwindigkeitsvektors gemessen werden. Der im vorderen Teil kegelförmige und dann zylindrische Sondenkopf ist, damit alle Druckmeßstellen möglichst dicht an der Drehachse liegen, sehr kurz. Im vorderen Staupunkt der Sonde befindet sich eine Meßstelle für den Gesamtdruck. Der am zylindrischen Teil der Sonde gemessene statische Druck wäre zu klein, wenn nicht ein Ring kurz hinter den Bohrungen für einen Anstieg des statischen Druckes sorgte. Der Ring ist so angebracht, daß sich bei 30 m/s der statische Druck gerade richtig ergibt. Die Strömungsrichtung in zwei zueinander senkrechten Ebenen wird mit zwei Paaren von Druckanbohrungen, die im kegelförmigen Teil des Sondenkopfs angebracht sind, gemessen. Der Winkel α in der Drehebene der Sonde wird wie bei der Keilsonde durch Drehen und Nullabgleich bestimmt. Danach kann der Winkel β senkrecht zur Drehebene dann mit Hilfe einer Eichkurve (<u>Bild 1.22 links</u>) ermittelt werden. Der Winkelbereich, in dem eindeutige Richtungsmessungen möglich sind, hängt vom Öffnungswinkel des Kegels ab. Für große Öffnungswinkel ($> 90°$) können bei der β-Bestimmung Mehrdeutigkeiten auftreten. Die in Bild 1.21 gezeigte Conrad Sonde ist in erster Linie für die Bestimmung der Strömungsrichtung konzipiert. Für genauere Geschwindigkeitsmessung müßte der Sondenkopf länger ausgebildet sein. Daher ist hier der Fehler auch größer als bei einem gewöhnlichen Prandtl Rohr (<u>Bild 1.22 rechts</u>).

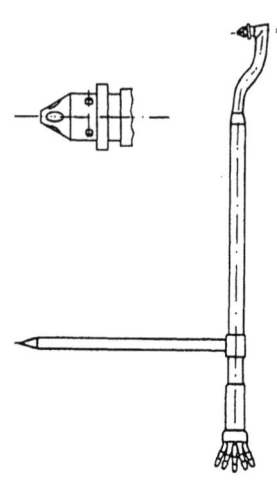

Bild 1.21:
Conradsche Richtungssonde

Mit nur fünf Druckmeßstellen, die auf der vorderen Hemisphäre einer Kugel angebracht sind, können über eine Kalibrierung Abhängigkeiten der fünf Drucke vom Gesamtdruck, vom statischen Druck und von den beiden Winkeln α, β hergestellt werden. Eine solche Sondenkalibrierung ist jedoch mit großen Datenmengen und einem erheblichen Reihenaufwand verbunden und kann daher nur mit einem Rechner bewältigt werden.

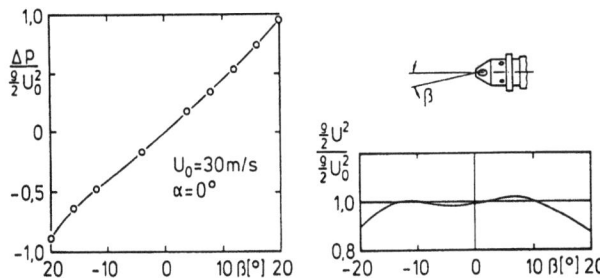

Bild 1.22: links: Eichkurve, rechts: Fehler bei der Geschwindigkeitsmessung für eine Richtungssonde nach Conrad.

1.1.5 Messung der Wandschubspannung

Unter der Wandschubspannung τ_w versteht man eine auf die Flächeneinheit bezogene Tangentialkraft, die in einer Strömung dadurch entsteht, daß durch Haften an der Wand Fluid in einer wandnahen Schicht durch Reibungskräfte abgebremst wird. In dieser sog. Grenzschicht der Dicke δ steigt die Geschwindigkeit vom Wert U = 0 an der Wand (y = 0) auf den Wert U_∞ in der ungestörten Außenströmung ($y > \delta$). Durch Integration der örtlichen Wandschubspannung über die Oberfläche eines Körpers wird dessen Reibungswiderstand erhalten. In einer laminaren Strömung kann die Wandschubspannung am einfachsten durch Ausmessen des Geschwindigkeitsprofils mit einem Pitot Rohr oder einer Fischmaulsonde (Bild 1.15) und durch Bestimmen des Wandgradienten der Geschwindigkeit aus der Beziehung

$$\tau_w = \mu \frac{dU}{dy} \bigg|_{y=0} \tag{1.33}$$

gewonnen werden, wobei μ die dynamische Zähigkeit des Fluids bedeutet. In einer turbulenten Strömung ist die wandnahe Schicht zu dünn, um für Druckmeßsonden zugänglich zu sein, so daß eine Ermittlung von τ_w nach dieser Methode nicht mehr möglich ist. Man beschreitet deshalb hier einen anderen Weg.

Unter der Voraussetzung, daß die turbulente Strömung in unmittelbarer Wandnähe nur durch die Wandschubspannung und die physikalischen Eigenschaften des Fluids, wie Dichte ρ und kinematische Zähigkeit ν, bestimmt ist, ergeben sich aus einer Dimensionsanalyse eine Geschwindigkeit $u_\tau = \sqrt{\tau_w/\rho}$ und eine Länge ν/u_τ, die zur Entdimensionalisierung der zeitlich gemittelten Geschwindigkeit U und des Wandabstands y benutzt werden können. Für die Geschwindigkeitsverteilung in Wandnähe kann dann

$$\frac{U}{u_\tau} = f\left[\frac{y\,u_\tau}{\nu}\right] \tag{1.34}$$

geschrieben werden. Hier ist f eine universelle Funktion, die gleichermaßen für turbulente Grenzschichten, turbulente Rohr- und Kanalströmungen gilt. Gl. (1.34) ist unabhängig von der Grenzschichtdicke δ bzw. dem Rohrdurchmesser D oder der Kanalweite b, der Geschwindigkeit U_∞ am Rande der Grenzschicht bzw. in der Mitte des Rohres oder des Kanals sowie vom Druckgradienten dp/dx in Strömungsrichtung.

Es gibt verschiedene Verfahren, die Wandschubspannung aus Druckdifferenzmessungen zu ermitteln. Diese sollen im folgenden kurz beschrieben werden.

1.1.5.1 Messung der Wandschubspannung in einer Rohr- oder Kanalströmung

In einer laminaren oder turbulenten Rohr- oder Kanalströmung kann die Wandschubspannung auf besonders einfache Weise aus dem Druckabfall über eine geeignete Länge l bestimmt werden. Zur Druckabnahme dienen die im Unterkapitel 1.1.3.1 beschriebenen Wandanbohrungen. Für eine Rohrströmung ergibt sich aus dem Gleichgewicht der an dem zylindrischen Volumen zwischen den beiden Druckanbohrungen angreifenden Kräfte (Bild 1.23)

$$(p_1 - p_2)\frac{D^2\pi}{4} = \tau_W\,D\,\pi\,l,$$

woraus dann

$$\tau_W = \frac{\Delta p}{l}\frac{D}{4} \tag{1.35}$$

erhalten wird.

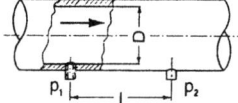

Bild 1.23:
Zur Messung der Wandschubspannung in einem Rohr

Für eine Kanalströmung, worunter im Idealfall die Strömung zwischen zwei unendlich ausgedehnten parallelen Wänden mit einem Abstand b verstanden wird, ergibt sich nach einer entsprechenden Rechnung

$$\tau_W = \frac{\Delta p}{l}\frac{b}{2}. \tag{1.36}$$

1.1.5.2 Messung der Wandschubspannung in einer turbulenten Grenzschichtströmung

Nach Stanton et al. (1925) kann die Wandschubspannung in einer Grenzschicht mit Hilfe eines kurzen, quer angeströmten Rohres, das am oberen Ende eine spaltförmige Öffnung besitzt (Bild 1.24 links oben), gemessen werden. Dieses sog. Stanton Rohr darf nur bis in die viskose Unterschicht einer turbulenten, wandbegrenzten Strömung hineinreichen. Hierbei wird der lineare Geschwindigkeitsanstieg

$$\frac{\bar{U}}{u_\tau} = \frac{u_\tau y}{\nu} \qquad (1.37)$$

in der viskosen Unterschicht ausgenutzt. Durch eine Kalibrierung läßt sich die Differenz aus dem mit dem Stanton Rohr gemessenen Gesamtdruck p_g und dem mit einer Wandanbohrung in dessen Nähe gemessenen statischen Druck p_s eindeutig der Wandschubspannung τ_w zuordnen. Die Kalibrierung des Stanton Rohres erfolgt am einfachsten in einer turbulenten Rohrströmung, für die die Wandschubspannung nach Gl. (1.35) gegeben ist.

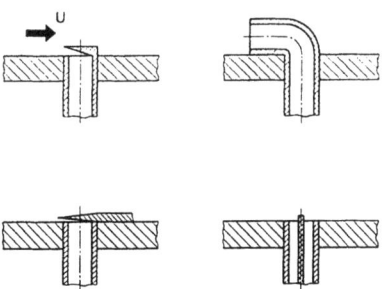

Bild 1.24: Schubspannungsmeßsonden;
oben: Stanton Rohr (links), Preston-Rohr (rechts)
unten: Schneidensonde (links), Grenzschichtzaun (rechts)

Eine Weiterentwicklung des Stanton Rohres ist die Schneidensonde (Bild 1.24 links unten), bei der z.B. ein Stück Rasierklinge so über einer Wandanbohrung befestigt ist, daß sich einerseits ein kleiner Spalt ergibt und andererseits die Schneide in Strömungsrichtung über die Anbohrung hinwegragt. Die Rasierklinge kann dabei entweder geklebt oder magnetisch befestigt sein. Auch diese Sonde muß wie das Stanton Rohr zuerst kalibriert werden. Hierfür wird ebenfalls eine in der Nähe der Schneide befindliche Wandanbohrung zur Messung des statischen Drucks p_s benötigt.

Bei einem von Preston (1954) vorgeschlagenen Verfahren wird zur Wandschubspannungsmessung ein auf der Wand aufliegendes dünnwandiges, rundes oder flaches Pitot Rohr (sog. Preston Rohr) verwendet, das im allgemeinen weit aus der viskosen Unterschicht herausragt, aber immer noch in dem Gebiet, in dem Gl. (1.34) gültig ist, liegen muß (<u>Bild 1.24 rechts oben</u>). Auch hier ist eine in der Nähe der Sondenöffnung befindliche Wandanbohrung zur Messung des statischen Druckes p_s erforderlich. Wie Preston durch eine Dimensionsanalyse zeigen konnte, besteht zwischen der entdimensionalisierten Wandschubspannung und der entdimensionalisierten Druckdifferenz ($p_g - p_s$), wobei p_g der mit dem Preston Rohr gemessene Gesamtdruck ist, der funktionale Zusammenhang

$$\frac{\tau_w d^2}{\rho \nu^2} = F\left[\frac{(p_g - p_s) d^2}{\rho \nu^2}\right]. \qquad (1.38)$$

Diese Gleichung enthält außer der Meßgröße ($p_g - p_s$) und der zu bestimmenden Wandschubspannung τ_w neben der Dichte ρ und der kinematischen Zähigkeit ν, die das Fluid charakterisieren, auch den äußeren Durchmesser d des Preston Rohres. Preston hat Gl. (1.38) für unterschiedliche d in einem weiten Wandschubspannungsbereich bestätigen können und den funktionalen Zusammenhang explizit angegeben. Mit den später von Patel (1965) mit größerer Genauigkeit durchgeführten Messungen läßt sich τ_w auf ± 1 % durch die folgenden Potenzreihen

$$y^* = 0{,}88287 - 0{,}1381\, x^* + 0{,}1437\, x^{*2} - 0{,}0060\, x^{*3} \quad \text{für} \quad 11 < \frac{u_\tau d}{\nu} < 110 \qquad (1.39)$$

und

$$y^* = 0{,}037 + 0{,}5\, x^* \quad \text{für} \quad \frac{u_\tau d}{\nu} < 11 \qquad (1.40)$$

approximieren. In beiden Gleichungen bedeutet

$$y^* = \log_{10}\left[\frac{\tau_w d^2}{4\rho \nu^2}\right] \quad \text{und} \quad x^* = \log_{10}\left[\frac{(p_g - p_s) d^2}{4\rho \nu^2}\right].$$

Von Rechenberg (1963) unabhängig durchgeführte Messungen sind in guter Übereinstimmung mit Patels Ergebnissen.

Ein weiteres Gerät zur Messung der Wandschubspannung ist der in <u>Bild 1.24 rechts unten</u> dargestellte Grenzschicht- oder Oberflächenzaun. Bei diesem auf Konstantinov und Dragnysh (1960) zurückgehenden Gerät wird die Wandschubspannung aus der Druckdifferenz Δp abgeleitet, die vor und hinter einer senkrecht zur Strömung stehenden Schneide der Höhe h gemessen wird. Solange die Schneide nicht aus der viskosen Unterschicht herausragt, also die entdimensionalisierte Schneidenhöhe $\frac{h\, u_\tau}{\nu} < 5$ ist, gilt

$$\Delta p = k\, \tau_W. \qquad (1.41)$$

Die Konstante k muß durch Kalibrierung, z.B. in einer Rohrströmung, bestimmt werden. Der Grenzschichtzaun hat gegenüber den drei anderen beschriebenen Geräten einmal den Vorteil, daß hier die zweite Meßstelle für den statischen Druck schon vorhandene ist und daß außerdem die im allgemeinen kleine Druckdifferenz doppelt so groß wie bei einem Preston Rohr ist.

1.1.6 Durchflußmessung

Das pro Zeiteinheit durch ein Rohr vom Durchmesser D strömende Volumen ist durch

$$\dot{V} = \tilde{U}\, \frac{\pi}{4} D^2 \qquad (1.42)$$

gegeben. Dabei ist $\tilde{U}$ die über den Rohrquerschnitt gemittelte Geschwindigkeit. Eine direkte Ermittlung von $\dot{V}$ nach Gl. (1.42) ist jedoch für viele technische Anwendungen zu aufwendig, da hierfür die Geschwindigkeitsverteilung über den Rohrquerschnitt bekannt sein muß. Außer mit den bekannten Gas- und Wasseruhren, die das Zeitintegral

$$V = \int \dot{V}\, dt$$

bilden und die es kalibriert in verschiedenen Größen gibt, wird $\dot{V}$ großtechnisch oder im Labor mittels Meßblenden, Meßdüsen oder Schwebekörpern gemessen. Des weiteren sind elektrische Methoden, wie induktive Durchflußmesser und Wirbeldurchflußmesser gebräuchlich, die in den Kapiteln 2.5.1 und 2.5.2 behandelt werden.

1.1.6.1 Durchflußmessung mittels Meßblende oder Meßdüse

Das Meßprinzip beruht darauf, daß der Druckabfall Δp an einem in einem Rohr eingebauten Strömungswiderstand (Meßblende oder Meßdüse) über die Bernoulli Gleichung (1.7) mit dem Durchfluß $\dot{V}$ in Verbindung gebracht werden kann. Fast alle technisch

40   1 Mechanische Meßmethoden

wichtigen Rohrströmungen verlaufen turbulent. Obwohl für turbulente Strömungen die Voraussetzungen der Bernoulli Gleichung nicht erfüllt sind, wird doch der physikalische Zusammenhang zwischen den zeitlichen Mittelwerten von Δp und $\dot V$ bis auf einen durch Kalibrierung zu bestimmenden Zahlenfaktor richtig beschrieben.

Der prinzipielle Aufbau einer Durchflußmessung mit Hilfe einer Meßblende ist in Bild 1.25 dargestellt. Die Meßblende wird zweckmäßigerweise zwischen die Flansche, die zwei Rohre verbinden, eingebaut. Durch die plötzliche Verengung vom Rohrdurchmesser D auf den Meßblendendurchmesser d tritt stromab eine zusätzliche Strahlkontraktion auf, d.h. der kleinste Strömungsquerschnitt ist nicht d, sondern d_2. Um eine definierte Strömung im Bereich der Blende zu erhalten, muß das Rohr über eine hinreichend lange Strecke (etwa 30 D) gerade verlaufen. Bei einer turbulenten Rohrströmung ist vor der Blende ($\gtrsim$ 10 D) bis auf einen sehr kleinen Wandbereich die zeitlich gemittelte Geschwindigkeit U_1 nahezu konstant über den Querschnitt. Um eine möglichst große Einschnürung der Strömung mit einer gut meßbaren Druckdifferenz zu erzeugen, wird die scharfe Kante der Meßblende gegen die Strömung gerichtet.

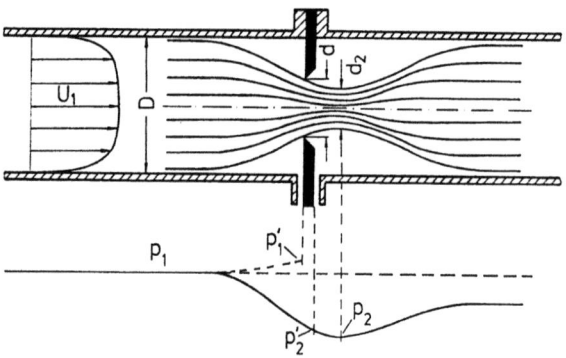

Bild 1.25:   Zeitlich gemitteltes Geschwindigkeitsfeld in einem turbulent durchströmten Rohr in der Nähe einer Meßblende (oben) und Druckverlauf (unten).

Eine formale Anwendung der Bernoulli Gleichung auf das zeitlich gemittelte Geschwindigkeitsfeld liefert unter Vernachlässigung des Strömungswiderstandes des Rohres für die Druckdifferenz über die Meßblende

$$\Delta p = p_1 - p_2 = \frac{\rho}{2}(U_2^2 - U_1^2). \qquad (1.43)$$

Dabei bezieht sich der Index 1 auf einen Punkt auf der Rohrachse vor der Blende in der ungestörten Strömung und der Index 2 auf das Zentrum der Einschnürung hinter der Blende. Um p_1 und p_2 messen zu können, müßten an den entsprechenden Abständen vor und hinter der Meßblende Druckanbohrungen am Rohr angebracht werden. Damit das Rohr nicht unnötig verletzt zu werden braucht, werden nicht die Drucke p_1 und p_2, sondern $p_1' \gtrsim p_1$ direkt vor und $p_2' \gtrsim p_2$ direkt hinter der Blende gemessen. Aus dem mittleren Druckverlauf ergibt sich, daß hierdurch kein allzu großer Fehler entsteht, da, wie Bild 1.25 zeigt,

$$p_1 - p_2 \approx p_1' - p_2' \tag{1.44}$$

ist. Die Größe der Einschnürung hinter der Blende ist im allgemeinen nicht bekannt. Deshalb wird nicht d_2, sondern der Blendendurchmesser d für die weitere Rechnung benutzt und die Querschnittsänderung durch eine Kontraktionszahl α ausgedrückt

$$d_2^2 = \alpha \, d^2, \tag{1.45}$$

womit dann über die Kontinuitätsgleichung ein Zusammenhang zwischen Rohr- und Meßblendendurchmesser hergestellt werden kann

$$D^2 U_1 = \alpha \, d^2 U_2, \tag{1.46}$$

der in Gl. (1.43) eingesetzt zusammen mit Gl. (1.44)

$$p_1' - p_2' \approx \frac{\rho}{2} U_1^2 \left[\frac{D^4}{\alpha^2 d^4} - 1 \right] \tag{1.47}$$

ergibt. Bei technisch interessanten Reynolds Zahlen ($> 10^4$) ist die zeitlich gemittelte Geschwindigkeit in Rohrmitte U_1 ungefähr gleich der über den Rohrquerschnitt räumlich gemittelten Geschwindigkeit $\tilde{U}_1$. Durch Einsetzen von Gl. (1.42) in Gl. (1.47) folgt dann für

$$U_1 = \tilde{U}_1$$

$$\dot{V} \approx \frac{\frac{d^2 \pi}{4} \alpha}{\sqrt{1 - \left(\frac{\alpha \, d^2}{D^2}\right)^2}} \sqrt{\frac{2(p_1' - p_2')}{\rho}}. \tag{1.48}$$

Wird anstelle der Meßblende eine Düse in das Rohr eingesetzt, kommt es zu keiner wesentlichen Einschnürung der Strömung hinter der Düse. Trotzdem ist auch in diesem Fall die Einführung eines Zahlenfaktors α, der jetzt dicht bei eins liegt, sinnvoll. In beiden Fällen muß der von der Reynolds Zahl abhängige Zahlenfaktor α experimentell bestimmt werden. Für genormte Blenden und Düsen kann die Durchflußzahl

$$\beta = \frac{\frac{d^2 \pi}{4} \alpha}{\sqrt{1 - (\frac{\alpha \, d^2}{D^2})^2}} \qquad (1.49)$$

dem Normblatt DIN 1952 entnommen werden. Grundsätzlich kann jede Form einer Querschnittsänderung zur Durchflußmessung benutzt werden, wenn die zugehörige Durchflußzahl β aus einer Kalibrierung für den interessierenden Reynolds Zahlbereich bekannt ist. Wegen des nichtlinearen Zusammenhangs zwischen Durchfluß $\dot{V}$ und Druckdifferenz $\Delta p = p_1' - p_2'$ (Gl. 1.48) können sich bei zeitlich veränderlichen Strömungen (z.B. pulsierende Strömung) falsche Mittelwerte ergeben.

1.1.6.2 Schwebekörper Durchflußmessung

Ein Schwebekörper Durchflußmesser besteht aus einem konischen Rohr, in dem sich ein von der Strömung mitgenommener Körper frei bewegen kann (Bild 1.26). Das Rohr wird senkrecht angeordnet und vom kleineren zum größeren Durchmesser hin durchströmt.

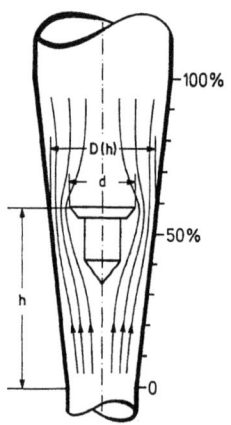

Der zwischen dem größten Körperdurchmesser d und der Rohrwandung entstehende Ringspalt der Fläche

$$F = [D^2(h) - d^2] \frac{\pi}{4} \qquad (1.50)$$

ist dann ein Maß für den Durchfluß. Durch geeignete Formgebung des Schwebekörpers wird erreicht, daß der Reibungswiderstand gegenüber dem Druckwiderstand zu vernachlässigen ist.

Bild 1.26:
Zeitlich gemitteltes Geschwindigkeitsfeld in einem turbulent durchströmten Schwebekörper Durchflußmesser

Dann muß in jeder Höhenlage h die am Schwebekörper angreifende Druckkraft eine Konstante sein, die durch das um den Auftrieb verminderte Gewicht des Schwebekörpers gegeben ist. Es gilt:

$$\Delta p \frac{d^2 \pi}{4} = (\rho_K - \rho_F) V_K g, \qquad (1.51)$$

wobei ρ_K, ρ_F die Dichte des Körpers bzw. des Fluids, V_K das Volumen des Schwebekörpers und g die Schwerebeschleunigung bedeuten. Der Durchfluß ergibt sich dann auch aus Gl. (1.48) nur mit dem Unterschied, daß jetzt $\Delta p = p_1' - p_2'$ und damit die Wurzel konstant und der Vorfaktor variabel ist. Es gilt:

$$\dot{V} = K \, [D^2(h) - d^2] \sqrt{\frac{(\rho_K - \rho_F)}{\rho_F} \frac{V_K g \pi}{2 \, d^2}}. \qquad (1.52)$$

K ist eine Gerätekonstante, die durch Kalibrierung bestimmt werden muß. Durch geeignete Formgebung von Schwebekörper und Rohr kann ein proportionaler Zusammenhang zwischen $\dot{V}$ und h erreicht werden.

1.2 Mikromanometer

Die hier zu behandelnden Mikromanometer dienen in erster Linie zur Messung von Druckunterschieden in Gas- und Flüssigkeitsströmungen. Die dabei am häufigsten auftretenden Druckunterschiede liegen etwa zwischen 0,01 und 1000 mm WS bzw. 0,1 und 10.000 Pa. Dies entspricht in Luft nach Gl. (1.11) Geschwindigkeiten von etwa 0,4 bis 125 m/s und in Wasser nach Gl. (1.12) Geschwindigkeiten von etwa 0,014 bis 4,5 m/s. Der Name Mikromanometer soll andeuten, daß es sich hierbei um Geräte für geringe Drucke handelt, die sich ganz wesentlich von denen z.B. an Gasflaschen verwendeten Manometern unterscheiden.

1.2.1 Flüssigkeitsmanometer

Die Flüssigkeitsmanometer basieren alle mehr oder weniger auf dem U-Rohr-Prinzip, bei dem eine Sperrflüssigkeit im Rohr dafür sorgt, daß sich die an den beiden Schenkeln angeschlossenen Drucke nicht ausgleichen können. Gleichzeitig dient die Sperrflüssigkeit dazu, den angelegten Differenzdruck durch Spiegelverschiebung anzuzeigen.

1.2.1.1 U-Rohr Manometer mit gleichen Schenkeldurchmessern

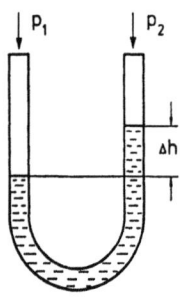

Bild 1.27:
U-Rohr Manometer

Das in Bild 1.27 dargestellte U-förmig gebogene und teilweise mit einer Sperrflüssigkeit gefüllte Glasrohr ist die einfachste Form eines Manometers. Die beiden Drucke p_1 und p_2, deren Differenz gemessen werden soll, werden direkt an die beiden U-Rohr-Schenkel angelegt. Der Flüssigkeitsspiegel in den beiden Schenkeln verschiebt sich solange, bis das Gewicht der verschobenen Sperrflüssigkeit der Druckdifferenz das Gleichgewicht hält. Dann gilt:

$$\Delta h = \frac{p_1 - p_2}{(\rho_S - \rho_F)g} \qquad (1.53)$$

mit $\rho_S - \rho_F$: Dichtedifferenz zwischen Sperrflüssigkeit und Fluid (Strömungsmedium), g: Erdbeschleunigung.

Bei Flüssigkeitsströmungen wird als Manometersperrflüssigkeit meist Quecksilber verwendet. Die Dichten ρ_S und ρ_F unterscheiden sich hier nur um etwa eine Größenordnung. Bei Gasströmungen bietet sich vor allem Wasser als Sperrflüssigkeit an, und es kann in Gl. (1.53) ρ_F gegenüber ρ_S vernachlässigt werden. Da Wasser aber relativ hohe Kapillarkräfte und eine stark von Verunreinigungen abhängige Grenzflächenspannung besitzt, wird häufig lieber Alkohol als Sperrflüssigkeit verwendet. Alkohol löst die meist fettigen Verunreinigungen und garantiert einen einwandfreien Meniskus, hat dafür aber eine größere Dichte-Temperaturabhängigkeit als Wasser.

Die Ausbildung des Meniskus wird vom Zusammenspiel der drei Grenzflächenspannungen: Fluid (Strömungsmedium) - Sperrflüssigkeit σ_{FS}, Sperrflüssigkeit - Glaswand

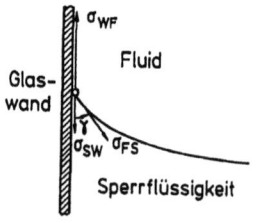

σ_{SW} und Glaswand-Fluid σ_{WF} bestimmt (Bild 1.28). Die drei Grenzflächenspannungen können an der Berührungslinie zwischen Sperrflüssigkeit und Glaswand miteinander in Gleichgewicht stehen,

Bild 1.28:
Gleichgewicht der Grenzflächenspannungen an einer festen Wand

wobei gilt:
$$\sigma_{FS} \cos \gamma = \sigma_{WF} - \sigma_{SW}. \quad (1.54)$$

Für eine nichtbenetzende Sperrflüssigkeit (z.B. Quecksilber) ist $\sigma_{SW} > \sigma_{WF}$, $\cos \gamma$ muß dann negativ, d.h. $\gamma > 90^0$ werden. Es bildet sich ein zum Fluid hin konvexer Meniskus aus. Für eine benetzende Flüssigkeit (z.B. Wasser) ist $\sigma_{SW} > \sigma_{WF}$ und damit $\gamma < 90°$. Der Meniskus ist dann konkav. Kein Gleichgewicht herrscht, wenn $\sigma_{FS} < \sigma_{WF} - \sigma_{SW}$ ist. In diesem Fall wird die Wand vollständig benetzt.

Bei engen Rohren führt die stark gekrümmte Grenzfläche zwischen Sperrflüssigkeit und Fluid zu einem Kapillardruck. Hierdurch wird bei einer benetzenden Sperrflüssigkeit der Flüssigkeitsspiegel im Manometer angehoben (<u>Bild 1.29</u>) und bei einer nicht benetzenden Flüssigkeit abgesenkt.

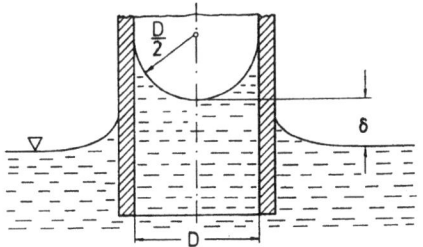

<u>Bild 1.29:</u>
Zur Berechnung des Kapillardrucks

Bei der Berechnung des Kapillardrucks wird vereinfacht angenommen, daß die freie Grenzfläche eine Halbkugelform besitzt. Nach der Kapillardruckformel von Gauß (siehe z.B. Truckenbrodt 1980, Band 1, S. 27) berechnet sich der Krümmungsdruck aus den beiden Krümmungsradien R_1, R_2 in zwei normalen Hauptschnitten der Flüssigkeitsoberfläche zu:

$$p_K = \sigma_{FS} \left[\frac{1}{R_1} + \frac{1}{R_2} \right]. \quad (1.55)$$

Für $R_1 = R_2 = D/2$ ergibt sich

$$p_K = \frac{4 \, \sigma_{FS}}{D}. \quad (1.56)$$

Die aus dem Kapillardruck resultierende Kraft ist für das gezeigte Beispiel von der Sperrflüssigkeit weg gerichtet. Dies führt, entsprechend Gl. (1.53), zu einer Spiegelanhebung

$$\delta = \frac{p_K}{(\rho_S - \rho_F) g} = \frac{4 \sigma_{FS}}{D (\rho_S - \rho_F) g} \qquad (1.57)$$

im Rohr. Dabei ist $\rho_S - \rho_F$ die Dichtedifferenz zwischen Sperrflüssigkeit und Fluid.

In einem Rohr von D mm Durchmesser steigt Wasser um (30/D) mm, Äthanol um (11/D) mm und Quecksilber sinkt um (14/D) mm. Um diese Kapillarwirkung klein zu halten, müssen Rohre mit möglichst großem Durchmesser verwendet werden.

Außer den drei bisher genannten Flüssigkeiten gibt es nur noch wenige, die als Sperrflüssigkeit geeignet sind. In Tabelle 1.3 sind gebräuchliche Sperrflüssigkeiten und einige nützliche Eigenschaften zusammengestellt. Das maximale Dichteverhältnis zwischen Alkohol und Quecksilber beträgt 1 : 17. Die Empfindlichkeit eines Manometers steigt mit abnehmender Dichte. Bei Alkohol als Sperrflüssigkeit ist sie am größten. Die Manometerempfindlichkeit ließe sich prinzipiell noch weiter steigern, wenn geeignete Flüssigkeiten mit noch kleinerer Dichte bekannt wären. Durch Schichten einer Sperrflüssigkeit mit geringerer Dichte ρ_1 über eine andere mit etwas höherer Dichte ρ (Bild 1.30) kann auch die Empfindlichkeit eines Manometers gesteigert werden.

Nimmt man an, daß die beiden Gefäße in Bild 1.30 einen viel größeren Durchmesser als die Schenkel des U-Rohrs besitzen, dann können in den Gefäßen kleine Spiegeländerungen vernachlässigt werden, und es gilt:

$$p_1 + \rho_1 g h_1 = p_2 + \rho_1 g h_2 + \rho g \Delta h.$$

Hieraus folgt dann

$$\Delta h = \frac{p_1 - p_2}{(\rho - \rho_1) g}. \qquad (1.58)$$

Ein Vergleich mit Gl. (1.53) zeigt, daß in die Beziehung für Δh nur noch die Dichtedifferenz zwischen den beiden Sperrflüssigkeiten eingeht. Es zeigt sich weiter, daß

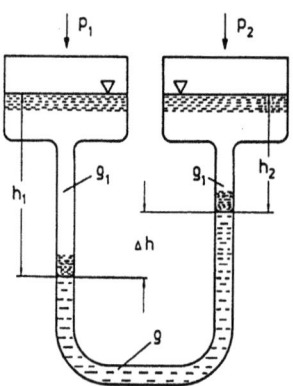

Bild 1.30:
Manometer mit zwei Flüssigkeiten unterschiedlicher Dichte

Sperrflüssigkeit	Dichte ρ[kg/m³]	Meniskus	Bemerkung
Äthanol	800	gut	hygroskopisch
Butanol	810	befriedigend	verdunstet nicht so stark
Toluol	870	gut	Dämpfe giftig
Wasser	1000	schlecht	Algenbildung
Dijodmethan	3420	gut	teuer, zersetzt sich im Licht
Galium	5900	–	Schmelzpunkt 29,8° C
Quecksilber	13600	gut	Dämpfe giftig

Sperrflüssigkeit	Formel	Steighöhe δ [mm] in einem Rohr von D mm	Dichte – Temperaturabhängigkeit
Äthanol	C_2H_5OH	11/D	schlecht
Butanol	C_4H_9OH	–	befriedigend
Toluol	$C_6H_5CH_3$	13/D	schlecht
Wasser	H_2O	30/D	gut
Dijodmethan	CH_2J_2	–	–
Galium	Ga	–	–
Quecksilber	Hg	–14/D	gut

Tabelle 1.3: Zusammenstellung gebräuchlicher Sperrflüssigkeiten

die Empfindlichkeit des Manometers um so größer wird, je weniger sich die beiden Dichten ρ und ρ_1 voneinander unterscheiden. Leider besitzen solche Manometer mit zwei geschichteten Sperrflüssigkeiten keine große praktische Bedeutung, da Flüssigkeiten mit nur geringem Dichteunterschied an ihrer Trennfläche keinen guten und über längere Zeit stabilen Meniskus ausbilden.

Das in Bild 1.31 gezeigte Chattock-Manometer nutzt den Dichteunterschied zweier Flüssigkeiten aus. Es stellt im Prinzip ein U-Rohr dar, bei dem die beiden wassergefüllten Schenkel in der Mitte durch eine große Paraffinölblase unterbrochen sind. Bei

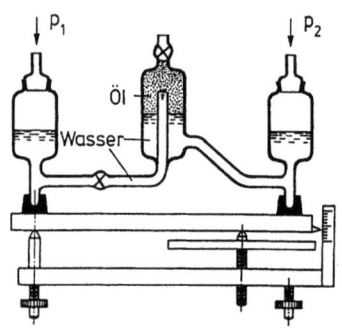

einer geringen Druckdifferenz $p_1 - p_2$ verändert sich die Grenzfläche an dem in das Öl ragenden Rohr. Durch Beobachten mit einem Mikroskop und Heben oder Senken des rechten Manometerschenkels kann der Ausgangszustand wieder hergestellt werden.

Bild 1.31:
Chattock-Manometer:
Meßbereich 500 Pa, Genauigkeit
±0,01 Pa entsprechend ± $2 \cdot 10^{-3}$ %

Das Schrägrohrmanometer (Bild 1.32) stellt eine Sonderform des U-Rohrs dar, bei dem ein Schenkel des Manometers um den Winkel α gegen die Horizontale geneigt ist. Hierdurch wird in dem schrägen eine größere Verschiebung als in dem senkrechten Schenkel erhalten, die aber durch einen schlechter ausgebildeten Meniskus erkauft werden muß. Bei inneren Schenkeldurchmessern von 2 bis 3 mm sorgt der Kapillardruck (Gl. 1.56) dafür, daß sich auch im schrägen Schenkel der Meniskus symmetrisch zur Rohrachse ausbildet. Wenn bei kleinen Winkeln α die Schenkel nicht genau gerade sind oder über

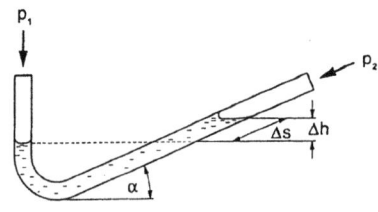

die Länge nicht den gleichen Durchmesser besitzen, führt dies zu Meßfehlern, die dann die Empfindlichkeit des Schrägrohrmanometers begrenzen.

Die Höhendifferenz Δh wird durch die Schenkelneigung nicht verändert, wohl aber die Strecke ΔS längs des Rohres, die im allgemeinen gemessen wird.

Bild 1.32:
Schrägrohrmanometer

Es gilt:
$$\Delta h = \Delta S \sin \alpha \ . \tag{1.59}$$

Das Hebelmikromanometer nach Betz (Bild 1.33) hat die gleiche hohe Empfindlichkeit wie ein Schrägrohrmanometer, aber nicht dessen Nachteile, da es nicht eine Flüssigkeitshöhe Δh anzeigt, sondern als Nullinstrument benutzt wird. Ein Schenkel des nahezu

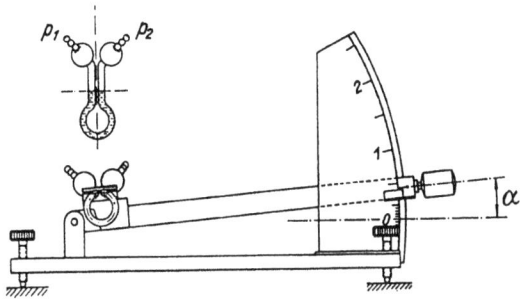

Bild 1.33: Hebelmanometer nach Betz: Meßbereich 25 Pa, Genauigkeit± 0,05 Pa entsprechend ± 0,2%

horizontal liegenden U-Rohrs wird mit Hilfe eines Hebels so weit über den anderen gehoben (Bild 1.34), bis das Manometer wieder den Wert Null anzeigt. Dann gilt:

$$p_1 - p_2 = \rho \, g \, \Delta h = \rho \, g \, a \sin \alpha . \tag{1.60}$$

Da ρ g a = const ist, kann eine Winkelskala direkt in Pa oder mmWS geeicht werden. Als Sperrflüssigkeit wird Alkohol benutzt. Der Druck des in Bild 1.33 dargestellten Hebelmanometers wird aber in mmWS angegeben. Da diese Anzeige nur für eine Dichte

$\rho = 0.8$ gr/cm³ gilt, muß der Druck bei einer hiervon abweichenden Dichte des Alkohols umgerechnet werden. Durch Verändern des Winkels β (Neigung des U-Rohrs) kann die Empfindlichkeit des Hebemanometers geändert werden.

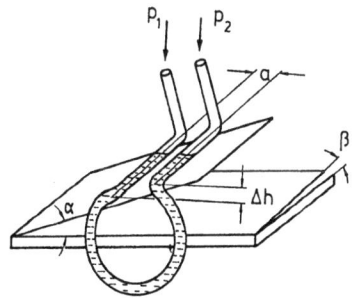

Bild 1.34:
Zum Prinzip des Hebelmikrometers

1.2.1.2 U-Rohr Manometer mit ungleichen Schenkeldurchmessern

Bei U-Rohr-Manometern mit gleichen Schenkeldurchmessern muß immer die Höhendifferenz Δh zwischen beiden Menisken gemessen werden. Man könnte meinen, daß es genügen würde, nur einen der beiden Schenkel zu beobachten, da die Bewegung im anderen genau entgegengesetzt verläuft. Dies trifft im allgemeinen aber nicht zu, da bei einer Spiegelabsenkung immer etwas Flüssigkeit an der Rohrwand zurückbleibt. Hierdurch verschiebt sich die für die Ablesung nur eines Schenkels benötigte Bezugshöhe (Nullpunkt). Unterscheiden sich jedoch die Durchmesser d_1 und d_2 der beiden Schenkel erheblich (Bild 1.35), so reicht es aus, statt

$$\Delta h = h_1 + h_2 = \frac{p_1 - p_2}{\rho g} \tag{1.61}$$

nur die Flüssigkeitshöhe h_2 im kleineren Schenkel zu messen. Die Spiegeländerung

$$h_1 = h_2 \left[\frac{d_2}{d_1}\right]^2 = h_2 \lambda \tag{1.62}$$

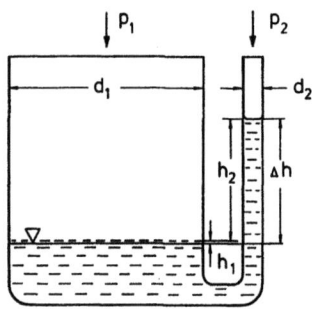

im großen Schenkel, die sich aus der Kontinuitätsgleichung ergibt, ist dann nur gering. Das Flächenverhältnis λ der beiden Schenkel ist eine Apparatekonstante und kann bei der Eichung berücksichtigt werden. Im allgemeinen ist $\lambda \ll 1$, so daß auf eine Korrektur verzichtet werden kann.

Bild 1.35:
U-Rohr-Manometer mit ungleichen Schenkeln

Das Prandtl-Manometer (Bild 1.36) ist ein U-Rohr mit zwei ungleichen Schenkeln. Das Meßrohr besitzt 8 mm und der größere Schenkel 100 mm Durchmesser ($\lambda = 0,0064$). Als Sperrflüssigkeit wird Alkohol benutzt. Die genaue Position des Meniskus wird mit Hilfe einer Hohlspiegel-Lupenanordnung, die längs einer Skala verschoben werden kann, bestimmt. Dabei wird der Meniskus M (Bild 1.36) mit seinem durch den Hohlspiegel erzeugten Spiegelbild M_1 zur Berührung gebracht. Da diese Art der Ablesung eine gewisse subjektive Konstante enthält, muß zu Beginn einer Messung der persönliche Nullpunkt eingestellt werden. Dies geschieht mit einem Spezialwerkzeug, mit dem die gesamte Skala parallel zum Meßrohr verschoben werden kann.

1.2 Mikromanometer 51

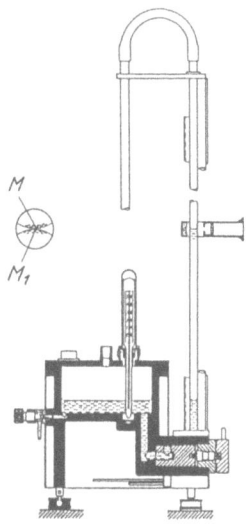
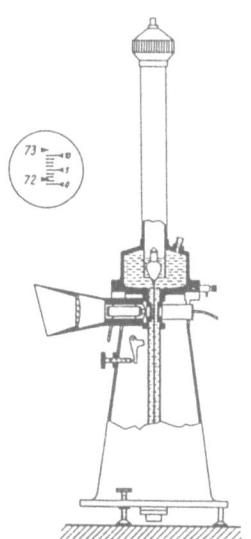

Bild 1.36:
Prandtl Manometer:
Meßbereich 4500 Pa;
Genauigkeit ±0,5 Pa;
entspr. ±1,1·10⁻² %

Bild 1.37:
Betz-Manometer:
Meßbereich 4000 Pa;
Genauigkeit ±0,5 Pa;
entspr. ±1,2·10⁻² %

Schwankt der Druck, so schwankt auch die Flüssigkeitssäule im Meßrohr und eine Ablesung ist dann kaum möglich. Zur Dämpfung lassen sich verschieden weite Kapillaren mit einem Mehrweghahn zwischen die beiden Schenkel des Prandtl Manometers schalten. Bei laminarer Durchströmung ist der Druckabfall über ein Kapillare proportional der Durchflußgeschwindigkeit und ergibt damit bei der Mittelung keinen Fehler.

Wenn die beim Prandtl Manometer vernachlässigte Spiegelabsenkung im großen Schenkel berücksichtigt werden soll, müssen nach Gl. (1.61) und (1.62) alle abgelesenen Werte mit 1,0064 multipliziert werden. Nach einem Vorschlag von Wieghardt (1946) kann dies dadurch umgangen werden, daß zur Berechnung der Dichte des Alkohols $\rho = \rho_0$ (1 - 1,25·10⁻³ Δt) nicht die wahre, sondern eine um 5° C niedrigere Temperatur benutzt wird.

Das in Bild 1.37 gezeigte Betz Manometer benutzt Wasser als Sperrflüssigkeit, wodurch sich nur eine geringe Temperaturabhängigkeit der Anzeige ergibt. Wegen der schlechten Kapillareigenschaften von Wasser wird bei diesem Manometer ein Meßrohr von 40 mm

Durchmesser verwendet. Dieses taucht konzentrisch in einen zweiten Schenkel von 120 mm Durchmesser ein. Die Flüssigkeitshöhe im Meßrohr wird mit Hilfe eines Schwimmers, der eine Skala an einer Projektionseinrichtung vorbeibewegt, gemessen. Ein etwa 20fach vergrößerter Skalenausschnitt erscheint auf einer Mattscheibe, so daß ein Ablesen auch aus einiger Entfernung möglich ist. Die abgebildeten Zahlen geben die Höhendifferenz Δh direkt in hPa oder mmWS an. Dabei ist die Spiegelabsenkung im weiteren Schenkel berücksichtigt worden. Mit Hilfe einer Teilung, die ebenfalls auf der Mattscheibe erscheint, kann der Druck abgelesen werden. Das in Bild 1.37 dargestellte Beispiel einer Anzeige entspricht einem Druck von 72,15 mmWS.

Die großen Schenkeldurchmesser des Betz Manometers führen zu einem hohen Luftbedarf. Bei Sonden mit kleinen Abmessungen oder Druckanbohrungen mit geringerem Durchmesser kommt es dann zu längeren Einstellzeiten, weil die Luft, die die Sperrflüssigkeit im Manometer verschiebt, durch kleine Querschnitte strömen muß. Der Widerstand des Verbindungsschlauchs zwischen Meßstelle und Manometer kann dabei im allgemeinen gegen den Widerstand der Meßstelle selbst vernachlässigt werden.

Für ein Betz Manometer, das an die in Bild 1.38 gezeigte Wandanbohrung angeschlossen ist, soll die Einstellzeitkonstante τ berechnet werden. Das ist die Zeit, die vergeht, bis sich der vom Manometer angezeigte Wert p_m vom wahren Wert p nur noch um 1/e (etwa 35%) unterscheidet. Zwischen dem verschobenen Luftvolumen dV und der Druckänderung dp_m am Manometer besteht über die Luftbedarfskonstante C, die für das Betz Manometer 130 mm³/Pa beträgt, der Zusammenhang

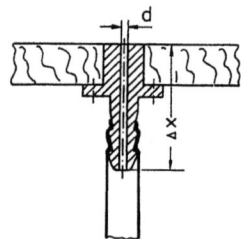

Bild 1.38:
Druckmeßstelle

$$dV = C\, dp_m. \qquad (1.63)$$

Das Hagen-Poiseuillesche Gesetz

$$p - p_m = \frac{128}{\pi} \frac{\mu}{d^4} \Delta x \frac{dV}{dt} \qquad (1.64)$$

liefert einen Zusammenhang zwischen dem Druckabfall ($p - p_m$) über die Druckanbohrung (Bild 1.38) und dem pro Zeiteinheit verschobenen Luftvolumen dV/dt. Dabei ist μ die dynamische Zähigkeit der Luft, Δx die Länge und d der Durchmesser der Druckbohrung.

Einsetzen von Gl. (1.63) in (1.64) liefert die Differentialgleichung 1. Ordnung

$$\tau \frac{dp_m}{dt} + p_m = p, \qquad (1.65)$$

mit der Zeitkonstanten

$$\tau = \frac{128\ \mu\ \Delta x\ C}{\pi\ d^4}, \qquad (1.66)$$

die dann für ein Betz Manometer und Verwendung einer Druckanbohrung von d = 1 mm Durchmesser und Δx = 10 mm Länge etwa eine Sekunde beträgt.

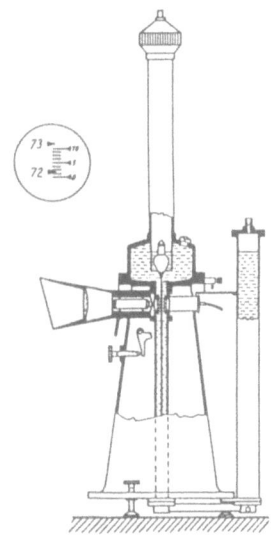

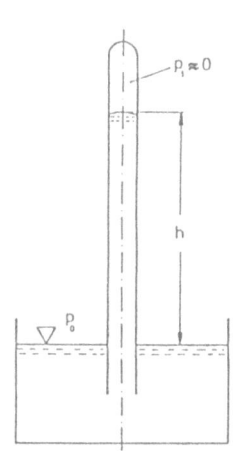

Bild 1.39:
Betz-Manometer mit Zusatzrohr
Meßbereich 8000 Pa,
Genauigkeit ±1 Pa
entspr. 1,2 · 10^{-2} %

Bild 1.40:
Quecksilberbarometer

Mit Hilfe eines Zusatzrohres kann ein Betz Manometer in ein U-Rohr Manometer mit zwei gleich weiten Schenkeln umgewandelt werden (Bild 1.39). Dabei verdoppelt sich der Meßbereich und der Luftbedarf halbiert sich. Die abgelesenen Werte sind in diesem Fall mit zwei zu multiplizieren.

Zur Messung des absoluten Luftdrucks (Atmosphärendruck) werden im Labor meist Quecksilberbarometer (Bild 1.40) benutzt. Der auf die freie Oberfläche einwirkende

Luftdruck p_0 hebt die Quecksilbersäule im Glasrohr bis auf eine Höhe h von etwa 760 mm. Der Bezugsdruck p_1 ist der Dampfdruck des Quecksilbers ($1,3 \cdot 10^{-3}$ mm Hg), der sich im geschlossenen Teil des Meßrohrs einstellt.

1.2.1.3 Umgekehrtes U-Rohr Manometer

Bei Druckmessungen in Flüssigkeiten liegt es nahe, dieselbe Flüssigkeit auch als Füllung für das Manometer zu verwenden. Vielfach liegen aber dann die abzulesenden Spiegel in einer unbequemen Höhe (Bild 1.36 links). Bei Differenzdruckmessungen können diese mittels eines umgekehrten U-Rohres in eine passende Höhe gebracht werden. Durch einen mehr oder weniger starken Unterdruck im U-Rohr werden beide Flüssigkeitssäulen um den gleichen Betrag angehoben, wobei die Höhendifferenz Δh unverändert bleibt (Bild 1.36 rechts).

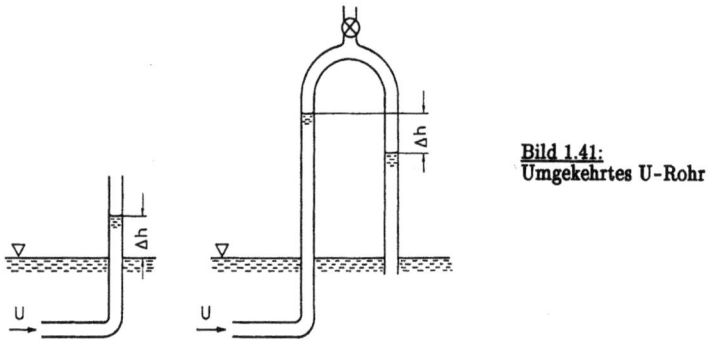

Bild 1.41:
Umgekehrtes U-Rohr

1.2.2 Federmanometer

Als Betriebsinstrumente, z.B. zur Überwachung oder Einstellung eines Druckes sind Flüssigkeits Manometer recht unbequem und ungeeignet, da ihre Glasteile leicht zerbrechen können und ihre Sperrflüssigkeit wegen der Verdunstung (besonders bei Alkohol) laufend ergänzt werden muß. Hier sind Manometer, die die elastische Verformung von Röhren-, Membran-, Kapsel- oder Wellrohr-Federn ausnutzen, besser geeignet.

Ein Röhren- oder Bourdonfeder Manometer besteht aus einem Rohr ovalen Querschnitts, das ringförmig aufgerollt und an seinem vorderen Ende verschlossen ist (Bild 1.42 links). Ein Innendruck versucht, den Rohrquerschnitt kreisförmig zu machen,

1.2 Mikromanometer

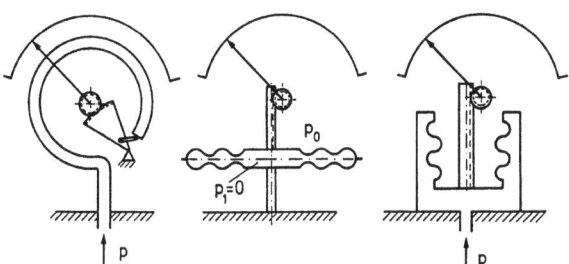

Bild 1.42: Feder Manometer.
Röhrenfeder Manometer (links), Kapselfeder Barometer (Mitte), Wellenrohrfeder Manometer (rechts).

wodurch sich der Ringdurchmesser vergrößert. Die daraus resultierende Bewegung des verschlossenen Rohrendes wird über einen Mechanismus auf einen Zeiger übertragen und kann auf einer Skala abgelesen werden. Röhrenfeder Manometer werden für einen Vollausschlag von 0,5 bis zu einigen tausend Bar gebaut.

Die Auslenkung in der Mitte einer einfachen Membran darf maximal 30 % der Wandstärke betragen, wenn eine Linearität innerhalb von 5 % zwischen Druck und Auslenkung gefordert wird. Eine direkte Anzeige der Auslenkung ist nicht möglich. Deshalb werden Membranen nur in Druckwaagen (Bild 2.8) benutzt, bei denen die Abtastung der Bewegung elektrisch erfolgt (Kap. 2.1.2).

Größere Auslenkungen und damit auch empfindlichere Anzeigen werden mit gewellten Membranen oder Kapselfedern erhalten. Kapselfedern sind zwei am äußeren Rand verbundene Membranen. Bild 1.42 Mitte zeigt als Beispiel ein nach dem Kapselfederprinzip arbeitendes Barometer. Der Innenraum der Kapsel ist luftleer und die untere Membran mit einer großen Masse verbunden. Der sich ändernde Luftdruck drückt die Kapsel mehr oder weniger stark zusammen. Die Auslenkung der Kapsel relativ zur großen Masse wird von der oberen Membran über einen Mechanismus auf einen Zeiger übertragen.

Wellenrohrfeder Manometer (Bild 1.42 rechts) sind für die Messung kleinerer Drucke als die hier beschriebenenen Röhren- oder Kapsel-Feder-Manometer geeignet. Sie erreichen jedoch nicht die hohe Empfindlichkeit der Flüssigkeits Manometer (Kap. 1.2.1.) oder der Druckwaagen (Kap. 2.1.2). Im Labor sind in der Hauptsache Flüssigkeits Manometer und Druckwaagen anzutreffen, da sie außer der höheren Empfindlichkeit auch nicht die bei Feder Manometern auftretenden Fehler wie Reibung, toter Gang, Hysterese und Nichtlinearität zeigen.

1.3 Kraftmessungen

Auf einen frei in der Strömung schwebenden Körper wirken im allgemeinen Fall eine Kraft und ein Drehmoment. Beide lassen sich bezüglich eines frei wählbaren Punktes in jeweils drei Komponenten zerlegen. Bei Modelluntersuchungen im Windkanal (Teil 5) sind zwei Koordinatensysteme gebräuchlich: ein modellfestes und ein wind- oder windkanalfestes System. Es ist üblich, Kräfte und Momente im modellfesten System (Bild 1.43) anzugeben. Sie werden als:

Widerstand W:	Kraft in Strömungsrichtung
Auftrieb A:	Kraft senkrecht zur Strömungsrichtung (in der Symmetrieebene wirkend)
Seitenkraft S:	Kraft senkrecht zu W und A
und	
Rollmoment M:	Drehmoment um die Längsachse
Giermoment L:	Drehmoment um die Hochachse
Nickmoment N:	Drehmoment um die Querachse

bezeichnet. In diesem System fällt, unabhängig vom Anstellwinkel des Modells, die Widerstandskraft immer mit der Hauptströmungsrichtung zusammen. Diese Richtung braucht aber nicht, wie z.B. bei schiebender Bewegung, die Modellachse zu sein.

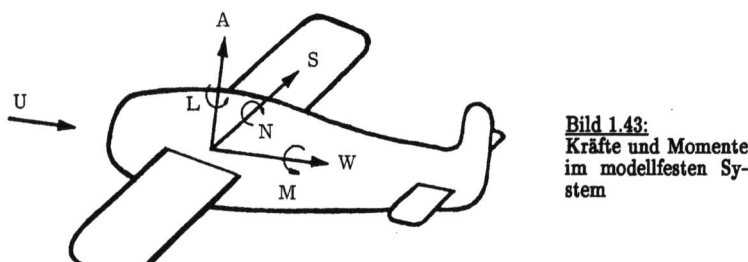

Bild 1.43:
Kräfte und Momente im modellfesten System

Die entsprechenden Kräfte und Momente im windkanalfesten System (vgl. Bild 1.44) werden mit Großbuchstaben bezeichnet. Die Kraft in Hauptachsenrichtung heißt X, die Seitenkraft Y und die Kraft in Richtung der Schwerkraft Z. Entsprechend lauten die Momente M_x, M_y und M_z. Gemessen werden die Kräfte und Momente mit Waagen, die sich außerhalb des Luftstroms befinden. Die Waagen sind entweder durch Drähte oder Hebel mit dem Modell verbunden oder in den Haltestiel des Modells eingebaut. Im ersten Fall spricht man von Hebel- und im zweiten Fall von Stielwaagen. Einfache Waagen können gleichzeitig nur zwei oder drei Komponenten, wie den Auftrieb und das Nickmoment oder zusätzlich noch den Widerstand messen. Bei rotationssymmetrischen Modellen reichen zur Bestimmung aller Kräfte und Momente Vierkomponentenwaagen aus, die zunächst Auftrieb, Widerstand, Nick- und Rollmoment und nach Drehen des Modells um 90° dann Seitenkraft und Giermoment messen. Es gibt aber auch Waagen, die gleichzeitig alle sechs Komponenten zu messen gestatten.

1.3.1 Hebelwaagen

Als Beispiel für eine Hebelwaage zeigt <u>Bild 1.44</u> das Schema der Sechskomponentenwaage des 3 m Windkanals der DLR in Göttingen. Das Modell, ein Flugzeug, ist an sechs Drähten auf dem Kopf hängend befestigt, damit die nach unten wirkende Auftriebskraft als Zugspannung übertragen wird. Bei negativen Anstellwinkeln können in dieser Lage auch Kräfte nach oben auftreten, die die biegsamen Drähte nicht übertragen

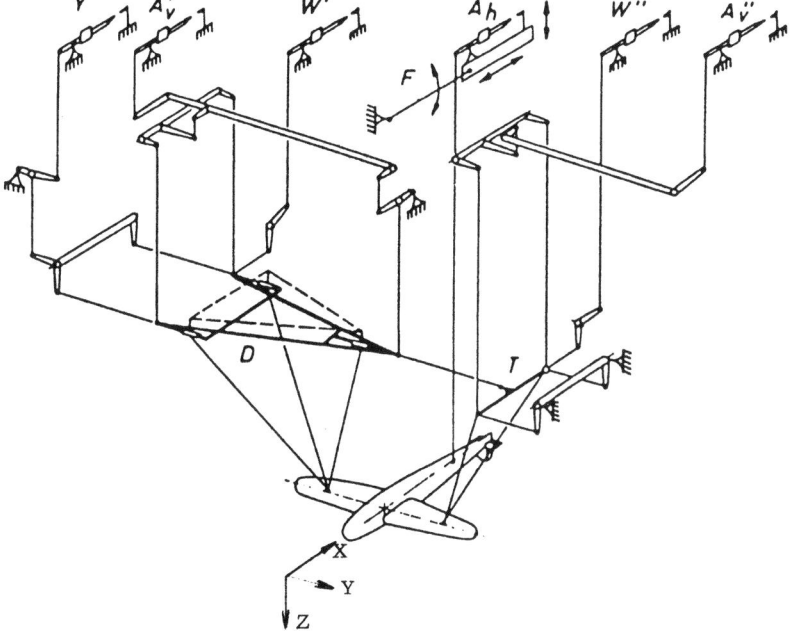

<u>Bild 1.44:</u> Schema der Sechskomponentenwaage der DLR-AVA in Göttingen (Wuest 1969)

können. Reicht das Gewicht des Modells nicht aus, sicherzustellen, daß nur Zugspannungen auftreten, müssen die Aufhängedrähte eine zusätzliche Vorspannung erhalten. Diese kann durch Zusatzgewichte, die durch Drähte an den drei Aufhängepunkten befestigt werden und die sich außerhalb der Strömung befinden müssen, erreicht werden.

Die am Modell angreifenden Kräfte lenken die einzelnen Waagen aus. Durch Verschieben der Laufgewichte werden diese auf Null abgeglichen und damit wieder in ihre ursprüngliche Lage zurückgebracht (Nullmethode). Auf diese Weise ändert sich die Lage des Modells in der Strömung nicht. Die sechs Waagen messen die interessierenden Kräfte und Momente bis auf die Seitenkraft nicht direkt. Es ergeben sich im einzelnen:

$$Z = A_v' + A_v'' + A_h \quad \text{(Auftrieb)}$$
$$X = W' + W'' \quad \text{(Widerstand)}$$
$$Y = Y \quad \text{(Seitenkraft)}$$
$$M_z = (W' - W'') a/2 \quad \text{(Giermoment)}$$
$$M_x = (A_v' - A_v'') a/2 \quad \text{(Rollmoment)}$$
$$M_y = A_h\, b \quad \text{(Nickmoment)}$$

Der Hebelarm a ist der Abstand zwischen den beiden vorderen Aufhängepunkten des Modells und der Hebelarm b der Abstand zwischen der Verbindungslinie der beiden vorderen Aufhängepunkte und dem hinteren Aufhängepunkt. Durch Heben und Senken der A_h Waage kann der Anstellwinkel des Modells geändert werden. Ein gleichzeitiges Drehen aller Waagen um eine gemeinsame vertikale Achse gestattet eine Variation des Schiebewinkels.

Die einzelnen zur Modellaufhängung und für die eventuellen Zusatzgewichte benutzten Drähte erzeugen einen zusätzlichen Widerstand, der durch eine zusätzliche Messung ermittelt werden muß. Hierfür wird statt des Modells ein Körper mit bekanntem Widerstand, z.B. ein Zylinder, benutzt.

1.3.2 Stielwaagen

Als Beispiel für eine Stielwaage zeigt Bild 1.45 das Schema einer Sechskomponentenwaage, die in ein Modell eingebaut werden kann. Im Gegensatz zur Hebelwaage, bei der die am Modell angreifenden Kräfte parallel auf die einzelnen Komponentenwaagen übertragen werden, müssen bei der Stielwaage alle Kräfte und Momente über die Widerstandswaage 1 und die Waagen für Seitenkraft 2, Nickmoment 3, Giermoment 4, Auftrieb 5 und Rollmoment 6 zur Halterung (Konus) hin übertragen werden. Dies ist kein

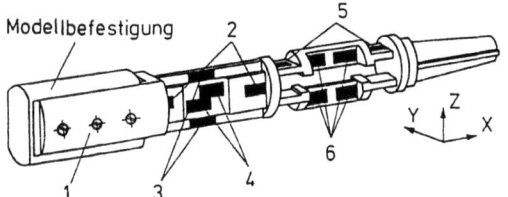

Bild 1.45:
Schema einer Sechskomponentenstielwaage (Wuest 1969)

einfaches Problem, da die relativ große Auftriebskraft auch von der sehr empfindlichen Widerstandswaage übertragen werden muß. Die angreifenden Kräfte und Momente verbiegen den Stiel ein wenig, wodurch sich die Lage des Modells im Windkanal verändert, d.h. mit Strömung stellen sich etwas andere Anstell- und Schiebewinkel als in Ruhe ein. Durch die unvermeidliche Verformung kommt es auch zu einer gegenseitigen Beeinflussung (Interferenz) der einzelnen Komponenten. Wenn z.B. nur eine Auftriebskraft am Modell wirkt, sprechen auch die anderen Komponenten mehr oder weniger stark an. Diese prinzipielle Schwierigkeit kann bei diesem Waagentyp nur durch eine umfangreiche Kalibrierung umgangen werden. Dazu müssen mit Hilfe von Gewichten, Kräfte und Momente einzeln und in Kombination am Modell angebracht und die daraus resultierenden Ausschläge jeweils für alle Komponenten ermittelt werden.

Die Auslenkungen der einzelnen Komponenten werden von Dehnungsmeßstreifen, die in Bild 1.45 durch schwarze Rechtecke angedeutet sind, gemessen. Dehnungsmeßstreifen (Bild 1.46) sind auf einer Trägerfolie aufgebrachte Schlingen eines leitenden Materials.

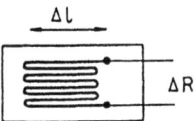

Bild 1.46: Dehnungsmeßstreifen

Sie werden fest mit der Oberfläche des Materials verklebt, dessen relative Längenänderung oder Dehnung

$$\varepsilon = \frac{\Delta \ell}{\ell} \qquad (1.67)$$

gemessen werden soll.

Bei kleiner Dehnung ($\varepsilon \lesssim 10^{-3}$ bei Stahl) besteht über das Hookesche Gesetz

$$\sigma = E\,\varepsilon \qquad (1.68)$$

ein linearer Zusammenhang zwischen Spannung σ und Dehnung ε, wobei der Elastizitätsmodul E der Proportionalitätsfaktor ist. Durch eine Zugspannung ($\sigma > 0$) werden die einzelnen Metallschlingen etwas verlängert und durch eine Druckspannung ($\sigma < 0$) entsprechend verkürzt. Im ersten Fall erhöht und im zweiten Fall erniedrigt sich der elektrische Widerstand des Dehnungsmeßstreifens. Mit Hilfe einer Wheatstoneschen Brückenschaltung, die zwei oder vier Meßstreifen enthalten kann, läßt sich die Dehnung leicht auf eine elektrische Spannung zurückführen.

In dem im Bild 1.47 gezeigten Körper kann die Spannung

$$\sigma_x = \frac{K_x}{b\,h} \qquad (1.69)$$

nicht nur durch die Kraft K_x, die auf die Fläche b h wirkt (Dehnung), sondern auch durch das Drehmoment M_y (Biegung) hervorgerufen werden. Es gilt dann

$$\sigma_x = \frac{M_y\,z}{J_y}. \qquad (1.70)$$

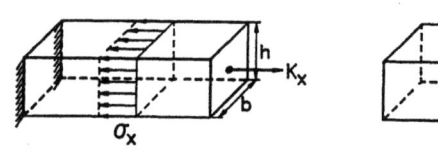
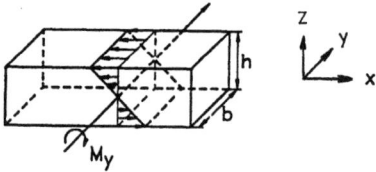

Bild 1.47: Erzeugung einer Spannung σ_x;
links durch die Kraft K_x und rechts durch das Drehmoment M_y

In Gl. (1.70) bezeichnet

$$J_y = \int z^2 \, df \qquad (1.71)$$

das Flächenträgheitsmoment um die y-Achse (Momentenachse) und z die Koordinate senkrecht zu x (Kraftrichtung) und y. Der Koordinatenursprung liegt auf der Körperachse. Bei einfacher Biegung treten die größten Spannungen an der Körperoberfläche bei $\pm h/2$ auf. Zur Abkürzung schreibt man

$$\sigma_{x\,\text{max}} = \frac{M_y}{W_y} \qquad (1.72)$$

und nennt $W_y = J_y/(h/2)$ das Widerstandsmoment, das sich für einen rechteckigen Querschnitt als

$$W_y = \frac{b\,h^2}{6} \qquad (1.73)$$

ergibt.

Eine besonders einfache Zweikomponentenwaage zur Messung des Auftriebs und des Nickmoments zeigt Bild 1.48. Ein holes Flugzeugmodell ist im vorderen Teil an einem

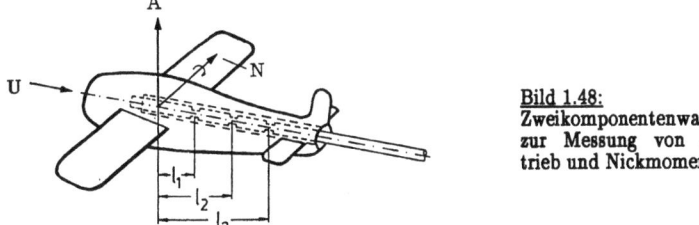

Bild 1.48:
Zweikomponentenwaage zur Messung von Auftrieb und Nickmoment

zylindrischen Stiel befestigt, der an drei Stellen auf einen kleineren rechteckigen Querschnitt verjüngt ist. An den verjüngten Querschnitten mit den Widerstandsmomenten W_i (i = 1,2,3) sind auf der Ober- und Unterseite Meßstreifen angebracht, mit denen die Dehnungen ε_i gemessen werden können. Die durch Auftrieb A und Nickmoment N erzeugten Dehnungen werden durch die Momente

$$M_i = A\, \ell_i + N \tag{1.74}$$

(i = 1,2,3) erzeugt. Mit

$$\sigma_{i\,max} = \frac{M_i}{W_i} \tag{1.75}$$

entsprechend Gl. (1.72) und Gl. (1.68) folgt

$$\varepsilon_i = \frac{A}{E}\frac{\ell_i}{W_i} + \frac{N}{E\,W_i}, \tag{1.76}$$

woraus durch Differenzbildung

$$\varepsilon_2 - \varepsilon_1 = \frac{A}{E}\left[\frac{\ell_2}{W_2} - \frac{\ell_1}{W_1}\right] + \frac{N}{E}\left[\frac{1}{W_2} - \frac{1}{W_1}\right] \tag{1.77}$$

und

$$\varepsilon_3 - \varepsilon_2 = \frac{A}{E}\left[\frac{\ell_3}{W_3} - \frac{\ell_2}{W_2}\right] + \frac{N}{E}\left[\frac{1}{W_3} - \frac{1}{W_2}\right] \tag{1.78}$$

erhalten wird. Wenn die drei Meßquerschnitte der Waage so gestaltet sind, daß $W_1 = W_2 = \frac{b\,h_2^2}{6}$ und $\frac{\ell_2}{W_2} = \frac{\ell_3}{W_3}$ gilt, vereinfachen sich Gl. (1.77) und (1.78), woraus dann der Auftrieb

62   1 Mechanische Meßmethoden

$$A = \frac{\varepsilon_2 - \varepsilon_1}{l_2 - l_1} E W_2 \qquad (1.79)$$

und das Nickmoment

$$N = (\varepsilon_3 - \varepsilon_2) E \frac{W_3 W_2}{W_3 - W_2} = \frac{\varepsilon_3 - \varepsilon_2}{l_3 - l_2} l_3 E W_2 \qquad (1.80)$$

erhalten werden.

Durch Drehen der Waage um 90° im Modell können Seitenkraft S und Giermoment L gemessen werden. Eine Messung von Widerstand W und Rollmoment M ist nicht so leicht möglich. Hierfür sind spezielle Waagen erforderlich. Bild 1.49 zeigt links eine besonders einfache Anordnung zur Messung des Widerstandes und rechts eine Rollmomentwaage. Die Dehnungsmeßstreifen werden jeweils an den Stellen größter Dehnung angebracht. Durch geeignetes Zusammenschalten der auf der Zug- und Druckseite des Biegeelements angebrachten Meßstreifen in einer Wheatstoneschen Meßbrücke kann eine Vergrößerung des elektrischen Signals bei gleichzeitiger Temperaturkompensation erreicht werden.

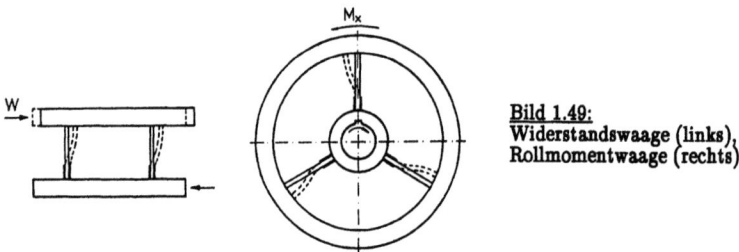

Bild 1.49:
Widerstandswaage (links),
Rollmomentwaage (rechts)

1.3.3 Messung des Reibungswiderstands

Der Widerstand eines frei in einem Fluid bewegten Körpers kann immer in einen Druck- und in einen Reibungsanteil zerlegt werden. Der Druckwiderstand ist die in Hauptströmungsrichtung fallende Komponente der Resultate aller normal und der Reibungswiderstand die in Hauptströmungsrichtung fallende Komponente der Resultate aller tangential auf den Körper wirkenden Kräfte. Bei rauhen Oberflächen lassen sich beide Anteile nicht immer voneinander trennen, da ein Teil des Reibungswiderstands auch von Druckkräften auf die Rauhigkeitselemente erzeugt wird. Taucht ein Körper nur teilweise in eine Flüssigkeit ein (z.B. ein Schiff), so werden Bug- und Heckwellen erzeugt, die dann zu einem zusätzlichen Druckwiderstand, dem sog. Wellenwiderstand führen (vgl. Kap. 5.4.3).

Eine Trennung des Widerstands in Druck- und Reibungsanteil kann dadurch erfolgen, daß zum einen der Gesamtwiderstand, wie in den vorhergehenden Kapiteln beschrieben, gemessen und zum anderen mit Hilfe von Wandanbohrungen (Bild 1.9) aus der Druckverteilung über die Körperoberfläche der Druckwiderstand ermittelt wird. Bei stromlinienförmigen Körpern ist diese Methode jedoch sehr ungenau, da der Druckwiderstand sehr viel kleiner als der Reibungswiderstand ist und der vom Gesamtwiderstand abgezogene Anteil damit leicht in die Größenordnung des Meßfehlers kommen kann.

Lokal kann der Reibungswiderstand oder die Wandschubspannung

$$\tau_W = \mu \left. \frac{\partial U}{\partial y} \right|_0 \qquad (1.81)$$

(μ: dynamische Zähigkeit, $\partial U/\partial y|_0$: Geschwindigkeitsgradient an der Wand) dadurch ermittelt werden, daß ein Teil der Wand des Körpers in Strömungsrichtung frei beweglich ist und mit Hilfe einer Widerstandswaage (vgl. Bild 1.49) die an diesen Teil des Körpers angreifende Tangentialkraft direkt gemessen wird (Bild 1.50). Die freie Beweglichkeit der Wand wird durch einen Spalt um das Wägeelement garantiert. Durch diesen Spalt

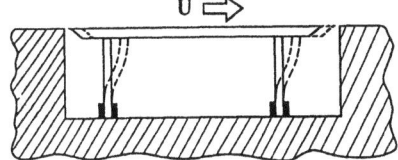

Bild 1.50:
Dehnungsmeßstreifenwaage zur Messung der Wandschubspannung τ_W.
Die Dehnungsmeßstreifen befinden sich am Ort der größten Dehnung.

entsteht aber zum einen an der Vorderkante der Waage eine zusätzliche Angriffsfläche für die Strömung und zum anderen kann es bei Vorhandensein eines Druckgradienten in Strömungsrichtung zu einer Ausgleichsströmung unterhalb des frei beweglichen Teils der Waage kommen. Die hierdurch und durch den Aufstau im vorderen Spalt entstehenden zusätzlichen Kräfte müssen klein gegen die zu messende Tangentialkraft sein. Hieraus ergibt sich, daß nicht mit allzu kleinen Meßflächen gearbeitet werden darf und daß mit dieser Methode nur genaue Messungen ohne bzw. mit nur sehr kleinem Druckgradient möglich sind.

Ein Querschnitt durch eine von Bechert, Hoppe und Reif (1985) zur Untersuchung widerstandsvermindernder Oberflächenstrukturen (z.B. Rillenfolien) gebaute Schubspannungswaage zeigt Bild 1.51. Der frei beweglich, an vier Beinen über vier Stahldrähten oder -bändern F aufgehängte Teil der Waage besitzt eine Fläche von 0.6×0.75 m² und

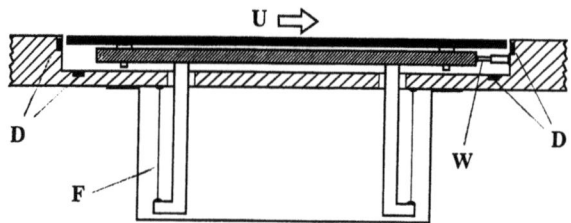

Bild 1.51: Wandschubspannungswaage. D: Druckanbohrungen, F: Stahldrähte oder -bänder, B: Beine, W: Wegaufnehmer (Bechert et al. 1985)

ist in eine 1,2 × 2 m² große Wand eingebaut (die längeren Seiten jeweils in Hauptströmungsrichtung). Die Auslenkung der Waage aus der Ruhelage, die über eine 1:5 Übersetzung mit einem induktiven Wegaufnehmer W gemessen wird, bleibt immer kleiner als 0,04 mm. Mit Hilfe mehrerer Druckanbohrungen D kann sowohl der Druckgradient über die Waage als auch der über den Spalt gemessen und damit die statische Vorlast der Waage bestimmt werden. Durch einen leichten Unterdruck unterhalb der Waage wird eine definierte Strömung durch den Spalt von außen nach innen erzeugt. Eine Strömung in umgekehrter Richtung würde das Strömungsfeld der Waage stark stören. Nachteilig ist, daß dabei eine beträchtliche Nomalkraft auf die Waage entsteht.

Eine Waage zur Messung von Differenzkräften, die von Bechert und Mitarbeitern für den Einsatz in einer Flüssigkeit gebaut wurde, zeigt Bild 1.52. Mit dieser Waage läßt sich sowohl die widerstandsvermindernde Wirkung einer z.B. gerillten Oberfläche M durch direkten Vergleich mit einer Referenzoberfläche R ermitteln als auch die Summe der an den beiden Platten angreifenden Kräfte messen.

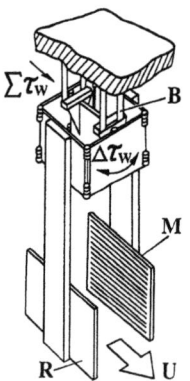

Die beiden Platten M und R von je 0,4 × 0,5 m² sind an gegenüberliegenden Seiten frei beweglich (mit einer Spaltweite von 1 mm) und bündig in die Meßstrecke eines Ölkanals, der dem

Bild 1.52:
Waage zur direkten Messung von Differenz und Summe der an zwei Platten M und R angreifenden Wandschubspannung τ_w in einer Flüssigkeitsströmung. B: Balken zur Übertragung der Wandschubspannung von den Meßflächen auf die Waage (Bechert et al. 1992)

in Bild 5.42 gezeigten sehr ähnlich ist, eingebaut. Die auf die beiden Platten wirkenden Schubspannungen werden über zwei vertikale Balken B auf einen elastischen, im kräftefreien Zustand rechteckigen Rahmen übertragen, der sich bei unterschiedlichen Schubspannungen auf M und R zu einem Parallelogramm verformt. Der Grad der Verformung, der ein Maß für die Differenz der Schubspannungen $\Delta \tau_W$ ist, wird mit einem Wegaufnehmer ermittelt. Über die Auslenkung der beiden Balken selbst wird mit zwei weiteren Wegaufnehmern die Summe der an beiden Platten angreifenden Schubspannung gemessen. Um das Prinzip der Waage besser zu erkennen, sind in Bild 1.52 die Wegaufnehmer nicht dargestellt. Der elastische Rahmen der Waage ist an vier Blattfedern oberhalb der Meßstrecke des Ölkanals aufgehängt.

1.4 Schrifttum

Barker, M.: On the use of very small Pitot–tubes for measuring wind velocity. Proc. Roy. Soc. London A **101** (1922) 435–465

Bechert, D.W.; Hoppe, G.; Reif, W.-E.: On the drag reduction of the shark skin. AIAA-Paper 85-0546 (1985)

Bechert, D.W.; Hoppe, G.; v.d.Hoeven, J.G.Th.; Mahns, R.: The Berlin oil channel for drag reduction research. Exp. Fluids **12** (1992) 251-260

Fage, A.: On the static pressure in fully developed turbulent flow. Proc. Roy. Soc. London A **155** (1936) 576–596

Franklin, R.E.; Wallace, J.M.: Absolute measurements of static–hole error using flush Transducers, J. Fluid Mech. **42** (1970) 33–48

Goldstein, S.: A note on the measurement of total head and static pressure in a turbulent stream. Proc. Roy. Soc. London A **155** (1936) 570-575

Konstantinov,N.L.; Dragnysh,G.L.: The measurement of friction stress on a surface. Engl. Übersetzung D.S.I.R. RTS 1499 (1960)

MacMillan,F.A.: Experiments on Pitot-tubes in shear flow. Gr. Brit. Aeron.Res. Council, Rep. and Memor. 3028 (1956)

Patel, V.C.: Calibration of the Preston-tube and limitations on its use in pressure gradients. J. Fluid Mech. **23** (1965) 185-208

Pitot, H.: Description d'une machine pour messurer la vitesse des eaux courantes et le sillage des vaisseaux, Memoires, Academie de Sciences, Paris, France (1732) 363–376

Preston, J.H.: The determination of turbulent skin friction by means of Pitot tubes. J. Roy. Aero. Soc. **58** (1954) 109-121

Rechenberg, I.:	Messung der turbulenten Wandschubspannung. Z. Flugwiss. 11 (1963) 429-438
Stanton, T.E.; Marshall, D.; Bryant, C.N.:	On the conditions of the boundary of a fluid in turbulent motion. Proc. Roy Soc. London A **97** (1920) 413-434
Stokes, G.G.:	On the effect of the internal friction of fluids on the motion of pendulums. Trans. Cambr. Phil. Soc. **9** (1851) 8-28
Truckenbrodt, E.:	Fluidmechanik, Band 1, Springer Berlin, Heidelberg, New York 1980
Wieghardt, K.:	Einige Bemerkungen über das Pitotrohr und die Zylindersonde. Aerodyn. Versuchsanstalt Göttingen Bericht Nr. 46 P 03 (1946)
Wieghardt, K.:	Theoretische Strömungslehre. B.G. Teubner Verlagsgesellschaft Stuttgart 1965, S. 30
Wuest, W.	Strömungsmeßtechnik, Vieweg & Sohn, Braunschweig 1969
Young, A.D.; Maas, J.N.:	The behaviour of a Pitot–tube in a transverse total–pressure gradient. Gr. Brit. Aeron, Res. Council, Rep. and Memor. 1770 (1937)
	DIN 1952 (VDI Durchflußregeln) Regeln für Druckflußmessungen mit genormten Düsen, Blenden und Venturidüsen

1.4.1 Nicht im Text genanntes Schrifttum

Chue, S.H.:	Pressure probes for fluid measurement Prog. Aerospace Sci **16** (1975) 147-223
Folsom, R.G.:	Review of the Pitot-tube, Trans. ASME (1956) 1447–1460
Hengstenberg, J.:	Methoden der Durchflußmessung, Chem.-Ing.-Techn. **43** (1971) 1064-1072

2 Elektromechanische Wandler und Messung von Schwankungsgrößen

Mit rein mechanischen Mitteln lassen sich Druck, Geschwindigkeit oder Kraft, solange sie sich zeitlich nicht oder nur sehr langsam ändern, mit hoher Genauigkeit messen. Methoden und Geräte hierzu werden im Teil 1 behandelt. Zur direkten Messung instationärer oder periodischer Schwankungen von Druck, Geschwindigkeit oder Kraft sind rein mechanisch arbeitende Geräte meist zu träge oder sie besitzen einen nichtlinearen Zusammenhang zwischen gemessener und interessierender Größe (siehe z.B. Gl. 1.10), so daß bei einer Mittelwertbildung ein systematischer Fehler entsteht. Man vergleiche hierzu auch das im Unterkapitel 1.1.3.4 bei 2) Meßfehler Gesagte. Schwankungsgrößen werden hauptsächlich auf dem Umweg über elektrische Größen gemessen. Die Umwandlung einer strömungsmechanischen in eine elektrische Größe erfolgt in einem elektromechanischen Wandler, bei dem z.B. der Druck p oder die Geschwindigkeit U die Eingangs- und eine Spannung E oder ein Strom I die Ausgangsgrößen bilden (Bild 2.1).

Viele elektromechanische Wandler arbeiten reversible, d.h. sie können nicht nur aus einer mechanischen eine elektrische, sondern umgekehrt auch aus einer elektrischen eine mechanische Größe erzeugen. Elektromechanische Wandler können passiv oder aktiv arbeiten. Während beim passiven Wandler die Ausgangsgröße vollständig oder nahezu vollständig von der Eingangsgröße geliefert wird, benötigt der aktive Wandler noch eine zusätzliche, von außen zugeführte Energie.

Auch stationäre Drucke oder Geschwindigkeiten können mittels elektromechanischer Wandler gemessen werden. Der Vorteil ist dann eine einfachere Anzeige oder eine Aufzeichnungsmöglichkeit. Diese Vorteile müssen aber durch eine geringere Meßgenauigkeit erkauft werden. Während bei rein strömungsmechanischen Verfahren Genauigkeiten von 10^{-4} bis 10^{-5} erreichbar sind, sinkt im allgemeinen die Genauigkeit um ein bis zwei Größenordnungen bei der Verwendung eines Wandlers.

Ein Wandler kann die Meßsonde selbst wie im Falle eines Hitzdrahts (siehe Abschnitt 2.3) oder z.B. ein in die Sonde eingebautes Mikrofon sein (siehe Kapitel 2.1.1). Ein Wandler kann aber auch über eine Schlauchleitung an eine Sonde wie z.B. ein Prandtl Rohr (siehe Kapitel 1.1.3) angeschlossen sein. Im letzten Fall ersetzt dann der Wandler ein Mikro-

Bild 2.1:   Elektromechanischer Wandler

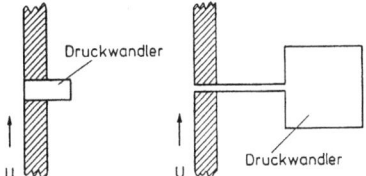

Bild 2.2:
Beispiel für den direkten Wandeinbau eines Druckwandlers (links) und den Anschluß eines Wandlers über eine Schlauchleitung (rechts).

manometer (siehe Abschnitt 1.2). Da aber ein Wandler in erster Linie zur Messung von Schwankungsgrößen benutzt wird, sollte er so dicht wie möglich an die Meßstelle gebracht werden, da eine zusätzliche Leitung den Frequenzgang des Systems verschlechtert. Vielfach ist jedoch wegen der Größe des Wandlers ein direkter Einbau am Meßort nicht möglich, wie es Bild 2.2 am Beispiel einer Wanddruckmessung demonstriert.

2.1 Wandler zur Druckmessung

Druckwandler mit hoher Meßgenauigkeit sind kommerziell erhältlich. In den folgenden Kapiteln sollen die prinzipielle Arbeitsweise und die den Wandlern zugrundeliegenden physikalischen Gesetze behandelt werden.

2.1.1 Schnelle Druckwandler

In diese Kategorie gehören vor allem die Mikrofone. Diese reagieren nicht nur auf turbulente Druckschwankungen, die sich etwa mit der mittleren Strömungsgeschwindigkeit ausbreiten, sondern auch auf akustische Druckschwankungen, die sich mit Schallgeschwindigkeit fortpflanzen. Eine Trennung beider Anteile ist nicht immer möglich, und der Schallanteil des Druckes braucht dabei nicht immer klein zu sein. Bei einem hochbeanspruchten Raketentriebwerk z.B. kann es allein durch den erzeugten Schalldruck zu einer Materialermüdung kommen.

Da zwischen der Hörschwelle des Menschen ($2 \cdot 10^{-10}$ b = $2 \cdot 10^{-5}$ Pa) und dem Atmosphärendruck von etwa einem Bar nahezu zehn Größenordnungen liegen, ist es üblich, zur Messung des Schalldrucks eine logarithmische Skala zu verwenden. Als Bezugsgröße für diese Skala wird der Schalldruck der Hörschwelle benutzt. Der Schallpegel, der in Dezibel [dB] angegeben wird, ist durch die folgende Gleichung

$$\text{Schallpegel [dB]} = 20 \lg \frac{p\,[b]}{2 \cdot 10^{-10}\,b} \qquad (2.1)$$

definiert. Hierbei handelt es sich nicht um eine neue Druckeinheit sondern um ein dimensionsloses Verhältnis, das im logarithmischen Maßstab angibt wievielmal ein Druck größer als die Hörschwelle ist. Eine Verdopplung von p erhöht den Schallpegel um etwa 6 dB und ein Anstieg von p um eine Größenordnung um 20 dB. Einem Schallpegel von 94 dB entspricht 1 Pa = 10^{-5} b und 194 dB entsprechen einem Bar.

Bei einem Mikrofon wandelt im allgemeinen eine dünne Membran die Druckschwankung in eine Bewegung um. Zur Umwandlung der Bewegung in eine elektrische Größe wird dann ein bestimmter physikalischer Effekt ausgenutzt. Mikrofone, die ausschließlich für Druckschwankungsmessungen genutzt werden und deren Bezugsgröße der Atmosphärendruck ist, besitzen zwischen der Vorder- und Rückseite der Membran eine Kapillare zum Druckausgleich, da die langsamen atmosphärischen Druckänderungen (z.B. Tagesgang) viel größer sein können als die zu messenden Schwankungen. Die am häufigsten verwendeten Wandler werden in den folgenden Unterkapiteln behandelt.

2.1.1.1 Elektrodynamischer Wandler (dynamisches Mikrofon)

Beim elektrodynamischen Wandler ist eine Induktionsspule, die sich im Ringspalt eines Permanentmagneten bewegen kann, mit einer Membran verbunden (<u>Bild 2.3</u>). Wird die Membran z.B. durch eine Druckdifferenz zwischen Vorder- und Rückseite ausgelenkt, so wird in der Spule eine Spannung

$$E = -B \kappa \frac{da}{dt} \qquad (2.2)$$

induziert, wobei B die magnetische Kraftflußdichte im Ringspalt, κ die vom Leiter umschlossene Fläche pro Längeneinheit und a die Auslenkung der Membran bedeuten.

Unter der Annahme, daß die Auslenkung der Membran dem Druck proportional ist:

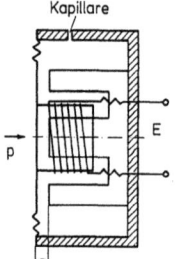

Bild 2.3:
Aufbau eines elektrodynamischen Wandlers

$$da \sim dp \text{ (lineares Kraftgesetz)}, \qquad (2.3)$$

was sicher für kleine Auslenkungen gilt, folgt

$$E \sim \frac{dp}{dt}. \qquad (2.4)$$

Der elektrodynamische Wandler gibt also nur eine elektrische Spannung E ab, wenn der Druck sich zeitlich ändert und ist damit nur für Druckschwankungsmessungen geeignet. Der Wandler arbeitet reversibel, denn durch Anlegen einer Spannung erfährt die Membran eine Auslenkung (dynamischer Lautsprecher).

2.1.1.2 Piezoelektrischer Wandler (Kristallmikrofon)

Werden bestimmte Kristalle (z.B. Quarz oder Cadmiumsulfid) oder ferroelektrische Keramiken (z.B. Bariumtitanat) deformiert, so entstehen elektrische Ladungen q, die dem Druck direkt proportional sind:

$$q \sim p. \qquad (2.5)$$

Der piezoelektrische Wandler ist eine dünne Platte aus einem dieser Materialien, die auf der Vorder- und Rückseite mit einer dünnen Metallschicht überzogen ist (Bild 2.4). Mit der Beziehung

$$I = \frac{dq}{dt} \qquad (2.6)$$

zwischen elektrischer Stromstärke I und zeitlicher Änderung der Ladung ergibt sich

$$I \sim \frac{dp}{dt}. \qquad (2.7)$$

Damit liefert der piezoelektrische Wandler nur einen Strom I, wenn sich der Druck p zeitlich ändert. Die Ladung q und damit auch der Druck p können mit Hilfe spezieller Verstärker mit hoher Eingangsimpedanz (Ladungsverstärker) durch Aufintegrieren des Verschiebungsstroms

$$p = \int I(t)\, dt \qquad (2.8)$$

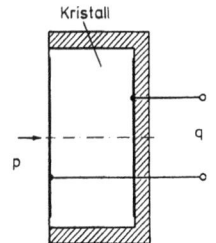

Bild 2.4:
Aufbau eines piezoelektrischen Wandlers

erhalten werden. Piezoelektrische Wandler gibt es auch für hohe Drucke. Sie zeichnen sich vor allem durch eine hohe Grenzfrequenz, die in der Größenordnung von einigen hundert Kiloherz liegt, aus. Sie arbeiten reversibel (Kristallautsprecher).

2.1.1.3 Kapazitiver Wandler (Kondensatormikrofon)

Den prinzipiellen Aufbau eines kapazitiven Wandlers zeigt Bild 2.5. Eine dünne, leitfähige Membran, die vor einer massiven Gegenelektrode in einem Abstand a_0 gespannt ist, wird durch einen Druck p um a ausgelenkt. Hierdurch ändert sich die Kapazität

72 2 Elektromechanische Wandler und Messung von Schwankungsgrößen

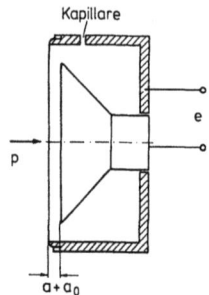

Bild 2.5:
Aufbau eines kapazitiven Wandlers

$$C = \frac{\varepsilon\, F}{(a_0 + a)} \qquad (2.9)$$

des aus Membran und Gegenelektrode gebildeten Kondensators. Es bedeuten F die Fläche der Gegenelektrode und ε die Dielekrizitätskonstante der Luft. Die Kapazitätsänderung ist durch

$$dC = -\frac{\varepsilon\, F}{(a_0 + a)^2}\, da \qquad (2.10)$$

gegeben. Nur für extrem kleine Auslenkungen $a \ll a_0$ besteht näherungsweise ein linearer Zusammenhang zwischen der Kapazitätsänderung dC und der Änderung der Auslenkung da. Wenn außerdem ein lineares Kraftgesetz (Gl. 2.3) vorausgesetzt werden kann, folgt

$$dC \sim -dp\,. \qquad (2.11)$$

Beim sogenannten Sell Wandler, den es in besonders kleinen Abmessungen gibt, wird statt der freischwingenden Membran eine außen metallbedampfte Plastikfolie, die über eine rauhe Gegenelektrode gespannt ist, verwendet.

Bei der Druckmessung mit kapazitiven Wandlern werden prinzipiell zwei Wege beschritten:

1. Der kapazitive Wandler ist Teil eines Schwingkreises, dessen Frequenz $\omega = 1/\sqrt{LC}$ gemessen wird (<u>Bild 2.6 links</u>). In dieser Anordnung ist der Wandler auch für Absolut- oder Differenzdruckmessungen geeignet.

2. Der kapazitive Wandler wird in der in <u>Bild 2.6 rechts</u> dargestellten Schaltung betrieben. Mit

$$q = C\, E_0 \qquad (2.12)$$

und Gl. (2.6) ergibt sich dann wie beim piezoelektrischen Wandler

$$I \sim \frac{dp}{dt}\,. \qquad (2.7)$$

Der kapazitive Wandler benötigt im Gegensatz zum piezoelektrischen Wandler eine Hilfsquelle und arbeitet wie dieser auch reversibel (Kondensatorlautsprecher).

 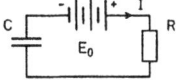

Bild 2.6: Schaltungen zum Betrieb eines kapazitiven Wandlers: links als Teil eines Schwingkreises und rechts als Teil eines RC-Gliedes.

2.1.2 Druckwaagen

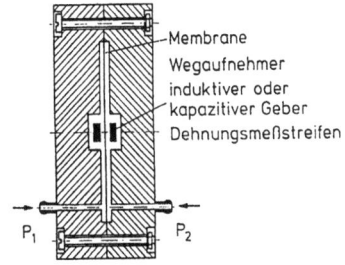

Bild 2.7.:
Aufbau einer Druckwaage

Druckwaagen entsprechen in ihrer Funktion den Flüssigkeitsmanometern. Sie werden im allgemeinen über Leitungen mit der Meßstelle (Sonde oder Wandanbohrung) verbunden. Druckwaagen können sowohl für Differenz- als auch für Absolutdruckmessungen geeignet sein. In beiden Fällen bestehen sie aus zwei getrennten Kammern, zwischen denen sich eine Membran oder ein Kolben meßbar bewegen kann (Bild 2.7). Die zur Abtastung der Bewegung benutzten Techniken reichen vom Verstellen eines Potentiometers über Dehnungsmeßsteifen (Bild 1.46) bis zu induktiven, kapazitiven oder piezoelektrischen Wandlern, die im vorhergehenden Kapitel behandelt wurden. Die Wandler befinden sich auf beiden Seiten der Membran und liefern bei der Auslenkung Signale mit entgegengesetzten Vorzeichen. Aus der Differenz beider Signale wird der Druck abgeleitet. Das Gegeneinanderschalten der beiden Signale hat den Vorteil, daß die Empfindlichkeit des Drucksignals gegenüber Temperaturänderungen verkleinert wird.

Die Meßbereiche der einzelnen Druckwaagen reichen je nach Membransteifigkeit von etwa 10 Pa bis zu mehreren Tausend Bar Vollausschlag. Die Genauigkeit bezogen auf den Vollausschlag liegt bei etwa ± 1 %. In diesem Fehler sind auch Nichtlinearität, Hystereseeffekte und Temperaturempfindlichkeit enthalten. Druckwaagen können je nach Konstruktion Ansprechzeiten von einigen Millisekunden besitzen, es sind aber auch obere Grenzfrequenzen von einigen Hundert Kilohertz möglich. Bei Druckwaagen mit auswechselbaren Membranen unterschiedlicher Steifigkeit ist eine individuelle Anpassung der Empfindlichkeit an das Meßproblem möglich. Druckwaagen gibt es für Gase und Flüssigkeiten.

2.1.3 Bleeding Probe

Als "bleeding probe" (blutende Sonde) wird das in Bild 2.8 dargestellte, gegen die Strömung gerichtete Pitot-Rohr (vgl. Bild 1.5) bezeichnet, das an einen Behälter mit konstantem Druck p_0 angeschlossen ist. Je nach dem in der Strömung herrschenden Druck $p_1 < p_0$ ist der Ausfluß aus der Sonde, der mit einem Hitzdraht oder Heißfilm (siehe Abschnitt 2.3) gemessen wird, mehr oder weniger stark. Über eine vorher durchzuführende Kalibrierung kann dann auf den Gesamtdruck p_1 in der Strömung geschlossen werden. Mit dieser Methode können sowohl Gleich- als auch Wechseldrucke gemessen werden.

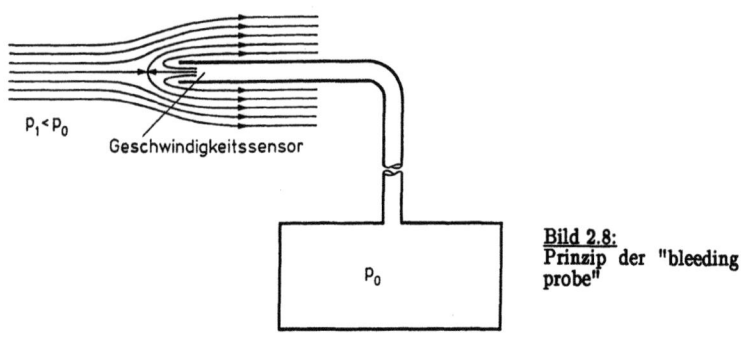

Bild 2.8:
Prinzip der "bleeding probe"

2.2 Wandler zur Geschwindigkeitsmessung

Die zur Geschwindigkeitsmessung benutzten Methoden sind recht unterschiedlich. Sie reichen von Schalenkreuzanemometern oder Flügelrädern über Weg-Zeit-Messungen bis hin zur Abkühlung elektrisch geheizter Drähte oder Metallfilme. Da die letzte Methode, die Hitzdraht- und Heißfilmanemometrie, besonders wichtig für die Messung von Geschwindigkeitsschwankungen ist, wird ihr ein eigener Abschnitt (2.3) gewidmet.

2.2.1 Schalenkreuzanemometer

Schalenkreuzanemometer werden hauptsächlich in der Meteorologie zur Messung der Windgeschwindigkeit verwendet. Drei oder vier halbkugelförmige Schalen sind stern- oder kreuzförmig auf einem drehbaren Stiel angeordnet (Bild 2.9 links). Wird das Schalenkreuz aus einer beliebigen Richtung senkrecht zur Drehachse angeströmt, so beginnt es sich zu drehen, da die gegen die Strömung gewölbten Kugelschalen einen kleineren Widerstand als die hohlen Schalenseiten besitzen. Durch eine elektrooptische oder induktive Abtastung

2.2 Wandler zur Geschwindigkeitsmessung

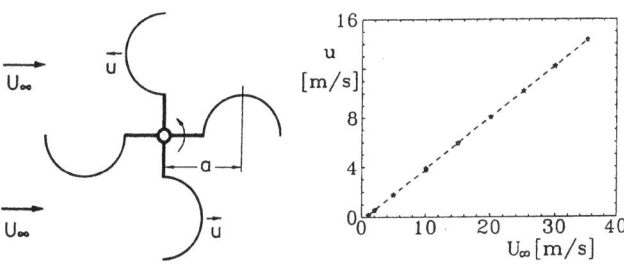

Bild 2.9: Schalenkreuzanemometer (links) und Kalibrierkurve (rechts)

wird eine Frequenz erzeugt, die ein Maß für die Winkelgeschwindigkeit ω des Schalenkreuzes ist. Bei reibungsfreier Lagerung halten sich im stationären Fall die an der Welle wirkenden links und rechts drehenden Momente M_l und M_r das Gleichgewicht. Für die im Bild 2.9 links gezeigte Stellung des Schalenkreuzes gilt

$$M_l = \frac{1}{2} \rho \, F \, a \, c_{W_2} (U_\infty - u)^2 \qquad (2.13)$$

und

$$M_r = \frac{1}{2} \rho \, F \, a \, [c_{W_1} (U_\infty + u)^2 + 2 c_{W_3} u^2] \,, \qquad (2.14)$$

wobei ρ die Dichte der Luft, a den Abstand der Kugelschalenmitte von der Drehachse und F die Bezugsfläche der Widerstandsbeiwerte c_{W_i} (i = 1,2,3) der Kugelschalen, die sich mit der Anströmrichtung verändern, bezeichnen. Nimmt man an, daß c_{W_2} der hohlen Schale 2n-mal größer und c_{W_3} der quergestellten Schale n-mal größer als c_{W_1} der gegen die Strömung gewölbten Schale ist, ergibt sich

$$(2n-1) U_\infty^2 - 2(2n+1) U_\infty u - u^2 = 0 \,, \qquad (2.15)$$

woraus mit $u^2 \ll U_\infty^2$ für die Umfangsgeschwindigkeit

$$u = a\omega = \frac{2n - 1}{2(2n + 1)} U_\infty \qquad (2.16)$$

erhalten wird. Die in Bild 2.9 rechts dargestellte gemessene Abhängigkeit zwischen der Umfangsgeschwindigkeit u und der Windgeschwindigkeit U_∞ erfüllt, abgesehen vom Anlaufbereich ($U_\infty < 1$ m/s), in dem auch die Lagerreibung berücksichtigt werden müßte, für n = 5 den durch Gl. (2.16) gegebenen linearen Zusammenhang. Eine Hinzunahme des u^2 Gliedes ergibt im vorliegenden Fall nur eine 2 % kleinere Umfangsgeschwindigkeit.

2.2.2 Flügelradanemometer

Flügelradanemometer arbeiten nach dem Prinzip eines angetriebenen Propellers oder einer angetriebenen Turbine. Sie werden in Gasströmungen bis etwa 100 m/s und in Flüssigkeitsströmungen bis etwa 10 m/s eingesetzt und zeichnen sich durch eine Proportionalität zwischen Anströmgeschwindigkeit und Drehzahl aus. Die Abtastung der Flügeldrehung erfolgt berührungslos, so daß die Anlaufgeschwindigkeit, die je nach Raddurchmesser, der zwischen 10 und 100 mm liegen kann, nur etwa 10 bis 50 cm/s beträgt (vgl. Bild 2.9 rechts).

2.2.3 Pulsdrahtanemometrie

Das Prinzip der Pulsdrahtanemometrie beruht auf der Messung der Laufzeit Δt, die eine erwärmte Fluidmenge benötigt, um eine definierte Strecke Δa durch erzwungene Konvektion zurückzulegen. Bild 2.10 zeigt eine von Wuest und Eckelmann (1964) für Luft gebaute Thermoimpulssonde, die nach einer zuerst von Walker und Westenberg (1956) beschriebenen Methode arbeitet. Mit Hilfe eines periodisch geheizten Drahtwendels (Sender) werden Wärmeimpulse der Frequenz f an die Luft abgegeben und dann stromab von einem Hitzdraht (siehe Abschnitt 2.3) wieder empfangen. Die Phasendifferenz $\Delta \varphi$ zwischen gesendetem und empfangenem Signal ist dann ein Maß für die Konvektionsgeschwindigkeit U der Wärmeimpulse. Diese Methode ist nur solange eindeutig, wie die Laufzeit Δt kürzer als die Periode T = 1/f der Wärmeimpulse ist. Diese Schwierigkeit kann dadurch umgangen werden, daß nicht mit einer festen Pulsfrequenz gearbeitet wird, sondern daß bei jedem empfangenen Wärmeimpuls jeweils ein neuer ausgelöst wird. In diesem Fall ist die sich dann einstellende Frequenz ein Maß für die Strömungsgeschwindigkeit. Beide Me-

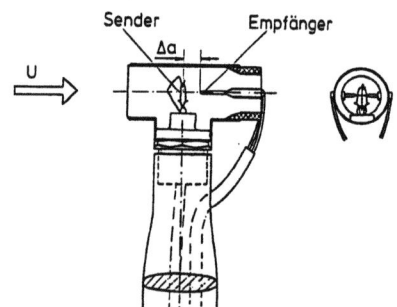

Bild 2.10:
Theromimpulssonde

thoden werden vor allem bei den geringen Windgeschwindigkeiten (wenige cm/s bis etwa 1 m/s), wie sie bei der Raumklimatisierung oder der Bergwerksbewetterung vorkommen, verwendet.

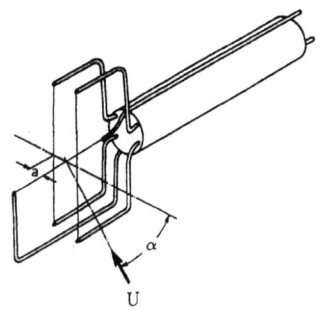

Bild 2.11: Pulsdrahtsonde (Bradbury und Castro 1971)

Ein anderes, ebenfalls in Luft arbeitendes und auf Bradbury und Castro (1971) zurückgehendes Verfahren benutzt als Empfänger zwei parallele, als Widerstandsthermometer arbeitende Drähte und als Sender in der Mitte dazwischen einen dritten orthogonal angebrachten Draht, der mit einer konstanten Frequenz $f \approx 5$ Hz gepulst wird (Bild 2.11). Die Pulsdauer beträgt nur etwa 5 μsec und ist sehr kurz gegen die Zeit zwischen zwei Impulsen. Es wird die Zeit Δt zwischen der Impulsabgabe und dem Auftreffen der erwärmten Luft auf einen der beiden Empfänger gemessen. Die Strömungsrichtung ergibt sich aus der Information, welcher der beiden Empfänger getroffen wurde. Im Idealfall wird

$$\Delta t = \frac{a}{|U|\cos\alpha}, \qquad (2.17)$$

wobei a den Abstand zwischen Sender und Empfänger, $|U|$ den Betrag der Geschwindigkeit und α den Winkel zwischen der momentanen Anströmrichtung und der Normalen auf den Empfängerdraht bedeuten. Der größte Winkel α, der mit der in Bild 2.11 dargestellten Sonde noch aufgelöst werden kann, ist durch

$$\alpha_{max} = \text{artg}\,(\ell/2\,a) \qquad (2.18)$$

gegeben, wobei ℓ die Länge des Empfängerdrahts darstellt.

2.2.4 Hitzdraht in der Wirbelstraße

Hinter einem senkrecht zu seiner Achse mit der Geschwindigkeit U angeströmten Zylinder vom Durchmesser d bildet sich eine Wirbelstraße aus (vgl. Bild 4.17), die sich im Reynolds Zahlbereich

$$50 < Re = \frac{U\,d}{\nu} < 160 \qquad (2.19)$$

(ν: kinematische Zähigkeit des Fluids) durch eine strenge Periodizität der Wirbelablösung vom Zylinder auszeichnet und für die Roshko (1954) die Beziehung

$$F = \frac{f\, d^2}{\nu} = 0{,}212\, Re - 4{,}5 \qquad (2.20)$$

zwischen dimensionsloser Ablösefrequenz F und Reynolds Zahl angegeben hat. Erst seit einigen Jahren ist bekannt, daß die Ablösefrequenz f auch vom Winkel Θ abhängt, den die Wirbelachsen bei der Ablösung mit der Zylinderachse bilden. Zwischen der Frequenz f bei Schrägablösung und der Frequenz f_0 bei Parallelablösung besteht der folgende Zusammenhang:

$$f = f_0 \cos \Theta . \qquad (2.21)$$

Die Parallelablösung stellt nicht den natürlichen Fall einer Wirbelstraße dar. Vielmehr hängt der Ablösewinkel Θ von der Zylinderlänge und von der Art der Berandung des Zylinders (z.B. freies Ende, Endscheibe, Wand usw.) ab. Wie König (1993) zeigen konnte, stellen sich bei gegebener Reynolds Zahl nur ganz diskrete Ablösewinkel Θ ein (Bild 2.12). Daher ist die von Roshko angegebene Beziehung, die ohne eine Winkelangabe erfolgte, nur für eine überschlägige Geschwindigkeitsmessung brauchbar.

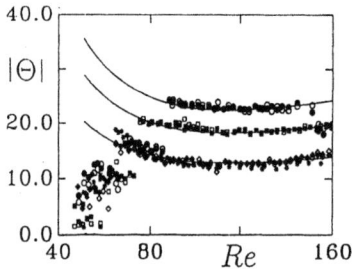

Bild 2.12:
Abhängigkeit des Ablösewinkels Θ von der Reynolds Zahl Re für verschiedene Zylinderlängen und unterschiedliche Endscheibendurchmesser. Einzelne Θ werden bevorzugt angenommen, wobei sich für große Endscheibendurchmesser auch große Θ einstellen (König 1993)

Mit dem in Bild 2.13 dargestellten Wirbelgenerator (Eisenlohr und Eckelmann 1989), einem Zylinder von 80 d Länge, der an beiden Seiten durch Endzylinder und Endscheiben berandet ist, läßt sich im Bereich $50 < Re < 160$ eine Parallelablösung der Wirbel, also $\Theta = 0$, erreichen. Es ist wichtig, daß die angegebenen Maße eingehalten werden, wobei die Gesamtlänge eher größer, aber nicht wesentlich kleiner als 80 d gewählt werden sollte. Bei genauer Kenntnis von ν und d kann dann mit Hilfe der von Fey (1997) angegebenen Beziehung

$$Sr = \frac{f\, d}{U} = 0{,}2684 - \frac{1{,}0356}{\sqrt{Re}} \qquad (2.22)$$

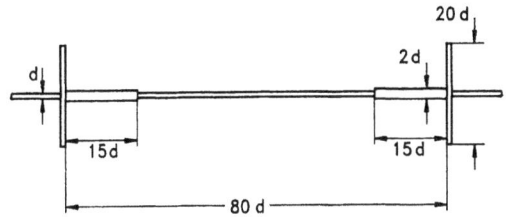

Bild 2.13: Wirbelgenerator für parallele Ablösung

aus der

$$U = 7{,}4437 \frac{\nu}{d} \left[1 + 0{,}5005 \frac{f\,d^2}{\nu} + \sqrt{1 + 1{,}001 \frac{f\,d^2}{\nu}} \right] \qquad (2.22a)$$

erhalten wird, im oben angegebenen Re-Zahlbereich durch Messen der Ablösefrequenz f die Strömungsgeschwindigkeit U ermittelt werden. Der zur Frequenzmessung benutzte Hitzdraht (siehe Abschnitt 2.3) sollte sich dabei in der Mitte zwischen den Endscheiben in einem Abstand von 5 bis 10 d und etwa 2 d außerhalb der Mittelebene hinter dem Zylinder befinden.

Die hier beschriebene Methode arbeitet ohne eine Kalibrierung. Sie setzt voraus, daß U in etwa bekannt ist, so daß ein geeigneter Zylinderdurchmesser gewählt werden kann und damit die Anström-Reynolds-Zahl in das Intervall (50, 160) fällt. Für Re < 50 gibt es keine periodische Wirbelablösung, und für Re > 160 ist die strenge Periodizität nicht mehr gegeben. Ein Nachteil dieser Methode ist der nur geringe Meßbereich. Für einen gegebenen Wirbelgenerator darf sich die Geschwindigkeit nur im Verhältnis von etwa 1:3 ändern.

2.3 Hitzdraht- und Heißfilmanemometrie

Zur Messung von Geschwindigkeits- oder Temperaturschwankungen, wie sie z.B. in turbulenten Strömungen vorkommen, werden als Sensor dünne elektrisch geheizte Drähte oder Metallfilme, die von der Strömung mehr oder weniger stark abgekühlt werden, benutzt. Diese sogenannten Hitzdrähte oder Heißfilme bestehen meist aus einem 0,5 bis 2 mm langen, zwischen zwei Nadeln gespannten Platin- oder Wolframdraht von 1 bis 10 μm Durchmesser (Bild 2.14) bzw. aus einem etwa 0,1 μm starken auf einem wärmeisolierenden Material (Glas oder Quarz) unterschiedlicher Geometrie aufgebrachten Platin- oder Nickelfilm. Bild 2.15 zeigt einen quarzbeschichteten zylindrischen Sensor, der an

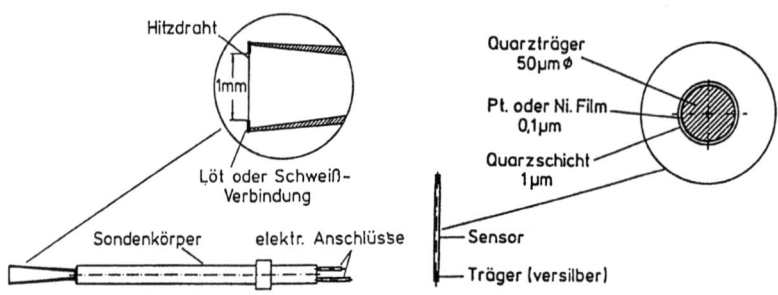

Bild 2.14: HitzdrahtsondeBild 2.15: Zylindrischer Heißfilmsensor

Stelle des Hitzdrahts zwischen die Nadeln der in Bild 2.14 dargestellten Sonde gelötet werden kann. In Bild 2.16 ist eine besonders robuste keilförmige Heißfilmsonde für Messungen in Flüssigkeiten dargestellt, bei der sich der Sensor auf der Vorderkante eines Glaskörpers, ober- und unterhalb einer Schneide befindet. Die Zuleitungen zum Sensor verlaufen ebenfalls auf der Oberfläche des Glaskörpers, besitzen aber, damit sie sich nicht merklich erwärmen, einen größeren Querschnitt. Sensor und Zuleitungen können zur Isolation gegen die Flüssigkeit auch noch mit einer Quarzschicht überzogen sein. Zur Problematik der Heißfilmmessungen in Flüssigkeiten siehe auch Kapitel 2.3.6.

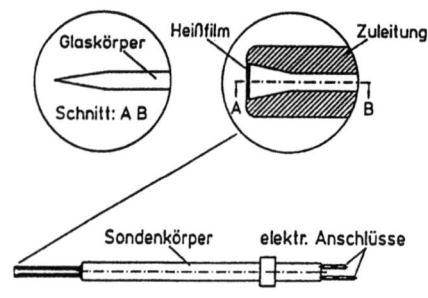

Bild 2.16 Keilsonde

Ein Hitzdraht- oder Heißfilmanemometer, das aus einer Draht- bzw. Filmsonde und einem elektrischen Steuergerät besteht, ist ein elektomechanischer Wandler zur Messung von Geschwindigkeiten und hätte damit schon im Abschnitt 2.2 behandelt werden müssen. Wegen der großen Bedeutung dieser Methode für die Messung von Geschwindigkeitsschwankungen wird der Hitzdraht- und Heißfilmanemometrie hier ein eigener Abschnitt gewidmet.

Für Geschwindigkeitsmessungen in stationären Strömungen sind Staurohre (Kap. 1.1.3) besser geeignet als Hitzdrähte oder Heißfilme, da sie ohne Kalibrierung auskommen.

Wegen der Zunahme der Empfindlichkeit mit abnehmender Geschwindigkeit (vgl. Bild 2.17) und wegen der geringen Sensorabmessungen kann der Einsatz von Hitzdrähten oder Heißfilmen bei Grenzschichtmessungen auch in stationären Strömungen vorteilhafter als der von Pitot Rohren (Bild 1.5) oder Fischmaulsonden (Bild 1.15) sein.

2.3.1 Zusammenhang zwischen Geschwindigkeit, Temperatur und abgeführter Wärme

Der Zusammenhang zwischen elektrischen und strömungsmechanischen Größen ist beim Hitzdraht oder Heißfilm sehr kompliziert und konnte bis heute noch nicht im Rahmen einer geschlossenen Theorie angegeben werden. Auf King (1914) geht eine Formel zurück, die die sekundlich von einem Hitzdraht abgegebene Wärmemenge $\dot{Q}$ mit dem Massenfluß ρU und der Temperaturdifferenz

$$\Theta = T_s - T_0 \qquad (2.23)$$

zwischen Sensor (Index $_s$) und Fluid (Index $_0$) verknüpft:

$$\dot{Q} = [A + B(\rho U)^{1/n}]\,\Theta \,. \qquad (2.24)$$

A, B und n sind dabei experimentell zu bestimmende Konstanten. Der Exponent 1/n ist etwa 1/2. Die von der Strömung durch Konvektion pro Zeiteinheit abgeführte Wärmemenge $\dot{Q}$ wird dem Sensor als elektrische Leistung

$$N = I^2 R_s \qquad (2.25)$$

zugeführt. Es bedeuten I den Strom durch den Sensor und R_s den Sensorwiderstand bei der Temperatur T_s. Dabei werden die durch Leitung in die Sensorhalterung und durch Strahlung abgeführten Wärmemengen vernachlässigt. Für eine zeitlich konstante Strömung ergibt sich dann

$$I^2 R_s = [A + B(\rho U)^{1/n}]\,\Theta \,, \qquad (2.26)$$

was auch als

$$N(I, R_s) = \dot{Q}(\rho U, \Theta) \qquad (2.27)$$

geschrieben werden kann. Durch Messen der zugeführten elektrischen Leistung N können mit dem Hitzdraht oder Heißfilm drei verschiedene Größen bestimmt werden:

1) Geschwindigkeit $\quad N \sim U^{1/n}$, $\quad$ für $\rho, \Theta = $ const.

2) Massenfluß $\quad N \sim (\rho U)^{1/n}$, $\quad$ für $\Theta = $ const.

3) Temperaturdifferenz $\quad N \sim \Theta$, $\quad$ für $\rho U = $ const.

Der Exponent 1/n hängt vom benutzten Sondertyp (Hitzdraht oder Heißfilm), vom Fluid (Luft, Wasser, Öl usw.) und von der Sensor-Reynoldszahl (Re = U d/ν, mit d: Sensordurchmesser) ab. Typische Werte für 1/n liegen zwischen 0,2 und 0,6. Wie Gl. (2.26) zeigt, nimmt die Empfindlichkeit des Hitzdrahts oder Heißfilms mit zunehmender Geschwindigkeit ab. Beim Prandtl Rohr wächst dagegen nach Gl. (1.10) die Empfindlichkeit mit der Geschwindigkeit an. Bild 2.17 zeigt eine Gegenüberstellung der Empfindlichkeiten beider Methoden.

Hitzdrähte und Heißfilme werden im allgemeinen bei Stromdichten von mehr als 1000 A/mm² betrieben. (Zum Vergleich, bei einer flexiblen Anschlußleitung sind maximal 10 A/mm² zulässig.) Hierdurch erwärmt sich der Sensor stark und vergrößert damit seinen elektrischen Widerstand entsprechend der Beziehung

$$R_s = R_0[1 + \alpha (T_s - T_0)] = R_0(1 + \alpha \Theta) \tag{2.28}$$

Es bedeuten R_s den Warmwiderstand bei der Temperatur T_s, R_0 den Kaltwiderstand bei der Temperatur T_0 und α den Temperaturkoeffizienten. Für reine Metalle ist $\alpha \approx 4 \cdot 10^{-3}$ K^{-1}. Damit ergibt sich für $\Theta \approx 250$ K gerade eine Widerstandsverdopplung.

Mit der Stromstärke I ändert sich die Temperatur des Sensors und damit gleichzeitig auch der Widerstand R_s. Da eine direkte Messung der dem Sensor zugeführten Leistung (Gl. 2.26) $N = I^2 R_s$ zu kompliziert ist, werden bei der Hitzdraht- oder Heißfilmanemometrie andere Wege beschritten. Zwei verschiedene Methoden sind gebräuchlich:

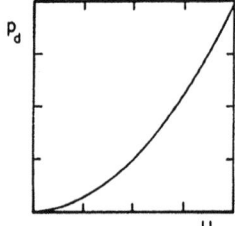
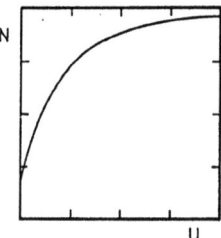

Bild 2.17: Gegenüberstellung der Empfindlichkeiten von Prandtl Rohr (links) und Hitzdraht oder Heißfilm (rechts)

1) **Die Konstant-Strom-Methode:**
   Es wird der Strom I durch den Sensor konstant gehalten, dann ist der Sensorwiderstand R_s ein Maß für die Geschwindigkeit U, den Massenfluß ρU oder die Temperaturdifferenz Θ.

2) **Die Konstant-Temperatur-Methode:**
   Es wird die Sensortemperatur T_s konstant gehalten, dann ist auch R_s = const., und I ist ein Maß für die Geschwindigkeit U oder den Massenfluß ρU.

2.3.2 Konstant-Strom-Methode

Die Konstant-Strom-Methode wird hauptsächlich zur Messung von Geschwindigkeits- oder Temperaturschwankungen benutzt. Die prinzipielle Schaltung eines Konstant-Strom-Anemometers zeigt Bild 2.18. Der Hitzdraht oder Heißfilm R_H ist Teil einer Wheatstone Brücke, die sowohl zur Messung des Sensorwiderstands als auch zur Einstellung des Sensorarbeitspunktes dient. In Schalterstellung A wird durch Verstellen von R_x der Kaltwiderstand des Sensors, der mit R_0 bezeichnet wird und sich zu

$$R_o = \frac{R_a}{R_b} R_x \tag{2.29}$$

berechnet, bestimmt. Ein hochohmiger Vorwiderstand R_v begrenzt dabei den Brückenstrom auf zwei bis drei Milliampere, so daß sich der Sensor nicht merklich erwärmt und

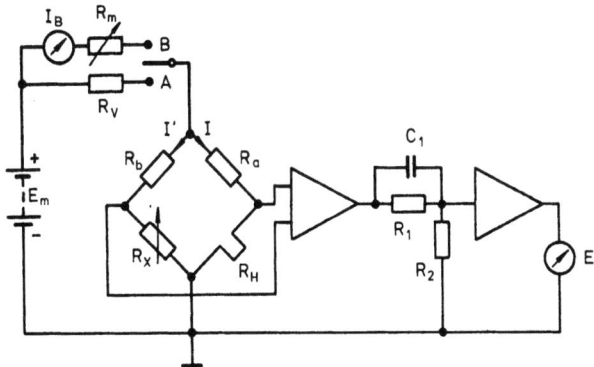

Bild 2.18: Prinzipielle Schaltung eines Konstant-Strom-Anemometers mit Kompensationsschaltung für die Zeitkonstante des Hitzdrahts.

der gemessene Wert R_0 dem Widerstand bei der Fluidtemperatur T_0 entspricht. Die Widerstände der Brücke sind so ausgelegt, daß der Strom I durch den Hitzdraht etwa zehnmal größer ist als der Strom I', der durch den regelbaren Widerstand fließt.

Bei der Messung wird die Sensortemperatur T_s über den Sensorwiderstand R_s (Gl. 2.28), der an der Wheatstone Brücke mittels R_x einzustellen ist, vorgegeben. In Schalterstellung B (Bild 2.18) wird dann bei der Geschwindigkeit U, bei der die Schwankungsmessungen ausgeführt werden sollen, durch Verkleinern von R_m der Brückenstrom so lange erhöht, bis sich der Sensor auf T_s erwärmt hat und die Brücke abgeglichen ist. Damit der Strom auch dann konstant bleibt, wenn sich der Sensorwiderstand R_s bedingt durch die Geschwindigkeitsschwankungen ändert, muß $R_m \gg R_a, R_b, R_x, R_N$ sein. In diesem Fall ist auch der Sensorstrom I, der z.B. bei einem Platinhitzdraht von 5 μm Durchmesser und einem $\Theta \approx$ 200 K etwa 100 mA beträgt, nur durch den Vorwiderstand R_m bestimmt. Die dem Hitzdraht zugeführte Leistung ist dann etwa 10^3mal größer als bei der Kaltwiderstandsmessung.

2.3.2.1 Sensorempfindlichkeit für zeitlich konstante Geschwindigkeiten und quasistationäre Geschwindigkeitsschwankungen

Für die Konstant-Strom-Methode ist die Abhängigkeit des Sensorwiderstands R_s von der Geschwindigkeit U für drei verschiedene Sensorstromstärken I in Bild 2.19 dargestellt. Man erkennt leicht, warum diese Methode nicht für Messungen über einen größeren Geschwindigkeitsbereich, sondern bestenfalls für Schwankungsmessungen geeignet ist. Zum einen nimmt die Empfindlichkeit bei größeren Geschwindigkeiten stark ab (eine Verdopplung von U verändert R_s nur noch sehr wenig), zum anderen besteht wegen der geringen Abkühlung bei kleinen Geschwindigkeiten die Gefahr, daß der Sensor zu heiß wird und dann durchbrennt bzw. die Löt- oder Schweißverbindungen zur Halterung zerstört werden (vgl. Bild 2.14). Auch der nichtlineare Zusammenhang bei großen Geschwindigkeitsschwankungen zwischen $u(t) = U(t) - \bar{U}$ und den daraus resultierenden Widerstandsschwankung $r(t) = R_s(t) - \bar{R}_s$ ist aus Bild 2.19 gut zu erkennen, der wegen

$$e(t) = I \, r(t), \qquad I = \text{const} \qquad (2.30)$$

auch zwischen den Geschwindigkeitsschwankungen $u(t)$ und den Schwankungen der Anemometerausgangsspannung $e(t)$ besteht. Ein Konstant-Strom-Anemometer kann daher nur für Schwankungsmessungen, bei denen $u(t) \ll \bar{U}$ ist, benutzt werden. Es darf dann die Kalibrierkurve im Arbeitspunkt ($\bar{R}_s, \bar{U}$) durch die Tangente

2.3 Hitzdraht- und Heißfilmanemometrie 85

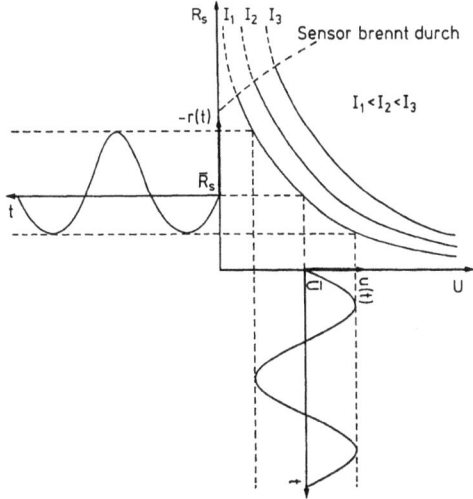

Bild 2.19: Abhängigkeit des Sensorwiderstands R_s von der Anströmgeschwindigkeit U für drei verschiedene Sensorstromstärken I bei der Konstant-Strom-Methode und Demonstationen des nichtlinearen Zusammenhangs zwischen u(t) und r(t)

$$\frac{1}{\varepsilon} = \left.\frac{\partial R_s}{\partial U}\right|_I \cdot I \qquad (2.31)$$

ersetzt werden, und die Spannungsschwankungen sind dann in guter Näherung ein Abbild der Geschwindigkeitsschwankungen:

$$u(t) = \varepsilon\, e(t) \qquad (2.32)$$

2.3.2.2 Sensorempfindlichkeit für Geschwindigkeitsschwankungen

In einer zeitlich veränderlichen Strömung (z.B. bei Turbulenz) kann aufgrund seiner Wärmekapazität mc (m: Masse, c: spezifische Wärme) der Sensor zu träge sein, um den Geschwindigkeitsschwankungen unmittelbar folgen zu können. Anstelle der Gl. (2.27), die unter Berücksichtigung von Gl. (2.28) für inkompressible Strömungen ($\rho = $ const)

$$N(I, \Theta) = \dot{Q}(U, \Theta)$$

lautet, muß jetzt in jedem Augenblick die Beziehung

$$N(I, \Theta) = \dot{Q}(U, \Theta) + mc \frac{d\Theta}{dt} \qquad (2.33)$$

gelten. Dies bedeutet in Worten:

> Die durch Joulesche Wärme zugeführte Leistung N
> ist gleich
> der durch die Strömung pro Zeiteinheit abgeführten Energie $\dot{Q}$
> plus
> der im Sensor gespeicherten Leistung.

Bei Hitzdrähten, die aus einem einheitlichen Material bestehen, sind m und c leicht zu ermitteln. Komplizierter wird es bei Heißfilmen, da hier zu der Filmmasse, die im allgemeinen sehr klein ist, noch die Trägermasse hinzu kommt (vgl. Bild 2.16).

Zur Berechnung des dynamischen Verhaltens eines Sensors wird von Gl. (2.33) ausgegangen. Im Arbeitspunkt des Sensors $\bar{R}_s = f(\bar{U})$ (vgl. Bild 2.19) wird eine Aufteilung in die zeitlich gemittelten Werte und in die Abweichungen vom Arbeitspunkt vorgenommen:

$$\bar{N} + \Delta N(I, \Theta) = \bar{\dot{Q}} + \Delta \dot{Q}(U, \Theta) + mc \frac{d\Theta}{dt}. \qquad (2.34)$$

Berücksichtigt man, daß im Arbeitspunkt

$$\bar{N} = \bar{\dot{Q}},$$

gelten muß, d.h. daß die dem Sensor im Mittel zugeführte Leistung gleich der im Mittel pro Zeiteinheit von der Strömung abgeführten Wärmemenge ist und ersetzt die Abweichungen vom Arbeitspunkt durch die entsprechenden totalen Differentiale, so folgt

$$\left.\frac{\partial N}{\partial I}\right|_\Theta dI + \left.\frac{\partial N}{\partial \Theta}\right|_I d\Theta = \left.\frac{\partial \dot{Q}}{\partial U}\right|_\Theta dU + \left.\frac{\partial \dot{Q}}{\partial \Theta}\right|_U d\Theta + mc \frac{d\Theta}{dt}. \qquad (2.35)$$

Nach Aufteilen der Variablen in Mittelwerte und Schwankungsgrößen $I(t) = I + i(t)$, $\Theta(t) = \overline{\Theta} + \vartheta(t)$, $U = \overline{U} + u(t)$, und Ersetzen der Differentiale dI, dΘ, dU durch die entsprechenden Schwankungsgrößen $i(t)$, $\vartheta(t)$, $u(t)$, wird eine inhomogene Differentialgleichung 1. Ordnung in ϑ erhalten, die durch Einführen der Sensorzeitkonstanten

$$M = \frac{mc}{\left.\frac{\partial \dot{Q}}{\partial \Theta}\right|_U - \left.\frac{\partial N}{\partial \Theta}\right|_I} \quad (2.36)$$

und der Störfunktion

$$f(t) = C\,u(t) + D\,i(t) \quad (2.37)$$

mit

$$C = -\frac{M}{mc} \left.\frac{\partial \dot{Q}}{\partial U}\right|_\Theta \quad (2.38)$$

und

$$D = \frac{M}{mc} \left.\frac{\partial N}{\partial I}\right|_\Theta \quad (2.39)$$

als

$$M \frac{d\vartheta(t)}{dt} + \vartheta(t) = f(t) \quad (2.40)$$

geschrieben werden kann. In Gl. (2.40) wurde dΘ außerdem durch dϑ ersetzt.

Für das dynamische Verhalten eines Sensors spielen, wie Gl. (2.37) zeigt, Geschwindigkeits- und Stromschwankungen, wenn auch mit entgegengesetzten Vorzeichen (C < 0, D > 0), die gleiche Rolle. Hiervon wird bei der experimentellen Bestimmung der Sensorzeitkonstanten M auch Gebrauch gemacht (vergl. 2.3.2.3), bei der anstelle der Sensorantwort auf eine Geschwindigkeitsänderung, die im allgemeinen interessiert und die nicht einfach zu realisieren ist, die Antwort auf eine Stromänderung gemessen wird.

Um einen anwendbaren Ausdruck für die Sensorzeitkonstante M zu erhalten, werden die im Nenner von Gl. (2.36) stehenden Ableitungen berechnet. Durch Differenzieren von Gl. (2.24) nach Θ wird

$$\left.\frac{\partial \dot{Q}}{\partial \Theta}\right|_U = \frac{\dot{Q}}{\Theta} \quad (2.41)$$

und nach Einsetzen von Gl. (2.28) in Gl. (2.25) und Differenzieren nach Θ wird

$$\left.\frac{\partial N}{\partial \Theta}\right|_I = I^2 R_0 \alpha \quad (2.42)$$

erhalten. Schließlich kann Gl. (2.41) mit Hilfe von Gl. (2.26) und (2.28) umgeformt werden in

$$\frac{\dot{Q}}{\Theta} = \frac{I^2 R_0 (1 + \alpha \Theta)}{\Theta},$$

womit für die Sensorzeitkonstante dann

$$M = \frac{mc \; \Theta}{I^2 R_0} \qquad (2.43)$$

und für die Konstante

$$C = -\frac{\alpha \Theta}{I} \frac{\partial \dot{Q}}{\partial U}\bigg|_\Theta \qquad (2.44)$$

erhalten werden. Während des Betriebs (I = const) ist bei der Konstant-Strom-Methode D = 0, so daß nur Geschwindigkeitsschwankungen u(t) zu Sensorwiderstandsänderungen r(t) beitragen.

Die Zeitkonstante M hängt, wie Gl. (2.43) zeigt, außer von der Wärmekapazität mc und dem Kaltwiderstand R_0 auch von den Betriebsdaten des Sensors, wie Temperaturdifferenz $\Theta = R_s - R_0$ und Sensorstrom I, ab. Beim Hitzdraht läßt sich mc leicht angeben. Dagegen trägt beim Heißfilm nicht nur der Film selber, sondern auch das Trägermaterial zur Wärmekapazität bei. Während hier bei schnellen Geschwindigkeitsänderungen im wesentlichen nur die Wärmekapazität des Films wirksam ist, kommt bei langsamen Änderungen (kleinen Frequenzen) auch das Trägermaterial ins Spiel, das wegen seiner großen Masse (vgl. Bild 2.16) viel Wärme aufnehmen oder auch abgeben kann. Damit wird dann die Zeitkonstante einer Heißfilmsonde mit großer Trägermasse frequenzabhängig.

Das dynamische Verhalten eines Hitzdrahts kann durch die in Bild 2.20 dargestellte Ersatzschaltung modelliert werden, die durch die Differentialgleichung 1. Ordnung

$$R_3 C_2 \frac{de(t)}{dt} + e(t) = R \, i(t) \qquad (2.45)$$

beschrieben wird. Durch Vergleich mit Gl. (2.40) ergibt sich, daß in der Ersatzschaltung die Zeitkonstante $R_3 C_2$, die Konstante R und die Stromänderung i(t) beim Hitzdraht der Zeitkonstanten M, der Konstanten C bzw. der Geschwindigkeitsänderung u(t) entsprechen.

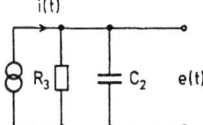

Bild 2.20:
Ersatzschaltung für einen Hitzdraht in Konstant-Strom-Schaltung

Ein Hitzdraht mit einer Zeitkonstante M kann Geschwindigkeitsschwankungen nur bis zu einer Grenzfrequenz

$$f_g = \frac{1}{2\pi M} \qquad (2.46)$$

trägheitslos folgen. Bei f_g ist definitionsgemäß die Hitzdrahtempfindlichkeit um 3dB, d.h. auf etwa 70 % der Empfindlichkeit bei $f \ll f_g$, abgefallen, und die Anemometerausgangsspannung eilt den Geschwindigkeitsschwankungen um 45° nach. Für $f > f_g$ nimmt die Empfindlichkeit mit 6 dB/Oktave ab (Bild 2.21). Das bedeutet, daß sich dann die Hitzdrahtempfindlichkeit bei einer Frequenzverdopplung gerade halbiert.

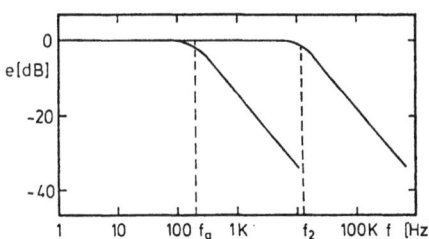

Bild 2.21: Frequenzgang eines 5 μm starken Hitzdrahts in Konstant-Strom-Schaltung mit und ohne Zeitkonstantenkompensation

Sollen Geschwindigkeitsschwankungen mit $f > f_g$ gemessen werden, muß der Frequenzgang korrigiert werden. Dies ist, wie Bild 2.21 zeigt, für einen Hitzdraht von 5μm Durchmesser bereits oberhalb $f_g \approx 300$ Hz nötig. Ein hierfür geeignetes Netzwerk (Bild 2.22) ist ein frequenzabhängiger Spannungsteiler, der dem Anemometerverstärker (Bild 2.18) und nicht direkt dem Hitzdraht nachgeschaltet wird. Da ein solcher Spannungsteiler für $f < f_g$ das Hitzdrahtsignal im Verhältnis $R_2/(R_1 + R_2)$ abschwächt, ist zum Ausgleich ein Verstärker erforderlich. Zur richtigen Kompensation der Hitzdrahtzeitkonstanten M muß

$$R_1 C_1 = M \qquad (2.47)$$

gewählt werden. Dadurch wird erreicht, daß für $f_g < f < f_2$ mit

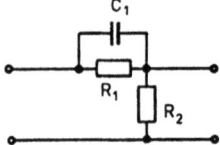

Bild 2.22:
Schaltung zur Kompensation der Hitzdrahtzeitkonstanten

$$f_2 = \frac{1}{2\pi M_1} \qquad (2.48)$$

und

$$M_1 = \frac{R_1 R_2}{R_1 + R_2} C_1, \qquad (2.49)$$

die mit zunehmender Frequenz abnehmende Hitzdrahtempfindlichkeit durch eine mit der Frequenz zunehmende Verstärkung ausgeglichen wird. Gleichzeitig wird bis f_2 auch die Phasenbeziehung zwischen den Geschwindigkeitsschwankungen und den Schwankungen des Ausgangssignals korrigiert. Durch die Kompensationsschaltung (Bild 2.22) werden die hohen Frequenzen bevorzugt und gleichzeitig auch die im Bereich $f_g < f < f_2$ liegenden Störsignale (Verstärkerrauschen) proportional zu f angehoben, wodurch das Signal/Rauschverhältnis des Hitzdrahtsignals verschlechtert wird. Der Frequenzgang eines Heißfilms läßt sich nicht auf so einfache Weise wie der eines Hitzdrahtes verbessern.

2.3.2.3 Messung von Geschwindigkeitsschwankungen

Vor der Messung wird in Schalterstellung A (Bild 2.18) der Kaltwiderstand R_0 des Sensors bei der Fluidtemperatur T_0 ermittelt und dann für eine möglichst hohe Betriebstemperatur T_s nach Gl. (2.28) der Arbeitswiderstand R_s festgelegt. Die Temperatur T_s ist durch die Art der Befestigung des Sensors auf der Sondenspitze oder durch die Bauart des Sensors eingeschränkt. In Luft sollten bei weichgelöteten Hitzdrähten 250°C und bei punktgeschweißten 600°C mittlere Drahttemperatur nicht wesentlich überschritten werden, um die Drahtbefestigungen nicht zu zerstören. Außerdem ist zu beachten, daß T_s eine über den Sensor gemittelte Temperatur darstellt und in der Sensormitte eine höhere Temperatur als an den Rändern erreicht wird (vgl. Bild 2.31). Bei höheren Temperaturen oxidieren Wolframdrähte stark. Sie werden daher häufig mit einer Platinschicht überzogen, wodurch sie dann auch lötbar werden. Bei Heißfilmmessungen in Flüssigkeiten ist T_s durch den Siedepunkt oder die Zersetzungstemperatur der Flüssigkeit begrenzt. Siehe hierzu Unterkapitel 2.3.6.2, in dem auf die speziellen Probleme bei Messungen in Flüssigkeiten eingegangen wird. Ist der Arbeitswiderstand R_s des Sensors festgelegt, wird dieser an der Meßbrücke eingestellt. Das Verhältnis R_s/R_0 wird vielfach auch als Überhitzungsverhältnis bezeichnet. Es gibt an, mit welchem Faktor R_0 zu multiplizieren ist, um R_s zu erhalten. Für eine Temperaturdifferenz $\Theta_0 \approx 250°C$ beträgt das Überhitzungsverhältnis z.B. zwei.

Bei der Konstant-Strom-Methode ist es erforderlich, daß bei jeder Geschwindigkeit U, bei der quantitative Schwankungsmessungen ausgeführt werden sollen, vorher die Sensorempfindlichkeit ε ermittelt und, soweit erforderlich, auch die Sensorzeitkonstante M kompensiert wird. Beide Größen ε und M hängen von der Geschwindigkeit U ab.

Nachdem der Sensorwiderstand R_s an der Meßbrücke eingestellt wurde, wird zur Bestimmung der Sensorempfindlichkeit in einer laminaren Strömung bei der Geschwindigkeit U in Schalterstellung B (Bild 2.18) der Strom I durch den Sensor so lange erhöht, bis die Brücke auf Null abgeglichen ist. Der Sensor hat jetzt seine Betriebstemperatur T_s erreicht. Bei konstant gehaltenem Strom I wird dann die Brückendiagonalspannung $|\Delta e_1|$ für eine um etwa 5 % höhere Geschwindigkeit $U + \Delta u_1$ und $|\Delta e_2|$ für eine um etwa 5 % niedrigere Geschwindigkeit $U - \Delta u_2$ gemessen und daraus die Sensorempfindlichkeit

$$\varepsilon = \left.\frac{\Delta u_1 + \Delta u_2}{|\Delta e_1| + |\Delta e_2|}\right|_I$$

berechnet.

Die Kompensation der Sensorzeitkonstanten M geschieht bei konstantem U und I. Statt der Strömung eine sprunghafte Geschwindigkeitsänderung u(t) aufzuprägen und die Impulsantwort des Sensors zu messen, was auf große experimentelle Schwierigkeiten stößt, wird dem Sensorstrom I eine Rechteckwelle i(t), die diesen um etwa ± 1 % periodisch verändert, überlagert. Beides hat nach Gl. (2.37) auf das dynamische Verhalten des Sensors (Gl. 2.40) die gleiche Wirkung. Wegen der Sensormasse und der daraus resultierenden Zeitkonstanten M ist die Änderung der Temperatur $\vartheta(t)$ nicht mehr ein Abbild der Stromänderung i(t). Dies zeigt sich darin, daß die Anemometerausgangsspannung e(t) stark abgerundete Flanken aufweist (Bild 2.23). Durch Einstellen der Zeitkonstanten M = $R_1 C_1$ am Kompensationsnetzwerk des Verstärkers (Bild 2.18) kann der zeitliche Verlauf von e(t) so verändert werden, daß er mit dem ursprünglichen Verlauf von i(t) übereinstimmt. Nach Abschalten der Rechteckwellen kann gemessen werden. Für kleine Geschwindigkeitsschwankungen entspricht jetzt der zeitliche Verlauf von e(t) = r(t)I dem von u(t), und zwischen beiden Größen besteht die Beziehung

$$u(t) = \varepsilon\, e(t).$$

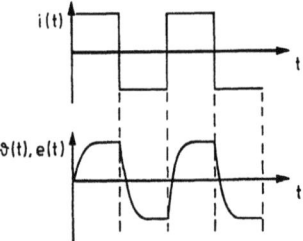

Bild 2.23:
Kompensation der Hitzdrahtzeitkonstanten mit der Rechteckwellenmethode. Änderungen des Sensorstroms i(t) (oben), der Sensortemperatur $\vartheta(t)$ bzw. der Anemometerausgangsspannung e(t) (unten).

Zur Bestimmung der Sensorempfindlichkeit werden vielfach auch kleinere, spezielle Wind- oder Wasserkanäle mit einem sehr geringen Turbulenzgrad (Gl. 5.26) benutzt. Es ist zu beachten, daß zwischen Kalibrierung und Messung die Verbindung zwischen Sensor und Anemometer nicht unterbrochen werden darf, da sich hierdurch der Übergangswiderstand der Steckverbindung, der einen Teil des Sensorwiderstands darstellt, verändern könnte. Dies hätte zwangsläufig einen Einfluß auf die Sensorempfindlichkeit und würde die vorher durchgeführte Kalibrierung unbrauchbar machen.

2.3.2.4 Messung von Temperaturschwankungen

Da die Empfindlichkeit eines Sensors für Geschwindigkeits- und Temperaturschwankungen unterschiedlichen Potenzgesetzen folgt (Gl. 2.24), lassen sich durch nacheinander ausgeführte Messungen bei unterschiedlichen Temperaturdifferenzen $\Theta = (T_s - T_0)$ Temperatur- und Geschwindigkeitsschwankungen voneinander trennen. Ein nur wenig erwärmter Sensor reagiert wie ein Widerstandsthermometer vor allem auf Temperaturschwankungen. Dagegen spielen für einen stark erwärmten Sensor Temperaturschwankungen $\vartheta(t) \ll \Theta$ keine große Rolle, da der Sensor in erster Linie auf die Geschwindigkeitsschwankungen u(t) anspricht. Schwierigkeiten treten dann auf, wenn die relativen Schwankungen $\vartheta(t)/\Theta$ und $u(t)/U$ von gleicher Größenordnung sind, wie es z.B. bei transsonischen Strömungen oder Überschallströmungen der Fall sein kann. Der Schwankungsanteil der Anemometerausgangsspannung

$$e(t) = \frac{1}{\varepsilon} u(t) + \frac{1}{\varepsilon^*} \vartheta(t) \qquad (2.50)$$

setzt sich dann aus zwei Anteilen zusammen. Dabei ist ε die durch Gl. (2.31) eingeführte Sensorempfindlichkeit für Geschwindigkeitsschwankungen und ε^* die entsprechende Empfindlichkeit für Temperaturschwankungen. Zur Berechnung von ε^* wird in Gl. (2.31) die partielle Ableitung nach U bei festem I durch die partielle Ableitung nach Θ bei festem U ersetzt, was nach Gl. (2.28) gerade αR_0 ergibt. Durch Messen der quadratischen Mittelwerte

$$\overline{e^2} = \frac{1}{\epsilon^2}\overline{u^2} + \frac{1}{\epsilon^{*2}}\overline{\vartheta^2} + \frac{2}{\epsilon\epsilon^*}\overline{u\vartheta} \qquad (2.51)$$

bei drei verschiedenen Temperaturdifferenzen Θ werden drei Gleichungen erhalten, die sich nach $\overline{u^2}$, $\overline{\vartheta^2}$ und $\overline{u\vartheta}$ (Korrelation zwischen Geschwindigkeits- und Temperaturschwankungen) auflösen lassen. Es ist zu beachten, daß ϵ und ϵ^* unterschiedliche Vorzeichen besitzen und daß auch die Sensorzeitkonstante, wie in 2.3.2.3 beschrieben, kompensiert werden muß (Kovasznay 1965).

2.3.3 Konstant-Temperatur Methode

Die Konstant-Temperatur-Methode ist nicht nur für die Messung von Geschwindigkeitsschwankungen, sondern auch zur Messung zeitlich konstanter oder zeitlich veränderlicher Geschwindigkeitsfelder geeignet, wobei sich wegen der geringen Sensorabmessungen eine hohe räumliche Auflösung erreichen läßt. Die prinzipielle Schaltung eines Konstant-Temperatur-Anemometers ist in Bild 2.24 dargestellt. Der Hitzdraht oder Heißfilm R_H ist

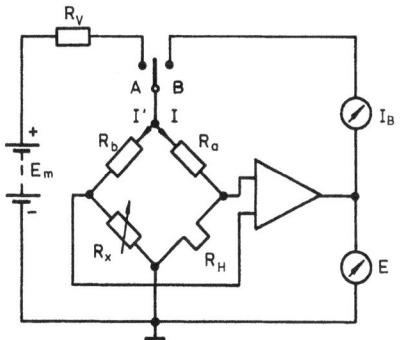

Bild 2.24:
Prinzipielle Schaltung eines
Konstant-Temperatur-
Anemometers

Teil einer Wheatstoneschen Brücke, die hier zur Messung des Sensorwiderstands und zur Einstellung der Sensortemperatur dient (vgl. auch Kap. 2.3.2). In Schalterstellung A wird der Sensorkaltwiderstand R_0 bei der Fluidtemperatur T_0 bestimmt. Die Wahl der Sensortemperatur T_s geschieht über den Widerstand R_s, der an der Brücke eingestellt wird. Der Zusammenhang zwischen T_0 und T_s bzw. R_0 und R_s ist durch Gl. (2.28) gegeben. Gegenüber der Konstant-Strom-Methode, bei der der Brückenabgleich manuell durch Einregulieren des Brückenstroms vorgenommen werden muß, erfolgt hier in Schalterstellung B der Abgleich automatisch durch einen Regelkreis. Dieser sorgt dafür, daß der Sensorstrom I gerade so groß wird, daß unabhängig von der Abkühlung der Sensorwiderstand R_s und damit auch dessen Temperatur T_s konstant gehalten wird. Verkleinert sich z.B. kurzzeitig durch einen Geschwindigkeitsanstieg der Sensorwiderstand um r(t), so kommt die Brücke aus dem Gleichgewicht. Die dann an den Diagonalpunkten entstehende Differenzspannung e(t) führt so lange zu einer Brückenstromerhöhung i(t), bis der Abgleich wieder hergestellt ist. Dieser Vorgang läuft um so schneller ab, je größer die Transduktanz g = i(t)/(I r(t)) des Regelkreises ist. Typische Werte für g liegen zwischen 30 und 300 Ω^{-1}. Nach Hitze (1975) besteht für einen Hitzdraht zwischen der Zeitkonstanten M' bei konstant gehaltener Temperatur und der Zeitkonstanten M bei konstant gehaltenem Strom (Gl. 2.43) die Beziehung

$$M' = \frac{M}{2R_s \alpha \Theta \ g} = \frac{mc}{2\ I^2\ R_0\ R_s\ \alpha\ g}. \qquad (2.52)$$

Außer den im Text genannten Größen bedeuten m die Sensormasse und c, α die Wärmekapazität bzw. den Widerstandstemperaturkoeffizienten des Sensormaterials. Bei Konstant-Temperatur-Betrieb verkleinert sich die wirksame Zeitkonstante des Sensors und erhöht sich die Grenzfrequenz f_g (Gl. 2.46), bis zu der Geschwindigkeitsschwankungen trägheitslos gemessen werden können. Da der Nenner von Gl. (2.52) nicht konstant ist, sondern $I^2 R_s$ enthält, was nach Gl. (2.26) proportional $U^{1/n}$ ist, nimmt die wirksame Sensorzeitkonstante auch mit steigender Geschwindigkeit ab. Den typischen Frequenzgang eines Konstant-Temperatur-Anemometers zeigt Bild 2.25.

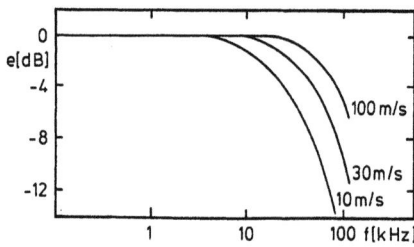

Bild 2.25:
Typischer Frequenzgang eines Hitzdrahts in Konstant-Temperatur-Schaltung

2.3.3.1 Sensorempfindlichkeit

Die Abhängigkeit des Brückenstroms I_B oder der Anemometerausgangsspannung E von der Geschwindigkeit U ist in Bild 2.26 für drei verschiedene Sensortemperaturen T_s dargestellt. Von dem vom Verstärker gelieferten Strom I_B fließen im allgemeinen 90 bis 95 % durch den Sensor (I) selbst und der Rest (I') durch den Parallelzweig der Brücke. Bei besonders hohen Anforderungen an die obere Grenzfrequenz des Anemometers wird I'/I = 1 gewählt.

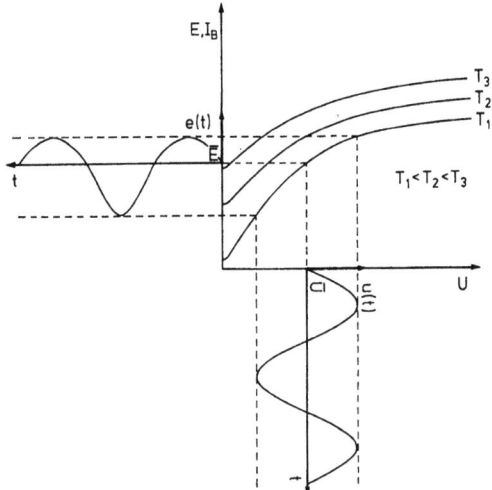

Bild 2.26: Abhängigkeit des Brückenstroms I_B oder der Anemometerausgangsspannung E von der Anströmgeschwindigkeit U bei drei verschiedenen Sensortemperaturen T bei der Konstant-Temperatur-Methode und Demonstration des nichtlinearen Zusammenhangs zwischen u(t) und e(t).

Statt des Brückenstroms I_B wird vielfach auch die Brückenspannung E als ein Maß für die Geschwindigkeit benutzt. Wie bei der Konstant-Strom-Methode (Bild 2.19) nimmt auch hier die Empfindlichkeit mit zunehmender Geschwindigkeit ab. Bei kleinen Geschwindigkeiten oder bei U = 0 besteht jedoch nicht mehr die Gefahr, daß der Sensor durchbrennt, da der Brückenstrom automatisch verkleinert wird. Dieser Regelmechanismus ermöglicht damit Messungen über einen relativ großen Geschwindigkeitsbereich. Der stark nichtlineare Zusammenhang zwischen U und I bzw. U und E bleibt aber erhalten. Dieser führt bei großen Geschwindigkeitsschwankungen zu einem zu klein gemessenen Mittelwert. Mit einem sogenannten Linearisator kann die Nichtlinearität über nahezu den gesamten Geschwindigkeitsbereich beseitigt werden (siehe hierzu 2.3.3.3). Bei Schwankungsmessungen ohne Linearisator darf wie bei der Konstant-Strom-Methode nur dann die lokale Steigung im Arbeitspunkt $(\bar{E}, \bar{U})$ (Bild 2.25) durch die Tangente

$$\frac{1}{\varepsilon} = \frac{\partial E}{\partial U}\bigg|_T \tag{2.53}$$

ersetzt werden, wenn $u(t) \ll \bar{U}$ ist. Dann gilt entsprechend Gl. (2.32) auch hier

$$u(t) = \varepsilon\, e(t). \tag{2.54}$$

Eine Kompensation der Sensorzeitkonstanten ist bei der Konstant-Temperatur-Methode nicht erforderlich. Da aber die Sensorzuleitung mit ihren kapazitiven und induktiven Anteilen auch Teil der Meßbrücke ist, reicht für den geschlossenen Regelkreis die rein Ohmsche Abgleichbedingung (Gl. 2.29) nicht mehr aus. Vielmehr muß, damit keine Phasendifferenz zwischen den Strömen I und I' der beiden Brückenzweige besteht, die Impedanz der Sensorzuleitung kompensiert werden. Bei einer Phasendifferenz wäre ein automatischer Brückenabgleich in jedem Moment nicht möglich. Dies würde wegen der Rückkopplung dann zu unkontrollierbaren Schwingungen führen. Die Kompensation geschieht durch ein in die Brücke eingebautes LC-Glied. Zum Abgleich wird dem Brückenstrom eine Rechteckwelle überlagert und nicht, wie bei der Konstant-Strom-Methode, nur die Impulsantwort des Sensors, sondern die des gesamten, aus Sensor, Brücke und Regelverstärker bestehenden Systems ermittelt. Dementsprechend wird hier nicht die zur Anregung benutzte Rechteckwelle durch Verändern eines RC-Gliedes wieder reproduziert (vgl. 2.3.2.3), sondern es wird ein möglichst schnelles Einschwingen des Regelkreises auf die Stromänderung durch Verändern eines in den Parallelzweig der Meßbrücke eingebauten LC-Gliedes erreicht. LC-Glied und Rechteckwellengenerator sind in Bild 2.24 nicht dargestellt.

2.3.3.2 Messungen in inkompressiblen Strömungen

Vor der Messung muß der Sensor kalibriert werden. In Schalterstellung A (Bild 2.24) wird zuerst der Sensorwiderstand R_0 bei der Fluidtemperatur T_0 gemessen und dann mit Hilfe von Gl. (2.28) für die gewählte Arbeitstemperatur T_s der Sensorwiderstand R_s berechnet (vgl. hierzu 2.3.2.3). Nachdem R_s an der Meßbrücke eingestellt wurde, sorgt in Schalterstellung B der Regelkreis des Anemometers dafür, daß der Widerstand R_s bzw. die Temperatur T_s unabhängig von der Geschwindigkeit U konstant gehalten wird. In einer Strömung mit einem möglichst kleinen Turbulenzgrad wird die Abhängigkeit des Brückenstroms I_B oder besser der Anemometerausgangsspannung E von der Strömungsgeschwindigkeit U ermittelt. Eine in einer Ölströmung mit einer Heißfilmsonde aufgenommene Kalibrierkurve zeigt <u>Bild 2.27</u>. Der Kurvenverlauf kann für $U > U_c$, entsprechend Gl. (2.26)

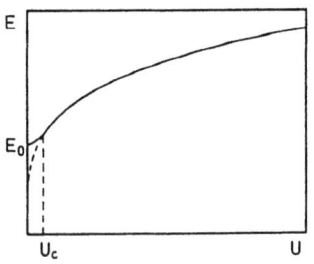

Bild 2.27:
In einer Ölströmung aufgenommene Kalibrierkurve für eine Heißfilmsonde. E_0 ist die Anemometerausgangsspannung für $U = 0$ und U_c die durch den erwärmten Sensor erzeugte Konvektionsgeschwindigkeit.

durch

$$E^2 = A^* + B^* U^{1/n} \quad (2.55)$$

für n = 2 mit $I^2 R_s = E^2/R_s$ beschrieben werden. A* und B* enthalten hier auch die konstant gehaltenen Parameter ρ, R_s, Θ. Für $U < U_c$ tritt eine Abweichung von Gl. (2.55) auf, die dadurch entsteht, daß der Sensor selbst das Fluid in seiner Nähe erwärmt und wegen der daraus resultierenden lokalen Dichteänderung eine Konvektionsströmung erzeugt, die sich vor allem bei kleinen Geschwindigkeiten störend bemerkbar macht. Hierdurch ist die mit dem Heißfilm meßbare Geschwindigkeit nach unten begrenzt. In Bild 2.27 beträgt $U_c \approx 1$ cm/s bei $\Theta = 10$ K. Bei Hitzdrahtmessungen in Luft mit $\Theta \approx 250$ K liegt U_c in der Größenordnung von einigen dm/s. Die Größe der Konvektionsgeschwindigkeit hängt außer von Θ auch davon ab, ob der Sensor horizontal oder vertikal in der Strömung angeordnet ist und ob es noch weitere geheizte Sensoren in der Nähe des betrachteten Sensors gibt (vgl. Bild 2.33).

Die Größen A* und B* in Gl. (2.55) sind keine Konstanten, sondern hängen außer vom benutzten Fluid auch von der gewählten Sensortemperatur T_s und der Sensor-Reynoldszahl ab. Bei einem zylindrischen Sensor vom Durchmesser d ändert sich der Wert von B* wegen des Wechsels der Umströmung bei $Re = Ud/\nu \approx 4$ und bei $Re \approx 50$ (Bild 2.28) sprunghaft. Für $Re > 50$ lösen sich vom Sensor periodisch Wirbel ab. Bei einem 50 μm starken zylindrischen Sensor kommt es im Wasser schon für $U > 1$ m/s zur Ausbildung einer Wirbelstraße. Hierdurch werden dem Anemometerausgangssignal, auch in einer ungestörten Strömung, mehr oder weniger starke periodische Störungen aufgeprägt. Ohne Konvektionsströmung würde A* die Anemometerausgangsspannung E bei $U = 0$ (Schnittpunkt des verlängerten Kurvenverlaufs mit der Ordianten) darstellen. Mit Konvektionsströmung wird der etwas größere Wert E_0 bei $U = 0$ erhalten.

Mit der Konstant-Temperatur-Methode können Messungen sowohl in stationären als auch in stark schwankenden Strömungsfeldern ausgeführt werden. In stationären oder

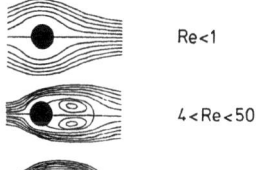

Bild 2.28:
Stromlinienbilder um einen Zylinder in verschiedenen Reynolds-Zahl-Bereichen. Ab $Re \approx 4$ bildet sich hinter dem Zylinder ein stationäres Wirbelpaar aus, das in seiner Ausdehnung in Strömungsrichtung mit der Reynoldszahl wächst. Ab $Re \approx 50$ kommt es zu einer periodischen Wirbelablösung.

schwach schwankenden Strömungsfeldern mit $u(t) \ll \bar{U}$ kann der Zusammenhang zwischen U und E direkt aus der Kalibrierkurve bzw. der von $u(t)$ und $e(t)$ über die lokale Steigung der Kalibrierkurve im Arbeitspunkt $(\bar{E}, \bar{U})$

$$\frac{1}{\varepsilon} = \left.\frac{\partial E}{\partial U}\right|_{\Theta} \qquad (2.56)$$

erhalten werden. Sind die Geschwindigkeitsschwankungen nicht mehr klein, sondern liegen in der Größenordnung der mittleren Geschwindigkeit, d.h. $u(t) \lesssim \bar{U}$, muß das Anemometersignal entzerrt werden. Siehe hierzu das folgende Unterkapitel 2.3.3.3 Linearisierung. Messungen von Temperaturschwankungen sind mit der Konstant-Temperatur-Methode nicht möglich, da bei kleinen Arbeitstemperaturen T_s, bei denen der Sensor gut auf Temperaturveränderungen des Fluids reagieren würde, die Regelung des Anemometers zu unempfindlich ist.

Unter den Voraussetzungen, daß $u(t) \ll \bar{U}$ und $U_c \ll \bar{U}$, können mit einem Konstant-Strom-Anemometer in einer inkompressiblen Strömung ($\rho = $ const) auch ohne Kalibrierung Messungen relativer Geschwindigkeitsschwankungen, wie z.B. die Messung des Turbulenzgrads

$$Tu = \frac{\sqrt{\overline{u^2}}}{\bar{U}}$$

(siehe auch Gl. 5.27), ausgeführt werden. Um dies zu zeigen, wird von Gl. (2.55) ausgegangen und die Größe A^* näherungsweise gleich der Spannung E_0 bei der Anströmgeschwindigkeit Null gesetzt:

$$E^2 = E_0^2 + B^* U^{1/n} . \qquad (2.57)$$

Durch Ableiten der Anemometerausgangsspannung E nach der Geschwindigkeit U wird daraus

$$2E\,dE = \frac{B^*}{n}\frac{U^{1/n}}{U}dU = \frac{E^2 - E_0^2}{n}\frac{dU}{U}, \qquad (2.58)$$

was umgeformt werden kann in

$$\frac{dU}{U} = \frac{2n}{1 - E_0^2/E^2}\frac{dE}{E}. \qquad (2.59)$$

Für kleine Schwankungen u(t) ≪ Ū kann ein linearer Zusammenhang zwischen Spannungs- und Geschwindigkeitsänderungen, d.h. dE/dU = ∂E/∂U|$_\theta$ = const. (Gl. 2.56), angenommen werden. Durch Ersetzen der Differentiale dE und dU durch die entsprechenden Schwankungsgrößen e(t) und u(t), die durch E(t) = Ē + e(t) und U(t) = Ū + u(t) definiert sind, geht Gl. (2.59) über in

$$\frac{u}{\bar{U}} = \frac{2n}{1 - E_0^2/\bar{E}^2} \frac{e}{\bar{E}}. \qquad (2.60)$$

Dieser Zusammenhang gilt momentan. Durch Messen des Mittelwerts Ē und des Effektivwerts $\sqrt{\overline{e^2}}$ der Schwankungskomponente der Anemometerausgangsspannung sowie der Spannung E_0 bei U = 0 kann dann bei Kenntnis der Exponenten n der Turbulenzgrad

$$\frac{\sqrt{\overline{u^2}}}{\bar{U}} = \frac{2n}{1 - E_0^2/\bar{E}^2} \frac{\sqrt{\overline{e^2}}}{\bar{E}} \qquad (2.61)$$

berechnet werden.

2.3.3.3 Linearisierung der Anemometerausgangsspannung

Für ein Konstant-Temperatur-Anemometer ist der Zusammenhang zwischen Geschwindigkeit U und Anemometerausgangsspannung E in einer inkompressiblen Strömung durch die nichtlineare Beziehung Gl. (2.55) gegeben, die zwar für kleine Geschwindigkeitsschwankungen u(t) ≪ Ū als hinreichend linear angesehen werden darf, aber bei großen Geschwindigkeitsschwankungen (u ≲ U) entzerrt werden muß, damit das Anemometerausgangssignal E(t) dem von U(t) entspricht (vgl. Bild 2.25). Eine solche Signalentzerrung wird in der Hitzdraht- und Heißfilmanemometrie als Linearisierung bezeichnet und sollte nicht mit der Linearisierung einer Gleichung im mathematischen Sinne verwechselt werden.

Eine Linearisierung kann mit analogen oder digitalen Mitteln erfolgen. Im Falle einer analogen Linearisierung (Bild 2.29) wird dazu ein elektrischer Schaltkreis benutzt, der

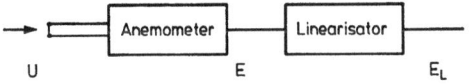

Bild 2.29: Linearisierung von Hitzdraht- und Heißfilmsignalen bei analoger Datenverarbeitung

dem Anemometer nachgeschaltet wird und dessen Übertragungsfunktion entweder die Umkehrfunktion von Gl. (2.55) ist oder diese über einen großen Bereich möglichst gut approximiert. Zur Approximation sind Schaltkreise im Gebrauch, die die Umkehrfunktion durch ein Polynom 4. Grades annähern. Es werden aber auch Verstärker mit einer nichtlinearen Charakteristik der Form

$$E_L = k(E^2 - C)^m \qquad (2.62)$$

benutzt. Dabei sind k, C und m einstellbare Konstanten und E, E_L die Eingangs- bzw. Ausgangsspannung des Verstärkers. Durch Einsetzen von Gl. (2.55) ergibt sich

$$E_L = k(A^* + B^* U^{1/n} - C)^m . \qquad (2.63)$$

Bei U = 0 wird aus dem Linearisator die Ausgangsspannung E_L = 0 erhalten, wenn C = A* gewählt wird. Für bekanntes n (Bestimmung siehe weiter unten) und Wahl von n = m kann für U_{max} durch Verändern von k die Ausgangsspannung E_L z.B. auf ein Volt festgesetzt werden, wodurch dann das Geschwindigkeitsintervall $U_c \leq U \leq U_{max}$ linear auf das Spannungsintervall $E_0 \leq E_L \leq 1$ V abgebildet wird. Mit analogen Mitteln läßt sich der Bereich $0 \leq U \leq U_c$ (vgl. Bild 2.27) nur schwer oder gar nicht linearisieren.

Eine Bestimmung des Exponenten n ist bei doppeltlogarithmischer Auftragung von $(E^2 - E_0^2) = f(U)$ aus der Steigung der Meßwerte möglich. Soll vor allem im Bereich kleiner Geschwindigkeiten linearisiert werden, kann sich die vom Sensor erzeugte Konvektionsströmung störend bemerkbar machen. Dies führt dazu, daß dann der Unterschied zwischen der gemessenen Ausgangsspannung E_0 bei U = 0 und der sich aus Gl. (2.55) ergebenden Größe A* stärker ins Gewicht fällt, so daß keine konstante Steigung bei der Auftragung erhalten wird. Abhilfe schafft dann, daß statt des gemessenen E_0 ein um 10 bis 15 % kleinerer Wert benutzt wird. So ist es möglich, auch über einen größeren Bereich eine konstante Steigung zu erhalten. Bei großen Geschwindigkeiten U ≫ U_c (Bild 2.27) ist eine Unterscheidung zwischen E_0 und A* nicht so wichtig. Hier kann sich vielmehr die Änderung der Umströmung des Sensors bei Re ≈ 4 und Re ≈ 50 (Bild 2.28) dadurch bemerkbar machen, daß sich an diesen Stellen die Steigung der doppelt logarithmisch aufgetragenen Meßwerte ändert. Schwankungsmessungen sind bei diesen Geschwindigkeiten wenig sinnvoll.

Bei einer digitalen Datenverarbeitung ist eine Linearisierung mit dem Rechner leicht möglich. Die gemessenen und digitalisierten Spannungswerte E(t) werden in diesem Fall mit Hilfe eines aus den Kalibrierwerten E = f(U) gewonnenen Polynoms oder mit Hilfe einer im Rechner gespeicherten Tabelle in Geschwindigkeitswerte U(t) umgerechnet. Bei der Polynommethode bietet sich wegen des Exponenten n ≈ 0,5 ein Polynom 4. Grades an. Um auch bei der Tabellenmethode, die erheblich schneller arbeitet, eine möglichst hohe Auflösung zu erhalten, müssen vorher zwischen den Meßpunkten liegende Werte durch Interpolation berechnet und in die Tabelle aufgenommen werden.

Bei einem Konstant–Strom–Anemometer ist eine Linearisierung über einen größeren Geschwindigkeitsbereich nicht möglich, da sich gleichzeitig mit der Geschwindigkeit U auch die Sensortemperatur T_s und damit die Zeitkonstante M ändert. Dies würde eine automatische Kompensation von M für verschiedene Geschwindigkeiten erforderlich machen, was technisch nur sehr schwer zu realisieren wäre.

2.3.3.4 Messungen in kompressiblen Strömungen

Die Bestimmung des Sensorkaltwiderstandes R_0 und die Wahl des Arbeitswiderstands R_s geschieht wie in 2.3.3.2 beschrieben, wobei in Gl. (2.23) T_0 durch die Recoverytemperatur $T_r = T_0 + \sqrt{Pr}\ U^2/(2c_p)$ zu ersetzen ist. Dabei bedeuten Pr die durch Gl. (5.6) eingeführte Prandtl Zahl und c_p die spezifische Wärme des Fluids bei konstantem Druck. In einer kompressiblen Strömung muß von Gl. (2.26) ausgegangen werden, die mit $I^2 R_s = E^2/R_s$

$$E^2 = [A' + B'(\rho U)^{1/n}]\Theta \qquad (2.64)$$

lautet. Im Arbeitspunkt $E = E(\bar{\rho}, \overline{U}, \overline{\Theta})$ wird für die Änderung der Anemometerausgangsspannung

$$dE = \frac{\partial E}{\partial \rho}\bigg|_{\overline{U}, \overline{\Theta}} d\rho + \frac{\partial E}{\partial U}\bigg|_{\bar{\rho}, \overline{\Theta}} dU + \frac{\partial E}{\partial \Theta}\bigg|_{\bar{\rho}, \overline{U}} d\Theta \qquad (2.65)$$

erhalten. Durch Einführen der logarithmischen Ableitung $\partial \ln f = \partial f/f$ wird daraus

$$\frac{dE}{E} = \frac{\partial \ln E}{\partial \ln \rho}\frac{d\rho}{\rho} + \frac{\partial \ln E}{\partial \ln U}\frac{dU}{U} + \frac{\partial \ln E}{\partial \ln \Theta}\frac{d\Theta}{\Theta}, \qquad (2.66)$$

was nach Aufteilen der veränderlichen Größen in Mittelwerte und Schwankungsgrößen:
$E(t) = \overline{E} + e(t)$, $\rho(t) = \bar{\rho} + \rho'(t)$, $U(t) = \overline{U} + u(t)$, $\Theta(t) = (T_s - T_r) + \vartheta(t)$ und Ersetzen der Differentiale durch die entsprechenden Schwankungsgrößen übergeht in

$$\frac{e(t)}{\overline{E}} = S_\rho \frac{\rho'(t)}{\bar{\rho}} + S_U \frac{u(t)}{\overline{U}} + S_\Theta \frac{\vartheta(t)}{\overline{\Theta}}. \qquad (2.67)$$

Dabei sind S_ρ, S_U, S_Θ die durch Gl. (2.66) eingeführten Sensorempfindlichkeiten gegenüber Dichte, Geschwindigkeit und Temperatur, die nach Morkovin (1956) bei Kenntnis der Abhängigkeiten des Wärmeübergangs von der Mach Zahl und von der mit dem Sensordurchmesser gebildeten Reynolds Zahl sowie den Sensorparametern berechnet werden können. Durch eine gleichzeitige Messung mit drei Sensoren, die bei unterschiedlichen Temperaturen betrieben werden, lassen sich drei verschiedene Gleichungen aufstellen, die nach den drei Unbekannten $\rho'(t)/\bar{\rho}$, $u(t)/\bar{U}$ und $\vartheta(t)/\bar{\Theta}$ aufgelöst werden können. Da es sehr schwierig ist, drei Sensoren so dicht beieinander anzuordnen, daß sie nahezu demselben Strömungsfeld ausgesetzt sind, ohne sich gegenseitig zu beeinflussen, wird lieber nur mit einem Sensor gearbeitet, der nacheinander mit unterschiedlichen Θ betrieben wird. Da die momentanen Schwankungen der drei abhängigen Variablen in Gl. (2.67) dann nicht zeitgleich erfaßt werden können und die zeitlichen Mittelwerte $\bar{e}/E = 0$ sind, müssen die quadratischen Mittelwerte $\overline{e^2}/E^2$ gemessen werden. Durch Quadrieren und Mitteln der Gl. (2.67) entstehen aber außer den drei interessierenden Größen $\overline{\rho'^2}/\bar{\rho}^2$, $\overline{u'^2}/\bar{U}^2$, $\overline{\vartheta'^2}/\bar{\Theta}^2$ noch die drei Unbekannten $\overline{\rho'u'}/(\bar{\rho}\bar{U})$, $\overline{u'\vartheta'}/(\bar{U}\bar{\Theta})$, $\overline{\vartheta'\rho'}/(\bar{\Theta}\bar{\rho})$, die die Korrelationskoeffizienten zwischen jeweils zwei der drei unabhängigen Variablen darstellen. Messungen bei sechs verschiedenen Temperaturen liefern dann ein lösbares Gleichungssystem. Siehe hierzu auch Kovasznay (1950 und 1953) sowie Stainback (1985) und Dussauge (1989).

Für Mach Zahlen größer etwa 1,3 sind die Sensorempfindlichkeiten S_U und S_ρ gleich groß, so daß ρ und U nicht mehr getrennt, sondern nur gemeinsam als Massenfluß ρU gemessen werden können. In diesem Fall sind ρ und U die Größen hinter dem sich vor dem Sensor einstellenden Verdichtungsstoß (vgl. hierzu Unterkapitel 1.1.2.3). Durch Betreiben des Sensors bei hohen Temperaturen ($\Theta \gtrsim 600$ K) kann erreicht werden, daß die Temperaturempfindlichkeit gegenüber der Massenflußempfindlichkeit vernachlässigt werden kann, so daß dann

$$dE = \left.\frac{\partial E}{\partial(\rho U)}\right|_T d(\rho U) \qquad (2.68)$$

oder

$$\frac{e(t)}{E} = S_{\rho U} \frac{(\rho u)'}{\overline{\rho U}} \qquad (2.69)$$

gilt.

2.3.4 Richtungsempfindlichkeit eines zylindrischen Sensors

In den vorangehenden Kapiteln des Abschnitts 2.3. spielte der vektorielle Charakter der Geschwindigkeit noch keine Rolle, da nur die abkühlende Wirkung eines Fluidstroms auf einen geheizten Sensor betrachtet wurde. Im folgenden soll auch die Richtung der Geschwindigkeit in Bezug auf den Sensor betrachtet werden.

2.3.4.1 Richtungsempfindlichkeit eines unendlich langen Sensors

Ein unendlich langer geheizter zylindrischer Sensor reagiert bei gleichmäßiger Temperaturverteilung nur auf die Geschwindigkeitskomponente senkrecht zu seiner Achse. Eine Bewegung parallel zur Sensorachse würde nur das erwärmte Fluid verschieben, aber keine Abkühlung bewirken (Bild 2.30). Da bei senkrechter Anströmung unabhängig von der Richtung immer Wärme abgeführt wird, kann mit einem einfachen Sensor nicht entschieden werden, ob die Strömung z.B. aus der +x oder -x Richtung kommt. Insbesondere schwankt bei einer periodischen Anströmung (U = Û sin ωt), weil sich auch die Richtung periodisch ändert, die Abkühlung mit der Frequenz 2ω. Nur wenn immer eine Vorzugsrichtung vorhanden ist, also die Schwankungen niemals so groß werden, daß sich die Strömungsrichtung umkehrt, schwankt die Abkühlung mit derselben Frequenz wie die Anströmung. Hieraus ergibt sich, daß mit Hitzdraht- oder Heißfilmsensoren niemals Geschwindigkeitsschwankungen allein, sondern nur in Verbindung mit einer mittleren Geschwindigkeit gemessen werden können.

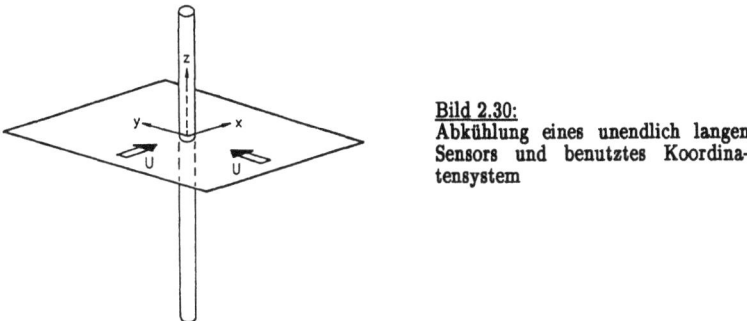

Bild 2.30:
Abkühlung eines unendlich langen Sensors und benutztes Koordinatensystem

Für die weiteren Betrachtungen soll das im Bild 2.30 gezeigte Koordinatensystem, bei dem die z-Richtung mit der Sensorachse zusammenfällt, benutzt werden. Der Geschwindigkeitsvektor besitze die Form

$$U(t) = [\overline{U} + u(t)]\,\hat{x} + v(t)\,\hat{y} + w(t)\,\hat{z}, \qquad (2.70)$$

so daß nur in der x-Richtung eine mittlere Geschwindigkeit $\overline{U}$ existiert. Die mit Kleinbuchstaben bezeichneten Größen sind die Einheitsvektoren in den drei Koordinatenrichtungen und die Schwankungsgeschwindigkeiten u, v, w $< \overline{U}$, die im zeitlichen Mittel verschwinden ($\overline{u} = \overline{v} = \overline{w} = 0$). Die wirksame Kühlgeschwindigkeit U_K eines unendlich langen zylindrischen Sensors besitzt dann die Form

$$U_K = \sqrt{(\overline{U} + u)^2 + v^2}, \qquad (2.71)$$

d.h. daß nur die beiden Geschwindigkeitskomponenten, die in der Ebene senkrecht zur Sensorachse liegen, zur Abkühlung beitragen und nicht die Tangentialkomponente w. Da vorausgesetzt wurde, daß die Schwankungsgeschwindigkeiten klein gegen die mittlere Geschwindigkeit sind, kann die Wurzel in eine Reihe entwickelt werden, was unter Vernachlässigung von Termen dritter und höherer Ordnung

$$U_K = \overline{U} + u + \frac{v^2}{2\overline{U}} \approx \overline{U} + u \qquad (2.72)$$

ergibt. Durch zeitliche Mittelung wird für

$$\overline{U}_K = \overline{U}\left[1 + \frac{\overline{v^2}}{2\overline{U}^2}\right] \approx \overline{U} \qquad (2.73)$$

und für die Abweichung vom Mittelwert

$$U_K - \overline{U}_K = u\left[1 + \frac{v^2 - \overline{v^2}}{2\,u\,\overline{U}}\right] \approx u \qquad (2.74)$$

und für den Effektivwert der Schwankungsgeschwindigkeit

$$\sqrt{\overline{(U_K - \overline{U}_K)^2}} = \sqrt{\overline{u^2}\left[1 + \frac{\overline{uv^2}}{\overline{u^2}\,\overline{U}} + \frac{\overline{v^4} - \overline{v^2}^2}{4\,\overline{u^2}\,\overline{U}^2}\right]} \approx \sqrt{\overline{u^2}} \qquad (2.75)$$

erhalten. Ein senkrecht zu seiner Achse angeströmter unendlich langer zylindrischer Sensor reagiert damit im wesentlichen nur auf die Komponente, die eine mittlere

Geschwindigkeit besitzt. In diesem Fall ist das die x-Komponente. Durch den Einfluß der y-Komponente, die hier ebenfalls senkrecht auf der Sensorachse steht, werden der Mittelwert U und der Effektivwert $\sqrt{\overline{u^2}}$ zu groß gemessen.

Für eine verfeinerte Betrachtung ist die ab Gl. (2.24) benutzte Geschwindigkeit U durch die Kühlgeschwindigkeit U_K zu ersetzen. Daraus ergibt sich dann, daß zu der hier behandelten Nichtlinearität noch zusätzlich der nichtlineare Zusammenhang zwischen Strom I bzw. Spannung E und Geschwindigkeit U der Gl. (2.26) bzw. (2.55) hinzukommt (vgl. auch Bild 2.19 und 2.26). Wie im Unterkapitel 2.3.3.3 gezeigt wurde, kann die Nichtlinearität der Gl. (2.55) durch einen Linearisator behoben werden. Die Nichtlinearität der Gl. (2.71) läßt sich dagegen nicht vermeiden; sie muß bei Hitzdraht- und Heißfilmmessungen in Kauf genommen werden und kann bestenfalls durch eine Korrektur der Ergebnisse berücksichtigt werden. Eine solche Korrektur setzt aber die zusätzliche Kenntnis von Schwankungstermen höherer Ordnung ($\overline{v^2}$, $\overline{uv^2}$, $\overline{v^3}$ usw.) voraus.

2.3.4.2 Richtungsempfindlichkeit eines Sensors endlicher Länge

Beim zylindrischen Sensor endlicher Länge fällt, bedingt durch die Wärmeleitung in die Halterung, die Temperatur zum Rand hin ab (Bild 2.31). Diese Störung der Temperaturverteilung, die beim dickeren und damit im Vergleich zu seinem Durchmesser auch

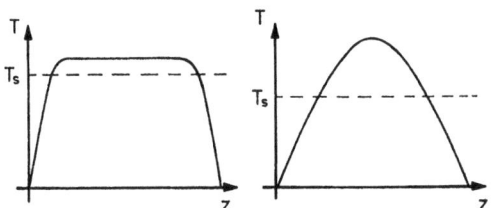

Bild 2.31:
Temperaturverlauf längs der Sensorachse: für einen Hitzdraht (links) und für einen zylindrischen Heißfilm (rechts).

kürzeren zylindrischen Heißfilm größer als beim Hitzdraht ist, führt dazu, daß außer der Normalkomponente der Geschwindigkeit $U_n = U \cos\varphi$ jetzt auch teilweise die Komponente der Geschwindigkeit tangential zur Sensoroberfläche $U_t = U \sin\varphi$ mit zur Abkühlung beiträgt (Bild 2.32). Die wirksame Kühlgeschwindigkeit U_K kann beim schräg angeströmten Sensor endlicher Länge durch das sogenannte Cosinusgesetz

$$U_K = U\sqrt{\cos^2\varphi + k^2 \sin^2\varphi} \tag{2.76}$$

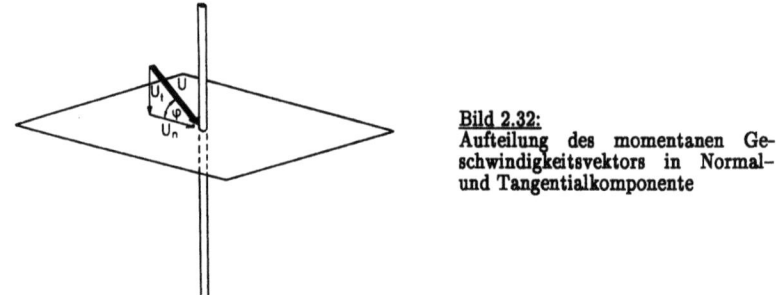

Bild 2.32:
Aufteilung des momentanen Geschwindigkeitsvektors in Normal- und Tangentialkomponente

beschrieben werden, bei dem k ein Maß für den Einfluß der Tangentialkomponente ist und φ den Winkel zwischen der Anströmrichtung und der Sensornormalen bedeutet. Nach Messungen von Champagne et al. (1967) hängt der sogenannte k-Faktor vom Längen- zum Durchmesserverhältnis (l/d) des Sensors ab, das beim Hitzdraht im allgemeinen 200 bis 300 beträgt. Beim zylindrischen Heißfilm sind dagegen nur l/d-Werte von 30 bis 50 typisch. Für einen schräg angeströmten Hitzdraht nimmt k im Winkelbereich 25° < φ < 60° von 0,2 bei $l/d = 200$ auf Null bei $l/d = 600$ ab. Beim zylindrischen Heißfilmsensor hängt k außer vom l/d-Verhältnis auch noch von φ ab und liegt in der Größenordnung von 0,4.

Da die Temperatur nicht über die gesamte Sensorlänge konstant ist, ergibt sich, daß die nach Gl. (2.28) berechnete Sensortemperatur T_s nur eine über die Sensorlänge gemittelte Temperatur darstellt. Bei Heißfilmen (Bild 2.31 rechts) können in der Sensormitte erheblich höhere Temperaturen als T_s auftreten. Dies ist besonders bei Messungen in Flüssigkeiten (Blasenbildung) zu beachten. Spezielle Probleme bei Messungen in Flüssigkeiten werden im Kapitel 2.3.6 behandelt.

2.3.5 Messung von Schwankungsgeschwindigkeiten

Zur Messung der mittleren Geschwindigkeit U und der Schwankungsgeschwindigkeit in Hauptströmungsrichtung u(t) (Gl. 2.70) werden sogenannte U-Sonden benutzt (Bild 2.33), die einen Sensor mit hinreichend großem l/d-Verhältnis (>200) besitzen, so daß in einer turbulenten Strömung die Wirkung der Kühlkomponente tangential zum Sensor vernachlässigt werden kann. Es gelten dann die in 2.3.4.1 für den unendlich langen Sensor abgeleiteten Gleichungen (2.71 bis 2.75). Zur Messung jeweils einer der beiden Schwankungsgeschwindigkeiten quer zur Hauptströmungsrichtung v(t) oder w(t) werden zwei X- oder V-förmig angeordnete Sensoren benutzt, die im allgemeinen einen Winkel von 90° gegeneinander einschließen und die unter 45° gegen die Hauptströmungsrichtung ausgerichtet sind (Bild 2.33). Gemessen werden jeweils die Komponenten der Geschwindigkeit,

2.3 Hitzdraht- und Heißfilmanemometrie   107

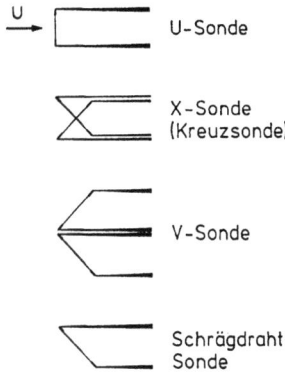

Bild 2.33:
Hitzdraht- und Heißfilmsonden mit
verschiedenen Sensoranordnungen

die in der Ebene liegen, die von den beiden Sensoren aufgespannt wird, wobei die Schwankungsgeschwindigkeiten niemals allein, sondern nur in Verbindung mit der mittleren Geschwindigkeit $\overline{U}$ gemessen werden können. Je nachdem, ob die beiden Sensoren in der xy- oder xz-Ebene liegen, werden $(\overline{U} + u)$, v oder $(\overline{U} + u)$, w erhalten. Das ℓ/d-Verhältnis der Sensoren muß auch in diesem Fall größer als 200 gewählt werden, damit die Kühlkomponenten tangential zu den Sensoren vernachlässigt werden können.

2.3.5.1 Messungen mit X- oder V-Sonden

Mit X- oder V-Sonden lassen sich die Momentanwerte von jeweils zwei Geschwindigkeitskomponenten messen und daraus dann zeitliche Mittelwerte, Effektivwerte und Korrelationen berechnen. Pro Sensor ist dafür ein eigenes Anemometer mit Linearisator erforderlich.

Bei einem schräg angeströmten Sensor kann zur Berechnung der sensornormalen Kühlgeschwindigkeit $\underline{U}_K$ nach einem Vorschlag von Herbeck (1969) formal das Kreuzprodukt

$$\underline{U}_K = \underline{U} \times \underline{\hat{n}} \qquad (2.77)$$

benutzt werden, das aus dem Vektor der Geschwindigkeit

$$\underline{U} = (\overline{U} + u)\underline{\hat{x}} + v\underline{\hat{y}} + w\underline{\hat{z}} \qquad (2.70)$$

und dem Einheitsvektor $\underline{\hat{n}}$, der mit der Richtung der Sensorachse zusammenfällt, gebildet wird (Bild 2.34). $\underline{U}_K$ steht senkrecht auf $\underline{\hat{n}}$ und hat den Betrag

$$\left|\underline{U}_K\right| = \left|\underline{U}\right| \sin \psi$$

oder

$$|\underline{U}_K| = |\underline{U}| \cos \varphi.$$

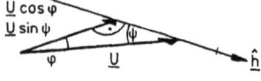

Bild 2.34: Zur Berechnung der wirksamen Kühlgeschwindigkeit $\underline{U}_K$

Zur Messung von $(\overline{U} + u)$ und v soll im folgenden Beispiel eine X-Sonde benutzt werden, die entsprechend Bild 2.35 in der Strömung so ausgerichtet ist, daß die Sondenachse mit der Richtung der mittleren Geschwindigkeit $\overline{U}$ zusammenfällt. Die beiden sich unter 90°

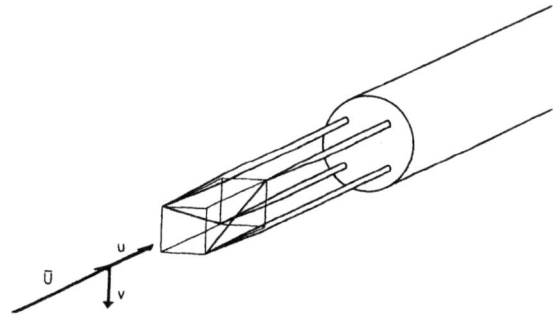

Bild 2.35: Ausrichtung einer X-Sonde in der Strömung

kreuzenden Sensoren liegen, damit sie sich nicht berühren, in zwei dicht benachbarten Ebenen und werden im zeitlichen Mittel unter 45° angeströmt. Die Projektion der beiden Sensoren in die xy-Ebene ist in Bild 2.36 dargestellt. Die Einheitsvektoren $\underline{\hat{h}}_1$ und $\underline{\hat{h}}_2$, die die Lage der Sensoren charakterisieren, besitzen die Form

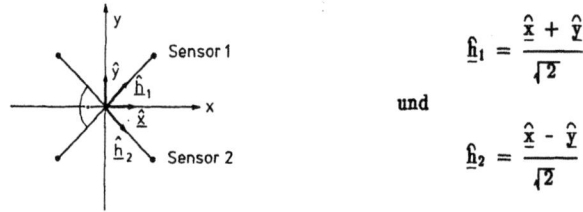

$$\underline{\hat{h}}_1 = \frac{\hat{\underline{x}} + \hat{\underline{y}}}{\sqrt{2}}$$

und

$$\underline{\hat{h}}_2 = \frac{\hat{\underline{x}} - \hat{\underline{y}}}{\sqrt{2}}.$$

Bild 2.36: Projektion der Sensoren in die xy-Ebene und Lage der Einheitsvektoren

Für den Sensor 1 ergibt sich durch Einsetzen von Gl. (2.70) in Gl. (2.77)

$$\underline{U}_{K_1} = \frac{1}{\sqrt{2}} \left[(U + u - v) \hat{\underline{z}} + w(\hat{\underline{y}} - \hat{\underline{x}}) \right], \tag{2.78}$$

woraus die wirksame Kühlgeschwindigkeit

$$\left| \underline{U}_{K_1} \right| = U_{K_1} = \frac{1}{\sqrt{2}} \sqrt{(U + u - v)^2 + 2w^2} \tag{2.79}$$

erhalten wird. Eine entsprechende Rechnung ergibt für den Sensor 2

$$\left| \underline{U}_{K_2} \right| = U_{K_2} = \frac{1}{\sqrt{2}} \sqrt{(U + u + v)^2 + 2w^2}. \tag{2.80}$$

Beide Ausdrücke unterscheiden sich nur im Vorzeichen von v und enthalten außer den interessierenden Größen, ähnlich wie auch beim einfachen Sensor (Gl. 2.71), noch die binormale Komponente der Abkühlung. Für den Fall, daß die Schwankungskomponenten $u, v, w < U$ sind, können die Wurzeln in Reihen entwickelt werden, was unter Vernachlässigung von Termen dritter und höherer Ordnung

$$U_{K_1} = \frac{1}{\sqrt{2}} \left[U + u - v + \frac{w^2 + uv}{U^2} \right] \approx \frac{1}{\sqrt{2}} (U + u - v) \tag{2.81}$$

und

$$U_{K_2} = \frac{1}{\sqrt{2}} \left[U + u + v + \frac{w^2 + uv}{U^2} \right] \approx \frac{1}{\sqrt{2}} (U + u + v) \tag{2.82}$$

ergibt. Die abgeleiteten Beziehungen gelten auch für eine V-Sonde. Hier liegen die beiden Sensoren zwar in derselben Ebene. Damit sich aber die Sensorhalterungen in der Mitte nicht berühren, ist damit ein gewisser Mindestabstand in y-Richtung vorgegeben. Welcher Sondentyp vorteilhafter ist, muß von Fall zu Fall entschieden werden. Wenn z.B., wie in einer Grenzschichtströmung, ein mittlerer Geschwindigkeitsgradient existiert, ist für die Messung von v eine X-Sonde günstiger als eine V-Sonde, weil dann beide Sensoren vom gleichen mittleren Gradienten beaufschlagt werden. Bei der V-Sonde lägen beide Sensoren in Gebieten mit unterschiedlichen mittleren Geschwindigkeiten, so daß eine Komponentenzerlegung nicht sinnvoll wäre.

Unter der Voraussetzung, daß 1. die quadratischen Glieder in den Gleichungen (2.81) und (2.82) vernachlässigt werden dürfen und daß 2. zwischen den Anemometerausgangsspannungen E_1, E_2 und den Kühlgeschwindigkeiten U_{K_1}, U_{K_2} lineare Beziehungen der Form

$$E_1 = G\, U_{K_1} \qquad (2.83)$$

und

$$E_2 = H\, U_{K_2} \qquad (2.84)$$

bestehen, folgt

$$U + u = \frac{1}{\sqrt{2}}\left(\frac{E_1}{G} + \frac{E_2}{H}\right) = E_+ \qquad (2.86)$$

und

$$v = \frac{1}{\sqrt{2}}\left(\frac{E_2}{H} + \frac{E_1}{G}\right) = E_- . \qquad (2.86)$$

Eine für die Messung der beiden Geschwindigkeitskomponenten $(U + u)$ und v brauchbare Schaltung zeigt <u>Bild 2.37</u>. Die Spannung E_+ und E_- sind die Momentanwerte der beiden zu messenden Komponenten, aus denen dann alle interessierenden Größen, wie mittlere

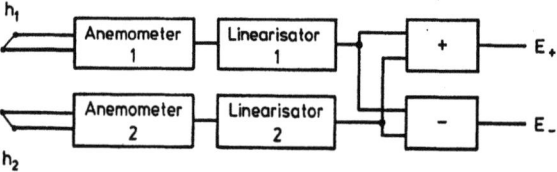

<u>Bild 2.37:</u> Prinzipielles Blockschaltbild zur Messung von $U + u$ und v mit Hilfe von zwei Linearisatoren und Summen- und Differenzverstärker

Geschwindigkeit U (Gleichspannungskomponente von E_+), Effektivwerte der Schwankungsgeschwindigkeiten $\sqrt{\overline{u^2}}$, $\sqrt{\overline{v^2}}$, turbulente Schubspannung $-\overline{uv}$ und höhere Momente, wie die Skewnessfaktoren $\overline{u^3}/(\overline{u^2})^{3/2}$, $\overline{v^3}/(\overline{v^2})^{3/2}$ oder die Flatnessfaktoren $\overline{u^4}/(\overline{u^2})^2$, $\overline{v^4}/(\overline{v^2})^2$ gewonnen werden können. Durch Drehen der Sonde um $90°$ um ihre Längsachse wird statt der v- die w-Komponente gemessen. Natürlich können Linearisierung, Summen- und Differenzbildung sowie die Auswertung auch mit Hilfe eines Digitalrechners ausgeführt werden.

2.3 Hitzdraht- und Heißfilmanemometrie

Eine Methode, die ohne die Annahme, daß nur die Normalkomponente der Geschwindigkeit den Sensor kühlt und die auch ohne Linearisierung auskommt, wurde von Willmarth und Bogar (1977) vorgeschlagen. Hier wird die Sonde bei unterschiedlichen Geschwindigkeiten nicht nur bei einem festen Winkel, z.B. mit der Sondenachse parallel zur Hauptströmungsrichtung (Bild 2.35), sondern in einem Winkelbereich, der die vorkommenden Anströmwinkel abdeckt, kalibriert. Diese Methode ist vor allem bei kurzen zylindrischen Heißfilmsensoren mit großem k-Faktor (Gl. 2.76) vorteilhaft. Sie kann aber nicht den physikalisch bedingten Beitrag der binormalen Komponente bei der Abkühlung beseitigen. Eine nach dieser Methode für eine Heißfilm-X-Sonde in einer Ölströmung von Johnson und Eckelmann (1984) aufgenommene Kalibrierkurve zeigt Bild. 2.38.

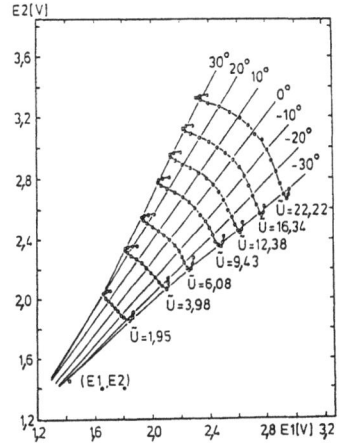

Bild 2.38:
Bei verschiedenen Anströmgeschwindigkeiten $\tilde{U}$ und bei verschiedenen Anströmwinkeln φ für eine Heißfilm-X-Sonde aufgenommene Kalibrierkurven. Die Anemometerausgangsspannungen sind E_1 und E_2 (Johnson & Eckelmann 1984)

Alle Kalibrierpunkte sowie durch Interpolation gewonnenen Zwischenwerte sind in einem Rechner gespeichert. Später werden den von den beiden Sensoren gemessenen Spannungspaaren E_1 und E_2 momentan Geschwindigkeitsbetrag und Anströmwinkel zugeordnet und daraus $\bar{U} + u$ und v berechnet.

2.3.5.2 Messungen mit Schrägdrahtsonden

Mit Hilfe nur eines schrägen, im zeitlichen Mittel unter 45° angeströmten Sensors (Bild 2.33) können in zwei um 90° gegeneinander gedrehten Stellungen nacheinander U_{K_1} (Gl. 2.81) und U_{K_2} (Gl. 2.82) gemessen werden. Da in diesem Fall die momentanen Schwankungen nicht zum gleichen Zeitpunkt bekannt sind, ist eine Komponentenzerlegung in

(U + u) und v nicht möglich. Über die quadratischen Mittelwerte der Schwankungskomponenten, die bei Vernachlässigung von Termen höherer als der ersten Ordnung

$$\overline{(U_{K_1} - \overline{U_{K_1}})^2} = \frac{\overline{u^2} + \overline{v^2}}{2} - \overline{uv} = \overline{e_1^2} \qquad (2.87)$$

und

$$\overline{(U_{K_2} - \overline{U_{K_2}})^2} = \frac{\overline{u^2} + \overline{v^2}}{2} + \overline{uv} = \overline{e_2^2} \qquad (2.88)$$

ergeben, lassen sich durch Addition

$$\overline{e_1^2} + \overline{e_2^2} = \overline{u^2} + \overline{v^2} \qquad (2.89)$$

und durch Subtaktion

$$\overline{e_1^2} - \overline{e_2^2} = -2\overline{uv} \qquad (2.90)$$

erhalten. Wenn in einer weiteren Messung mit einer U-Sonde noch $\overline{u^2}$ ermittelt wird, was sich unter Vernachlässigung höherer Terme aus Gl. (2.75) ergibt, so lassen sich mit nur einem Anemometer $\sqrt{\overline{u^2}}$, $\sqrt{\overline{v^2}}$ und $-\overline{uv}$ bestimmen.

2.3.5.3 Messungen mit Mehrsensorsonden

Zur gleichzeitigen Messung des Mittelwertes der Geschwindigkeit U und der Momentanwerte der drei Schwankungsgeschwindigkeiten u(t), v(t), w(t) in einer turbulenten Strömung werden Sonden mit drei oder vier Sensoren benutzt. Drei nicht in einer Ebene liegende Sensoren reichen aus, um zwischen den Anemometerausgangsspannungen E_1, E_2, E_3 und den Geschwindigkeitskomponenten U + u, v, w drei unabhängige Beziehungen zu begründen. Eine hierfür optimale Anordnung ist ein aus drei Sensoren gebildetes Dreibein, das aus der (1,1,1) Richtung angeströmt wird. In diesem Fall besitzen alle drei Sensoren im zeitlichen Mittel eine gleich große Normalkomponente der Geschwindigkeit, und der maximal zu erfassende Öffnungswinkel zwischen mittlerer und momentaner Strömungsrichtung beträgt 35,3°. Beim Erreichen dieses Winkels werden ein Teil der Sensoren tangential und beim Überschreiten sogar von rückwärts angeströmt. Durch unvermeidbare Störungen, die durch die Sensorhalterungen hervorgerufen werden, wird dieser ohnehin schon kleine Winkelbereich noch weiter eingeengt. Dieser Effekt ist bei den in Bild 2.38 dargestellten Kalibrierkurven für eine Heißfilm-X-Sonde gut zu erkennen, wo anstelle der im Idealfall möglichen ± 45° nur noch ± 30° erreicht werden. Für Winkel größer als 30° sind die Kalibrierkurven nicht mehr eindeutig.

Zur Vergrößerung des effektiven Öffnungswinkels werden Sonden mit vier Sensoren verwendet, die im wesentlichen aus zwei um 90° gedrehten und ineinander verschachtelten X-Sonden aufgebaut sind (Bild 2.39).

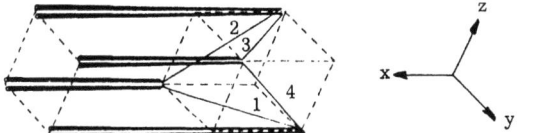

Bild 2.39:
Schematische Darstellung einer Vier-Sensor-Sonde (Kastrinakis & Eckelmann 1983)

Für die Kühlgeschwindigkeiten werden in Analogie zu den Gleichungen (2.81) und (2.82) die Beziehungen

$$U_{K_1} \approx \frac{1}{\sqrt{2}}(\overline{U} + u + v) \qquad (2.91)$$

$$U_{K_2} \approx \frac{1}{\sqrt{2}}(\overline{U} + u + w) \qquad (2.92)$$

$$U_{K_3} \approx \frac{1}{\sqrt{2}}(\overline{U} + u - v) \qquad (2.93)$$

$$U_{K_4} \approx \frac{1}{\sqrt{2}}(\overline{U} + u - w) \qquad (2.94)$$

erhalten, wobei jeweils die Sensoren 1 und 3 bzw. 2 und 4 eine X-Sonde bilden. Damit wird dann auch die x-Komponente der Geschwindigkeit ($\overline{U} + u$) zweimal erhalten. Der Eindeutigkeitsbereich von Hitzdrahtsonden mit vier Sensoren ist von Rosemann (1989) eingehend untersucht worden. Für Hitzdrähte mit Längen- zu Durchmesserverhältnissen größer als 400 ergaben sich für den Öffnungswinkel nur geringe Abweichungen vom Idealwert 45°.

2.3.6 Spezielle Probleme bei Messungen in Flüssigkeiten

In den vorhergehenden Kapiteln dieses Abschnitts 2.3 wurden die physikalischen Grundlagen der Hitzdraht- und Heißfilmanemometrie, die unabhängig vom Arbeitsfluid sind, behandelt. Bei Messungen in tropfbaren Flüssigkeiten treten vielfach Probleme auf, die dadurch hervorgerufen werden, daß Flüssigkeiten

1. eine elektrische Leitfähigkeit besitzen können,
2. sieden und damit in die gasförmige Phase übergehen oder sich zersetzen können,
3. Gase lösen können und
4. im allgemeinen stärker verschmutzt als Gase sind.

2.3.6.1 Elektrische Leitfähigkeit

Metalle, wie Quecksilber oder Kalium-Natrium-Legierungen, die bei Raumtemperatur flüssig sind, besitzen eine hohe elektrische Leitfähigkeit. Um einen Kurzschluß zu vermeiden, werden die Sensorhalterungen mit Kunstharz isoliert und der Sensor selbst mit einer etwa 1 μm dicken Quarzschicht überzogen. Die Quarzschicht sorgt für eine gute elektrische Isolation und behindert den Wärmeübergang zwischen Sensor und Fluid nur wenig. Hitzdrähte wären für eine Quarzumhüllung nicht stabil genug. Es werden daher als Träger für Sensor und Isolation Quarzfäden verwendet, die Durchmesser zwischen 25 und 150 μm besitzen (Bild 2.15).

In Elektrolyten auch mit nur geringer elektrischer Leitfähigkeit, wie z.B. Wasser, kommt es an den stromführenden Teilen zu einer Zersetzung der Flüssigkeit. Eine Elektrolyse kann dadurch verhindert werden, daß entweder quarzumhüllte Sensoren oder statt der üblichen Gleichstrommeßbrücken (Bilder 2.18 und 2.24) spezielle, mit Wechselstrom betriebene Meßbrücken benutzt werden. Die letzte Möglichkeit wurde von Gruschka (1965) bei Hitzdrahtmessungen in Wasser mit Erfolg angewendet.

Vollentsalztes oder destilliertes Wasser besitzt eine äußerst geringe Leitfähigkeit. Wegen der Armut an Fremdionen greift dieses Wasser Quarzumhüllungen und Sensoren an. In Mineralölen kann eine Drift der Anemometerausgangsspannung (Abnahme mit der Zeit bei konstanter Anströmung) durch Verwenden quarzumhüllter Sensoren vermieden werden.

2.3.6.2 Wahl der Sensortemperatur

Bei Messungen in Flüssigkeiten ist die Sensortemperatur zunächst nach oben durch den Siedepunkt, der nicht überschritten werden darf, eingeschränkt, da es sonst zu einer Dampfbildung am Sensor kommen kann. Es ist zu beachten, daß die nach Gl. (2.28) berechnete Temperatur einen über den Sensor gemittelten Wert darstellt, der ohne Berücksichtigung der Temperaturverteilung über den Sensor (Bild 2.30) gewonnen wurde. Bei einem nur etwa 30 Durchmesser langen Heißfilm ist die Temperaturverteilung vom Einfluß der Sensorhalterungen dominiert, so daß die in Sensormitte erreichte Temperatur leicht doppelt so groß wie die nach Gl. (2.28) berechnete mittlere Temperatur werden kann. Es ist möglich, daß hier der Siedepunkt der Flüssigkeit lokal überschritten wird und eine Gasbildung einsetzt, die dann zu einer lokalen Verkleinerung des Wärmeübergangs und damit zu einer Änderung der Anemometerausgangsspannung führt. Organische Flüssigkeiten, wie z.B. Öle, können sich schon zersetzen, bevor sie sieden. Dies schränkt die Sensortemperatur nach oben weiter ein. Die Zersetzung beginnt nach Überschreiten einer kritischen Temperatur nicht sofort und wird bei nichtisolierten Sensoren durch die katalytische Wirkung des Platins oder Nickels, aus denen die Sensoren im allgemeinen bestehen, begünstigt. Die Zersetzung, die meist sprunghaft einsetzt, führt in jedem Fall zu einer Ablagerung auf der Sensoroberfläche und damit zu einer Verkleinerung der Anemometerausgangsspannung (Eckelmann 1972). Weil Flüssigkeiten im allgemeinen eine größere Wärmeleitfähigkeit als Gase besitzen, gleichen sich Temperaturunterschiede schneller aus. Es werden daher in Flüssigkeitsströmungen selbst bei Überhitzungsverhältnissen von $R_W/R_K = 1{,}02$ noch ausreichende Signal-Störspannungsverhältnisse erreicht.

2.3.6.3 Blasenbildung

Flüssigkeiten lösen unter atmosphärischen Bedingungen Luft. Diese Luft, die vielfach schon in Form mikroskopisch kleiner Blasen in der Strömung vorhanden ist, sammelt sich am erwärmten Sensor. In der mit Luft übersättigten thermischen Sensorgrenzschicht wächst die Größe der Blasen an, bis sie dann von der Strömung mitgenommen werden. Hierdurch ändert sich die Anemometerausgangsspannung sprunghaft. Hat einmal an einem Punkt der Sensoroberfläche eine Luftblase gesessen, kommt es hier immer wieder zur Blasenablagerung. Dieser Vorgang kann nur durch Reinigen des Sensors unterbunden werden.

Störende Luftblasen müssen vor der Messung entfernt werden. Dies geschieht am einfachsten durch Erwärmen. Nach dem Abkühlen bleibt die Flüssigkeit für längere Zeit untersättigt. Bei Wasser kann gelöste Luft auch mit Hilfe von Kavitation oder Ultraschall ausgeschieden werden. Frisch aus der Leitung entnommenes Wasser ist im allgemeinen mit Luft übersättigt, da es unter Druck gestanden hat.

2.3.6.4 Verschmutzung

Schmutzteilchen oder Fremdkörper, die in der Flüssigkeit suspendiert sind, lagern sich bevorzugt auf dem Sensor ab und verringern damit den Wärmeübergang. Die Ablagerungen, die bei zylindrischen Sensoren (Bild 2.15) stärker sind als bei Keilsonden (Bild 2.16), nehmen mit der Zeit laufend zu und führen bei konstanter Anströmgeschwindigkeit zu einer steten Abnahme der Anemometerausgangsspannung.

Auf freien Oberflächen sind immer Verunreinigungen zu finden, die sich beim Hereinführen der Sonden in die Flüssigkeit auf dem Sensor absetzen können. In flüssigen Metallen wird durch diese Verunreinigungen der Sensor nicht vollständig benetzt. Neu aus der Flüssigkeit hinzukommende Schmutzteilchen verringern dann noch weiter den Grad der Benetzung. Durch Bedampfen der Quarzumhüllung mit Kupfer oder Gold konnte Hoff (1969) die Benetzung verbessern.

Leitungswasser enthält, wenn es vorwiegend aus Talsperren oder Seen stammt, häufig schon Algen, Bakterien und Mikroorganismen, die sich bei den Temperaturen und der Helligkeit im Labor schnell im Wasser vermehren, und die sich als schleimiger Film auf der Sensoroberfläche ablagern. Algen und Bakterien lassen sich beim Experimentieren in Wasser kaum vermeiden. Sie können aber durch geeignete Maßnahmen und Vorkehrungen, wie Dunkelheit, Ansäuern des Wassers (ph 5 bis 4,5) oder Zusatz geringer Mengen von Kupfersulfat auf so geringen Konzentrationen gehalten werden, daß sie die Messungen nur wenig behindern. Durch gelöste Salze kann es in Wasser auch zu Ablagerungen auf der Sensoroberfläche kommen (verkalken).

Bei Verwendung quarzbeschichteter Sensoren kommt es in Mineralöl bei Anströmgeschwindigkeiten größer als 30 cm/s vielfach zur Ausbildung einer elektrischen Doppelschicht, da Quarz und Öl im allgemeinen unterschiedliche Dielektrizitätskonstanten besitzen. Wegen der äußerst geringen Leitfähigkeit des Öls kann dies dann zu einer elektrostatischen Aufladung des Sensors führen. Hierdurch werden eventuell vorhandene Schmutzteilchen in Öl sowie kleine Gasbläschen durch Polarisation an der Sondenoberfläche festgehalten. Die Folge ist eine Verringerung des Wärmeübergangs und damit ein Abfall der Ausgangsspannung mit der Zeit. Hofbauer (1975) beobachtete diesen Effekt bei zylindrischen, nicht aber bei keilförmigen, quarzbeschichteten Heißfilmsonden.

2.3.7 Messung der Wandschubspannung

In einer turbulenten Strömung läßt sich der zeitliche Mittelwert der lokalen Wandschubspannung $\bar{\tau}_w$ ähnlich wie in einer laminaren Strömung (vgl. Kap. 1.1.5) durch Ausmessen des mittleren Geschwindigkeitsprofils $\overline{U} = f(y)$ mit einer Hitzdraht- oder Heißfilmsonde und durch Bestimmen des Geschwindigkeitsgradienten an der Wand aus der Beziehung

2.3 Hitzdraht- und Heißfilmanemometrie

$$\bar{\tau}_W = \rho \nu \left.\frac{dU}{dy}\right|_{y=0} \qquad (2.95)$$

gewinnen. Die Schwierigkeit besteht hierbei darin, daß die Geschwindigkeit bei sehr kleinem Wandabstand bis hinein in die viskose Unterschicht bekannt sein muß, um die Wandschubspannung richtig zu erhalten. Die viskose Unterschicht, in der die Geschwindigkeit linear mit dem Wandabstand anwächst (Gl. 1.37), ist bei technisch interessanten Geschwindigkeiten nur einige hundertstel Millimeter dick und damit für eine von außen eingeführte Hitzdrahtsonde schlecht zugänglich. Mit Hilfe einer direkt in der viskosen Unterschicht angebrachten Pulsdrahtsonde (siehe Unterkapitel 2.3.7.5) kann der momentane Geschwindigkeitsgradient an der Wand gemessen werden. Eine andere Möglichkeit besteht darin, die Wandschubspannung, die auch als der pro Zeit- und Flächeneinheit auf die Wand übertragene Impuls (Impulsstromdichte) gedeutet werden kann, über die Analogie zur Wärmestromdichte

$$\dot{q}_W = \rho\, c_p\, a \left.\frac{dT}{dy}\right|_{y=0} \qquad (2.96)$$

oder über die Analogie zur Massenstromdichte

$$M_W = D \left.\frac{dC}{dy}\right|_{y=0} \qquad (2.97)$$

zu erhalten. Anstelle des Geschwindigkeitsgradienten muß dann der Temperatur- bzw. Konzentrationsgradient an der Wand bekannt sein. Die drei Transportkoeffizienten für Impuls, Wärme und Masse, die kinematische Zähigkeit ν, die Temperaturleitfähigkeit a und die Diffusionskonstante D besitzen in den Gleichungen (2.95) bis (2.97) dieselbe Dimension [m²/s]. Die anderen Größen sind die Dichte ρ und die spezifische Wärme bei konstantem Druck c_p. Vielfach wird auch statt $\rho \nu$ die dynamische Zähigkeit μ und statt $\rho c_p a$ die Wärmeleitfähigkeit λ benutzt. Allen drei Phänomenen liegt dieselbe Gesetzmäßigkeit, das 1. Ficksche Gesetz, zugrunde.

2.3.7.1 Zusammenhang zwischen Wärmestrom und Wandschubspannung

Ludwieg (1949) hat als erster zur Messung der lokalen Wandschubspannung in einer turbulenten Grenzschicht die Impulsstrom-Wärmestrom-Analogie ausgenutzt. Der von der Strömung auf die Wand übertragene Impulsstrom führt zur Ausbildung einer Strömungsgrenzschicht der Dicke δ, von der im <u>Bild 2.40</u> nur die viskose Unterschicht und ein Teil der daran angrenzenden Pufferschicht gezeigt sind. In die als wärmeundurchlässig ange-

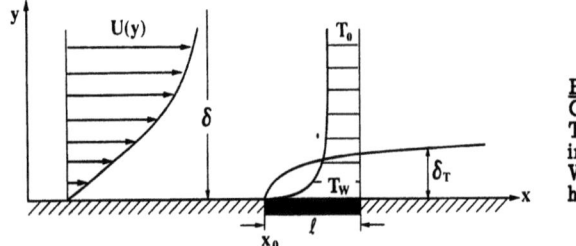

Bild 2.40:
Geschwindigkeits- und Temperaturverteilung in der Nähe eines in die Wand eingebauten geheizten Körpers

nommene Wand ist ein auf konstanter Temperatur $T_W > T_0$ gehaltener Körper der Länge l und der Breite b eingebettet. T_0 bedeutet die Fluidtemperatur vor dem Körper. An der Vorderkante des Körpers beginnend bildet sich innerhalb der viskosen Unterschicht eine Temperaturgrenzschicht der Dichte δ_T aus. Die Geschwindigkeit am Rande der Strömungsgrenzschicht sei U_∞.

Der Geschwindigkeitsgradient an der Wand und damit auch die Wandschubspannung können abgeschätzt werden durch

$$\tau_W \sim \rho \nu \frac{U_\infty}{\delta} \tag{2.98}$$

mit

$$\delta \sim \sqrt{\frac{\nu x}{U_\infty}} . \tag{2.99}$$

Hier bedeutet x die Länge, über die sich die Strömungsgrenzschicht entwickelt hat. Ganz analog lassen sich Temperaturgradient und Wärmestromdichte durch

$$\dot{q}_W \sim \lambda \frac{T_W - T_0}{\delta_T} \tag{2.100}$$

mit

$$\delta_T \sim \sqrt{\frac{a\,(x-x_0)}{U(\delta_T)}} \tag{2.101}$$

abschätzen, wobei $(x - x_0)$ die Lauflänge der Temperaturgrenzschicht und $U(\delta_T)$ die Geschwindigkeit am Rande der Temperaturgrenzschicht bedeuten. Die Länge l des Körpers sei so kurz, daß die von ihm erzeugte Temperaturgrenzschicht noch innerhalb der viskosen Unterschicht liegt, wo die Geschwindigkeit proportional mit dem Wandabstand y ansteigt. Es gilt dann

$$U(\delta_T) = \frac{\partial U}{\partial y}\bigg|_{y=0} \delta_T = \frac{\tau_w}{\mu} \delta_T, \qquad (2.102)$$

woraus durch Einsetzen in Gl. (2.101)

$$\delta_T^3 \sim \frac{a\,\mu\,\ell}{\tau_w} \qquad (2.103)$$

und für die Wärmestromdichte

$$\dot{q}_w \sim \left[\frac{\lambda^2 c_p}{\nu \ell}\right]^{1/3} \tau_w^{1/3} (T_w - T_0) \qquad (2.104)$$

erhalten wird. Die vom Körper pro Zeiteinheit an die Strömung abgegebene Wärmemenge $\dot{Q}$ ergibt sich daraus durch räumliche Mittelung des Temperaturgradienten über die Körperoberfläche und Multiplikation mit der Körperoberfläche:

$$\dot{Q} = \langle q_w \rangle \ell b, \qquad (2.105)$$

woraus dann

$$\dot{Q} \sim \left[\frac{\lambda^2 c_p}{\nu}\right]^{1/3} \ell^{1/3} b\, \tau_w^{1/3} (T_w - T_0) \qquad (2.106)$$

erhalten wird. Die abgegebene Wärmemenge ist damit der dritten Wurzel aus der Wandschubspannung und der Temperaturdifferenz zwischen Körperoberfläche und Fluid proportional.

Zur Messung der Wandschubspannung werden bündig in die Wand eingebaute Heißfilmsensoren (Bild 2.41), die mit einem Konstant-Temperatur-Anemometer wie eine Hitzdraht- oder Heißfilmsonde betrieben werden, benutzt. Diese Wandsensoren müssen wie ein Stanton- oder Preston-Rohr (Bild 1.24) in einer Strömung mit bekannter Wandschubspannung, z.B. in einer turbulenten Rohr- oder Kanalströmung (Gl. 1.35) bzw. (Gl. 1.36), kalibriert werden. Daher können die Stoffkonstanten und Abmessungen in Gl. (2.106) zu einem Faktor B zusammengefaßt werden. Des weiteren kann Gl. (2.106) noch

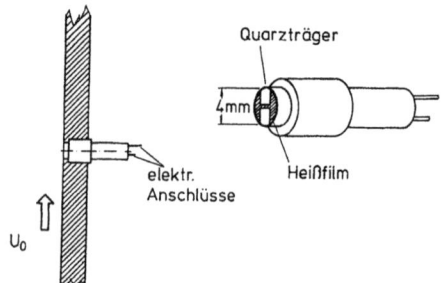

Bild 2.41:
Heißfilmsonde zur Messung der Wandschubspannung. Der Sensor ist der rechteckige Teil zwischen den beiden halbkreisförmigen Segmenten, die der Stromzuführung dienen.

durch einen Summanden A erweitert werden, der der Tatsache Rechnung trägt, daß auch schon ohne Strömung bei der Wandschubspannung Null Wärme an die Wand und das Fluid abgegeben wird. Wird schließlich noch in Anlehnung an Gl. (2.23) für die Temperaturdifferenz zwischen Sensor und Fluid die Größe

$$\Theta = T_w - T_0 \qquad (2.107)$$

eingeführt, ergibt sich zwischen der pro Zeiteinheit abgeführten Wärmemenge $\dot{Q}$, der Temperaturdifferenz Θ und der Wandschubspannung τ_w die Beziehung

$$\dot{Q} = [A + B\,\tau_w^{1/3}]\,\Theta\,. \qquad (2.108)$$

Bis auf den Exponenten, der hier 1/3 ist, entspricht dieser Zusammenhang genau der Gl. (2.24). Die Konstanten A und B sind in beiden Gleichungen verschieden.

Die Abmessungen der Heißfilmwandsensoren sind vergleichbar mit den in der Strömung benutzten Heißfilmen. Bei dem in Bild 2.41 dargestellten Sensor beträgt die Länge in Strömungsrichtung $\ell = 0{,}2$ mm und die Breite $b = 1$ mm. Wegen der nur geringen Filmdicke von etwa 1 μm besitzt der Sensor nur eine geringe Masse und kann so im Konstant-Temperatur-Betrieb (Kap. 2.3.3) Schwankungen der Wandschubspannung trägheitslos folgen.

2.3.7.2 Messungen mit bündig in die Wand eingebauten Heißfilmen

Die Messung des Sensorkaltwiderstands R_0 bei der Fluidtemperatur T_0 und die Einstellung der Betriebstemperatur T_w geschieht wie im Unterkapitel 2.3.3.2 beschrieben. Die typischen Betriebstemperaturen liegen in Gasen nur 30 bis 50 K und in Flüssigkeiten 5 bis

10 K oberhalb der Fluidtemperatur. Ähnlich wie eine Hitzdraht- oder Heißfilmsonde, die innerhalb eines Strömungsfeldes benutzt wird, muß auch die Heißfilmwandsonde kalibriert werden. Dies geschieht wie beim Stanton- oder Preston Rohr (Bild 1.24) in einer Strömung mit bekannter Wandschubspannung und kann z.B. in einer Rohr- oder Kanalströmung über den Zusammenhang zwischen Druckabfall und Wandschubspannung (Gl. 1.35 bzw. 1.36) erfolgen. Die Beziehung zwischen Anemometerausgangsspannung und Wandschubspannung, die entsprechend Gl. (2.55) durch

$$E^2 = A^* + B^* \tau_w^{1/3} \tag{2.109}$$

gegeben ist, läßt sich, wie in Unterkapitel 2.3.3.3 beschrieben, auch linearisieren. Da die Heißfilme der Wandsonden nur eine sehr geringe Masse besitzen, sind diese nicht nur zur Messung der mittleren Wandschubspannung, sondern auch für Schwankungsmessungen geeignet.

Die bei der Ableitung der Gl. (2.109) gemachte Annahme, daß die vom Heißfilm erzeugte Temperaturgrenzschicht noch innerhalb der viskosen Unterschicht liegt, läßt sich bei technisch interessanten Reynolds Zahlen in Gasströmungen mit Prandtl Zahlen von ungefähr eins nicht immer erfüllen. Hierdurch wird aber nicht die Eindeutigkeit zwischen abgebener Wärmemenge und Wandschubspannung beeinträchtigt.

2.3.7.3 Zusammenhang zwischen Massenstrom und Wandschubspannung

In einer turbulenten Flüssigkeitsströmung haben Mitchell und Hanratty (1966) die Impuls-Massenstrom-Analogie zur Messung der lokalen Wandschubspannung ausgenutzt. Hierfür benutzten sie eine Redoxreaktion, die in einem 2 molaren NaOH Elektrolyten abläuft, der als niederohmiger Leiter für die Ladungsträger dient. Die Meßelektrode (Kathode) bildete ein bündig in die isolierende Wand eingebauter Nickelstreifen, der gegenüber der Strömung eine vergleichbare Oberfläche ($l \approx 0{,}2$, $b \approx 1$ mm) wie der in Bild 2.41 dargestellte Heißfilm besitzt. Eine sehr viel größere Gegenelektrode (Anode) befindet sich stromab in der Strömung. In Gegenwart von 0,01 molarem Kaliumferricyanid ($Ka_3Fe[CN]_6$) und 0,01 molarem Kaliumferrocyanid ($Ka_4Fe[CN]_6$) läuft an der Kathode die Reaktion

$$Fe[CN]_6^{3-} + e^- \longrightarrow Fe[CN]_6^{4-}$$

und an der Anode die Reaktion

$$\text{Fe[CN]}_6^{4-} \longrightarrow \text{Fe[CN]}_6^{3-} + e^-$$

ab. Wenn es außer diesen beiden keine weiteren Reaktionen an den Elektroden gibt, wird nach Überschreiten einer Polarisationsspannung von 0,2 V die Massenstromdichte M_W nur durch die Stromdichte an der Meßelektrode, d.h. durch die Menge der Ferricyanidionen, die dort pro Flächen- und Zeiteinheit oxidiert werden können, bestimmt. Es gilt dann

$$M_W = \frac{I}{l \, b \, F}, \qquad (2.110)$$

wobei F = 96 500 Asec/Mol die Faraday-Konstante ist, die angibt, wieviel Ladung pro Mol Elektronen transportiert wird. Da auch molekularer Sauerstoff bei der benutzten Polarisationsspannung an der Kathode reagieren kann, muß dieser aus dem Elektrolyten vorher entfernt werden. Zur Sicherheit wird der Elektrolyt mit Stickstoff angereichert.

Da die Referenzelektrode viel größer als die Meßelektrode ist, wird hier die Ferricyanidionkonzentration C_W nahezu Null. Über der Meßelektrode bildet sich dann analog zum Fall des in die Wand eingebauten geheizten Körpers (Bild 2.40) eine Konzentrationsgrenzschicht der Dicke δ_c aus. Die Abschätzung der Massenstromdichte kann dann ganz analog zu Gl. (2.100) erfolgen:

$$M_W \sim D \frac{C_\infty}{\delta_c} \qquad (2.111)$$

mit

$$\delta_c \sim \sqrt{\frac{D \, (x - x_0)}{U(\delta_c)}}. \qquad (2.112)$$

C_∞ bezeichnet die Ferricyanidionenkonzentration außerhalb der Konzentrationsgrenzschicht im Inneren des Elektrolyten, $(x - x_0)$ die Lauflänge der Konzentrationsgrenzschicht und $U(\delta_c)$ die Geschwindigkeit am Rande der Konzentrationsgrenzschicht. Auch hier wird wie bei der Temperaturgrenzschicht die Annahme gemacht, daß die Länge l der Meßelektrode so kurz ist, daß die sich daran entwickelnde Konzentrationsgrenzschicht noch innerhalb der viskosen Unterschicht liegt, so daß

$$U(\delta_c) = \frac{\tau_W}{\mu} \delta_c \qquad (2.113)$$

gilt, woraus durch Einsetzen in Gl. (2.112)

$$\delta_c^3 \sim \frac{D \, \mu \, \ell}{\tau_w} \tag{2.114}$$

und für die Massenstromdichte

$$M_W \sim \left[\frac{D^2}{\mu \ell}\right]^{1/3} \tau_W^{1/3} C_\infty \tag{2.115}$$

erhalten wird. Die an der Meßelektrode pro Zeiteinheit oxidierte Ferricyanidionenmasse wird daraus durch räumliche Mittelung des Konzentrationsgradienten über die Elektrodenoberfläche und Multiplikation mit der Elektrodenfläche:

$$\hat{M}_W = \langle M_W \rangle \, \ell \, b \tag{2.116}$$

erhalten. Damit ergibt sich für die pro Zeiteinheit von der Meßelektrode abgegebene Ladung, also für die elektrische Stromstärke

$$I \sim \left[\frac{D^2}{\mu}\right]^{1/3} \ell^{2/3} \, b \, \tau_W^{1/3} C_\infty \, , \tag{2.117}$$

ein ähnlicher Ausdruck wie er im Fall des geheizten Körpers für die pro Zeiteinheit an die Strömung abgegebene Wärmemenge gefunden wurde (Gl. 2.105). Ganz analog ist hier die Stromstärke I durch die Meßelektrode der dritten Wurzel aus der Wandschubspannung und der Konzentrationsdifferenz zwischen Meßelektrodenoberfläche ($C_W \approx 0$) und Fluid proportional.

2.3.7.4 Messungen mit der elektrochemischen Methode

Die Messung der Wandschubspannung mit der elektrochemischen Methode ist auf Flüssigkeitsströmungen beschränkt. Diese besitzen im allgemeinen hohe Schmidt-Zahlen, so daß die Konzentrationsgrenzschicht, die sich über der Meßelektrode bildet, innerhalb der viskosen Unterschicht liegt, und die bei der Ableitung der Gl. (2.117) gemachte Annahme erfüllt ist. Da die benutzte Redoxreaktion sehr schnell abläuft, kann mit dieser Methode auch der Momentanwert der Wandschubspannung gemessen werden. Außer der im letzten Unterkapitel beschriebenen Redoxreaktion kann auch die Reduktion und Oxidation von Metallionen wie z.B. $Cu^{2+} + 2e^- \rightarrow Cu$ (Kathode) und $Cu \rightarrow Cu^{2+} + 2e^-$ (Anode), die in einer Kupfersulfat-Schwefelsäure-Lösung an Kupferelektroden abläuft, benutzt werden. Bei diesen Reaktionen wird ständig Kupfer von der Gegenelektrode zur Meßelektrode transportiert, wodurch die Oberflächen gegenüber der Strömung laufend verändert werden, was sich besonders an der Meßelektrode störend bemerkbar macht.

Die elektrochemische Methode eignet sich im Gegensatz zu der im Unterkapitel 2.3.7.1 beschriebenen Heißfilmmethode nicht für absolute Wandschubspannungsmessungen. Sie wird hauptsächlich für relative Schwankungsmessungen eingesetzt, um Größen wie $\sqrt{\tau_W'^2}/\tau_W$ zu bestimmen. Die elektrochemische Methode ist auch auf Geschwindigkeitsmessungen in der Strömung erweitert worden. Siehe hierzu Mizushima (1971). Es werden dann entweder punkt- oder linienförmige Elektroden, die im Staupunkt einer kleinen Glaskugel oder eines kleinen Glaskeils angebracht sind, verwendet, und die im Fall des Keils wie die in Bild 2.16 dargestellte Heißfilmsonde aussehen. Des weiteren werden auch zylindrische Elektrodenformen verwendet, die den in Bild 2.14 gezeigten Hitzdrahtsensoren sehr ähnlich sind.

Eine Schaltung zur Messung der Wandschubspannung mit der elektrochemischen Methode, wie sie von Py (1986) verwendet wurde, zeigt Bild 2.42. Mit Hilfe einer regelbaren Spannungsquelle und eines 1 : 1 Verstärkers wird die Anode A auf ein Potential von etwa + 0,5 V gelegt. Ein zweiter Verstärker, der die Meßelektrode (Kathode K) auf dem Potential 0 V hält, liefert an seinem Ausgang die Spannung E = I R_c. Dabei bedeuten I die durch Gl. (2.117) gegebene Stromstärke, die der dritten Wurzel aus der Wandschubspannung proportional ist, und R_c den Widerstand im Gegenkopplungszweig des Meßverstärkers. Da bei der in Bild 2.42 gezeigten Schaltung weder die Anode noch die Meßelektrode auf Endpotential liegen, muß der gesamte Strömungskanal erdfrei gehalten werden. Insbesondere darf es auch keinen Erdkontakt mit dem Elektrolyten geben.

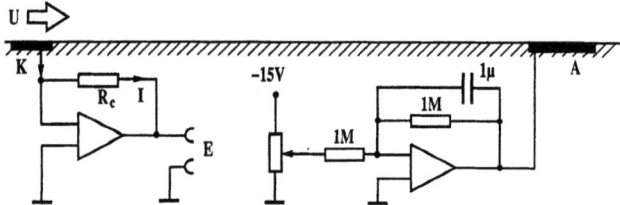

<u>Bild 2.42:</u>   Schaltung zur Messung der Wandschubspannung mit der Elektrochemischen Methode

2.3.7.5 Pulsdrahtwandsonde

Wenn die Strömungsrichtung in Wandnähe stark schwankt, wie es in der Nähe von Ablöse- oder Wiederanlegegebieten der Fall ist, sind Heißfilmwandsonden nicht mehr zur Messung der Wandschubspannung geeignet. Ähnlich wie ein langer zylindrischer Sensor nur den Betrag der Geschwindigkeit registriert, reagiert auch ein Wandsensor (Bild 2.41) nur auf den Betrag der Wandschubspannung (vgl. 2.3.4.1). D.h., diese Methode arbeitet nur zuverlässig, wenn eine mittlere Wandschubspannung existiert. Dagegen können, wie Karabelas und Hanratty (1968) gezeigt haben, mit der elektrochemischen Methode unter Verwendung von zwei dichtbenachbarten Elektroden Vorzeichen und Betrag der Wandschubspannung gemessen werden. Bei der Messung der Wandschubspannung mit der Pulsdrahttechnik werden Geschwindigkeit und Strömungsrichtung innerhalb der viskosen Unterschicht aus der Laufzeit und Laufrichtung von Wärmeimpulsen bestimmt. Die dafür benutzte Sonde (Bild 2.43) besteht aus drei parallelen, dünnen Drähten, die in einer Ebene parallel zur Wand angeordnet sind. Der mittlere Draht dient als Wärmequelle, mit

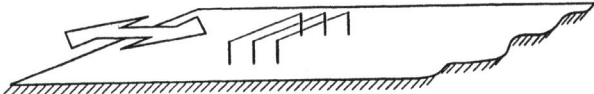

Bild 2.43: Pulsdrahtwandsonde. Die vom mittleren Draht ausgesendeten Wärmeimpulse können je nach Strömungsrichtung vom linken oder rechten Draht empfangen werden.

dem alle 5 sec. Impulse von 5 μsec Dauer erzeugt werden, die je nach Strömungsrichtung von einem der beiden übrigen als Widerstandsthermometer arbeitenden Drähte empfangen werden können. Bei der in Bild 2.43 dargestellten Sonde handelt es sich um eine Modifizierung der in Kapitel 2.2.3 beschriebenen Pulsdrahtsonde, die hier in einem Gebiet mit großem Geschwindigkeitsgradienten betrieben wird. Durch den Einfluß dieses Gradienten ist der durch Gl. (2.17) beschriebene lineare Zusammenhang zwischen Impulslaufzeit Δt und Abstand s zwischen Sender und Empfänger nicht mehr gegeben, da die Wärmeimpulse in dem Gradientenfeld stark diffundieren. Nach Castro und Dianat (1983) kann der Zusammenhang zwischen Δt und momentaner Wandschubspannung τ_W durch die Beziehung

$$\tau_W = \frac{A}{\Delta t} + \frac{B}{(\Delta t)^2} \qquad (2.118)$$

dargestellt werden. Die Konstanten A und B müssen durch Kalibrierung in einer ausgebildeten Rohr- oder Kanalströmung mit bekannter Wandschubspannung ermittelt werden.

2.4 Ultraschall Velocimetrie

Zur Messung der Strömungsgeschwindigkeit mit Hilfe von Ultraschall werden prinzipiell zwei verschiedene Wege beschritten. Zum einen wird die Geschwindigkeit aus den unterschiedlichen Laufzeiten ermittelt, die sich für zwei Schallimpulse ergeben, die eine bekannte Strecke einmal mit und einmal gegen die Strömung durchlaufen. Diese Methode, die hauptsächlich für Gasströmungen benutzt wird, soll im Kapitel 2.4.2 behandelt werden. Zum anderen kann die Geschwindigkeit aus der Dopplerverschiebung abgeleitet werden, die an einem bewegten Teilchen gestreute Schallwellen erfahren. Diese Methode, die ursprünglich für die Messung der Blutgeschwindigkeit im menschlichen Körper entwickelt wurde, bestimmt nicht direkt die Fluid-, sondern eine Teilchengeschwindigkeit und arbeitet ähnlich wie die im Abschnitt 3.1 beschriebene Laser-Doppler-Anemometrie. Wie diese ist sie eine absolute Methode, die ohne Kalibrierung auskommt. Da sowohl in Flüssigkeiten als auch in Gasen die Schallwellenlänge etwa tausendmal größer als die Lichtwellenlänge ist, und die Intensität des gestreuten Schalls mit der Teilchengröße wächst, benötigt die Ultraschallmethode auch tausendmal größere Streuteilchen als die Laser-Doppler-Anemometrie. Weil andererseits aber auch der Dichteunterschied zwischen Teilchen und Fluid nicht zu groß werden darf, damit die Teilchen der Strömung noch folgen können, ist die Ultraschallmethode auf Flüssigkeitsströmungen beschränkt (vgl. auch Kap. 3.1.4). Die Ultraschall-Velocimetrie ist vor allem zur Messung von Fluidbewegungen geeignet, die, wie z.B. die natürliche Konvektion, durch das Einbringen von Sonden stark gestört werden.

2.4.1 Prinzipielle Arbeitsweise der Dopplermethode

Mit Hilfe eines elektromechanischen Wandlers, der nacheinander zum Senden und Empfangen benutzt wird, werden kurze Schallimpulse an ein strömendes Fluid abgegeben. Befinden sich im Fluid Teilchen, die sich in ihrer akustischen Impedanz $\rho_t\, c_t$ (ρ_t: Teilchendichte, c_t: Schallgeschwindigkeit im Teilchenmaterial) von der des Fluids unterscheiden, so können aus der Frequenzverschiebung des gestreuten Schalls, der zwischen den eingestrahlten Impulsen empfangen wird, die Geschwindigkeit und aus dem Zeitunterschied zwischen Sendung und Empfang die Entfernung des Teilchens vom Wandler ermittelt werden.

Ein Teilchen S (Bild 2.44), das von einem Schallimpuls getroffen wird, streut den Schall in alle Richtungen. So gelangt auch ein geringer Teil des Schalls wieder zum Wandler zurück und erfährt dabei zweimal eine Dopplerverschiebung. Die erste Verschiebung

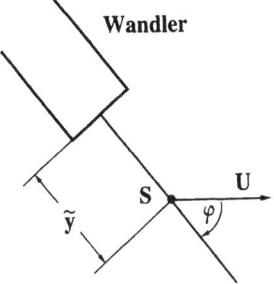

Bild 2.44:
Ein von einem piezoelektrischen Wandler ausgesendeter kurzer Ultraschallimpuls wird nach Streuung am Teilchen S wieder vom gleichen Wandler empfangen.

ergibt sich dadurch, daß sich das Streuteilchen vom Sender wegbewegt und nicht die gesendete Frequenz ν, sondern die etwas kleinere Frequenz

$$\nu_1 = \nu \left[1 - \frac{U \cos\varphi}{c} \right] \quad (2.119)$$

empfängt (c: Schallgeschwindigkeit des Fluids). Das bewegte Teilchen wird dann selber zum Sender. Da es sich vom Wandler entfernt, empfängt dieser die nochmals verkleinerte Frequenz

$$\nu_2 = \frac{\nu_1}{1 + \frac{U \cos\varphi}{c}} \approx \nu_1 \left[1 - \frac{U \cos\varphi}{c} \right]. \quad (2.120)$$

Die resultierende Dopplerverschiebung zwischen gesendetem und empfangenem Signal ergibt sich damit unter Vernachlässigung quadratischer Glieder zu

$$\nu_D = \nu - \nu_2 = \frac{\nu \, 2 \, U \cos\varphi}{c} \quad (2.121)$$

oder durch Einführen der Wellenlänge $\lambda = c/\nu$ zu

$$\nu_D = \frac{2 \, U \cos\varphi}{\lambda}. \quad (2.122)$$

Eine Bewegung des Streuteilchens unter demselben Winkel φ auf den Wandler zu führt zu einer zweimaligen Vergrößerung der Frequenz. In beiden Fällen ergibt sich eine ähnliche Beziehung, wie sie in Kapitel 3.1.2 als Gl. (3.10) für die Laser-Doppler-Anemometrie erhalten wird. Gl. (2.122) zeigt, daß die Ultraschall-Velocimetrie eine absolute Methode ist, die bei vorgegebener Geometrie und Schallwellenlänge λ die Geschwindigkeit U aus der Dopplerfrequenz ν_D zu berechnen gestattet.

Zur Erzeugung der Dopplerfrequenz wird das empfangene Signal (ν_2) mit einem vom Sendeoszillator abgeleiteten Signal (ν) überlagert. Die so erhaltene Schwebungsfrequenz ν_D ist bis auf den Faktor $\cos\varphi$ um das Verhältnis U/c kleiner als die eingestrahlte Frequenz (Gl. 2.121). Für eine Teilchengeschwindigkeit von 1,5 m/s ergibt sich für eine Flüssigkeit mit c = 1500m/s damit eine Dopplerfrequenz ν_D, die um drei Größenordnungen kleiner als die eingestrahlte Frequenz ν ist.

Bei der Dopplermethode kann der Ultraschall auch durch die Berandung hindurch in das Strömungsfeld eingestrahlt und auf demselben Weg wieder empfangen werden. Diese Methode ist damit besonders für die Geschwindigkeitsmessungen in Rohren und Kanälen geeignet. Ein Meßkopf, der einen piezoelektrischen Wandler enthält, wird unter einem Winkel von 45° bis 60° so auf der Wand befestigt, daß der Schall möglichst reflexionsfrei durch die Berandung in die Flüssigkeit ein- und das Streusignal möglichst verlustarm wieder ausgekoppelt werden kann. Bedingt durch die zur Verfügung stehenden Wandler sind Frequenzen zwischen 4 und 10 MHz typisch, was in Flüssigkeiten Wellenlängen zwischen 380 µm und 150 µm entspricht. Mit der Wellenlänge ist die Minimalgröße der Streuteilchen, die in der Flüssigkeit vorhanden sein müssen, festgelegt. Für sphärische Teilchen von der Größenordnung der Wellenlänge ist das zum Meßkopf zurückgestreute Signal (Mie-Streuung) um mehr als zwei Größenordnungen schwächer als ein nach vorn gestreutes Signal (vgl. Bild 3.20). Größere Teilchen streuen den Schall besser, können aber unter Umständen der Strömung schlechter folgen (Schlupf).

Der Ultraschall wird in kurzen Impulsen über eine Zeit T_S, die nur acht bis zehn Perioden lang ist, in Zeitabständen T_R in die Strömung eingestrahlt (Bild 2.45). Zwischen den eingestrahlten Impulsen wird das Streusignal empfangen, wobei die Tiefe des zu untersuchenden Strömungsfeldes durch die Zeit T_R gegeben ist. Um Fehlinterpretationen zu vermeiden, muß, bevor wieder ein neuer Impuls ausgesendet wird, das vom entferntesten Teilchen empfangene Streusignal den Meßkopf erreicht haben. Hieraus ergibt sich für den größten Abstand (Bild 2.44)

$$\tilde{y}_{max} = \frac{T_R - T_S}{2} c . \tag{2.123}$$

Aus der Laufzeit Δt der empfangenen Ultraschallimpulse läßt sich der Abstand

$$\tilde{y} = \frac{\Delta t}{2} c \tag{2.124}$$

2.4 Ultraschall Velocimetrie

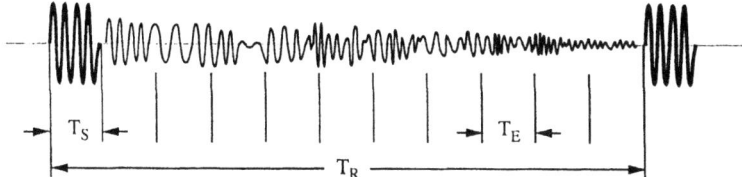

Bild 2.45: Kurze Ultraschallimpulse der Länge T_S werden in Abständen T_R gesendet. Der an Teilchen in der Strömung gestreute Schall wird zwischen den gesendeten Impulsen empfangen und zur Entfernungsbestimmung einzelnen Zeitintervallen zugeordnet.

der Streuteilchen vom Meßkopf berechnen. Werden den einzelnen Laufzeiten n äquidistante Teilintervalle T_E mit

$$n\,T_E = T_R - T_S \tag{2.125}$$

zugeordnet, kann bei geeigneter Teilchendichte schon mit wenigen Ultraschallimpulsen die momentane Geschwindigkeitsverteilung der Strömung ausgemessen werden. Bei einem typischen Schallstrahldurchmesser von d = 2 mm ergibt sich damit das Meßvolumen als Zylinder der Länge

$$\ell = \frac{T_E}{2}\,c\,. \tag{2.126}$$

2.4.2 Prinzipielle Arbeitsweise der Laufzeitmethode

Über eine genau bekannte Strecke a zwischen zwei reversiblen Wandlern W_1 und W_2 (<u>Bild 2.46</u>) werden nacheinander Ultraschallimpulse von W_1 nach W_2 und von W_2 nach W_1 geschickt. Besitzt das Fluid eine Geschwindigkeitskomponente in Richtung der Verbindungslinie zwischen den beiden Wandlern, die hier mit u bezeichnet wird, so ist die Laufzeit der Ultraschallimpulse unterschiedlich, weil die Ausbreitungsgeschwindigkeit der Impulse einmal aus der Summe und einmal aus der Differenz von Schallgeschwindigkeit c und Strömungsgeschwindigkeit u gebildet wird. Die Kehrwerte der Impulslaufzeiten von W_1 nach W_2 bzw. von W_2 nach W_1 betragen

$$\frac{1}{t_1} = \frac{c + u}{a} \quad \text{und} \quad \frac{1}{t_2} = \frac{c - u}{a}, \tag{2.127}$$

woraus dann die Strömungsgeschwindigkeit

$$u = \frac{a}{2}\left[\frac{1}{t_1} - \frac{1}{t_2}\right] \tag{2.128}$$

und die Schallgeschwindigkeit

$$c = \frac{a}{2}\left[\frac{1}{t_1} + \frac{1}{t_2}\right] = \sqrt{\kappa\, RT} \qquad (2.129)$$

sowie die absolute Temperatur T des Fluids erhalten werden. R ist die Gaskonstante und κ das Verhältnis der spezifischen Wärmen. Bei dieser Ableitung wurde angenommen, daß die Geschwindigkeit zwischen den beiden Wandlern räumlich konstant ist. Im anderen Fall muß u durch die über a gemittelte Geschwindigkeitskomponente $\tilde{u}$ ersetzt werden.

Die Laufzeitmethode ist vor allem für Windgeschwindigkeitsmessungen im Freien interessant, weil hier im allgemeinen keine hohen räumlichen Auflösungen gefordert werden. Zur Erfassung aller drei Geschwindigkeitskomponenten werden drei gekreuzte Ultraschallstrahlen verwendet, die die örtliche Geschwindigkeit mit einer räumlichen Auflösung von der Größenordnung (20×20×20) cm³ zu messen gestattet.

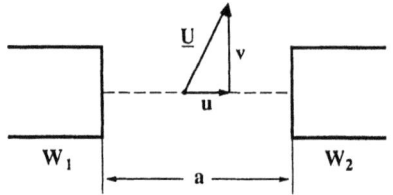

Bild 2.46:
Von zwei reversiblen Wandlern werden nacheinander Ultraschallimpulse von W_1 nach W_2 und von W_2 nach W_1 geschickt und die jeweiligen Laufzeiten gemessen.

2.5 Durchflußmessung

Für das Volumen V, das pro Zeiteinheit t durch einen Meßquerschnitt F strömt, gilt

$$\dot{V} = \frac{V}{t} = \bar{U}F, \qquad (2.130)$$

wobei $\bar{U}$ die über F gemittelte Geschwindigkeit bedeutet. Die Messung von $\dot{V}$ kann z.B. für ein Rohr durch punktweises Ausmessen des zeitlich gemittelten Geschwindigkeitsprofils $U(r,\vartheta)$ mit einer Hitzdrahtsonde oder mit einem Pitotrohr (Kap. 1.1.3) und anschließender räumlicher Mittelung über den Meßquerschnitt erfolgen:

$$\bar{U} = \frac{1}{\pi R^2} \int_0^{2\pi}\!\!\int_0^{R} U(r,\vartheta)\, r\, dr\, d\vartheta. \qquad (2.131)$$

2.5 Durchflußmessung

Es bedeuten R den Rohrradius und r, ϑ die Polarkoordinaten der einzelnen Meßpunkte. Bei einer vollausgebildeten und symmetrischen Geschwindigkeitsverteilung, wie sie sich nach einer geraden Einlaufstrecke von 60 bis 100 Rohrdurchmessern ergibt, reicht schon die Kenntnis von U(r) zur Bestimmung von $\bar{U}$ aus. Die räumliche Integration der Geschwindigkeitsverteilung ist jedoch für technische Anwendungen zu aufwendig und wird nur dann angewendet, wenn entweder eine hohe Genauigkeit gefordert wird oder ein stark deformiertes Geschwindigkeitsprofil vorliegt, das sich wegen einer zu kurzen Einlauflänge nicht ausbilden kann.

Auf einfache Weise kann das pro Zeiteinheit durch einen bekannten Querschnitt strömende Volumen durch Ausnutzen des Induktionsgesetzes (induktive Durchflußmessung) oder über die Frequenz einer periodischen Wirbelablösung hinter einem quer über den Meßquerschnitt verlaufenden Störkörper (Wirbeldurchflußmesser) ermittelt werden.

2.5.1 Induktive Durchflußmessung

Nachdem 1831 von Faraday das Induktionsgesetz gefunden war, tauchte gleich der Gedanke auf, dieses bei der Durchflußmessung von Wasser anzuwenden. Man versuchte damals, damit die Strömungsgeschwindigkeit der Themse über die Stärke des Magnetfeldes der Erde zu messen und scheiterte an der noch unzureichenden Meßtechnik in jener Zeit.

Das Meßprinzip ist sehr einfach: Wird ein elektrischer Leiter der Länge $\underline{l}$, der hier durch einen Vektor charakterisiert wird, mit der Geschwindigkeit $\underline{U}$ durch ein Magnetfeld der Feldstärke $\underline{B}$ bewegt (Bild 2.47), so werden auch die Elektronen im Innern des Leiters mitbewegt. Auf die Elektronen wirken dann Kräfte senkrecht zur Bewegungs- und senkrecht zur Magnetfeldrichtung. Im Leiter wird eine elektrische Spannung

$$E = (\underline{U} \times \underline{B}) \cdot \underline{l} \tag{2.132}$$

induziert, die bei konstanter Feldstärke und Leiterlänge dann proportional zu $\underline{U}$ ist.

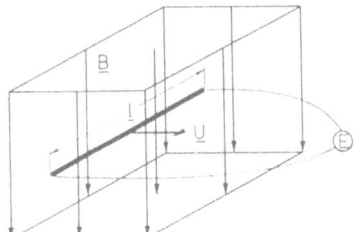

Bild 2.47:
Prinzip der induktiven Durchflußmessung

Bei der induktiven Durchflußmessung strömt eine Flüssigkeit durch ein nichtleitendes Rohr, das vom Feld eines Elektromagneten senkrecht zur Rohrachse durchsetzt ist. Besitzt diese Flüssigkeit eine Leitfähigkeit, so bewegen sich die Ladungsträger wie in einem Leiter. Ist diese Flüssigkeit ein Isolator, so wird diese polarisiert. In beiden Fällen kann eine elektrische Spannung senkrecht zu $\underline{U}$ und $\underline{B}$ an zwei gegenüberliegenden, in den Rohrwandungen befindlichen Elektroden abgegriffen werden. Je nach Leitfähigkeit ist die so entstehende Spannungsquelle mehr oder weniger stark belastbar. Bei sehr schlecht leitenden Flüssigkeiten ist diese Methode jedoch problematisch, da die Spannung E bei der geringsten Belastung durch ein Meßgerät zusammenbricht, so daß Verstärker mit sehr hohen Eingangswiderständen verwendet werden müssen. Die Mindestleitfähigkeit wird bei kommerziellen Durchflußmessern mit 0,5 10^{-3} 1/Ωm angegeben. Um die bei einem magnetischen Gleichfeld an den Elektroden auftretenden Polarisationsspannungen zu vermeiden, muß mit einem Wechselfeld gearbeitet werden. Für den Fall einer ausgebildeten Rohrströmung (axialsymmetrische Strömung) und eines über mindestens drei Rohrdurchmesser konstanten Magnetfeldes ist die an den Elektroden abgegriffene Spannung E unabhängig von U(r), d.h. unabhängig von der Verteilung der Geschwindigkeit über den Rohrradius, und es gilt für die zeitlich gemittelte Spannung

$$E \sim \dot{V} = \pi R^2 \int_0^R U(r)\, dr\,. \quad (2.133)$$

2.5.2 Wirbeldurchflußmesser

Ein mit der Geschwindigkeit U quer angeströmter Körper mit einer charakteristischen Abmessung s (Bild 2.48) zeigt oberhalb einer kritischen Reynolds Zahl Re = U s /ν (ν: kinematische Zähigkeit des Fluids) eine periodische Wirbelablösung mit der Frequenz f. Die sich wechselseitig ablösenden Wirbel formieren sich hinter dem Körper zu einer mehr oder weniger regelmäßigen Anordnung der sog. Kármánschen Wirbelstraße (vgl. Bild 4.29). Die Ablösefrequenz

$$f = Sr \frac{U}{s} \quad (2.134)$$

ist dabei proportional der Anströmgeschwindigkeit U und umgekehrt proportional der charakteristischen Abmessung s des eingebauten Körpers. Der Proportionalitätsfaktor Sr = f(Re) wird Strouhal Zahl genannt und ist bei geeigneter Formgebung des Körpers für Re $\gtrsim 10^3$ über einen weiten Reynolds-Zahl-Bereich konstant. Der Wert von Sr muß empirisch ermittelt werden und liegt in der Größenordnung von 0,2.

2.5 Durchflußmessung   133

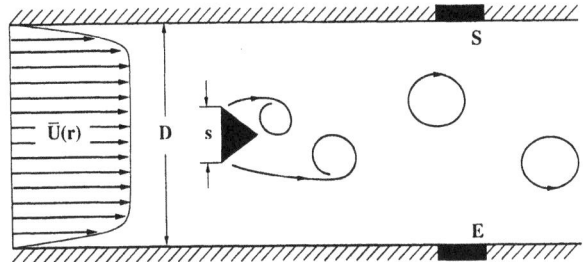

Bild 2.48: Prinzipieller Aufbau eines Wirbeldurchflußmessers. Ein Körper mit einer Kantenlänge s überspannt den gesamten Rohrdurchmesser D. S: Ultraschallsender, E: Empfänger zur Messung der Ablösefrequenz f.

Bei technischen Ausführungen von Wirbeldurchflußmessern wird die Rohr-Reynolds-Zahl $Re_D = UD/\nu$, um die Versperrung durch den eingebauten Körper in Grenzen zu halten, etwa viermal größer als die Körper-Reynolds-Zahl gewählt. Rohrströmungen mit $Re_D > 4 \cdot 10^3$ sind turbulent. Da sich bei einer ausgebildeten turbulenten Rohrströmung die zeitlich gemittelte Geschwindigkeit $\overline{U}(r)$, abgesehen von einem Bereich in unmittelbarer Wandnähe, nur wenig über den Querschnitt ändert, wird der eingebaute Körper im zeitlichen Mittel fast auf seiner ganzen Länge mit der gleichen Geschwindigkeit angeströmt. Durch die dreieckige Form und Anströmen gegen die flache Seite wird erreicht, daß es an den scharfen Kanten über die gesamte Länge des Körpers gleichzeitig zu einer wechselseitigen Wirbelablösung mit einer trotz turbulenter Anströmung wohldefinierten Frequenz f kommt. Diese gleichzeitige Ablösung ist vergleichbar mit einer räumlichen Mittelung der Geschwindigkeit über den Rohrquerschnitt, so daß in Gl. (2.134) U durch $\overline{U}$ ersetzt werden kann. Die Frequenz f wird dann entweder, wie in Bild 2.48 dargestellt, aus der Modulation eines Ultraschallstrahls oder mit Hilfe eines in den Nachlauf des Körpers eingebauten piezoelektrischen Wandlers bestimmt.

Mit einem Wirbeldurchflußmesser kann der Volumenfluß von Gasen, Dämpfen und Flüssigkeiten über einen weiten Meßbereich unabhängig von den Fluideigenschaften gemessen werden. Durch Einsetzen der modifizierten Gl. (2.134) in Gl. (2.130) ergibt sich

$$\dot{V} = \frac{s}{Sr} \frac{D^2 \pi}{4} f \qquad (2.135)$$

oder

$$\dot{V} = k f . \qquad (2.136)$$

Da der genaue Wert der Strouhal Zahl Sr von der Form des eingebauten Körpers und vom

Grad der Versperrung im Rohr abhängig ist, müssen Wirbeldurchflußmesser kalibriert werden. Des weiteren ist es wichtig, daß die Strömung räumlich ausgebildet ist, wenn sie auf den eingebauten Körper trifft. Dies kann durch eine gerade Einlaufstrecke von mindestens 50 D erreicht werden.

Mit einem Wirbeldurchflußmesser läßt sich auf einfache Weise auch das Zeitintegral des Durchflusses

$$V = \int \dot{V}\,dt = k \int f\,dt = k\,n \qquad (2.137)$$

durch Zählen der Schwingungsperioden $T = \frac{1}{f}$ ermitteln. Dabei hängt die Anzahl der Schwingungsperioden nur vom Fluidvolumen V und nicht vom Fluid selbst ab.

2.6 Kraftmessung

Die im Abschnitt 1.3 beschriebenen Hebel- und Stielwaagen, die zur Messung stationärer oder langsam veränderlicher Kräfte auf umströmte Körper dienen, sind für die Messung instationärer Kräfte zu träge. Hierfür sind piezoelektrische Kraftaufnehmer besser geeignet. Dies sind aktive piezoelektrische Wandler (vgl. 2.1.1.2), die bei mechanischer Beanspruchung an bestimmten Kristallflächen elektrische Ladungen erzeugen, die der angelegten Kraft proportional sind. Durch geeignet gewählte Schnittebenen lassen sich aus einem Quarzkristall Scheiben schneiden, die entweder nur für eine Normalspannung oder nur für eine Schubspannung einer bestimmten Richtung empfindlich sind. Durch mechanisches Hintereinanderschalten solcher Scheiben lassen sich dann Wandler für mehrere Kraftkomponenten herstellen. Im Vergleich zu der mit Dehnungsmeßstreifen arbeitenden Stielwaage (Bild 1.45), bei der immer eine mehr oder weniger große mechanische Deformation auftritt, verformen sich die piezoelektrischen Wandler nur äußerst wenig. Die nach diesem Prinzip arbeitenden Waagen sind damit sehr steif, was sich zum einen in einer hohen Grenzfrequenz der Waage und zum anderen bei Mehrkomponentenmessungen in einer sehr geringen gegenseitigen Beeinflussung (Interferenz) der einzelnen Kraftkomponenten zeigt.

Ein von Schewe (1982) beschriebener piezoelektrischer Wandler für drei Kraftkomponenten, der aus drei übereinanderliegenden Quarzscheiben besteht, ist in Bild 2.49 dargestellt. Zwei der Scheiben, die auf Schubspannungen reagieren, sind so zueinander orientiert, daß damit eine Kraft beliebiger Richtung in der xy-Ebene gemessen werden kann. Die dritte Scheibe ist druckempfindlich und mißt die Normalkraft (z- Richtung). Die drei Quarzscheiben, die die Form von Unterlegscheiben besitzen, sind durch einen elastischen

2.6 Kraftmessung

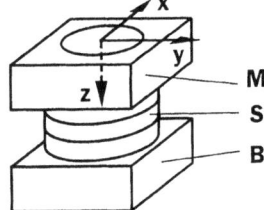

Bild 2.49:
Aus drei Quarzscheiben (S) aufgebauter piezoelektrischer Wandler zur Messung der Kraftkomponenten in x-, y-, z-Richtung. M: Platte zur Modellbefestigung, B: Bodenplatte (Schewe 1982)

Bolzen zwischen der Bodenplatte B und der oberen Platte zur Modellbefestigung M eingeklemmt. Hierdurch wird den Scheiben eine mechanische Vorspannung erteilt und gleichzeitig ein definierter Kraftfluß von M nach B garantiert. Dies ist wichtig, da die beiden Schubspannungskomponenten nur durch Haftreibung zwischen den Quarzscheiben bzw. den Quarzscheiben und den Platten M, B übertragen werden können. Die durch die Vorspannung und durch weitere zusätzliche am Modell angreifenden Kräfte erzeugten Ladungen werden durch Elektroden, die sich auf der Oberfläche der einzelnen Quarzscheiben befinden, abgegriffen und Ladungsverstärkern zugeführt. Die Ladungsverstärker besitzen einen sehr hohen Eingangswiderstand. Sie integrieren die von den Quarzscheiben gelieferten Verschiebungsströme auf und liefern eine Ausgangsspannung, die der von der mechanischen Beanspruchung erzeugten Ladung proportional ist.

Durch eine geeignete räumliche Anordnung mehrerer Kraftaufnehmer können auch Momente gemessen werden. Die in Bild 2.50 gezeigte quadratische Meßplattform liefert mit ihren vier Dreikomponenten-Kraftaufnehmern zwölf unabhängige Signale, aus denen sich durch entsprechende Kombination die drei Komponenten der resultierenden Kraft

$$\begin{aligned} X &= (x_1 + x_2) + (x_3 + x_4) \\ Y &= (y_1 + y_4) + (y_3 + y_2) \\ Z &= z_1 + z_2 + z_3 + z_4 \end{aligned} \qquad (2.138)$$

und die drei Komponenten des resultierenden Moments

$$\begin{aligned} M_x &= a\,(z_1 + z_2 - z_3 - z_4) \\ M_y &= b\,(z_1 + z_4 - z_2 - z_3) \\ M_z &= c\,[(x_3 + x_4) - (x_1 + x_2) + (y_1 + y_4) - (y_2 + y_3)], \end{aligned} \qquad (2.139)$$

die auf den geometrischen Mittelpunkt der vier Elemente bezogen sind, bilden lassen. Dabei sind a, b, c Geometriefaktoren. Um mit nur acht statt zwölf Ladungsverstärkern auszukommen, können die in Klammern stehenden Werte, bevor sie einem Verstärker

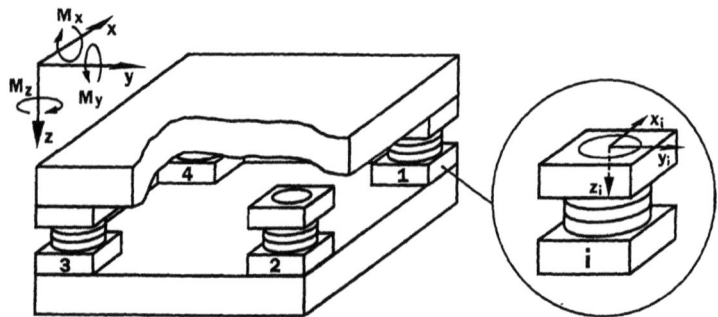

Bild 2.50: Prinzipieller Aufbau einer sechskomponenten Meßplattform bestehend aus vier Dreikomponenten-Kraftaufnehmern (Schewe 1990).

zugeführt werden, jeweils elektrisch parallel geschaltet werden. Mit anders gestalteten Kraftaufnehmern ist es auch möglich, die sechs Komponenten mit weniger als zwölf piezoelektrischen Wandlern zu messen.

Piezoelektrische Waagen müssen ebenso wie Stielwaagen (Kap. 1.3.2), die mit Dehnungsmeßstreifen arbeiten, kalibriert werden. Hierbei werden die Ladungsänderungen bzw. die Widerstandsänderungen der Meßstreifen als Funktion der von außen aufgebrachten Kräfte und Momente ermittelt. Dehnungsmeßstreifenwaagen dienen in erster Linie zur Messung stationärer Kräfte und Momente. Dagegen werden piezoelektrische Waagen hauptsächlich für quasistationäre und instationäre Messungen verwendet, da die bei konstanter Kraft erzeugte Ladung wegen des endlichen Isolationswiderstands der Meßkette, bestehend aus Wandler, Zuleitung und Ladungsverstärker, nicht über eine beliebig lange Zeit konstant gehalten werden kann.

Bei einer Kraft von 4,9 N bzw. 24,5 N ändert sich nach Messungen von Schewe (1982) für den in Bild 2.49 dargestellten Kraftaufnehmer die Ausgangsspannung um 1 % in etwa einer Minute bzw. in 17 Minuten. In gewissen Grenzen kann diese Änderung bei Kenntnis der Zeitkonstanten mit Hilfe eines Rechners korrigiert werden. Bei der Messung kleiner instationärer Kräfte mit großer stationärer Vorlast (z.B. schweres Modell) läßt sich die Ladung, die durch die Vorlast erzeugt wird, durch kurzzeitiges Kurzschließen des Wandlers ableiten, so daß am Verstärkereingang dann nur noch eine Ladung wechselnden Vorzeichens, die dem instationären Anteil der Kraft entspricht, auftritt.

2.6 Kraftmessung   137

Ein Beispiel für den Einsatz zweier piezoelektrischer Waagen zur Untersuchung der aeroelastischen Interferenz zwischen einem Triebwerk und einem Airbusflügel zeigt Bild 2.51. Mit der einen Sechskomponentenwaage werden die stationären und instationären Kräfte und Momente gemessen, die an der Wurzel des Flügels auftreten, wenn entweder der Flügel oder das Triebwerk zu harmonischen Schwingungen angeregt werden. Mit der anderen Waage wird die Wechselwirkung zwischen Flügel und Triebwerk ermittelt (Schewe 1990).

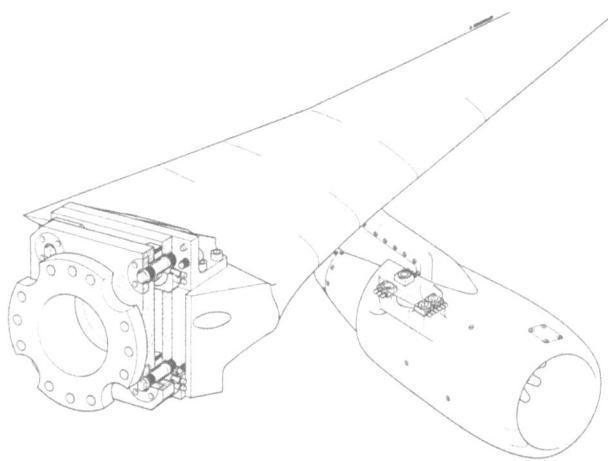

Bild 2.51: Zwei Sechskomponenten-Piezowaagen dienen zur Messung der aeroelastischen Kräfte zwischen Triebwerk und Flügel bzw. zwischen Flügelwurzel und Flugzeugrumpf (Schewe 1990).

2.7 Schrifttum

Bradbury, L.J.S.; Castro, I.P.: A pulsed-wire technique for velocity measurements in highly turbulent flows. J. Fluid Mech. 49 (1971) 657–691

Castro, I.P.; Dianat, M.: Surface flow patterns on rectangular bodies in thick boundary layers. J. Wind Engr. and Industr. Aerodyn. 11 (1983) 107–119

Champagne, F.H.; Sleicher, C.A.; Wehrmann, O.H.: Turbulence measurements with inclined hot-wires. Part 1. Heat transfer experiments with inclined hot-wire. J. Fluid Mech. 28 (1967) 153–175

Dussauge, J.P.: Hot- and cold-wire application in supersonic flows: Introductory Notes VKI Lectures Series 1989-05, Measurement Techniques in Aerodynamics, Rhode-Saint Genes, Belgien (1989)

Eckelmann, H.: Hot-wire and hot-film measurements in oil. DISA Information 13 (1972) 16–22

Eisenlohr, H. Eckelmann, H.: Vortex splitting and its consequences in the vortex street wake of cylinders at low Reynolds number. Phys. Fluids A 1 (1989) 189–192

Fey, U.; : Eine neue Gesetzmäßigkeit für die Wirbelablösefrequenz des Kreiszylinders und Steuerung der Instabilitäten im Reynoldszahlbereich 160 bis 300. Dissertation, Georg-August-Universität Göttingen, 1997

Gruschka, H.D.: Periodisch angeregte Grenzschichtströmungen über einer ebenen Platte in einer Wasserströmung. Akustika 16 (1965) 46–60

Herbeck, M.: persönliche Mitteilung (1969)

Hinze, J.O.: Turbulence, Chapter 2–3, McGraw–Hill, New York 1975

Hofbauer, M.: Das dynamische Verhalten von Heißfilmsonden bei tiefen Frequenzen (experimentelle Untersuchung). Max-Planck-Institut für Strömungsforschung, Bericht 118/1975, Göttingen (1975)

Hoff, M.:	Grumman Res. Dept. Memo RM414J (1969), Grumman Aircraft Eng. Comp. Bethpage, N.Y.
Johnson, F.D.; Eckelmann, H.:	A variable angle method of calibration for X-probe applied to wall-bounded turbulent shear flow. Exp. in Fluids **2** (1984) 121-130
Karabelas, A.J.; Hanratty, T.J.:	Determination of the direction of surface velocity gradients in threedimensional boundary layers. J. Fluid Mech. **34** (1968) 159-162
Kastrinakis, E.G.; Eckelmann, H.:	Measurement of streamwise vorticity fluctuations in a turbulent channel flow. J. Fluid Mech. **137** (1983) 165-186
King, L.V.:	On the convection of heat from small cylinders in a stream of fluid. Phil. Trans. Roy. Soc. London A **214** (1914) 373-432
König, M.:	Experimentelle Untersuchung des dreidimensionalen Nachlaufs zylindrischer Körper bei kleinen Reynoldszahlen. Mitt. Max-Planck-Institut für Strömungsforschung Göttingen, Nr. 111 Göttingen (1993) ISSN 0374-1257
Kovasznay, L.S.G.:	The hot-wire anemometer in supersonic flow. JAS **17** (1950) 565-572
Kovasznay, L.S.G.:	Turbulence in supersonic flow. JAS **20** (1953) 657-674
Kowasznay, L.S.G.:	The hot-wire anemometer. Acta Tech. Acad. Sci. Hung. **50** (1965) 131-151
Ludwieg, H.:	Ein Gerät zur Messung der Wandschubspannung turbulenter Reibungsschichten. Ingenieur Archiv XVII, 207-218, Springer Verlag Berlin 1949
Mitchell, J.E.; Hanratty, T.J.:	A study of turbulence at a wall using an electrochemical wall shear-stress meter. J. Fluid Mech. **26** (1966) 199-221
Mizushima, T.:	The electrochemical method in transport phenomena. Advances in Heat Transfer **7** (1971)

Morkovin, M.V.: Fluctuations and hot-wire anemometry in compressible flows. AGARDograph 24 (1956)

Py, B.: Téchniques électrochimiques de mesure en mécanique des fluides. Raport de Laboratoire de Mécanique Physique, Institut Universitaire de Technologie de Brest, Juni 1986

Rosemann, H.: Einfluß der Geometrie von Mehrfach-Hitzdrahtsonden auf die Meßergebnisse in turbulenten Strömungen. DLR-FB 89-26 Göttingen (1989)

Roshko, A.: On the development of turbulent wakes from vortex streets. NACA Report 1911, (1954)

Schewe, G. Mehrkomponenten-Waagen bestehend aus piezoelektrischen Kraftmeßelementen für einen Hochdruckwindkanal. Techn. Messen 12 (1982) 447-452

Schewe, G. Beispiele für Kraftmessungen im Windkanal mit piezoelektrischen Mehrkomponentenmeßelementen. ZFW 14 (1990) 32-37

Stainback, P.C.: A review of hot-wire anemometry in transsonic flow. ICIASF 1985 Record, 67-78 (1985)

Walker, R.E.; Westenberg, A.A.: Absolute low speed anemometer, Rev. Sci. Instr. 27 (1956) 844-848

Willmarth, W.W.; Bogar, T.J.: Survey and new measurements of turbulent structure near the wall. Phys. Fluids 20, Suppl. (1977) S9-S21

Wuest, W.; Eckelmann, H.: Ein Thermoimpulsgerät zur Messung kleiner Strömungsgeschwindigkeiten. Aerodyn. Versuchsanstalt Göttingen, Bericht 64 G 03 (1964)

2.7.1 Nicht im Text genanntes Schrifttum

Blackwelder, R.F.: Hot–wire and hot–film anemometers. In: Marton, L., Marton, C., Methods of Experimental Physics 18A, Fluid Dynamics (ed. R.J. Emrich) 259–314 Acad. Press, New York 1981

Bradshaw, P.: An introduction to turbulence and its measurement. Pergamon Press Oxford, New York, Toronto, Sydney, Braunschweig 1971

Bruun, H.H.: Hot–wire anemometry: Principles and signal analysis. Oxford University Press, Oxford 1995

Comte Bellot, G.: Hot–wire anemometry. Annual Review of Fluid Mechanics **8**. Annual Reviews Inc., Palo Alto, Calif. 1976

Corrsin, S.: Tubulence: Experimental Methods. Handbuch der Physik 8/2 523–590, Springer, Berlin 1963

Hengstenberg, J.: Methoden der Durchflußmessung, Chem.-Ing.-Techn. **43** (1971) 1064–1072

Hoffmeister, M.: Methoden der Thermoanemometrie. Akademie der Wissenschaften der DDR, Institut für Mechanik, Report No. 21, Karl-Marx-Stadt 1989 (ISSN 0232- 5330)

Kitzing, H.: Hitzdrahtanemometrie mit Rechnerkopplung. Akademie der Wissenschaften der DDR, Institut für Mechanik, Report No. 21, Karl-Marx-Stadt 1987 (ISSN 0233-0520)

Lomas, C.G.: Fundamentals of hot–wire anemometry. University Press, Cambridge 1986

Perry, A.E.: Hot–wire anemometry. Clarendon, Oxford 1982

Strickert, H.: Hitzdraht– und Hitzfilmanemometrie. VEB Verlag Technik, Berlin 1974

3 Optische Meßmethoden

Optische Meßmethoden, die auf lichtdurchlässige Fluide, wie z.B. Luft oder Wasser beschränkt sind, zeichnen sich vor allem durch berührungsloses Arbeiten aus. Die Strömung wird nicht durch das Einbringen einer Sonde gestört oder verändert. Die optischen Meßmethoden werden hier getrennt von den Methoden der Strömungssichtbarmachung, denen der Teil 4 gewidmet ist, behandelt. Die hier vorgenommene Unterteilung soll dem mehr qualitativen Charakter einer Sichtbarmachung gegenüber einer Messung Rechnung tragen.

Die in diesem Teil dargestellten optischen Meßmethoden lassen sich in drei Gruppen einteilen: in Methoden, bei denen die Bewegung des Fluids über die Bewegung von Teilchen, die sich entweder schon in der Strömung befinden oder künstlich eingebracht werden müssen, gemessen wird; in Methoden, bei denen die Abhängigkeit des Brechungsindex des Fluids von der Dichte ausgenutzt wird, und schließlich in eine noch in Entwicklung befindliche Methode zur optischen Druckmessung. Zur ersten Gruppe gehören Laser-Doppler-Anemometrie (LDA), Laser-Zwei-Fokus-Verfahren (L2F) und Particle-Image-Velozimetrie (PIV), die in den Abschnitten 3.1 bis 3.3 behandelt werden. Diese Methoden werden vor allem auch zur Messung von Schwankungsgeschwindigkeiten und zur Darstellun- von Strömungsfeldern benutzt und liefern punktuell als Funktion der Zeit oder gleichzeitig in einer Ebene zu einem festen Zeitpunkt eine quantitative Information über das Strömungsfeld. Die im Abschnitt 3.4 behandelten Schatten-, Schlieren- und Interferenzverfahren werden hauptsächlich zur Untersuchung kompressibler Strömungen herangezogen. Sie lassen sich aber auch auf Flüssigkeitsströmungen anwenden, wenn lokale Dichteänderungen durch andere Effekte, wie z.B. bei einem Zusammenfluß von Süß- und Salzwasser, hervorgerufen werden. Bei der im Abschnitt 3.5 behandelten optischen Druckmessung werden organische Moleküle, die in einem Speziallack eingebettet sind und mit dem eine Oberfläche präpariert wird, in Abhängigkeit vom Druck zu einer mehr oder weniger starken Lumineszenz angeregt. Mit dieser Methode, die sehr schnell arbeitet, lassen sich auch bei instationären Strömungen momentane Druckverteilungen auf Oberflächen erhalten.

3.1 Laser-Doppler-Anemometrie (LDA)

Die Laser-Doppler-Anemometrie (LDA), die gelegentlich auch Laser-Doppler-Velozimetrie (LDV) genannt wird, ist neben der Hitzdraht– und Heißfilmanemometrie (Abschnitt 2.3) heute die wichtigste Methode zur Messung von Geschwindigkeitsschwankungen. Sie ist eine relativ neue Methode und wurde von Yeh und Cummins (1964) erst-

3.1 Laser-Doppler-Anemometrie (LDA)

mals beschrieben. Sie beruht auf dem Dopplereffekt, also der Frequenzverschiebung, die auftritt, wenn sich Sender und Empfänger relativ zueinander bewegen. Mit der Erfindung des Lasers steht eine monochromatische und kohärente Lichtquelle hoher Leistung zur Verfügung, die hier als Sender benutzt wird. Geeignete in der Strömung befindliche Teilchen, von denen angenommen wird, daß sie der Fluidbewegung trägheitslos folgen können, dienen als Streuzentren für das eingestrahlte Licht (siehe hierzu auch Kap. 4.1.2 und 4.2.2).

3.1.1 Referenzstrahl-Methode

Ein durch einen Laserstrahl mit der Geschwindigkeit $\underline{U} = \underline{i}\,U + \underline{j}\,V + \underline{k}\,W$ hindurchfliegendes Streuteilchen (Bild 3.1) sieht aufgrund einer in Bezug auf die Lichtquelle vor-

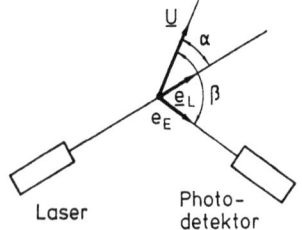

Bild 3.1:
Von einem Photodektor empfangenes Streulicht, das von einem mit der Geschwindigkeit $\underline{U}$ durch einen Laserstrahl fliegenden Teilchen erzeugt wird.

handenen Relativgeschwindigkeit

$$U_1 = \underline{e}_L \cdot \underline{U} = |\underline{U}|\cos\alpha, \tag{3.1}$$

$\underline{e}_L$: Einheitsvektor in Richtung der Lichtausbreitung und α : Winkel zwischen Lichtausbreitungsrichtung und Bewegungsrichtung des Streuteilchens, nicht die Frequenz ν des Lasers, sondern die dopplerverschobene Frequenz

$$\nu_1 = \nu\left[1 - \frac{\underline{e}_L \cdot \underline{U}}{c}\right], \tag{3.2}$$

wobei c die Lichtgeschwindigkeit bedeutet. Bewegt sich ein Streuteilchen z.B. direkt auf die Lichtquelle zu ($\alpha = 180°$), wird $\underline{e}_L \cdot \underline{U} = -|\underline{U}|$ und damit $\nu_1 = \nu\left(1 + |\underline{U}|/c\right)$. Entsprechend erhält man bei einer direkten Bewegung von der Lichtquelle weg $\nu_1 = \nu\left(1 - |\underline{U}|/c\right)$.

Das in Bild 3.1 durch den Laserstrahl fliegende Teilchen wird auch selbst zur Lichtquelle und sendet Streulicht aus. Ein ruhender Beobachter, gegenüber dem sich das Teilchen mit der Geschwindigkeit

$$U_2 = \underline{e}_E \cdot \underline{U} = |\underline{U}| \cos \beta \tag{3.3}$$

bewegt, $\underline{e}_E$: Einheitsvektor in Empfangsrichtung und β : Winkel zwischen Empfangsrichtung und Bewegungsrichtung des Streuteilchens, sieht die Frequenz

$$\nu_2 = \nu_1 \left[1 + \frac{\underline{e}_E \cdot \underline{U}}{c} \right] \tag{3.4}$$

und nicht die Frequenz ν_1, die das Teilchen empfangen hat. Bewegt sich ein Streuteilchen direkt auf den Empfänger zu ($\beta = 0°$), so wird $\underline{e}_E \cdot \underline{U} = |\underline{U}|$ und $\nu_2 = \nu_1 (1 + |\underline{U}|/c)$. Entsprechend ergibt sich hier bei einer direkten Bewegung vom Empfänger weg $\nu_2 = \nu_1 (1 - |\underline{U}|/c)$.

Durch Einsetzen von Gl. (3.2) in Gl. (3.4) und Vernachlässigung von quadratischen Gliedern läßt sich ein Zusammenhang zwischen der vom Laser eingestrahlten Frequenz ν und der von einem Photodetektor empfangenen Frequenz

$$\nu_2 = \nu \left[1 + \frac{\underline{U} \cdot (\underline{e}_E - \underline{e}_L)}{c} \right] \tag{3.5}$$

herstellen. Man beachte, daß hier zweimal eine Dopplerverschiebung auftritt: zuerst zwischen Lichtquelle und Streuteilchen und dann zwischen Streuteilchen und Empfänger. Aber trotz der zweifachen Frequenzverschiebung sind, wie Gl. (3.5) zeigt, ν und ν_2 noch von gleicher Größenordnung, wobei die Frequenzänderung im wesentlichen durch das Verhältnis von Teilchen– zu Lichtgeschwindigkeit gegeben ist.

Mit einem Photodetektor läßt sich die geringe Frequenzverschiebung zwischen ν_2 und ν nicht direkt messen, da dieser zu träge ist, um z.B. die Lichtfrequenz $\nu = c/\lambda = 4{,}74 \cdot 10^{14}$ Hz eines He-Ne-Lasers der Wellenlänge $\lambda = 632{,}8$ nm aufzulösen. Wird dem Photodetektor aber zusätzlich außer dem Streulicht auch noch Primärlicht zugeführt, das mit Hilfe eines Graukeils in seiner Amplitude dem schwächeren Streulicht angepaßt wird (Bild 3.2), so kommt es wegen der quadratischen Kennlinie des Photodetektors zur Bildung eines Gleichstromanteils und der Frequenzen 2ν, $2\nu_2$, $\nu_2 + \nu$ und $\nu_2 - \nu$. Der

3.1 Laser-Doppler-Anemometrie (LDA)   145

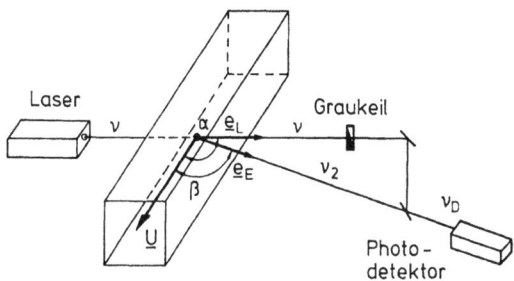

Bild 3.2 Nach der Referenzstrahl–Methode arbeitendes Laser–Doppler–Anemometer

Gleichstromanteil läßt sich mit einem Hochpaßfilter leicht abtrennen. Von den vier Frequenzen liegt aber nur die Schwebungsfrequenz

$$\nu_D = \nu_2 - \nu = \frac{\nu}{c}\underline{U} \cdot (\underline{e}_E - \underline{e}_L) = \frac{1}{\lambda}\underline{U} \cdot (\underline{e}_E - \underline{e}_L), \qquad (3.6)$$

die auch Dopplerfrequenz genannt wird, und die jetzt um den Faktor $|\underline{U}|/c$ kleiner als die Laserfrequenz ν ist, in einer Größenordnung, um mit einem Photodetektor gemessen werden zu können. Bei einer Teilchengeschwindigkeit von 3 m/s ist ν_D um einen Faktor 10^{-8} kleiner als ν und liegt dann mit etwa 10^6 Hz im Frequenzbereich eines Mittelwellenrundfunksenders. Ein guter Photodetektor (Photomultiplier) kann noch Dopplerfrequenzen bis etwa $1,5 \cdot 10^8$ Hz nachweisen.

Die in Bild 3.2 gezeigte Anordnung arbeitet nach der hier beschriebenen Referenzstrahl-Methode. Mit diesem Laser–Doppler–Anemometer wird die parallel zu $(\underline{e}_E - \underline{e}_L)$, d.h. senkrecht zur Winkelhalbierenden zwischen eingestrahltem und gestreutem Licht verlaufende Komponente der Geschwindigkeit gemessen, deren Größe, wie Gl. (3.6) zeigt, ohne eine Kalibrierung erhalten wird, wenn die Wellenlänge $\lambda = c/\nu$ des benutzten Lasers und die einzelnen Winkel der Anordnung bekannt sind. Man beachte, daß der Photodetektor bei dieser Anordnung eine sehr geringe Apertur besitzen muß, um nur Streulicht aus der $\underline{e}_E$-Richtung empfangen zu können. Eine Bündelung des Streulichts mit einer Linse zur Erhöhung der Intensität führt dazu, daß von ein und demselben Teilchen Licht aus verschiedenen Richtungen und damit mit unterschiedlicher Frequenz empfangen wird. Hierdurch wäre dann kein eindeutiger Zusammenhang mehr zwischen Dopplerfrequenz und Geschwindigkeit gegeben. Wegen dieser Einschränkung ist die Referenzstrahl-Methode sehr lichtschwach und wird daher nur sehr selten benutzt. Eine typische Anwendung ist dann gegeben, wenn sich sehr viele Streuteilchen im Fluid befinden und damit gleichzeitig von mehreren Teilchen Streulicht ausgeht, so daß ohnehin mit einer kleiner Apertur gearbeitet werden müßte.

3.1.2 Differential- oder Kreuzstrahl-Methode

Bei der Differential- oder Kreuzstrahl-Methode wird ein Streuteilchen gleichzeitig von zwei aus den Richtungen $\underline{e}_1$ und $\underline{e}_2$ in einem Punkt zusammentreffenden Laserstrahlen beleuchtet (<u>Bild 3.3</u>). Entsprechend Gl. (3.2) empfängt das Teilchen, da es bezüglich der

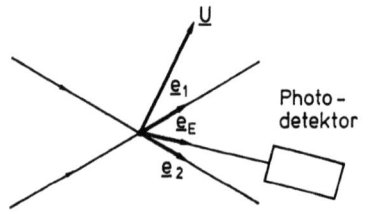

<u>Bild 3.3:</u>
Streuteilchen, das gleichzeitig von zwei aus unterschiedlicher Richtung kommenden Laserstrahlen beleuchtet wird.

beiden Strahlen unterschiedliche Relativgeschwindigkeiten besitzt, gleichzeitig die beiden Frequenzen

$$\nu_1 = \nu \left[1 - \frac{\underline{e}_1 \cdot \underline{U}}{c} \right] \qquad (3.7)$$

und

$$\nu'_1 = \nu \left[1 - \frac{\underline{e}_2 \cdot \underline{U}}{c} \right] \qquad (3.7')$$

und sendet seinerseits die beiden Frequenzen

$$\nu_2 = \nu_1 \left[1 + \frac{\underline{e}_E \cdot \underline{U}}{c} \right] \qquad (3.8)$$

und

$$\nu'_2 = \nu'_1 \left[1 + \frac{\underline{e}_E \cdot \underline{U}}{c} \right] \qquad (3.8')$$

wieder aus, was wegen der quadratischen Kennlinie des Photodetektors, der Streulicht mit zwei verschiedenen Frequenzen aus der $\underline{e}_E$-Richtung empfängt, zur Bildung einer Schwebung mit der Frequenz

3.1 Laser-Doppler-Anemometrie (LDA)

$$\nu_D = \nu_2 - \nu_2' = \nu \left[1 + \frac{\underline{e}_E \cdot \underline{U}}{c} \right] \left[1 - \frac{\underline{e}_1 \cdot \underline{U}}{c} - 1 + \frac{\underline{e}_2 \cdot \underline{U}}{c} \right] \quad (3.9)$$

führt. Unter Vernachlässigung quadratischer Glieder vereinfacht sich diese Gleichung zu der Beziehung

$$\nu_D = \frac{\nu}{c} \underline{U} \cdot (\underline{e}_1 - \underline{e}_2) = \frac{1}{\lambda} \underline{U} (\underline{e}_1 - \underline{e}_2) , \quad (3.9')$$

in der $\underline{e}_E$ nicht mehr vorkommt. Das bedeutet, daß jetzt die Größe der Schwebungs– oder Dopplerfrequenz unabhängig von der Beobachtungsrichtung erhalten wird. Damit kann zur Erhöhung der Intensität und damit des optischen Wirkungsgrads bei der Kreuzstrahl–Methode Streulicht aus unterschiedlichen Richtungen, das sich nicht in der Frequenz unterscheidet, mit einer Linse gesammelt und dem Photodetektor zugeführt werden.

Aus Gl. (3.9') folgt, daß die Komponente der Partikelgeschwindigkeit gemessen wird, die parallel zu $(\underline{e}_1 - \underline{e}_2)$, d.h. senkrecht zur Winkelhalbierernden der beiden sich kreuzenden Laserstrahlen verläuft. Die Größe der Geschwindigkeit ist damit bei bekannter Wellenlänge λ des benutzten Lasers und bekanntem Schnittwinkel der Strahlen ohne Kalibrierung bekannt.

Häufig wird Gl. (3.9') auch in der Form

$$\nu_D = \frac{2 \, U \, \sin \varphi}{\lambda} \quad (3.10)$$

geschrieben. Man gelangt zu dieser Beziehung, in der φ den halben Schnittwinkel zwischen den sich kreuzenden Laserstrahlen bedeutet, wenn man entsprechend <u>Bild 3.4</u> ein Koordinatensystem einführt, bei dem die $\underline{i}$– und die $(\underline{e}_1 - \underline{e}_2)$–Richtung zusammenfallen, so daß dann direkt die U–Komponente des Vektors $\underline{U}$ der Geschwindigkeit gemessen wird.

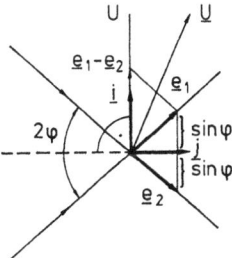

Den prinzipiellen Aufbau eines nach der Differential– oder Kreuzstrahl–Methode arbeitenden Laser–Doppler–Anemometers zeigt

<u>Bild 3.4:</u>
Zur Herleitung von Gl. (3.10)

148   3 Optische Meßmethoden

Bild 3.5. Der ankommende Laserstrahl wird in zwei Strahlen gleicher Intensität aufgeteilt, die dann mittels einer Linse im Brennpunkt zum Schnitt gebracht werden. Zwischen dem Strahlabstand D, der Brennweite f und dem halben Schnittwinkel φ besteht die Beziehung

$$\operatorname{tg} \varphi = \frac{D}{2\,f}. \qquad (3.11)$$

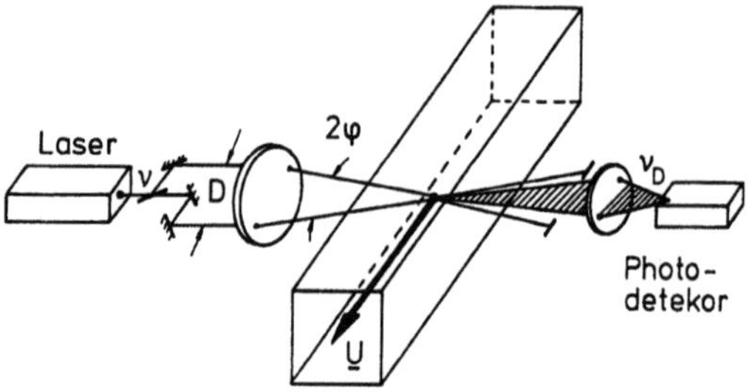

Bild 3.5:   Nach der Differential– oder Kreuzstrahl-Methode arbeitendes Laser-Doppler–Anemometer

3.1.3 Interferenzstreifenmodell

Die prinzipielle Wirkungsweise der Differential– oder Kreuzstrahl–Methode läßt sich auch ohne Einführung des Dopplereffekts plausibel machen. Es werden dann nicht zwei Lichtstrahlen oder zwei ebene elektromagnetische Wellen, die auf ein Teilchen treffen und dort gestreut werden, betrachtet, sondern zur Erklärung werden die bei der Überlagerung der Lichtstrahlen nur in der Intensitätsverteilung auftretenden Interferenzstreifen herangezogen, durch die sich das Teilchen dann hindurchbewegt. Hierbei ist jedoch zu beachten, daß die Interferenzstreifen nicht im Wellenbild existieren, sondern durch einen nichtlinearen Mittelungsprozeß, wie z.B. bei einem Photodetektor, erst entstehen. Insofern stellt eine auf der Intensitätsverteilung basierende Vorstellung nur ein Modell, mit dem sich anschaulich u.a. Gl. (3.10) herleiten läßt, dar. Um das zu zeigen, wird zuerst die Intensitätsverteilung im Überschneidungsbereich zweier kohärenter Lichtstrahlen berechnet (Bild 3.6).

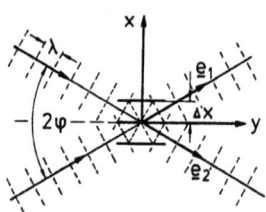

Bild 3.6:
Zur Herleitung von Gl. (3.18)

3.1 Laser-Doppler-Anemometrie (LDA)

In komplexer Schreibweise bezeichnen

$$\underline{E}_1 = A_1 e^{i(\underline{k}_1 \cdot \underline{r} - \omega t)} \underline{e}_1 \tag{3.12}$$

und

$$\underline{E}_2 = A_2 e^{i(\underline{k}_2 \cdot \underline{r} - \omega t + \Phi)} \underline{e}_2 \tag{3.12'}$$

die elektrischen Feldstärken von zwei sich in der xy–Ebene ausbreitenden ebenen Lichtwellen mit: A_1, A_2: Amplituden (reell), $\underline{k}_1 = \underline{e}_1 \, 2\pi/\lambda$, $\underline{k}_2 = \underline{e}_2 \, 2\pi/\lambda$: Wellenzahlvektoren, $\underline{e}_1$, $\underline{e}_2$: Einheitsvektoren in den Wellenausbreitungsrichtungen, $\underline{r} = \underline{r}(x,y)$: Ortsvektor mit Ursprung im Kreuzungspunkt der Strahlen, ω, λ: Kreisfrequenz und Wellenlänge der Lichtwellen, Φ: Phasendifferenz zwischen den beiden Lichtwellen.

Im Überschneidungsbereich der beiden Strahlen addieren sich die elektrischen Feldstärken der beiden Wellen zu

$$\underline{E} = \underline{E}_1 + \underline{E}_2 \,. \tag{3.13}$$

Die Intensitätsverteilung, die ein Photodetektor mit einer quadratischen Kennlinie oder auch das Auge registriert, wird aus der Beziehung

$$I = \tfrac{1}{2} \underline{E} \cdot \underline{E}^* = \tfrac{1}{2} (\underline{E}_1 + \underline{E}_2)(\underline{E}_1^* + \underline{E}_2^*) \tag{3.14}$$

erhalten. Ein Stern bezeichnet konjugiert komplexe Größen. Einsetzen von Gl. (3.12) und (3.12') in Gl. (3.14) und Ausmultiplizieren des Skalarprodukts $\underline{k} \cdot \underline{r}$ in Exponenten ergibt

$$I = \tfrac{1}{2} \left\{ A_1 e^{i\left[\frac{2\pi}{\lambda}(x \sin\varphi + y \cos\varphi) - \omega t\right]} + A_2 e^{i\left[\frac{2\pi}{\lambda}(-x \sin\varphi + y \cos\varphi) - \omega t - \Phi\right]} \right\}$$

$$\left\{ A_1 e^{-i\left[\frac{2\pi}{\lambda}(x \sin\varphi + y \cos\varphi) - \omega t\right]} + A_2 e^{-i\left[\frac{2\pi}{\lambda}(-x \sin\varphi + y \cos\varphi) - \omega t - \Phi\right]} \right\}$$

$$= \tfrac{1}{2} \left[A_1^2 + A_2^2 + 2 A_1 A_2 \cos\left(\frac{4\pi x}{\lambda} \sin\varphi + \Phi\right) \right]. \tag{3.15}$$

Die so für den Überschneidungsbereich der beiden Strahlen erhaltene Intensitätsverteilung besteht aus einem Gleichanteil $I_0 = \frac{1}{2}(A_1^2 + A_2^2)$ und einem sich in x-Richtung periodisch ändernden Wechselanteil (Bild 3.7). Die Intensität erreicht für

$$\frac{4\pi x}{\lambda} \sin \varphi + \Phi = (2n-1)\pi, \qquad n = 1,2,3 \ldots \qquad (3.16)$$

ein Minimum und für

$$\frac{4\pi x}{\lambda} \sin \varphi + \Phi = 2n\pi, \qquad n = 0,1,2 \ldots \qquad (3.17)$$

ein Maximum. Der Abstand zwischen den Maxima oder Minima, der sog. Interferenzstreifenabstand, beträgt

$$\Delta x = \frac{\lambda}{2 \sin \varphi}. \qquad (3.18)$$

Für den Fall gleicher Helligkeit beider Strahlen, also $A_1 = A_2 = A$ wird $I_{min} = 0$ und $I_{max} = 2A^2$.

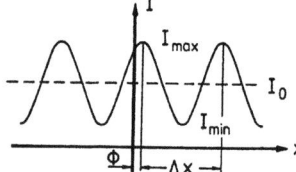

Bild 3.7:
Intensitätsverteilung nach
Gl. (3.15)

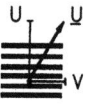

Bild 3.8:
Streuteilchen durchfliegt
Interferenzstreifen

Bewegt sich ein Streuteilchen durch die Interferenzstreifen hindurch, so wird es periodisch beleuchtet (Bild 3.8). Dabei kommt es nur auf die senkrecht zu den Streifen verlaufende Geschwindigkeitskomponente an. Da die Streifen in diesem Beispiel ihre Periodizität in x-Richtung besitzen, ist es die U-Komponente der Geschwindigkeit, die hier gemessen wird. Der Richtungssinn, mit dem ein Teilchen die Streifen durchläuft (in Bild 3.8 von unten nach oben oder umgekehrt), spielt dabei keine Rolle. In beiden Fällen blinkt das Teilchen mit der Frequenz

$$\nu_D = \frac{U}{\Delta x} = \frac{2 U \sin \varphi}{\lambda}. \qquad (3.19)$$

Die hier berechnete Frequenz stimmt mit der aus Gl. (3.10) erhaltenen Dopplerfrequenz überein und soll auch im folgenden weiter als Dopplerfrequenz bezeichnet werden.

Das Interferenzstreifenmodell führt damit zum gleichen Ergebnis wie die in Kap. 3.1.2 angestellte Überlegung, bei der ein gleichzeitig aus zwei Richtungen beleuchtetes Teilchen wegen der unterschiedlichen Relativgeschwindigkeiten Streulicht unterschiedlicher Frequenz abstrahlt, das sich dann erst am Photodetektor zur Dopplerfrequenz ν_D überlagert. Wie die Ableitung in diesem Unterkapitel zeigt, existieren die Interferenzstreifen im Überschneidungsbereich der beiden Strahlen nur in der Intensitätsverteilung (Amplitudenquadrat). Die Streifen entstehen erst beim Betrachten mit dem Auge oder durch Ausmessen mit einem auf Intensität ansprechenden Detektor (Photodiode, Photomultiplier oder Photoplatte), also erst durch die Nichtlinearität des benutzten Empfängers.

3.1.3.1 Messung des Vorzeichens der Geschwindigkeit

Auch für die folgenden Überlegungen ist das Interferenzstreifenmodell sehr nützlich. Betrachtet man zwei Streuteilchen, die die Interferenzstreifen auf gleichem Wege, aber in entgegengesetzter Richtung durchqueren, so erzeugen beide die gleiche Dopplerfrequenz ν_D. Die Strömungsrichtung muß also beim Laser–Doppler–Anemometer bekannt sein, oder aber es müssen Vorkehrungen für eine eindeutige Zuordnung von Frequenz und Strömungsrichtung getroffen werden. Eine einfache und heute fast ausschließlich angewandte Methode besteht darin, die Interferenzstreifen mit einer bekannten Geschwindigkeit U_S zu bewegen, um damit auch bei einem ruhenden Streuteilchen schon eine Dopplerfrequenz zu erzeugen. Wird die Streifenbewegung der Teilchenbewegung entgegen gerichtet, addieren sich Streifen– und Teilchengeschwindigkeit, im anderen Fall subtrahieren sie sich. Für die resultierende Geschwindigkeit ergibt sich dann

$$U_R = U_S \pm |U| . \qquad (3.20)$$

Damit auch bei einem Vorzeichenwechsel von U stets eine eindeutige Dopplerfrequenz erhalten wird, muß $U_S > |U|$ gewählt werden.

Wie die folgende Rechnung zeigt, entsteht eine Bewegung der Interferenzstreifen dann, wenn sich die Frequenzen der beiden kreuzenden Strahlen nur geringfügig voneinander unterscheiden. Besitzt z.B. die Lichtwelle $\underline{E}_1$ die Kreisfrequenz $\omega + \omega_S$ und die Licht-

welle $\underline{E}_2$ unverändert die Kreisfrequenz ω, dann lauten die den Gl. (3.12) und (3.12')
entsprechenden Gleichungen

$$\underline{E}_1 = A_1 e^{-i[\underline{k}_1 \cdot \underline{r} - (\omega + \omega_S)t]} \underline{e}_1 \qquad (3.21)$$

und

$$\underline{E}_2 = A_2 e^{-i[\underline{k}_2 \cdot \underline{r} - \omega t - \Phi]} \underline{e}_2. \qquad (3.21')$$

Der Wechselanteil der sich hieraus ergebenden Intensitätsverteilung im Überschneidungsbereich der beiden Lichtwellen

$$I = \frac{1}{2} \left[A_1^2 + A_2^2 + 2 A_1 A_2 \cos \left(\frac{4\pi x}{\lambda} \sin \varphi - \omega_S t + \Phi \right) \right] \qquad (3.22)$$

besitzt wie in Gl. (3.15) wieder die Wellenlänge Δx. Neu ist, daß die Intensitätsverteilung nicht mehr stationär ist, sondern sich mit der Phasengeschwindigkeit

$$U_S = \frac{\omega_S}{k_S} = \frac{\omega_S}{\frac{2\pi}{\Delta x}} = \frac{\lambda \, \nu_S}{2 \sin \varphi} \qquad (3.23)$$

bewegt. Hier bezeichnet ν_S die Frequenzdifferenz zwischen den beiden Lichtwellen $\underline{E}_1$ und $\underline{E}_2$, die in der Praxis von gleicher Größenordnung wie die Dopplerfrequenz ν_D sein sollte. Wäre $\underline{E}_1$ statt $\underline{E}_2$ um ω_S vergrößert worden, träte in Gl. (3.22) im Argument des Cosinus jetzt $+\omega_S t$ auf. Im ersten Fall erfolgt die Bewegung der Interferenzstreifen in die $(\underline{e}_1 - \underline{e}_2)$ Richtung (Bild 3.9) und im zweiten Fall in die umgekehrte Richtung.

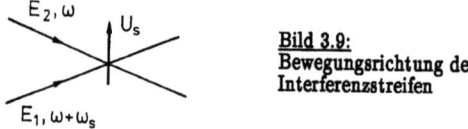

Bild 3.9:
Bewegungsrichtung der
Interferenzstreifen

Bei bewegten Interferenzstreifen addiert sich zu der von der Teilchenbewegung erzeugten Dopplerfrequenz (Gl. 3.10 bzw. 3.19) noch die überlagerte Frequenz ν_S, so daß dann als resultierende Frequenz

$$\nu_D = \frac{U \, 2 \sin \varphi}{\lambda} + \nu_S \qquad (3.24)$$

erhalten wird.

3.1 Laser-Doppler-Anemometrie (LDA)

Für ein ruhendes Teilchen (U = 0) ergibt sich dann gerade die überlagerte Frequenz ν_S. Für U > 0 wird u $\nu_D > \nu_S$ und für U < 0 dann $\nu_D < \nu_S$.

Die Frequenzverschiebung eines Laserstrahls kann mit Hilfe eines rotierenden Strichgitters, eines elektro–optischen Systems (Pockels–Zelle) oder eines akusto–optischen Systems (Bragg Zelle) erreicht werden. Am gebräuchlichsten sind heute Bragg Zellen, die aus einem Kristall bestehen, in dem mit Hilfe eines piezoelektrischen Wandlers eine fortschreitende akustische Welle der Wellenlänge Λ erzeugt wird (Bild 3.10). Ein unter dem Braggschen Winkel

$$\alpha = \arcsin \frac{\lambda}{2\,\Lambda} \approx \frac{\lambda}{2\,\Lambda} \approx 0{,}15° \qquad (3.25)$$

in die Zelle einfallender Laserstrahl wird an der akustischen Welle gestreut. Dabei verteilt sich das gestreute Licht auf mehrere Ordnungen n = 0, ±1, ±2,... . Durch Justieren des Einfallwinkels kann erreicht werden, daß mehr als 80 % des einfallenden Lichtes in den Strahl 1. Ordnung gelangt. Bragg Zellen arbeiten im allgemeinen mit einer Frequenz $\nu_S \approx 40$ MHz. Diese Frequenz ist für viele technische Anwendungen zu groß, so daß die dann auch sehr große Dopplerfrequenz ν_D (Gl. 3.24) durch Überlagern einer festen Frequenz heruntergemischt werden muß. Die hierfür benutzte Frequenz $\nu_M < \nu_S$ kann z.B. durch Frequenzteilung aus derselben Quelle, aus der die Bragg Zelle gespeist wird, abgeleitet werden.

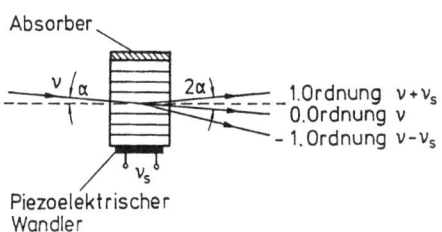

Bild 3.10:
Bragg–Zelle

3.1.3.2 Größe des Meßvolumens

Mit Hilfe des Interferenzstreifenmodells läßt sich für die Kreuzstrahl–Methode die Ausdehnung des Bereichs, von dem Streulicht ausgehen kann, abschätzen. Dieser Bereich, der auch Meßvolumen oder Schnittvolumen genannt wird, ist der gemeinsame Durchschnitt der beiden Laserstrahlen (typischer Strahlradius $r_0 = 0{,}6$ mm), die sich unter einem kleinen Winkel (typischer Winkel $2\,\varphi = 10°$) schneiden (Bild 3.5). Ein in TEM_{00} Mode (transverse elektromagnetic mode) betriebener Laser emittiert einen rotationssymmetrischen Strahl mit einer gaußförmigen Intensitätsverteilung

$$I(r) = I_0 e^{-2r^2/r_0^2}. \tag{3.26}$$

Dabei bezeichnet r den radialen Abstand von der Strahlachse und I_0 die Intensität für $r = 0$. Der Strahlradius r_0 ist dabei durch den radialen Abstand, bei dem die Intensität auf $1/e^2$ abgesunken ist, definiert (Bild 3.11) und grenzt damit etwa 95 % der Gesamtintensität ab. Ein Laserstrahl besitzt seinen engsten Querschnitt in der Nähe der Austrittsöffnung des Laserresonators. Danach verbreitert sich der Strahl (Bild 3.12) wieder. Der engste Querschnitt, dessen Radius mit r_{ot} bezeichnet werden soll, wird Strahltaille genannt. Die räumliche Ausbreitung von Laserstrahlen mit gaußförmiger Intensitätsverteilung und die Abbildung durch Linsen unterliegt anderen Gesetzmäßigkeiten als die gewöhnliche nichtkohärente Strahlung. Diese Gesetzmäßigkeiten wurden erstmals von Kogelnik (1965) und Kogelnik & Li (1966) vollständig angegeben (siehe auch Minkwitz 1976). Für den Strahlradius r_0 im Abstand z von der Taille wurde die Beziehung

$$r_0(z) = r_{ot} \left[1 + \left[\frac{\lambda z}{\pi r_{ot}^2} \right]^2 \right]^{1/2} \tag{3.27}$$

gefunden. λ bedeutet hier wieder die Wellenlänge des Lasers. Die Wellenfronten, die nur in der Strahltaille und im Unendlichen eben sind, besitzen im Abstand z von der Taille einen Krümmungsradius

$$R(z) = z \left[1 + \left[\frac{\pi r_{ot}^2}{\lambda z} \right]^2 \right]. \tag{3.28}$$

Für $z \gg r_{ot}$ divergiert ein Laserstrahl mit dem halben Öffnungswinkel

$$\Theta = \text{artg} \frac{\lambda}{\pi r_{ot}}, \tag{3.29}$$

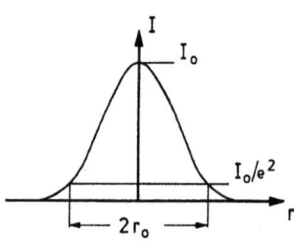

Bild 3.11:
Intensitätsverteilung eines
Laserstrahls (TEM$_{00}$ Mode)

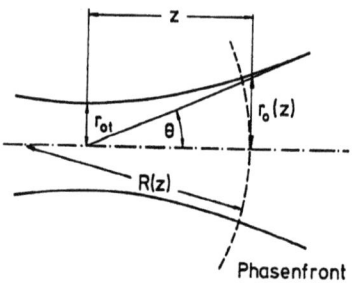

Bild 3.12:
Laserstrahl in der Nähe seiner
engsten Stelle (Strahltaille)

der bei einem He–Ne–Laser mit $\lambda = 632{,}8$ nm und $r_{ot} = 0{,}55$ mm etwa $0{,}02°$ beträgt. Entsprechend ergeben sich für diesen Laser im Abstand $z = 1$ m von der Strahltaille nach Gl. (3.27) $r_0 = 0{,}66$ mm und nach Gl. (3.28) $R = 1{,}5$ m.

Für eine gegebene Linse mit der Brennweite f bestehen nach Kogelnik (1965) zwischen den gegenstandsseitigen und bildseitigen Abständen a, b und Taillenradien r_{ot}, ρ_{ot} (Bild 3.13) die Beziehungen

$$(b - f) = (a - f) \frac{f^2}{(a - f)^2 + (\pi \, r_{ot}^2/\lambda)^2} \tag{3.30}$$

und

$$\frac{1}{\rho_{ot}^2} = \frac{1}{r_{ot}^2}\left[1 - \frac{a}{f}\right]^2 + \frac{1}{f^2}\left[\frac{\pi \, r_{ot}}{\lambda}\right]^2. \tag{3.31}$$

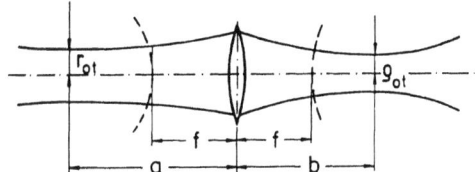

Bild 3.13:
Zur Abbildung eines Laserstrahls durch ein Linsensystem

Damit im Schnittvolumen zweier Laserstrahlen parallele Interferenzflächen erzeugt werden und nicht der in Bild 3.14 dargestellte Fall entsteht, müssen die beiden Strahlen dort zum Schnitt gebracht werden, wo ihre Wellenfronten eben sind, d.h. am Ort ihrer bildseitigen Strahltaillen. Bei gebräuchlichen Strahlanordnungen (Bild 3.5) ist das der Brennpunkt der Frontlinse des Anemometers. Dann wird $b = f$ und aus Gl. (3.30) folgt, daß $a = f$ sein muß, d.h. daß auch die gegenstandsseitigen Taillen der Strahlen in der Brennebene der Frontlinse liegen müssen. Weil bei den benutzten Lasern die Strahltaille in der Nähe der Austrittsöffnung des Laserresonators (innerhalb oder außerhalb) liegt, ist damit zunächst die Einbaulänge für die optischen Komponenten wie Strahlteiler,

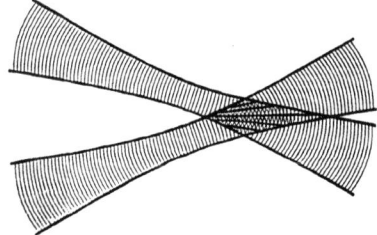

Bild 3.14:
Interferenzflächen im Schnittvolumen, zweier Laserstrahlen, die sich nicht in ihrer Strahltaille schneiden.

3 Optische Meßmethoden

Strahlumlenkung und Bragg Zelle (vgl. Bild 3.27), etwa durch die Brennweite f der Frontlinse, festgelegt. Durch eine Linsenkombination aus Zerstreuungs- und Sammellinse (Fernrohr) zwischen Laser und Frontlinse läßt sich die gegenstandsseitige Strahltaille in den Brennpunkt der Frontlinse verschieben.

Setzt man das oben erhaltene Ergebnis, daß a = f sein muß, in Gl. (3.31) ein, so folgt

$$\rho_{ot} = \frac{f \lambda}{\pi r_{ot}}. \tag{3.32}$$

Das bedeutet, daß der im Brennpunkt der Frontlinse erhaltene Strahltaillenradius ρ_{ot} um so kleiner gemacht werden kann, je größer der Strahltaillenradius auf der Gegenstandsseite der Frontlinse ist.

Da bei der Laser–Doppler–Anemometrie ein möglichst kleines Meßvolumen angestrebt wird, werden vielfach die Laserstrahlen durch Fernrohr–Linsen–Anordnungen, die direkt vor der Frontlinse angebracht sind, aufgeweitet (Bild 3.15). Gleichzeitig läßt sich mit einer solchen Anordnung bei geeigneter Wahl der Fernrohrvergrößerung E auch noch die Strahltaille des Lasers in die Brennebene der Frontlinse verschieben.

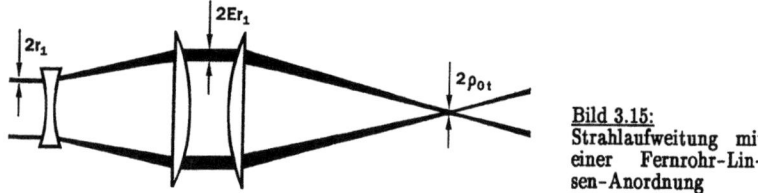

Bild 3.15:
Strahlaufweitung mit einer Fernrohr-Linsen-Anordnung

Das Meßvolumen besitzt bei einer optimalen Durchschneidung der beiden unter dem Winkel 2 φ zusammengeführten Laserstrahlen die Form eines Rotationsellipsoids, dessen Abmessungen sich aus Bild 3.16 zu

$$d_x = \frac{2 \rho_{ot}}{\cos \varphi} \tag{3.33}$$

$$d_x = \frac{2 \rho_{ot}}{\sin \varphi} \tag{3.34}$$

$$d_z = 2 \rho_{ot} \tag{3.35}$$

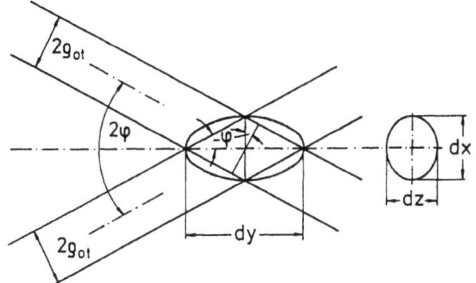

Bild 3.16:
Schnittvolumen zwei sich kreuzender Laserstrahlen $2\,\rho_{ot}$: Strahltaillendurchmesser im Kreuzungspunkt

ergeben. Die Anzahl N der Interferenzflächen im Schnittvolumen kann aus dem Quotienten der aus Gl. (3.33) gegebenen Abmessung und dem aus Gl. (3.18) gegebenen Streifenabstand zu

$$N = \frac{d_x}{\Delta x} = \frac{4\,\rho_{ot}}{\lambda}\,\text{tg}\,\varphi \qquad (3.36)$$

berechnet werden. Mit Gl. (3.11), die einen Zusammenhang zwischen Strahlabstand D und Brennweite f der Frontlinse herstellt (Bild 3.5) und Gl. (3.30), die f mit den bild- und gegenstandsseitigen Taillenradien verknüpft, folgt dann

$$N = \frac{2\,D}{\pi\,r_{ot}}\,. \qquad (3.37)$$

Bei einem gegebenen Strahlabstand von D = 60 mm können mit einem He–Ne–Laser bei einem Strahltaillenradius r_{ot} = 0,55 mm im Streuvolumen etwa 70 Interferenzflächen erzeugt werden. Wegen der gaußförmigen Intensitätsverteilung der beiden sich kreuzenden Strahlen besitzen aber nicht alle Flächen die gleiche Helligkeit, vielmehr ergibt sich eine wie in <u>Bild 3.17</u> gezeigte Intensitätsverteilung. Typische Abmessungen des Schnittvolumens sind bei D = 60 mm und f = 300 mm ($\varphi \approx 5{,}7°$) d_x = 0,3 mm, d_y = 3 mm und d_z = 0,3 mm. Wenn mit einer vierfachen Strahlaufweitung die Abmessungen des Schnittvolumens um einen Faktor vier verkleinert werden, ergeben sich Abmessun-

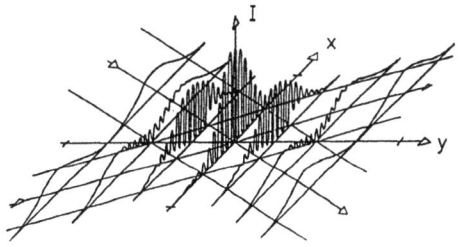

Bild 3.17:
Intensitätsverteilung im Schnittvolumen zweier gleicher Laserstrahlen (Brayton 1974)

gen in der Größenordnung des empfindlichen Bereichs einer Heißfilmsonde. Eine stärkere Strahlaufweitung als vier ist aber wenig sinnvoll, weil im gleichen Maße auch die Anzahl der Interferenzflächen im Meßvolumen abnimmt. Das effektive Meßvolumen läßt sich auch durch geeignete Maßnahmen auf der Empfangsseite verkleinern. Siehe hierzu die Unterkap. 3.1.6.1 letzter Absatz und 3.1.6.2 vorletzter Absatz.

3.1.3.3 Meßvolumen in einer Flüssigkeit

Beim schrägen Eintritt der von der Frontlinse unter dem Winkel 2φ (Bild 3.16) fokussierten Strahlen in eine Flüssigkeit werden diese zum dichteren Medium hin gebrochen (Bild 3.18), so daß sie sich dann unter dem kleineren Winkel $2\varphi^*$ schneiden. Zwischen

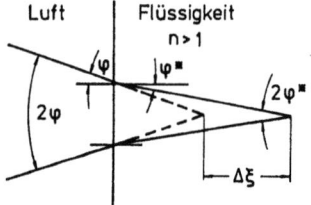

Bild 3.18:
Veränderung des Schnittwinkels in einer Flüssigkeit und Verschiebung des Meßvolumens

den halben Schnittwinkeln und dem Brechungsindex n der Flüssigkeit besteht die Beziehung

$$\sin \varphi = n \sin \varphi^* . \qquad (3.38)$$

Gleichzeitig wird der Schnittpunkt der beiden Strahlen um die Strecke $\Delta\xi$ (Bild 3.18) in die Flüssigkeit hineinverschoben. Eine ähnliche, wenn auch kleinere Verschiebung, wird bei einer Luftströmung erhalten, wenn sich zwischen Frontlinse und Strömung ein Glasfenster befindet. Es kommt dann zwar wegen des Glases zu einem parallelen Versatz der beiden Strahlen, aber zu keiner Änderung des Schnittwinkels der Strahlen.

Wie die folgende Überlegung zeigt, hat die Verkleinerung des Schnittwinkels in der Flüssigkeit keinen Einfluß auf den Abstand der Interferenzflächen im Meßvolumen und damit auch nicht auf die Dopplerfrequenz. In Luft wurde für den Interferenzflächenabstand $\Delta x = \lambda/(2 \sin \varphi)$ (Gl. 3.18) gefunden. In einer Flüssigkeit ist wegen der um den Faktor 1/n kleineren Lichtgeschwindigkeit auch die Wellenlänge λ^* um den Faktor 1/n kleiner, so daß hier wegen Gl. (3.38)

$$\frac{\lambda^*}{2 \sin \varphi^*} = \frac{\lambda \, n}{2 \, n \sin \varphi} = \Delta x \qquad (3.39)$$

wird. D.h. der Interferenzflächenabstand bleibt in der Flüssigkeit erhalten. Durch die beim Eintritt in die Flüssigkeit entstehende Strahlverbreiterung ändert das Schnittvolumen nur teilweise seine Abmessungen. Nimmt man an, daß sich die Strahltaille in gleicher Weise wie der Strahl verbreitert (Bild 3.19), dann gilt

$$\frac{\cos \varphi^*}{\cos \varphi} = \frac{\rho_{ot}^*}{\rho_{ot}} \quad . \tag{3.40}$$

Damit ergeben sich aus den Gl. (3.33) bis (3.35) für eine Flüssigkeit die folgenden Schnittvolumenabmessungen

$$d_x^* = \frac{2\rho_{ot}^*}{\cos \varphi^*} = \frac{2\rho_{ot}}{\cos \varphi} = d_x , \tag{3.41}$$

$$d_y^* = \frac{2\rho_{ot}^*}{\sin \varphi^*} = d_y \, n \, \frac{\cos \varphi^*}{\cos \varphi} = d_y \sqrt{\frac{n^2 - \sin^2 \varphi}{1 - \sin^2 \varphi}} , \tag{3.42}$$

$$d_z^* = 2\rho_{ot}^* = d_z \frac{\cos \varphi^*}{\cos \varphi} = d_z \frac{1}{n} \sqrt{\frac{n^2 - \sin^2 \varphi}{1 - \sin^2 \varphi}} . \tag{3.43}$$

Erwartungsgemäß bleibt die Abmessung in der x–Richtung erhalten. Bei den nur kleinen Schnittwinkeln, wie sie bei praktisch ausgeführten Anemometern vorkommen, nimmt die Abmessung des Meßvolumens in y–Richtung um etwa den Faktor n und in z–Richtung fast gar nicht zu.

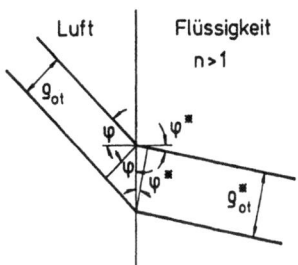

Bild 3.19:
Strahlverbreiterung beim Eintritt in eine Flüssigkeit

3.1.3.4 Dopplersignale

Die Entstehung und Form eines Dopplersignals läßt sich am einfachsten an Hand des Interferenzstreifenmodells verstehen. Ein Teilchen, das das helligkeitsmodulierte Meßvolumen (vgl. Bild 3.17) durchläuft, leuchtet im Takte der einzelnen Streifen auf. Die von einem Photodetektor registrierte Lichtintensität hängt in erster Linie vom auf die Lichtwellenlänge bezogenen Teilchendurchmesser d_p/λ, vom Verhältnis Teilchenbrechungsindex zu Fluidbrechungsindex n_p/n_F, vom Weg des Teilchens durch das Meßvolumen und von der Richtung Θ, aus der das Streulicht empfangen wird, ab. Für Teilchen von der Größenordnung $d_p/\lambda = 1$, wie sie bei der Laser–Doppler–Anemometrie benutzt werden, bildet die Miesche Theorie (1908) für sphärische Teilchen und monochromatisches, linear polarisiertes Licht die Grundlage für das Streuverhalten. Danach ist die Strahlung über die einzelnen Raumwinkel nicht gleichmäßig verteilt. Vielmehr ergibt sich ein wie in Bild 3.20 skizzierter Verlauf der Intensitätsverteilung des Streulichts.

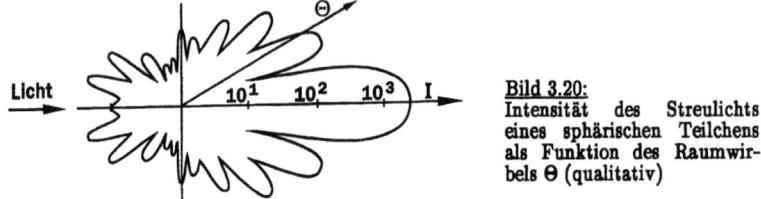

Bild 3.20:
Intensität des Streulichts eines sphärischen Teilchens als Funktion des Raumwirbels Θ (qualitativ)

Hiernach ist das in seitliche und rückwärtige Richtung gestreute Licht um zwei bzw. drei Größenordnungen schwächer als das nach vorn gestreute Licht.

Ein weiterer für die Lichtstreuung wichtiger Parameter ist das Verhältnis Teilchendurchmesser d_p zu Interferenzflächenabstand Δx (Gl. 3.18). Ist dieses Verhältnis gerade ganzzahlig, entsteht kein Dopplersignal, weil die vom Teilchen beim Durchlaufen des Meßvolumens freigegebene Strecke immer genau gleich der im neuen Streifen verdeckten Strecke ist. Das Teilchen sendet in diesem Fall zwar Streulicht aus, jedoch ist dieses nicht moduliert (Fall 4 in Bild 3.21). Die Dopplersignale, die entstehen, wenn ein Teilchen mit einem optimalen Durchmesser ($d_p \approx \Delta x/2$) in der Mitte oder am Rand bzw. ein Teilchen mit $d_p \approx \Delta x/2$ in der Mitte das Meßvolumen durchqueren, zeigen die Fälle 1, 2 bzw. 3 in Bild 3.21. Nur wenn ein Teilchen optimalen Durchmessers das

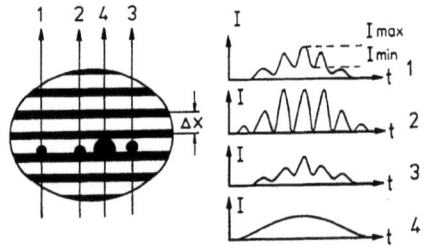

Bild 3.21:
Abhängigkeit des Dopplersignals vom Weg des Teilchens durch das Meßvolumen und von der Teilchengröße. Gezeigt ist jeweils die Geschwindigkeitskomponente senkrecht zu den Interferenzstreifen.

Meßvolumen in der Mitte durchquert, wird ein Signal mit einer maximalen Modulationstiefe

$$M = \frac{I_{max} - I_{min}}{I_{max} + I_{min}} = 1 \tag{3.44}$$

erzeugt (Bezeichnungen siehe Bild 3.21). Befinden sich gleichzeitig mehrere Teilchen im Streuvolumen, können die von den einzelnen Teilchen ausgehenden Signale miteinander interferieren. Bewegen sich z.B. zwei gleichgroße Teilchen mit gleicher Geschwindigkeit in einem Abstand Δx, vergrößert sich auf Grund konstruktiver Interferenz das von beiden Teilchen erhaltene Signal. Entsprechend sorgt eine destruktive Interferenz für eine Verkleinerung des Signals, wenn der Teilchenabstand gerade $\Delta x/2$ beträgt. In den meisten Fällen wird jedoch ein Dopplersignal, wie es den Fällen 1 oder 3 in Bild 3.21 entspricht, zu erwarten sein. Signale dieser Art werden auch als Doppler Burst bezeichnet. Einhüllende und niederfrequenter Anteil sind wegen der Intensitätsverteilung der sie erzeugenden Laserstrahlen Gaußkurven. Der niederfrequente Spannungsanteil des Photodetektorsignals (Bild 3.21 rechts), der vor einer weiteren Verarbeitung der Doppler Bursts durch Hochpaßfilterung abgetrennt wird, wird in der Laser–Doppler–Anemometrie auch als Pedestal bezeichnet. Durch eine Filterung wird ein symmetrisch zur Nullinie verlaufendes Doppler–Signal (Bild 3.22) erhalten.

Bild 3.22:
Hochpaßgefiltertes Dopplersignal
(Doppler Bursts)

3.1.4 Streuteilchen

Da mit der Laser–Doppler–Methode nicht die Fluidgeschwindigkeit, sondern die Geschwindigkeit der mitgeführten Teilchen gemessen wird, ist die Qualität des Dopplersignals (Bild 3.22) von der Wahl der Streuteilchen abhängig. Diese müssen so beschaffen sein, daß sie sich möglichst gut vom Fluid abheben, d.h. daß die Brechungsindizes n_P und n_F unterschiedlich sind und sie der Strömung ohne Schlupf folgen können, was eine möglichst gute Anpassung der Teilchendichte ρ_P an die Fluiddichte ρ_F bedingt. Man vergleiche hierzu auch Kap. 4.1.2, in dem Streuteilchen für Luft und Kap. 4.2.2, in dem Streuteilchen für Wasser behandelt werden. Des weiteren wird im Unterkap. 4.1.2.1 eine

Bewegungsgleichung für Streuteilchen gegeben und in 4.1.2.2 die Wirkung der Schwerkraft auf die Teilchen diskutiert. Diese Wirkung ist besonders bei Luftströmungen zu beachten, da hier eine Dichteanpassung nicht möglich ist und das Dichteverhältnis ρ_F/ρ_P mindestens 0,75 10^3 (Öltröpfchen) beträgt. Schließlich werden in 4.1.2.3 die Wirkung der Brownschen Molekularbewegung und in 4.1.2.4 der Einfluß von Geschwindigkeitsgradienten in der Strömung auf die Teilchenbewegung sowie die Auswahl von Streuteilchen für Luft in 4.1.2.5 und für Wasser in 4.2.2.1 behandelt.

Wie im vorhergehenden Kapitel gezeigt, ist, um gute Dopplersignale zu erhalten, eine Anpassung der Streuteilchendurchmesser d_p an den Interferenzstreifenabstand Δx vorteilhaft. Mit dem Teilchendurchmesser nimmt zwar die Streulichtintensität zu, gleichzeitig nimmt aber auch die Modulationstiefe M des Dopplersignals (Gl. 3.44) ab. Eine optimale Teilchengröße ist dann gegeben, wenn $d_p = \Delta x/2$ ist. Für eine gegebene Frontlinsenbrennweite f und einen Strahlenabstand D wird der Interferenzstreifenabstand

$$\Delta x = \frac{\lambda}{2} \sqrt{1 + \left(\frac{2 f}{D}\right)^2} \qquad (3.45)$$

durch Einsetzen von Gl. (3.11) in Gl. (3.18) erhalten. In der Praxis liegen die Teilchendurchmesser im Bereich $0,5 \lesssim d_p \lesssim 10$ μm. Geeignete Streuteilchen für Luftströmungen sind in Tabelle 3.1 und für Wasserströmungen in Tabelle 3.2 zusammengestellt.

3.1.5 Verarbeitung der Dopplersignale

Das von einem Photodetektor gelieferte Zeitsignal besteht aus einer Folge von Doppler Bursts, die nicht unbedingt, wie in Bild 3.22 gezeigt, lückenlos aufeinander folgen müssen. Die gesuchte Information - die momentane Geschwindigkeit am Ort des Meßvolumens - ist die Frequenz und nicht, wie z.B. bei einem Hitzdraht oder Heißfilm (Abschnitt 2.3), die Amplitude des Zeitsignals, so daß den einzelnen Bursts nicht ohne weiteres angesehen werden kann, ob die Geschwindigkeit klein oder groß ist. Auch braucht nicht immer ein Streuteilchen im Meßvolumen zu sein, so daß es mehr oder weniger lange Zeitabschnitte geben kann, in denen es kein Doppler Burst und damit auch keine Information über die Geschwindigkeit gibt. Die mittlere Geschwindigkeit läßt sich am einfachsten aus dem über eine hinreichend lange Zeit gemittelten Leistungsspektrum des Photodetektorsignals (Bild 3.23) gewinnen. Der in der Nähe von $\bar{\nu}_D$ liegende Teil des Leistungsspektrums stellt im wesentlichen die Wahrscheinlichkeitsdichteverteilung der Dopplerfrequenz dar. Durch überlagerte Störspannungen (Rauschen) kann das Spektrum,

3.1 Laser-Doppler-Anemometrie (LDA)

Streuteilchen	Teilchendurchmesser d_p [μm]	Teilchendichte ρ [kg/m³]	Bemerkung
Rauch	0,1 bis 1	–	kleine Teilchen für Vorwärtsstreuung
Staub	< 3	–	keine homogenen Dopplersignale
Wasser	0,5 bis 5	1000	durch Zerstäuben hergestellt
Wasser-Glyzerin		970	
Silikonöl		950	
Speiseöl		900	
Eiskristalle	< 1	900	durch adiabatische Expansion hergest.
Salzkristalle	< 1		durch Verdunsten hergestellt
Marmorstaub	1	3000	
Glaskugeln	20	1500	

Tabelle 3.1: Für Luftströmungen geeignete Streuteilchen

Streuteilchen	Teilchendurchmesser d_p [μm]	Teilchendichte ρ [kg/m³]	Bemerkung
nat. Schmutz	< 5	–	keine homogenen Dopplersignale
Aluminiumoxid Al$_2$O$_3$	< 3	3600	hohes Brechungsindexverhältnis
Titandioxid TiO$_2$	0,5 bis 20	4200	
Siliciumoxid	1 bis 2	3200	
Latex	1 bis 50	1100	monodispers
Latex Wasserfarben	5 bis 30	1100	
Kondensmilch	0,1 bis 10	900	Fettkügelchen
Luftblasen	1 bis 50	1,3	

Tabelle 3.2: Für Flüssigkeitsströmungen geeignete Streuteilchen

164   3 Optische Meßmethoden

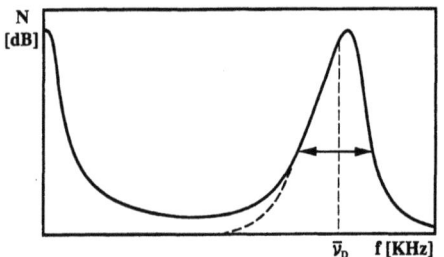

Bild 3.23:
Leistungsspektrum des Photodetektorsignals (schematisch)

das sonst auch die Wahrscheinlichkeitsdichteverteilung der Geschwindigkeit repräsentiert, verbreitert werden. Der Schwerpunkt dieses Kurventeils entspricht dem zeitlichen Mittelwert der Geschwindigkeit $\overline{U}$, und die Fläche unter dieser Kurve ist ein Maß für den Effektivwert der Geschwindigkeitsschwankungen $\sqrt{\overline{(U - \overline{U})^2}}$. Der Anstieg des Spektrums bei der Frequenz Null rührt vom niederfrequenten Anteil des Dopplersignals (vgl. Bild 3.21 rechts) her, also von dem Teil des Photodetektorsignals ohne Modulation (Pedestal), der normalerweise durch Hochpaßfilterung abgeschnitten wird.

Zur Bestimmung des Momentanwerts der Geschwindigkeit müssen die Doppler Bursts einzeln ausgewertet werden. Hierfür werden heute hauptsächlich FFT Analysatoren oder speziell für die Laser–Doppler–Anemometrie entwickelte Geräte wie Counter Processoren oder Frequenz Tracker benutzt, die im folgenden kurz beschrieben werden sollen.

3.1.5.1 FFT Analysator

Der Momentanwert der Geschwindigkeit läßt sich über eine schnelle Fouriertransformation (FFT) gewinnen. Hierfür wird das hochpaßgefilterte Photodetektorsignal mit einer hinreichend großen Abtastfrequenz digitalisiert und mit Hilfe eines Rechners über eine schnelle Fouriertransformation daraus abschnittsweise die Dopplerfrequenz bestimmt. Dopplerfrequenz $\nu_D(t_i)$ bzw. Geschwindigkeit $U(t_i)$ und Meßzeitpunkt t_i, $i = 1,2,3\ ..\ n$ werden im Rechner gespeichert, woraus der Geschwindigkeitsverlauf dann wieder rekonstruiert werden kann. Die einzelnen Zeitpunkte, an denen Geschwindigkeitswerte erhalten werden, lassen sich nicht vorhersagen. Es ist jedoch plausibel, daß die Meßwerte um so dichter aufeinander folgen, je größer die Teilchendichte und die Geschwindigkeit sind.

3.1.5.2 Counter Processor

Das Blockschaltbild eines Counter Processors zeigt Bild 3.24. Das vom Photodetektor kommende Signal wird in einem Bandpaßfilter, dessen Durchlaßbreite den zu erwarten-

3.1 Laser-Doppler-Anemometrie (LDA)

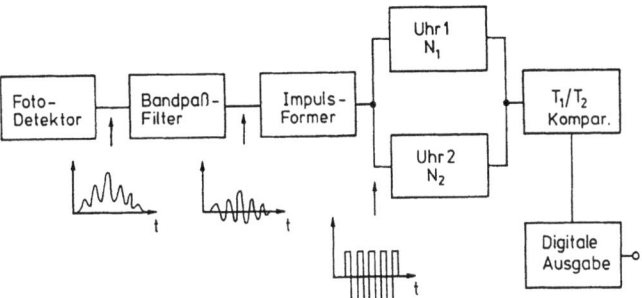

Bild 3.24: Blockschaltbild eines Counter Processors

den Frequenzschwankungen des Dopplersignals entspricht, von Pedestal und soweit möglich auch vom Rauschen befreit und in einer Impulsformerstufe (Schmitt Trigger) in eine Rechteckwelle verwandelt. Mit zwei gleichzeitig gestarteten Uhren werden die Schwingungszeiten T_1 und T_2 von N_1 bzw. N_2 aufeinanderfolgenden Rechteckwellen gemessen. Je nach Gerätehersteller beträgt $N_1 = 5$ und $N_2 = 8$ oder $N_1 = 2,4,...,64$ und $N_2 = 2\,N_1$. Ein nachgeschalteter Komparator erkennt nur dann eine Messung als gültig an, wenn das Verhältnis T_1/T_2 innerhalb einer vorgebbaren Fehlerschranke liegt. Dopplerfrequenz $\nu_D(t_i)$ oder Schwingungszeit $1/\nu_D(t_i)$ und Meßzeitpunkt t_i, $i = 1,2,3...n$ werden digital ausgegeben. Ein spezieller, hier nicht dargestellter Schaltungsteil sorgt dafür, daß erst dann wieder ein neuer Meßwert generiert werden kann, wenn ein Rechner oder ein spezielles Bufferinterface den vorherigen Meßwert übernommen hat. Durch diese Totzeit des Geräts kann sich der Abstand zwischen den einzelnen Meßwerten künstlich vergrößern.

Zusätzlich liefert ein Counter Processor auch noch die Verweilzeit τ_B^i eines Streuteilchens im Meßvolumen und die Anzahl der Schwingungen N_B^i eines Doppler Bursts, woraus ebenfalls die Dopplerfrequenz

$$\nu_D^i = \frac{N_B^i}{\tau_B^i} \qquad (3.46)$$

berechnet werden kann. Die Kenntnis von τ_B^i ist für die im nächsten Unterkapitel behandelte "Bias" Korrektur wichtig.

In turbulenten Strömungen treten Schwankungsbewegungen in allen drei Raumrichtungen auf, also auch solche Bewegungen, die eine Komponente quer zur Hauptströmungs richtung und parallel zu den Interferenzflächen besitzen. Es gibt dann auch Streuteilchen, die das Meßvolumen unter einem so flachen Winkel durchqueren, daß die Anzahl der Schwingungen in einem Doppler Burst zu gering ist, um mit einem Counter Processor ausgewertet werden zu können. Dieser Effekt wird als Totwinkelproblem bezeichnet. Er läßt sich vermeiden, wenn mit einer Frequenzverschiebung (vgl. 3.1.3.1) gearbeitet wird.

3.1.5.3 "Bias" Korrektur

Bei geringer Teilchenkonzentration durchlaufen die Streuteilchen in einer statistischen Folge das Meßvolumen, was dazu führt, daß auch nur Meßwerte zu statistisch verteilten Zeitpunkten erhalten werden (<u>Bild 3.25</u>). Setzt man voraus, daß die Anzahl der Teilchen pro Volumeneinheit in jedem Augenblick und an jedem Ort in der Strömung konstant

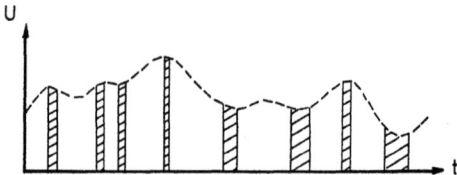

<u>Bild 3.25:</u>　Geschwindigkeitssignal und zu statistischen Zeitpunkten erhaltene Meßwerte. Die Breite des schraffierten Gebiets deutet die Verweilzeit der Teilchen τ_B^i im Meßvolumen an (George 1976).

ist, dann passieren wegen der höheren Geschwindigkeit mehr schnelle als langsame Teilchen das Meßvolumen. Dies hat zur Folge, daß, wenn die Signale aller Teilchen ausgewertet werden, sich als Mittelwert eine zu große Geschwindigkeit ergibt. Auf den hierdurch hervorgerufenen systematischen Meßfehler, der auch als Bias (englisch: Voreingenommenheit) bezeichnet wird, haben zuerst McLaughlin und Tiederman (1973) hingewiesen. Eine weitere Untersuchung von George (1976) hat dann gezeigt, daß unter Zuhilfenahme der Verweilzeit der Teilchen im Meßvolumen τ_B^i (schraffierte Gebiete in Bild 3.25) eine vollständige Bias Korrektur erreicht werden kann. Durch Wichten der Einzelmeßwerte $U(t_i)$ mit der Verweilzeit τ_B^i ergibt sich die mittlere Geschwindigkeit aus der Beziehung

$$\overline{U} = \sum_{i=1}^{n} U(t_i)\, \tau_B^i \, / \, \sum_{i=1}^{n} \tau_B^i \qquad (3.47)$$

und der Effektivwert der Geschwindigkeitsschwankung aus der Beziehung

3.1 Laser-Doppler-Anemometrie (LDA)

$$u_{eff} = \sqrt{\sum_{i=1}^{n} (U(t_i) - \overline{U})^2 \, \tau_B^i \, / \, \sum_{i=1}^{n} \tau_B^i} \, . \tag{3.48}$$

Die für die Bias Korrektur benötigte Verweilzeit τ_B^i wird von Counter Prozessoren neben der Dopplerfrequenz ν_D^i und dem Meßzeitpunkt t_i ($i = 1,2,3 \ldots n$) in digitaler Form geliefert.

Eine Bias Korrektur erübrigt sich, wenn die Meßwerte in so kurzen Zeitabständen Δt_i vorliegen, daß eine nachträgliche Abtastung mit einer Frequenz f_A vorgenommen werden kann, die mehr als doppelt so groß ist wie die höchste im Zeitsignal enthaltene Frequenz f_M. Mit anderen Worten, es müssen so viele Meßwerte vorliegen, daß eine Auswahl unter Beachtung des Abtasttheorems möglich ist, wobei sich dann etwa äquidistante Zeitabstände zwischen den für die weiteren Auswertungen benutzten Meßwerten ergeben.

3.1.5.4 Frequenz Tracker

Das englische Wort "tracker" bedeutet soviel wie Verfolger oder Aufspürer. Dem Prinzip nach ist der Frequenz Tracker ein Überlagerungsempfänger, der sich immer automatisch auf die Frequenz ν_D, die vom Photodetektor geliefert wird, einstellt. Das Blockschaltbild eines Frequenz Trackers zeigt Bild 3.26. Das Photodetektorsignal wird wie beim Counter Prozessor in einem Bandpaßfilter, dessen Durchlaßbreite den zu erwartenden Frequenzschwankungen entspricht, von Pedestal und hochfrequentem Rauschen befreit und in einer Mischstufe mit einem von einem spannungsgesteuerten Oszillator (Voltag Controlled Oszillator) gelieferten Signal der Frequenz ν_V überlagert. Die Frequenz ν_V wird

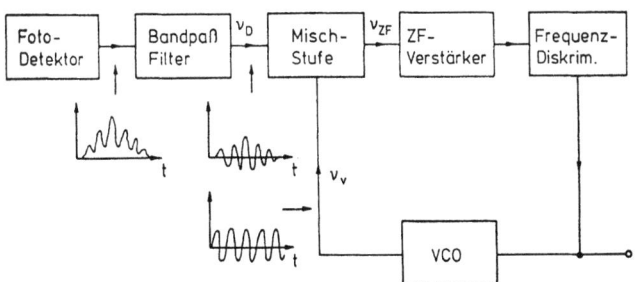

Bild 3.26: Blockschaltbild eines Frequenz Trackers

mit Hilfe eines Frequenzdiskriminators gerade so bestimmt, daß die Frequenzdifferenz

$$\nu_D - \nu_V = \nu_{ZF} \qquad (3.49)$$

konstant ist. Die zur Ansteuerung des Oszillators benötigte Spannung ist dann ein Maß für die momentane Geschwindigkeit und kann als analoge Spannung am Ausgang des Geräts abgegriffen werden.

Wenn die Pausen zwischen den einzelnen Doppler Bursts zu lang werden, kann es bei dem in Bild 3.26 gezeigten Regelkreis zu Problemen kommen. Ein spezieller, hier nicht gezeigter Schaltungsteil sorgt dann dafür, daß die zuletzt eingestellte Frequenz ν_V so lange konstant gehalten wird, bis wieder ein neues Dopplersignal am Eingang der Mischstufe anliegt. Um möglichst kurze Signalpausen zu erhalten, muß bei dieser Methode mit einer hohen Teilchenkonzentration in der Strömung gearbeitet werden. Bei zu hoher Konzentration können aber leicht mehrere Teilchen gleichzeitig ins Streuvolumen gelangen, wodurch wiederum schlechte Dopplersignale erhalten werden (vgl. 3.1.3.4). Dem Frequenz Tracker machen auch große Geschwindigkeitsschwankungen, also große Frequenzänderungen in relativ kurzer Zeit, Schwierigkeiten, weil der Regelkreis immer einige Zeit braucht, um sich auf eine neue Frequenz ν_V einzustellen.

3.1.6 Prinzipieller Aufbau eines Laser-Doppler-Anemometers

Als Beleuchtungsquellen für Laser-Doppler-Anemometer dienen im wesentlichen zwei Laserarten:

1. Helium–Neon–Laser mit 5 bis 35 mW Leistung, die bei der Wellenlänge $\lambda = 632,8$ nm (rot) arbeiten. Der Strahltaillendurchmesser $2\,r_{ot}$ beträgt etwa 1 mm und die Kohärenzlänge l_K etwa 20 cm.

2. Argon-Ionen-Laser mit etwa 5 W Leistung, die bei mehreren diskreten Wellenlängen gleichzeitig arbeiten. Für Mehrkomponentenmessungen werden die beiden intensivsten Wellenlängen $\lambda_1 = 514,5$ nm (grün) und $\lambda_2 = 488,0$ nm (blau) benutzt. Der Strahltaillendurchmesser r_{ot} beträgt etwa 1,5 mm und die Kohärenzlänge l_K etwa 5 cm.

Trotz der relativ großen Kohärenzlänge des Laserlichts muß der optische Aufbau eines Anemometers so symmetrisch wie möglich gestaltet werden, damit die Taillen der beiden

Teilstrahlen im Schnittvolumen zusammenfallen (vgl. Bild 3.14). Den prinzipiellen Aufbau eines nach der Kreuzstrahlmethode arbeitenden Laser-Doppler-Anemometers, das zur Messung einer Geschwindigkeitskomponente geeignet ist, zeigt Bild 3.27. Nicht gezeigt sind Komponenten zur Verschiebung der Strahltaille oder zur Aufweitung des Strahls. Das vom Laser kommende Licht wird in zwei Strahlen mit gleichgroßer Intensität aufgeteilt. Ein Strahl wird, wenn nötig, zur Erzeugung eines bewegten Interferenzstreifensystems (vgl. 3.1.3.1) durch eine Bragg Zelle geführt und der andere durch einen optischen Weglängenausgleich. Der Winkel $\alpha \approx 0{,}15°$, unter dem der Strahl in die Bragg Zelle einfällt bzw. diese wieder verläßt, ist so klein, daß er durch Drehen der Umlenkprismen ausgeglichen werden kann. Zur Anpassung des Schnittwinkels 2φ an den benutzten Streuteilchendurchmesser d_p kann der Strahlabstand D vor Eintritt in die Frontlinse verändert werden (vgl. Gl. 3.45). Ebenfalls in Bild 3.27 dargestellt ist die Streulichtverteilung eines Teilchens, das gleichzeitig aus zwei verschiedenen Richtungen beleuchtet wird.

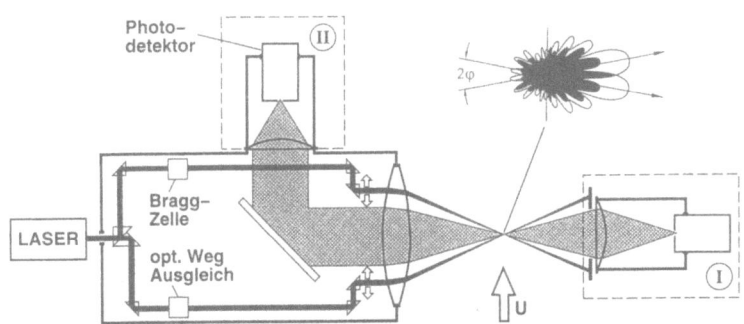

Bild 3.27: Prinzipieller Aufbau eines nach der Kreuzstrahlmethode arbeitenden Ein-Komponenten-Laser-Doppler-Anemometers und Streulichtverteilung eines Teilchens im Meßvolumen. Gearbeitet werden kann entweder mit Vorwärtsstreulicht (Betriebsart I) oder mit Rückwärtsstreulicht (Betriebsart II).

Um einen anderen Meßort in der Strömung anzufahren, muß das gesamte Anemometer verschoben werden. Bei Arbeiten in der Betriebsart I (Vorwärtsstreuung) bedeutet das, daß auch der Empfangsteil für das Streulicht immer exakt mitgeführt werden muß. Darum müssen in diesem Fall Laser und Sendeteil fest mit dem Empfangsteil verbunden sein, was einen sehr stabilen mechanischen Aufbau der Verschiebeeinrichtung erforderlich macht. Bei einer Einkopplung des Laserstrahls durch einen Lichtleiter braucht der

Laser nicht mehr fest mit dem Sendeteil verbunden zu sein. Hierdurch reduzieren sich Größe und Gewicht und gleichzeitig vergrößert sich die Beweglichkeit des Anemometers. In der Betriebsart II (Rückwärtsstreuung), bei der das Streulicht auch durch die Frontlinse des Sendeteils empfangen wird, ist das Laser–Doppler–Anemometer handlicher. Weil aber in dieser Betriebsart der Streulichtanteil um zwei Größenordnungen schwächer ist, muß vielfach mit einer höheren Laserleistung gearbeitet werden. Die Betriebsart II muß auch in solchen Fällen benutzt werden, bei denen die Strömung nur von einer Seite zugänglich ist.

Wird das in Bild 3.27 gezeigte Anemometer 90° um seine optische Achse gedreht, kann damit auf einfache Weise eine weitere Geschwindigkeitskomponente gemessen werden. Durch Einbau eines zweiten um 90° gedrehten Systems in dasselbe Gehäuse können aber auch beide Komponenten gleichzeitig gemessen werden. Im Meßvolumen werden dann zwei senkrecht aufeinanderstehende Interferenzstreifensysteme erzeugt. Um das Streulicht beider Systeme auseinanderzuhalten, gibt es im wesentlichen drei Möglichkeiten:

1. Beide Systeme arbeiten mit unterschiedlichen Frequenzverschiebungen, oder ein System arbeitet mit und eines ohne Frequenzverschiebung.

2. Beide Systeme arbeiten mit 90° aufeinanderstehenden Polarisationsrichtungen.

3. Beide Systeme arbeiten mit unterschiedlichen Lichtwellenlängen (Argon–Ionen–Laser).

In allen drei Fällen wird das Streulicht mit einer gemeinsamen Optik gesammelt. Bei der ersten Möglichkeit kann dieses direkt einem Photodetektor zugeführt werden. Eine Trennung der beiden Signale erfolgt auf elektrischem Wege durch Filtern. Dies ist möglich, da beide Komponenten wegen der Frequenzverschiebung unterschiedliche Schwerpunktfrequenzen $\bar{\nu}_D$ besitzen. Das Spektrum (vgl. Bild 3.23) besitzt dann zwei Wahrscheinlichkeitsdichteverteilungen der Dopplerfrequenz, die sich nicht überschneiden dürfen. Bei der zweiten und dritten Möglichkeit muß das Streulicht, bevor es zwei getrennten Photodetektoren zugeführt wird, durch Polarisatoren bzw. Interferenzfilter getrennt werden. Das Arbeiten mit unterschiedlichen Wellenlängen macht den Einsatz der teuren und leistungsstarken Argon–Ionen–Laser erforderlich, garantiert aber auch, daß es nicht zum Übersprechen der Signale der beiden Komponenten kommt. Bei der Polarisationsmethode kann ein Übersprechen durch eine teilweise Depolarisation beim Durchgang durch Glas oder durch eine Flüssigkeit entstehen.

3.1.6.1 Mehrkomponenten Laser-Doppler-Anemometer

Den prinzipiellen Aufbau eines Dreikomponenten–Laser–Doppler–Anemometers der Firma DANTEC, das für die Hamburgische Schiffsbau Versuchsanstalt gebaut wurde, zeigt <u>Bild 3.28 oben</u>. Bei diesem Anemometer wird sowohl mit der Zweifarbentechnik zur Trennung der ersten und zweiten Komponente als auch mit unterschiedlichen Frequenzverschiebungen zur Trennung der zweiten und dritten Komponente gearbeitet. Des weiteren dienen hier die Frequenzverschiebungen auch dazu, bei einem Vorzeichenwechsel bei allen drei Komponenten noch eindeutige Dopplersignale zu erhalten (Gl. 3.20).

Das Meßvolumen, das von drei senkrecht aufeinanderstehenden Interferenzstreifensystemen gebildet wird, ist in <u>Bild 3.28 unten</u> dargestellt. Mit den beiden in der Horizontalen verlaufenden Strahlenpaaren (1) blau und (2) grün, die beide mit einer Frequenzverschiebung von 38 MHz arbeiten, werden

$$U_1 = U \cos \gamma - V \sin \gamma \tag{3.50}$$

und

$$U_2 = U \cos \gamma + V \sin \gamma \tag{3.51}$$

gemessen. Dabei ist γ der halbe Winkel zwischen den optischen Achsen der Strahlenpaare (1) und (2). Eine Trennung beider Komponenten ist schon durch die unterschiedlichen Farben gegeben. Die Frequenzverschiebung soll hier sicherstellen, daß auch bei einem Vorzeichenwechsel der U_1 - oder U_2 - Komponente die Dopplersignale eindeutig bleiben.

Die eigentlich interessierenden Komponenten U und V werden durch Addition

$$U = \frac{U_1 + U_2}{2 \cos \gamma} \tag{3.52}$$

und Subtraktion

$$V = \frac{U_2 - U_1}{2 \sin \gamma} \tag{3.53}$$

erhalten. Die W-Komponente wird mit dem grünen Strahlenpaar (3) direkt gemessen. Die Frequenzverschiebung von 42 MHz dient dazu, bei einem Vorzeichenwechsel von W noch ein eindeutiges Dopplersignal zu erhalten. Um eine Trennung von der W- von der U_2 - Komponente, die beide mit grünem Licht arbeiten, zu erreichen, muß für das Strahlenpaar (3) eine andere Frequenzverschiebung als für das Strahlenpaar (2) benutzt werden.

172   3 Optische Meßmethoden

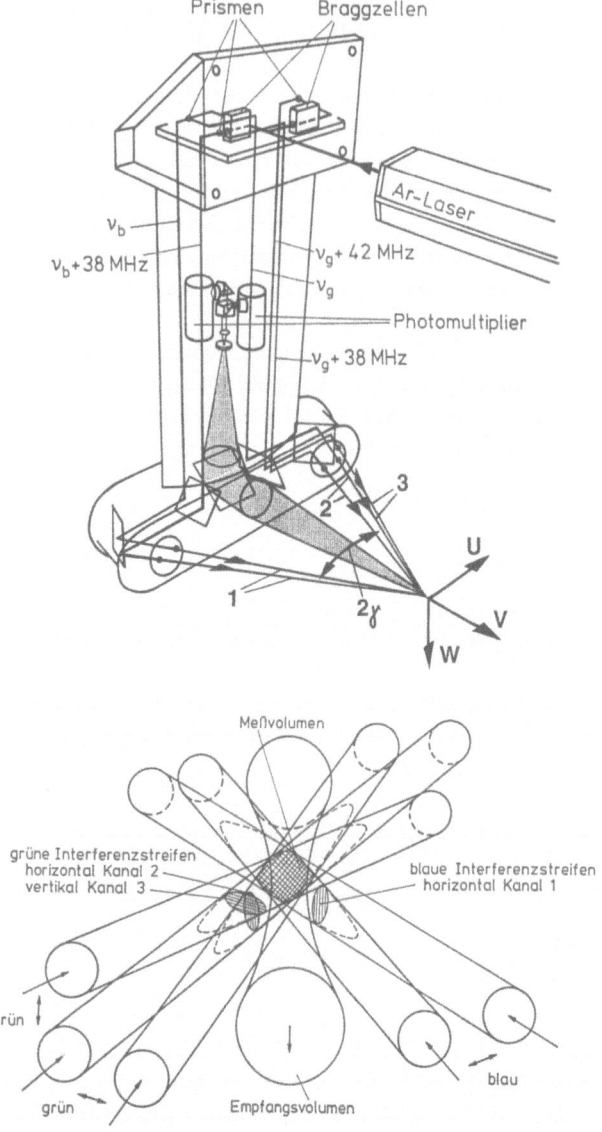

Bild 3.28: Strahlanordnung eines Dreikomponenten-Laser-Doppler-Anemometers für Schlepptankmessungen (oben) und Strahlenverlauf in der Umgebung des Meßvolumens (unten). (DANTEC 1980)

3.1 Laser-Doppler-Anemometrie (LDA)

Das in Bild 3.28 oben dargestellte Anemometer arbeitet mit Rückwärtsstreulicht. Da das Streulicht aus einer anderen als der Senderichtung empfangen wird, entsteht als effektives Meßvolumen ein nahezu kugelförmiger Bereich (Bild 3.28 unten). Nur Streulicht aus diesem gemeinsamen Durchschnitt der drei Einzelmeßvolumen enthält die volle Information über den Momentanwert des Geschwindigkeitsvektors. Mehrkomponentenmessungen sind deshalb nur dann sinnvoll, wenn von allen drei Streifensystemen gleichzeitig Doppler Bursts empfangen und zur Auswertung drei gleichartigen Geräten (FFT Analysator, Counter Processor) zugeführt werden.

3.1.6.2 Mehrkomponentenmessungen in Flüssigkeiten

Laser-Doppler-Anemometer sind vielfach aus einzelnen Modulen, mit denen ein bis zwei Geschwindigkeitskomponenten gemessen werden können, aufgebaut. Den prinzipiellen Aufbau eines Moduls zeigt Bild 3.27. Mit einem einzelnen Modul ist es schwierig, in Wandnähe ein Meßvolumen mit Interferenzflächen senkrecht zur Wand zu erzeugen, um die wandnormale Geschwindigkeitskomponente zu messen, weil dann ein Laserstrahl unter einem sehr flachen Winkel durch die Wand und der andere durch die Strömung geführt werden müßte. Um dies zu vermeiden, werden ähnlich wie bei dem in Bild 3.28 dargestellten Anemometer zwei senkrecht zueinander stehende Module (Strahlenpaare (1) und (2)), deren optische Achsen einen Winkel von 45° mit der Wand einschließen, benutzt und die Komponenten U_1 (Gl. 3.50) und U_2 (Gl. 3.51) gemessen. Die interessierenden Geschwindigkeitskomponenten, U: in Hauptströmungsrichtung und V: senkrecht zur Wand, lassen sich über die Beziehungen Gl. (3.52) bzw. Gl. (3.53) berechnen.

Bei Mehrkomponentenmessungen in Flüssigkeiten, bei denen die optischen Achsen der Module nicht senkrecht auf der Fensteroberfläche stehen, ergibt sich der in <u>Bild 3.29</u> <u>links</u> dargestellte Strahlenverlauf. Wegen des größeren Brechungsindex der Flüssigkeit

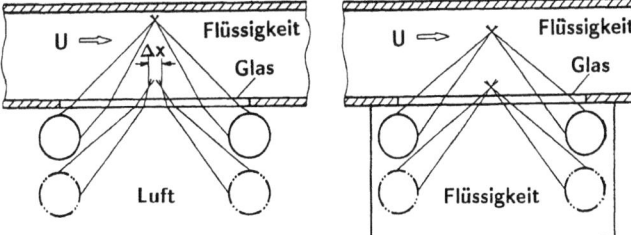

<u>Bild 3.29:</u>   Schematische Darstellung des Strahlenverlaufs bei der Messung in einer Flüssigkeit. Die Anemometermodule befinden sich in Luft (links) und werden teilweise in die Flüssigkeit eingetaucht (rechts).

werden die Laserstrahlen zur Flüssigkeit hin abgelenkt. Die Strahlen eines Moduls schneiden sich zwar noch in einem Punkt, der gemeinsame Schnittpunkt der Meßvolumen beider Module hängt aber vom eingestellten Wandabstand ab. Werden beide Module z.B. gemeinsam von der Wand wegbewegt, um damit einen wandnäheren Meßpunkt in der Strömung anzufahren, so wandern beide Schnittvolumen in Richtung Wand, aber gleichzeitig auch in Hauptströmungsrichtung um eine Strecke Δx auseinander. Das Auseinanderwandern kann dadurch vermieden werden, daß ein Teil des Strahlengangs schon außerhalb des Strömungsfelds in die Flüssigkeit verlegt und die Module auch innerhalb dieser Flüssigkeit bewegt werden (Bild 3.29 rechts). Dies ist auf einfache Weise dadurch zu erreichen, daß beide Module senkrecht durch eine freie Oberfläche in die Flüssigkeit eingebracht und die Strahlen hier durch Spiegel in die gewünschte Ebene umgelenkt werden (Bild 3.30). Die Flüssigkeit wird durch eine Glasplatte (5) von der Frontlinse ferngehalten. Auf diese Weise braucht nur ein kleiner Teil der Module in die Flüssigkeit einzutauchen. Ein Strahlversatz durch das Trennfenster zwischen Strömung und Hilfsflüssigkeit kann durch Brechungsindexanpassung gering gehalten werden.

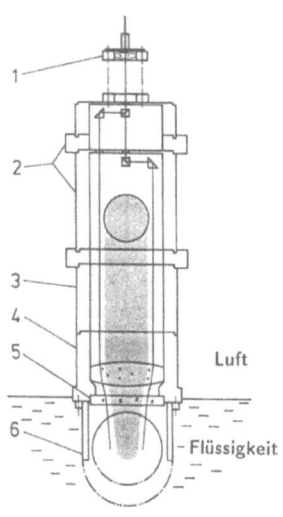

Bild 3.30:
Schnitt durch ein Laser-Doppler-Anemometer-Modul. 1: Einkopplung durch Lichtleiter, 2: Strahlteiler- und Rückstreueinheit, 3: Leerrohr, 4: Linseneinheit, 5: Glasplatte, 6: Umlenkspiegel (Thiele und Eckelmann 1994)

Den vollständigen Aufbau eines Zweikomponenten-Laser-Doppler-Anemometers für Messungen in einer Flüssigkeit zeigt Bild 3.31 in drei verschiedenen Ansichten. Zwei Module (4) und (5), die mit grünem bzw. blauem Licht betrieben werden, sind gemeinsam auf einem Verschiebegerät (6) befestigt. In der Seitenansicht sind das Gefäß mit der Hilfsflüssigkeit, in das die Module eintauchen, das Glasfenster (2) und der Strömungskanal (1) zu erkennen. Das in rückwärtiger Richtung gestreute Licht wird über die Sendeoptiken empfangen, durch Spiegel in den beiden Modulen ausgekoppelt und Photodetektoren zugeführt. Zur Farbtrennung dienen Interferenzfilter vor den Photodetektoren. Das Meßvolumen ist der Durchschnitt zweier Rotationsellipsoide. Nur wenn aus diesem Gebiet gleichzeitig Doppler Bursts in beiden Modulen empfangen werden, ist an-

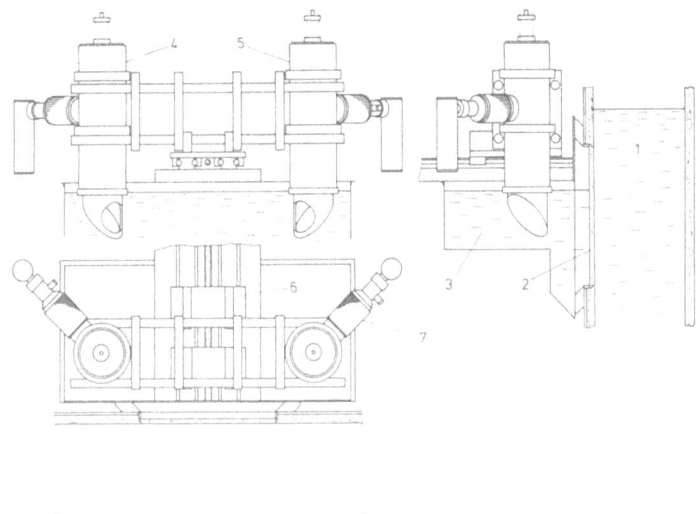

Bild 3.31: Drei verschiedene Ansichten eines Laser-Doppler-Anemometers für Messungen in Flüssigkeiten. 1: Strömungskanal, 2: Glasfenster, 3: Gefäß mit Hilfsflüssigkeit, 4,5: Anemometer Module, 6: Verschiebegerät, 7: Photodetektor (Thiele und Eckelmann 1994)

zunehmen, daß das Streulicht vom selben Teilchen stammt. Die Wahrscheinlichkeit hierfür kann erhöht, bzw. das effektive Meßvolumen verkleinert werden, wenn das Streulicht jeweils von dem Modul empfangen wird, der zur Sendung der anderen Farbe dient. Dann sieht die betreffende Empfangsoptik das Meßvolumen unter einem Winkel von 90° von der Seite, wodurch sich im vorliegenden Fall die effektive Ausdehnung senkrecht zur Wand von etwa 1 mm auf 0,3 mm verkleinert.

Das hier beschriebene Verfahren kann auch bei Rohrströmungen Anwendung finden, wenn ein Glasrohr durch ein mit einer Flüssigkeit gefülltes Gefäß geführt wird, in das auch die Module eintauchen und die Brechungsindizes von Rohr und Flüssigkeit angepaßt werden (vgl. Bild 4.33).

3.1.6.3 Messung von Effektivwerten und der turbulenten Schubspannung mit nur einem Anemometermodul

In wandbegrenzten turbulenten Strömungen (Rohr-Kanal- oder Grenzschichtströmung) ist die wandnormale Geschwindigkeitsschwankung v häufig nicht direkt zugänglich, sondern muß zusammen mit der Geschwindigkeitskomponente in Hauptströmungsrichtung $U + u$, die sich aus dem zeitlichen Mittelwert U und der Schwankung u zusammensetzt, gemessen werden. Hierfür wird im allgemeinen die in Bild 3.29 gezeigte Strahlanordnung verwendet, die mit zwei Anemometermodulen arbeitet. Mit nur einem einzelnen Modul können, ähnlich wie mit Schrägdrahtsonden in der Hitzdrahtanemometrie (vgl. 2.3.5.2), auch Zweikomponentenmessungen ausgeführt werden. Hierfür sind Messungen in drei verschiedenen Stellungen (<u>Bild 3.32</u>) erforderlich, die nacheinander durchgeführt werden. Eine Komponentenzerlegung entspr. Gl. (3.50) und (3.51) ist dann nicht mehr möglich,

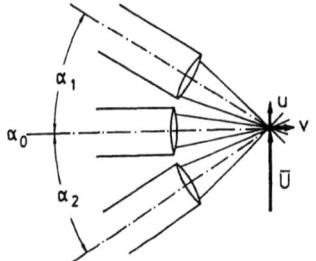

Bild 3.32:
Drei verschiedene Stellungen, in denen mit einem Anemometermodul gemessen werden muß.

da die Messungen nicht zum selben Zeitpunkt ausgeführt worden sind. Über die quadratischen Mittelwerte der in den drei Stellungen im selben Punkt gemessenen Schwankungskomponenten in α_1 Richtung

$$\overline{(U_1 - \overline{U_1})^2} = \overline{u^2} \cos^2 \alpha_1 + \overline{v^2} \sin^2 \alpha_1 + 2 \overline{uv} \sin \alpha_1 \cos \alpha_1, \qquad (3.54)$$

in α_0 Richtung

$$\overline{(U_0 - \overline{U_0})^2} = \overline{u^2} \qquad (3.55)$$

und in α_2 Richtung

$$\overline{(U_2 - \overline{U_2})^2} = \overline{u^2} \cos^2 \alpha_2 + \overline{v^2} \sin^2 \alpha_2 - 2 \overline{uv} \sin \alpha_2 \cos \alpha_2 \qquad (3.56)$$

(überstreichen bedeutet eine zeitliche Mittelung) wird aus Gl. (3.54) und Gl. (3.56) durch Addition

$$\overline{u^2} (\cos^2 \alpha_1 + \cos^2 \alpha_2) + \overline{v^2} (\sin^2 \alpha_1 + \sin^2 \alpha_2) \qquad (3.57)$$

und durch Subtraktion

$$4\overline{uv} \, (\sin \alpha_1 \cos \alpha_1 + \sin \alpha_2 \cos \alpha_2) \qquad (3.58)$$

erhalten, woraus sich dann die Effektivwerte $\sqrt{\overline{u^2}}$, $\sqrt{\overline{v^2}}$ der beiden Schwankungskomponenten und die turbulente Schubspannung $-\rho \, \overline{uv}$ berechnen lassen.

3.2 Laser Zwei Fokus Anemometer (L2F)

Mit einem Laser-Zwei-Fokus-Anemometer (L2F) wird die Geschwindigkeit von Streuteilchen über die Flugzeit durch eine Lichtschranke und nicht wie beim Laser-Doppler-Anemometer über die Dopplerverschiebung des Streulichts gemessen. Die Lichtschranke wird durch zwei in einem Abstand von etwa 200 μm auf 10 μm Durchmesser fokussierte Laserstrahlen gebildet. Wegen dieser starken Fokussierung ist die Intensität hier um bis zu zwei Größenordnungen höher als im Meßvolumen eines Laser-Doppler-Anemometers, so daß noch Streuteilchen bis zu 0,2 μm Durchmesser von der Lichtschranke erkannt werden können. Darum reichen im allgemeinen die in einer Strömung auf natürliche Weise vorhandenen Teilchen aus. Dieses ursprünglich von Thompson (1968) vorgeschlagene Meßprinzip wurde von Schodl (1974) perfektioniert und wird heute in kommerziellen Geräten angewandt.

Den prinzipiellen Aufbau eines Laser-Zwei-Fokus-Anemometers zeigt Bild 3.33. Der von einem in Einlinienmode betriebenen Argon-Ionen-Laser gelieferte Strahl wird von einem Rochonprisma in zwei Teilstrahlen zerlegt. Ein Rochonprisma ist im Prinzip ein Wollastonprisma (Bild 3.64) mit einer anderen Achsenrichtung der Teilprismen, bei dem der ordentliche Strahl unabgelenkt hindurchgeht und der außerordentliche Strahl das Prisma parallel versetzt verläßt. Da beide Teilstrahlen senkrecht zueinander polarisiert sind, muß, damit beide die gleiche Intensität besitzen, die Polarisationsebene des einfallenden Laserstrahls genau zwischen der der beiden Teilstrahlen liegen. Die Einstellung der Polarisationsebene des Laserstrahls geschieht mit zwei hintereinander angeordneten $\lambda/4$ Plättchen.

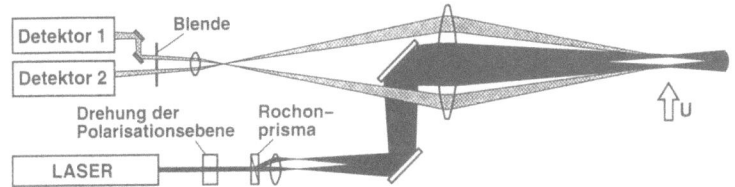

Bild 3.33: Prinzipieller Aufbau eines Laser-Zwei-Fokus-Anemometers.

Die beiden Teilstrahlen, die das Prisma verlassen, werden zuerst aufgeweitet und dann im Meßvolumen in zwei dicht benachbarten, parallelen Strahlen fokussiert. Ein Teilchen, das die aus den beiden Strahlen gebildete Lichtschranke durchfliegt, sendet nacheinander zwei Lichtimpulse aus. Der in rückwärtiger Richtung gestreute Anteil des Lichts wird durch den äußeren Teil der Frontlinie des Anemometers und ein sehr kurzbrennweitiges Objektiv auf zwei Photodetektoren, die jeweils einem Strahl des Meßvolumens zugeordnet sind, übertragen. Eine Blende sorgt dafür, daß nur von den Teilchen stammendes Licht und kein Streulicht von den Wänden oder von anderen in der Strömung befindlichen Teilen in die Photodetektoren gelangt. Der zeitliche Abstand der Streulichtimpulse, die von einem Teilchen ausgesendet werden, ist ein Maß für die Geschwindigkeitskomponente in der Ebene, die durch die beiden Strahlen aufgespannt wird. Den Lichtimpulspaaren beider Strahlen lassen sich aber nur dann sinnvolle Geschwindigkeiten zuordnen, wenn die Hauptströmungsrichtung in dieser Ebene liegt. Durch Drehen des Rochonprismas kann diese Ebene verstellt werden. In turbulenten Strömungen, in denen sich die Strömungsrichtung laufend ändert, müssen zur Bestimmung der Schwankungsgeschwindigkeiten viele tausend Flugzeitmessungen in verschieden geneigten Ebenen durchgeführt werden, aus denen sich dann Betrag und Richtung des Geschwindigkeitsvektors sowie Effektivwerte der Geschwindigkeitsschwankungen und turbulente Schubspannung berechnen lassen.

Das Laser-Zwei-Fokus-Anemometer wird vor allem bei Messungen in Turbomaschinen und Kompressoren benutzt, wo große Geschwindigkeiten in engen Kanälen gemessen werden müssen. Hier ist die hohe räumliche Auflösung, die sich durch das kleine Meßvolumen ergibt, sehr von Vorteil. Diese Methode ist nicht auf Luftströmungen beschränkt, sie wird auch mit Erfolg auf Wasserströmungen angewendet.

3.3 Geschwindigkeitsfeldmessung

Bei der Geschwindigkeitsfeldmessung oder Ganzfeldvelozimetrie werden Schnittebenen durch dreidimensionale Strömungsfelder gelegt und die in diese Ebene fallenden Komponenten der Geschwindigkeit gleichzeitig mit hoher räumlicher Auflösung zu einem bestimmten Zeitpunkt erfaßt. Hierbei wird die Ortsveränderung von Streuteilchen aus zwei- oder mehrfach belichteten Aufnahmen gewonnen, für die entweder ein hochauflösender Film oder eine CCD (Charge-Coupled Device) - Kamera benutzt werden (Bild 3.34). Die lokale Geschwindigkeit wird dabei aus der Verschiebung sich entsprechender Teilchenbilder mit Hilfe von Korrelationstechniken und aus der Zeit zwischen den Belichtungen berechnet. Die Geschwindigkeitskomponente senkrecht zur beleuchteten Ebene kann aus stereoskopischen Aufnahmen ermittelt werden (siehe 3.3.1.4).

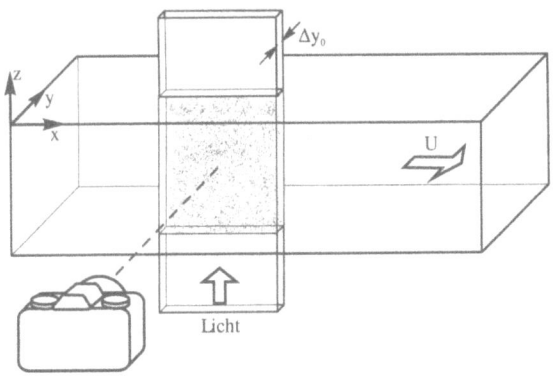

Bild 3.34: Prinzipieller Aufbau einer Geschwindigkeitsfeldmessung

Die Anzahl der pro Volumeneinheit benutzten Streuteilchen und ihre Größe können je nach Anwendung und Fluid sehr unterschiedlich sein. Sind sehr viele Teilchen im Lichtschnitt vorhanden, so daß sich das Licht von vielen Streuzentren mit unterschiedlicher Phase in der Bildebene überlagert, entsteht bei der Beleuchtung mit einem Laser ein Fleckenmuster. Ist dagegen die Anzahl der Streuzentren klein, werden diskrete Abbilder der Streuzentren erhalten. Im ersten Fall spricht man von Laser-Speckle-Velocimetry (LSV) ("speckle" englisch Fleck) und im zweiten Fall von Particle-Image-Velocimetry (PIV) ("image" englisch Abbild). Ein Kriterium, wann der eine oder der andere Fall vorliegt, wurde von Adrian (1984) gegeben. Hierfür führte er die dimensionslose Teilchendichte

$$P_P = C \, \Delta y_0 \, d_A^2 / M^2 \tag{3.59}$$

im Lichtschnitt der Dicke Δy_0 mit C: Teilchenkonzentration pro Volumeneinheit, d_A: Durchmesser des abgebildeten Teilchens und M: Abbildungsmaßstab ein. Zwischen dem abgebildeten Durchmesser d_A und dem wahren Teilchendurchmesser d_P besteht die Beziehung

$$d_A^2 = M^2 d_P^2 + d_B^2 \, . \tag{3.60}$$

Dabei ist der Durchmesser des Beugungsbilds

$$d_B = \frac{2{,}44 \, \lambda \, f}{D} (1 + M) = 2{,}44 \, \lambda \, F \, (1 + M) \tag{3.61}$$

durch den Durchmesser D der Beugungsöffnung (Kameraobjektiv- bzw. Blendendurchmesser), die Brennweite f des Objektivs bzw. die Blendenzahl $F = f/D$ und die Lichtwellenlänge λ gegeben. Durch Beugung ist die Abbildung kleiner Objekte begrenzt. So wird z.b. ein Teilchen von $d_p = 1$ μm Durchmesser bei einem Abbildungsmaßstab $M = 1 : 4$, einer Blende $F = 2,8$ und Licht der Wellenlänge $\lambda = 0,5$ μm mit einem Durchmesser von $d_A = 4,3$ μm abgebildet. In diesem Beispiel ist der abgebildete Durchmesser d_A im wesentlichen durch das Beugungsbild d_B bestimmt und wird nach Gl. (3.60) nur noch wenig durch d_p vergrößert.

Die dimensionslose Teilchendichte P_P (Gl. 3.59) ist bis auf einen Faktor $\pi/4$ ein Maß für die mittlere Anzahl der im Volumen $d_A^2 \Delta y_0$ vorhandenen Teilchen. Gibt es in diesem Volumen mehrere Teilchen, so kann dies zu einem teilweisen Überlappen und damit zu einer effektiven Vergrößerung der Teilchen führen. Bei einer hohen Teilchendichte P_P muß damit auch mit einer effektiven Teilchenvergrößerung gerechnet werden.

Ist $P_P \gg 1$, ergeben sich Specklemuster, die aus einer Überlagerung vieler Einzelbilder von Teilchen entstehen.

Ist $P_P \ll 1$, werden einzelne Teilchen abgebildet.

Teilchendichte C, Durchmesser d, Lichtschnittdicke Δy_0 und Abbildungsmaßstab M sind in Gl. (3.59) im Idealfall durch die in einer Strömung noch aufzulösenden Strukturen vorgegeben. In der Praxis ist aber die erreichbare Lichtschnittdicke Δy_0 oft durch die mit einer Kamera erzielbare Schärfentiefe, die ganz wesentlich von der Lichtstärke der Beleuchtungsquelle abhängig ist, beschränkt. Ein typischer Wert für Δy_0 ist etwa 1 mm.

Konventionelle Particle-Image-Velocimetry (Kap. 3.3.1) oder Laser-Speckle-Velocimetry (Kap. 3.3.2) benutzen eine einzelne Kamera, deren optische Achse senkrecht auf der Lichtschnittebene steht, um die beiden in diese Ebene fallenden Geschwindigkeitskomponenten mit hoher räumlicher Auflösung zu einem vorgebbaren Zeitpunkt zu messen. Bei stereoskopischer Betrachtung der Lichtschnittebene kann mit der Particle-Image-Velocimetry auch die dritte, auf dieser Ebene senkrecht stehende Geschwindigkeitskomponente erhalten werden (3.3.1.4).

Werden die Bewegungen einzelner Streuteilchen in einem Volumen des Strömungsfeldes gleichzeitig mit drei Kameras aus unterschiedlichen Richtungen verfolgt und aus den mit

3.3 Geschwindigkeitsfeldmessung

der Zeit durchlaufenden Bahnen die Geschwindigkeitsvektoren an vielen Stellen innerhalb eines Beobachtungsvolumens bestimmt, so spricht man von Particle-Tracking-Velocimetry (PTV). Das Verfolgen der Streuteilchen (englisch "particle tracking") kann sowohl manuell durch stereoskopisches Ausmessen der Koordinaten einzelner Teilchen als auch automatisch mit einem Rechner erfolgen (Kap. 3.3.3).

Bei verschiedenen Methoden der Geschwindigkeitsfeldmessung kommt es ebenso wie bei der Laser-Doppler-Anemometrie vor allem auf das Folgeverhalten und die gute Sichtbarkeit der Teilchen in der Strömung an. Bei kleinen Teilchen und stereoskopischer Beobachtung können Probleme auftreten, da die Intensität des Streulichts stark richtungsabhängig ist (Bild 3.20). Im übrigen sind an die Teilchen, die schon auf natürliche Weise in der Strömung vorhanden sein können oder künstlich beigegeben werden müssen, die gleichen Anforderungen wie bei der Laser-Doppler-Anemometrie zu stellen. Man vergleiche hierzu Kap. 3.1.4 sowie Kap. 4.1.2 bei Luft- und Kap. 4.2.2 bei Wasserströmungen.

3.3.1 Particle Image Velocimetry (PIV)

Die Particle-Image-Velocimetry ist dadurch gekennzeichnet, daß mit einer Teilchendichte gearbeitet wird, die zwar noch individuelle Teilchenbilder auf den Aufnahmen erkennen läßt, bei der andererseits aber mit dem Auge die einzelnen Bilder nicht mehr einem Teilchen zugeordnet werden können. Als Beispiel zeigt Bild 3.35 eine Teilchenaufnahme, die in der Wirbelstraße hinter einem Zylinder (vgl. Bild 4.17 unten) durch Mehrfachbelichtung gewonnen wurde.

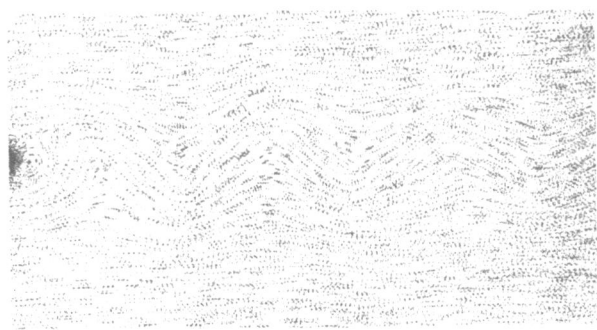

Bild 3.35:   Durch Mehrfachbelichtung in der Wirbelstraße hinter einem Zylinder gewonnene Teilchenaufnahme (Brede 1994).

Die Ermittlung der Ortsveränderung der Teilchen aus den Teilchenaufnahmen kann nur noch mit Hilfe von Korrelationstechniken erfolgen, die entweder optisch, mit einem Rechner oder auch mit beiden Methoden kombiniert ausgeführt werden können. PIV-Messungen gestalten sich immer in zwei Schritten. Im ersten Schritt werden die Teilchenaufnahmen durch Doppel- oder Mehrfachbelichtung auf einem Film oder mit einer CCD Kamera erstellt, aus denen dann im zweiten Schritt das Geschwindigkeitsfeld für den durch die Aufnahme vorgegebenen Zeitpunkt berechnet wird.

3.3.1.1 Zweidimensionale Aufzeichnung von Geschwindigkeitsfeldern

Den prinzipiellen Aufbau zur Aufzeichnung zweidimensionaler Geschwindigkeitsfelder zeigt Bild 3.34. Zur Beleuchtung der in der Strömung befindlichen Streuteilchen wird im allgemeinen das im Unterkap. 4.1.3.1 beschriebene Laserlichtschnittverfahren verwendet. Die bei den Teilchenaufnahmen zu realisierende Schärfentiefe der Abbildung liegt in den meisten Fällen in der Größenordnung von einem Millimeter. In Luftströmungen reicht die Leistung eines 5 W Helium-Neon-Lasers nicht immer aus, genügend Licht für die Beleuchtung der Streuteilchen zu liefern, so daß hier gepulste Rubin-Kupferdampf- oder Neodyn-Yttrium-Aluminium-Granat (Nd: YAG) Laser mit Pulsenergien von 100 mJ und mehr verwendet werden müssen.

Für Streuteilchen von der Größenordnung $d_p/\lambda = 1$, wie sie in Luftströmungen benutzt werden, zeigt Bild 3.20 qualitativ die Streulichtverteilung als Funktion des Raumwinkels Θ. Da nur das unter $\Theta \approx 90°$ von den Teilchen gestreute Licht von der Kamera erfaßt wird, müssen die Lichtempfindlichkeit und wegen der Größe der Teilchen auch das räumliche Auflösungsvermögen des Filmmaterials bzw. der CCD Kamera hoch sein.

Bei kleinen Streuteilchen ist der Durchmesser des Teilchenbildes d_A weniger durch den Teilchendurchmesser d_p als vielmehr durch die Beugungsöffnung bestimmt (Gl. 3.60). So wird, wie bereits gezeigt, ein Teilchen mit $d_p = 1$ μm bei einer Blende $F = 2,8$ und einem Abbildungsmaßstab $M = 1 : 4$ durch Beugung auf $d_A = 4,5$ μm vergrößert. Durch Verzeichnung des Kameraobjektivs kann der Durchmesser des Beugungsbilds noch weiter vergrößert werden, so daß bei einem 1 μm großen Teilchen Bilddurchmesser von 20 - 30 μm erhalten werden können. In Luftströmungen ist ein möglichst kleiner Teilchendurchmesser immer wünschenswert. Damit wird einerseits die Masse der Teilchen klein und diese können der Strömung damit gut folgen. Andererseits steigt mit dem Verhältnis von Teilchenbildabstand

3.3 Geschwindigkeitsfeldmessung

$$\Delta S = U \, \Delta t \, M \qquad (3.62)$$

zu Teilchenbilddurchmesser d_A (Gl. 3.60) auf der Aufnahme auch die Genauigkeit der Abstandsbestimmung. Hier ist U die lokale Strömungsgeschwindigkeit und Δt die Zeit zwischen den Belichtungen.

Der zeitliche Abstand Δt zwischen den einzelnen Belichtungen sollte so gewählt werden, daß die räumlichen Abstände ΔS zwischen den sich entsprechenden Teilchenbildern einerseits klein gegen die aufzulösenden Strömungsstrukturen sind (in Bild 3.35 sind das die Wirbel hinter einem Zylinder) und andererseits aber groß genug, um eine hinreichend genaue Abstandsbestimmung zu ermöglichen. In der Praxis haben sich Abstände ΔS von 20 bis 30 Teilchenbilddurchmessern d_A als optimal herausgestellt. Man beachte, daß die Teilchen durch Beugung vergrößert dargestellt werden.

Die Belichtungszeiten t_B der Aufnahmen liegen bei Verwendung gepulster Laser (Rubin, Nd: YAG, Kupferdampf) bei etwa 20 nsec und sind damit kurz genug, um auch in Luftströmungen Streuteilchen mit Geschwindigkeiten von 100 m/s noch scharf abzubilden. In Flüssigkeitsströmungen sind die Geschwindigkeiten im allgemeinen wesentlich geringer. Wegen der besseren Dichteanpassung kann hier mit größeren Teilchen gearbeitet werden. Dies hat außerdem noch den Vorteil, daß dann mehr Licht von den Teilchen gestreut wird und ein 5 W He-Ne-Laser im allgemeinen als Beleuchtungsquelle ausreicht. Die typischen Belichtungszeiten liegen bei $t_B = 100 \, \mu$ sec.

Die Bewegungsrichtung der Teilchen ist nicht eindeutig festgelegt, da auf den Aufnahmen nicht zu erkennen ist, welches der einzelnen Bilder eines Teilchens bei der ersten und welches bei den folgenden Belichtungen entstanden ist. Die Bewegungsrichtung muß somit vorher bekannt sein. Da die Strömung nur in den seltensten Fällen zweidimensional ist, wandern außerdem auch ständig Teilchen, die eine Geschwindigkeitskomponente normal zur Lichtschnittebene besitzen, zwischen den Aufnahmen aus dem Lichtschnitt heraus oder in diesen hinein. Es ist daher möglich, daß von diesen Teilchen nur Einzelbilder erhalten werden, die dann nicht zur Geschwindigkeitsmessung herangezogen werden können. Sowohl die Eindeutigkeit der Bewegungsrichtung als auch ein Minimieren der Einzelbilder von Teilchen kann durch eine Bildverschiebung zwischen den Aufnahmen erreicht werden. Eine solche Bildverschiebung, die im Englischen als "Image Shifting" bezeichnet wird, ist das Analogon zur Frequenzverschiebung bei der Laser-Doppler-Anemometrie (vgl. 3.1.3.1). Die Bildverschiebung soll in folgenden behandelt werden.

3.3.1.2 Bildverschiebung (Image Shifting)

Einen Ausschnitt aus einer Teilchenbildaufnahme zeigt Bild 3.36 links. Die offenen Kreise stellen Bilder der Teilchen nach der ersten Belichtung und die geschlossenen Kreise die derselben Teilchen nach der zweiten Belichtung dar. Ohne die hier vorgenommene Kennzeichnung wäre nicht zu erkennen gewesen, daß sich die beiden unteren Teilchen nach links und die beiden oberen nach rechts, also in entgegengesetzte Richtungen bewegt haben. Durch eine geeignete Verschiebung des Bildes um die Strecke ΔX_0 zwischen den beiden Belichtungen (Bild 3.36 rechts) kann erreicht werden, daß sich auf den Aufnahmen alle Teilchen nur noch in eine Richtung bewegen, wodurch dann das Vorzeichen der Ortsveränderung eindeutig wird. Bei der Auswertung der Aufnahmen muß die durch die Verschiebung ΔX_0 in der Bildebene künstlich hinzugefügte Geschwindigkeit

$$U_S = \frac{1}{M} \frac{\Delta X_0}{\Delta t} \tag{3.63}$$

wieder abgezogen werden. Es bedeuten Δt die Zeit zwischen den Belichtungen und M den Abbildungsmaßstab. Abstände und Koordinaten in der Bildebene werden mit großen Buchstaben gekennzeichnet.

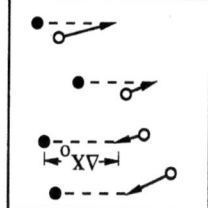 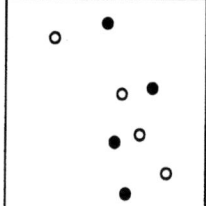

Bild 3.36: Offene und geschlossene Kreise stellen die durch die 1. bzw. 2. Belichtung erhaltene Teilchenbilder dar (links). Durch Verschieben des Bildes um die Strecke ΔX_0 zwischen den Belichtungen wird eine Teilchenbewegung in nur einer Richtung erhalten (rechts).

Auch die Anzahl der den Lichtschnitt verlassenden Teilchen, die sich zwischen den Aufnahmen mit einer Komponente senkrecht zu diesem bewegen, kann durch eine Bildverschiebung minimiert werden. Hierfür wird die Zeit Δt zwischen den Belichtungen so verkürzt, daß ein Großteil der Teilchen trotz ihrer Querbewegung den Lichtschnitt noch nicht verlassen haben, bevor eine weitere Belichtung erfolgt ist (Bild 3.37 links). Um trotz verkürzter Zeit Δt noch gut meßbare Verschiebungen zu erhalten, muß auch das Bild zwischen den Belichtungen um die Strecke ΔX_0 verschoben werden (Bild 3.37 rechts). Von außen neu hinzugekommene Teilchen können aber dennoch zu Einzelbildern

3.3 Geschwindigkeitsfeldmessung   185

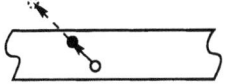 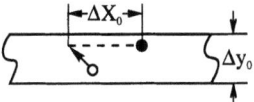

Bild 3.37: Querschnitt durch einen Lichtschnitt der Dicke Δy_0. Offene und geschlossene Kreise stellen die Aufenthaltsorte eines Teilchens zum Zeitpunkt der 1. bzw. 2. Belichtung dar. Durch Verkürzen der Zeit Δt (links) und Verschieben des Bildausschnitts um ΔX_0 zwischen den Aufnahmen (rechts) können auch Teilchen mit einer Querkomponente zur Auswertung mit herangezogen werden.

führen. Nach Keane und Adrian (1990) ist eine Bildverschiebung immer dann vorteilhaft, wenn die Querschwankungen der Geschwindigkeit v 30 % des Momentanwertes des in die Lichtschnittebene fallenden Vektors $(\bar{U} + u, w)$ überschreiten.

Eine Bildverschiebung kann durch eine Kamerabewegung zwischen den Belichtungen durch in den Abbildungsstrahlengang eingebaute Schwing- oder Drehspiegel sowie durch doppelbrechende Kristalle erfolgen. Als Beispiel für eine Bildverschiebung zeigt Bild 3.38 den prinzipiellen Aufbau einer von Raffel (1994) verwendeten Anordnung. Ein Drehspiegel ist so im Abbildungsstrahlengang angeordnet, daß bei einer Winkelstellung α_0 der volle Lichtschnitt auf der Filmebene der Kamera abgebildet wird. Die momentane Stellung des sich mit der Winkelgeschwindigkeit ω drehenden Spiegels wird mit einem Winkelgeber erfaßt und ein als Beleuchtungsquelle dienender Nd: YAG Laser bei den Spiegelpositionen $\alpha_0 - \epsilon$ und $\alpha_0 + \epsilon$ ausgelöst. Die Verschiebungsgeschwindigkeit ist dann durch

$$U_S = 2 R \omega \qquad (3.64)$$

gegeben, wobei R den Abstand zwischen Drehspiegelachse und Lichtschnitt darstellt und der Faktor zwei dadurch entsteht, daß sich bei einem bewegten Spiegel der Ausfallwinkel doppelt so schnell wie der Einfallswinkel ändert. Eine auf der Drehachse des Spiegels befindliche Schwungscheibe sorgt für eine möglichst gleichförmige Drehung.

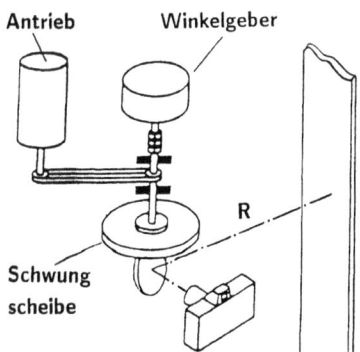

Bild 3.38:
Prinzipieller Aufbau einer Drehspiegelanordnung zur Bildverschiebung (Image Shifting) (Raffel 1993)

3.3.1.3 Auswertung von Teilchenaufnahmen

Da eine Zuordnung von Teilchen und der durch Doppelt- oder Mehrfachbelichtung daraus hervorgegangenen Bilder auf den Aufnahmen im allgemeinen nicht möglich ist (vgl. Bild 3.35), werden die Aufnahmen nach Digitalisierung mit Hilfe von Korrelationsalgorithmen oder auch optisch ausgewertet. Hierzu werden die Aufnahmen in kleine Bereiche, die sog. Abtastflecken b_{ik} (engl. interrogation spots), aufgeteilt. Die Größe eines Abtastflecks ist durch die kleinste in der Strömung noch aufzulösende Struktur bestimmt. Da jeweils über einen Abtastflecken gemittelt wird, sollte innerhalb des Fleckens die Ortsveränderung der Teilchen nach Betrag und Richtung etwa gleich sein. Im Falle des Bildes 3.35 wurde horizontal mit i = 70 und vertikal mit k = 35, zusammen also mit 2450 Abtastflecken gearbeitet, woraus dann ebenso viele Geschwindigkeitsvektoren berechnet werden können.

Bei der Auswertung mit einem Rechner wird die mittlere Ortsveränderung der Teilchen ΔX, ΔZ innerhalb eines Abtastflecks b_{ik} aus der zweidimensionalen Autokorrelation

$$\varphi_{ik}(\Delta X, \Delta Z) = \iint f_{ik}(X,Z)\, f_{ik}(X + \Delta X, Z + \Delta Z)\, dX\, dZ \qquad (3.65)$$

gewonnen. Hier bedeuten $f_{ik}(X,Z)$ die Helligkeitsverteilung innerhalb des Abtastflecks. Die Autokorrelationsfunktion φ_{ik} besitzt im Idealfall oberhalb eines Schwellwerts φ_{ik} = const. drei relative Maxima (Bild 3.39). Die Breite des größten Maximums in der Mitte kann als ein Maß für die Teilchenbildgröße angesehen werden. Die Koordinaten ΔX_{ik}, ΔZ_{ik} der beiden symmetrisch dazu angeordneten Nebenmaxima beschreiben die gesuchte Ortsveränderung in der Bildebene, aus der mit der vorgegebenen Zeit Δt zwischen den Belichtungen und dem Abbildungsmaßstab M die über den Abtastflecken b_{ik} gemittelten Geschwindigkeitskomponenten in der Lichtschnittebene (Objektebene)

$$U_{ik} = \frac{1}{M}\frac{\Delta X_{ik}}{\Delta t} \qquad (3.66)$$

und

$$W_{ik} = \frac{1}{M}\frac{\Delta Z_{ik}}{\Delta t} \qquad (3.67)$$

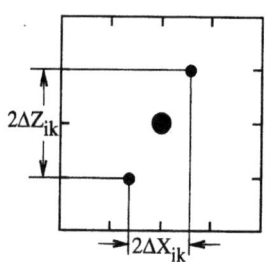

Bild 3.39:
Schnitt durch die Autokorrelationsfunktion $\varphi_{ik}(\Delta X, \Delta Z)$ oberhalb des Schwellwerts φ_{ik} = const. Die Autokorrelationsfunktion besitzt im Zentrum ein Maximum und symmetrisch dazu zwei lokale Maxima.

3.3 Geschwindigkeitsfeldmessung

berechnet werden können. Wurde außerdem bei der Erstellung der Teilchenaufnahme eine Bildverschiebung (Image Shifting) in X- oder Z-Richtung benutzt, so muß die dadurch vorgegebene Geschwindigkeit U_S bzw. W_S (Gl. 3.63) von den für jeden Abtastflecken b_{ik} berechneten Komponenten U_{ik} bzw. W_{ik} wieder abgezogen werden.

Wenn kein leistungsfähiger Rechner für eine direkte Berechnung der zweidimensionalen Autokorrelation $\varphi_{ik}(\Delta X, \Delta Z)$ (Gl. 3.65) zur Verfügung steht, kann diese auch nach dem Satz von Wiener über das Betragsquadrat des zweidimensionalen räumlichen Spektrums der Helligkeitsverteilung des Abtastfleckens

$$|S(f_{ik}(X,Z)|^2 = S(f_{ik}(X,Z)) \, S^*(f_{ik}(X,Z)), \qquad (3.68)$$

(S*: konjugiert komplexes Spektrum) und eine inverse zweidimensionale Fouriertransformation

$$F^{-1}\left[\,|S f_{ik}(X,Z)|^2\,\right] = \varphi_{ik}(\Delta X, \Delta Z) \qquad (3.69)$$

erhalten werden. Der Vorteil dieses Weges besteht darin, daß die Berechnung der zweidimensionalen Autokorrelation über den Frequenzraum zum einen durch den Einsatz von Fouriertransformationsalgorithmen (FFT) schneller als eine direkte Berechnung der zweidimensionalen Autokorrelation ist und zum anderen aber auch optisch ausgeführt werden kann.

Optisch kann die erste Fouriertransformation der Helligkeitsverteilung $f_{ik}(X,Z)$ im Abtastflecken (Gl. 3.68) mit Hilfe einer Konvexlinse und die Bildung des Betragsquadrats über einen Sensor mit quadratischer Kennlinie (Photodetektor, Film, Auge, CCD Kamera) erhalten werden. Bild 3.40 zeigt einen von Vogt (1993) dafür benutzten optischen Fourierprozessor. Zur Befreiung des Laserstrahlrands von räumlichen Störfrequenzen und

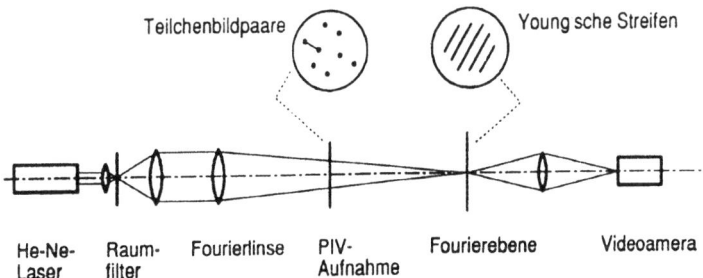

Bild 3.40: Optischer Fourierprozessor für transparente Teilchenaufnahmen (Vogt 1993)

zur Erzeugung einer gaußförmigen Amplitudenverteilung über den Strahlquerschnitt (vgl. Bild 3.11) durchläuft der Laserstrahl zuerst einen Raumfrequenzfilter. Dies ist im Prinzip eine Strahlaufweitung (Fernrohr) mit eingebauter Blende. Danach wird der Strahl durch die Fourierlinse und ein Negativ oder Positiv des doppelt oder mehrfach belichteten Teilchenaufnahme geführt. Die Fläche des Lichtdurchtritts durch die Aufnahme bestimmt die Größe des Abtastfleckens. Die Größe dieser Fläche kann durch Verschieben der Aufnahme längs der optischen Achse verändert werden. Als Beispiel zeigt Bild 3.41 oben zwei Abtastflecken, die der von Brede (1994) erstellten Teilchenaufnahme Bild 3.35 entnommen sind. Jedes Teilchenbild erzeugt mit jedem anderen Teilchenbild des Abtastfleckens in der Brennebene der Fourierlinse Interferenzstreifen, die in der englischsprachigen Literatur auch als Youngsche Streifen bezeichnet werden, mit einer Orientierung senkrecht zur Richtung der Abstands zwischen den beiden Teilchenbildern. Die Interferenzstreifen von Teilchenbildern, die aus einer gleichgroßen und gleichgerichteten Ortsveränderung hervorgegangen sind, überlagern sich konstruktiv und verstärken sich. Teilchenbilder, die nicht zusammengehören, erzeugen ebenfalls Interferenzstreifen, die aber wegen ihrer statistischen Verteilung im Raum nur zu einer Erhöhung der Untergrundhelligkeit (Rauschen) beitragen (Bild 3.41 Mitte)*). Bei dem auf der linken Seite dargestellten Beispiel ist die Ortsveränderung der Teilchen innerhalb des Abtastfleckens gleichförmig, was zu ausgeprägten Interferenzstreifen führt. Die Interferenzstreifen auf der rechten Seite sind dagegen weniger gut, weil die Ortsveränderung der Teilchen im Abtastflecken – vielleicht auf Grund eines großen Geschwindigkeitsgradienten – unterschiedlich ist.

Zwischen der Ortsveränderung der Teilchen ζ_{ik} und dem Streifenabstand s_{ik} besteht die Beziehung

$$\zeta_{ik} = \sqrt{\Delta X_{ik}^2 + \Delta Z_{ik}^2} = \frac{a\,\lambda}{s_{ik}} \; , \qquad (3.70)$$

wobei a den Abstand zwischen Teilchenaufnahme bzw. Abtastflecken und Brennebene der Fourierlinse und λ die Wellenlänge des für den Fourierprozessor benutzten Lasers bezeichnen.

Bei gut ausgebildeten Interferenzstreifen (Bild 3.41 Mitte links) und Kenntnis des Winkels γ zwischen der Streifennormalen und der x-Richtung der Teilchenbewegung könnten damit schon die dem Abtastfleck b_{ik} zuzuordnenden Geschwindigkeitskomponenten

---

*) Die hier gezeigten Interferenzstreifenbilder wurden nicht auf optischem Wege, sondern mit Hilfe eines Rechners erstellt.

3.3 Geschwindigkeitsfeldmessung 189

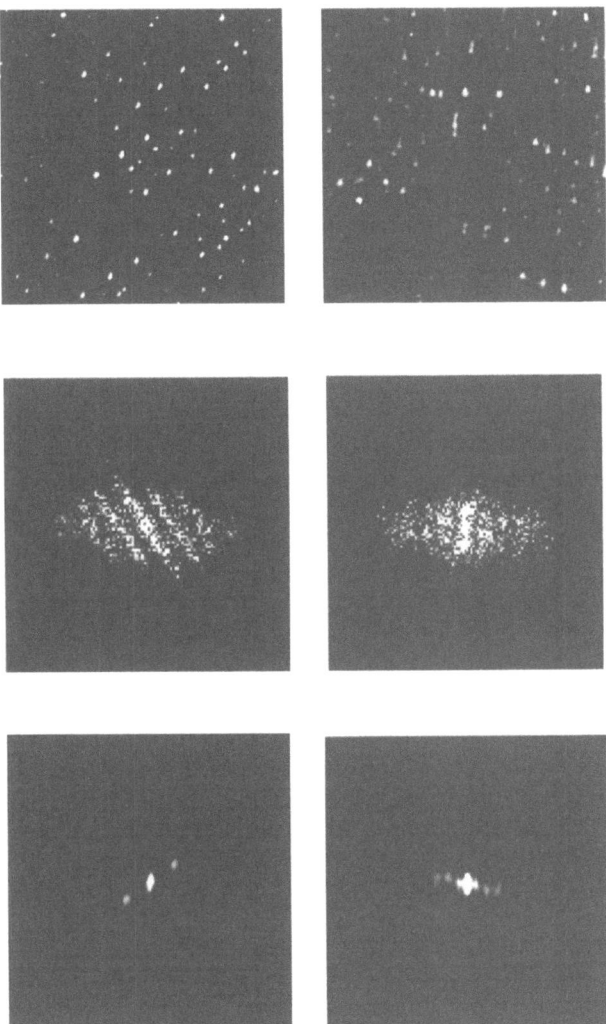

Bild 3.41: Zwei, der Teilchenaufnahme Bild 3.35 entnommene Abtastflecken b_{ik} mit durch Mehrfachbelichtung erhaltenen Teilchenbildern (oben) sowie zugehörige Interferenzstreifen (Mitte) und Autokorrelationsfunktionen φ_{ik} (unten). Bei dem in der linken Spalte dargestellten Beispiel ist die Ortsveränderung der Teilchen innerhalb des Abtastfleckens gleichförmig, bei dem in der rechten Spalte dargestellten Fall ändert sich die Geschwindigkeit innerhalb des Abtastfleckens.

und

$$U_{ik} = \frac{1}{M} \frac{\zeta_{ik} \cos\gamma}{\Delta t} \qquad (3.71)$$

$$W_{ik} = \frac{1}{M} \frac{\zeta_{ik} \sin\gamma}{\Delta t} \qquad (3.72)$$

berechnet werden. Dieser Weg wird aber wegen der Unsicherheit bei der Winkelbestimmung und den nicht immer gut ausgebildeten Interferenzstreifen (Bild 3.41 Mitte rechts) nur selten beschritten. Statt dessen wird über eine weitere Fouriertransformation, die meist mit einem Rechner ausgeführt wird, aus den Streifenbildern die zweidimensionale Autokorrelationsfunktion φ_{ik} für den Abtastflecken b_{ik} berechnet. Hierfür muß dann jedes einzelne Interferenzstreifensystem digitalisiert werden. Die beiden in Bild 3.41 unten dargestellten räumlichen Autokorrelationsfunktionen φ_{ik} wurden jeweils aus den in Bild 3.41 Mitte dargestellten Interferenzstreifensystemen berechnet.

Aber auch die zweite Fouriertransformation kann noch optisch vorgenommen werden. Hierfür muß dann anstelle einer Teilchenaufnahme die Aufnahme eines einzelnen Interferenzstreifensystems in einem zweiten optischen Fourierprozessor analysiert werden. Dies ist sehr mühsam, weil dann jedes Interferenzstreifensystem zuerst auf einem Film aufgenommen werden muß. Um diese Schwierigkeiten zu umgehen, hat Vogt (1993) jedes bei der ersten optischen Fouriertransformation (Bild 3.40) gewonnene Streifensystem mit Hilfe einer CCD Kamera und einer transparenten Flüssigkristallprojektionsfläche (Spatial-Light-Modulator) direkt im Strahlengang eines nachgeschalteten zweiten Fourierprozessors (Bild 3.42) abgebildet. Beim zweiten Prozessor mußte der Laserstrahldurchmesser durch Aufweiten der Größe der Projektionsfläche (40 mm × 53 mm) angepaßt werden. Die so auf rein optischem Wege erhaltenen Bilder entsprechen den in Bild 3.41 unten gezeigten Autokorrelationsfunktionen φ_{ik}. Diese werden dann mit einer

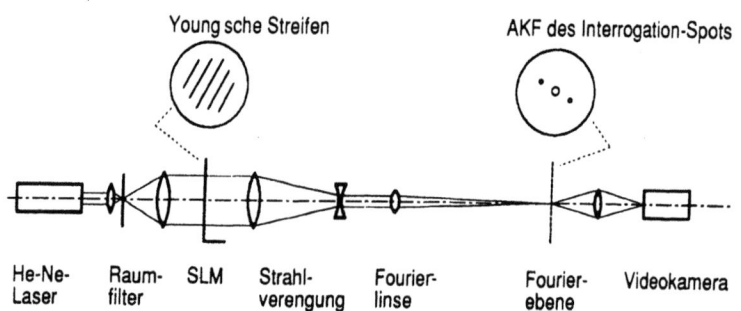

Bild 3.42: Optischer Fourierprozessor mit Flüssigkristallprojektionsfläche (SLM) zur Abbildung der Interferenzstreifen (Vogt 1993).

zweiten Videokamera aufgenommen, digitalisiert und daraus mit Hilfe eines Rechners die Koordinaten der gesuchten Ortsveränderung ΔX_{ik}, ΔZ_{ik} berechnet.

Wie gezeigt wurde, lassen sich die Ortsveränderungen der Teilchen auf vier verschiedenen Wegen gewinnen:

1. mit einem Rechner aus der zweidimensionalen räumlichen Autokorrelation der digitalisierten Teilchenaufnahmen,
2. mit einem Rechner aus zwei nacheinander ausgeführten räumlichen Fouriertransformationen der digitalisierten Teilchenaufnahmen,
3. aus einer optisch ausgeführten Fouriertransformation und mit einem Rechner nach Digitalisierung des Streifenmusters über eine Rücktransformation,
4. aus zwei nacheinander ausgeführten optischen Fouriertransformationen.

Aus den so gewonnenen Ortsveränderungen ΔX_{ik}, ΔZ_{ik} in X,Z-Richtung wird dann mit Hilfe der Gl. (3.66) und (3.67) ein Geschwindigkeitsvektor, der der Mitte eines jeden Abtastfleckens b_{ik} zugeordnet wird, berechnet. Als Beispiel zeigt Bild 3.43 oben noch einmal die schon in Bild 3.35 gezeigte Teilchenaufnahme, die durch Mehrfachbelichtung im Nachlauf hinter einem Zylinder von Brede (1994) in einer Wasserströmung gewonnen wurde. Bild 3.43 Mitte stellt die Gesamtheit aller berechneten Vektoren zu einem vorgegebenen Zeitpunkt dar. Dabei wurde zur besseren Darstellung der Wirbelstraße hinter dem Zylinder von den berechneten Geschwindigkeitskomponenten in x-Richtung das 0,8-fache der Anströmgeschwindigkeit abgezogen. Diese Aufnahme enthält noch zahlreiche Fehlstellen, die daran zu erkennen sind, daß einzelne Vektoren nicht in den Verband der anderen hineinpassen, weil sie eine ganz andere Richtung oder einen völlig anderen Betrag als die Nachbarvektoren besitzen (z.B. Vektoren auf der linken Seite im ersten und zweiten Wirbel). Solche Vektoren können durch Suchalgorithmen mit einem Rechner oder, nachdem das berechnete Vektorfeld auf einem Bildschirm dargestellt ist, mit dem Auge gefunden und durch einen aus den Nachbarwerten durch Mittelung erhaltenen Vektor ersetzt werden (Landreth und Adrian 1989). Außer Fehlstellen, die sich so einzeln "reparieren" lassen, treten noch Schwankungen durch Hintergrundrauschen oder durch räumliche Mittelung über die Lichtschnitttiefe auf, die nur durch eine räumliche Filterung des Vektorfelds beseitigt werden können. Ein so durch Aussondern von Vektoren und Filtern aus Bild 3.43 Mitte gewonnenes Geschwindigkeitsfeld zeigt Bild 3.43 unten.

3.3.1.4 Dreidimensionale Aufzeichnung von Geschwindigkeitsfeldern

Zur zweidimensionalen Aufzeichnung von Geschwindigkeitsfeldern reicht eine einzelne Kamera mit optischer Achse senkrecht zur Lichtschnittebene aus (Bild 3.34). Mit einer

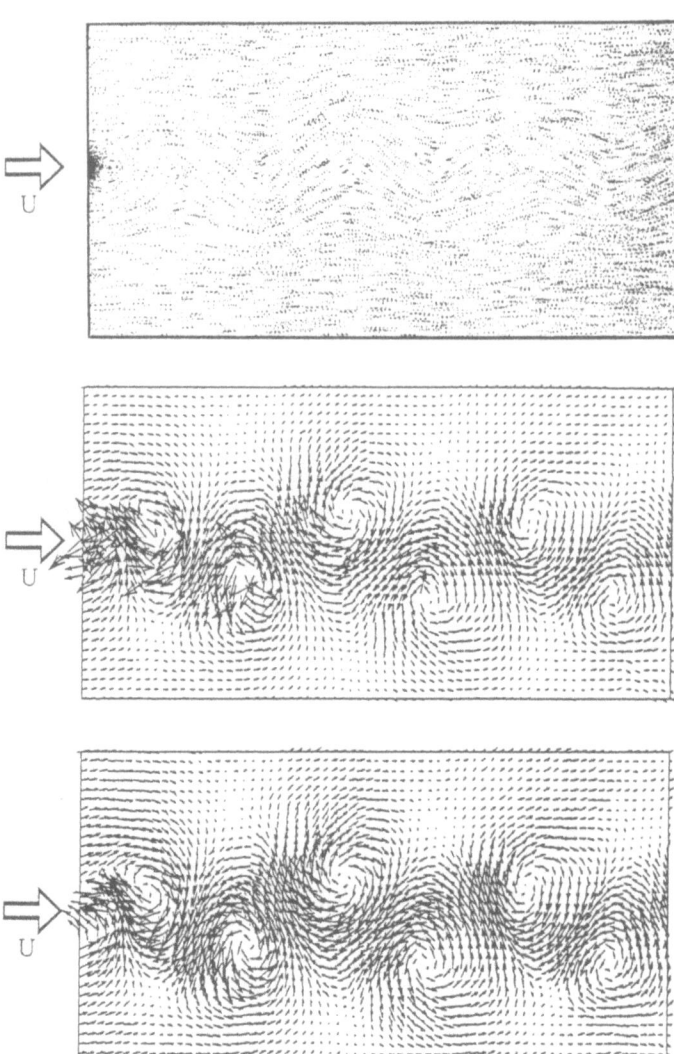

Bild 3.43: Durch Mehrfachbelichtung im Nachlauf hinter einem Zylinder gewonnene Teilchenaufnahme (oben). Daraus berechnetes Geschwindigkeitsfeld mit fehlerhaften Vektoren (Mitte). Durch Aussondern fehlerhafter Vektoren und räumliches Filtern gewonnenes Geschwindigkeitsfeld (unten) (Brede 1994).

solchen Kameraanordnung können die Projektionen der Ortsveränderungen der Streuteilchen in die Lichtschnittebene, d.h. die Δx und die Δz Koordinaten, gemessen und der halben Lichtschnitttiefe zugeordnet werden. Durch gleichzeitige Beobachtung mit zwei Kameras unter den Winkeln α_1 und α_2 gegen die Senkrechte zur Lichtschnittebene (Bild 3.44) kann aus den unterschiedlich gesehenen Ortsveränderungen Δx_1 und Δx_2 die Ortsveränderung Δy in Lichtschnitttiefe gemessen werden. Auch in diesem Fall liegt die Bezugsebene in der Tiefe $\Delta y_0/2$. Es gilt

$$\Delta x = \Delta x_1 + (\Delta x_2 - \Delta x_1) \frac{\operatorname{tg}\alpha_2}{\operatorname{tg}\alpha_1 + \operatorname{tg}\alpha_2} \qquad (3.73)$$

$$\Delta y = (\Delta x_2 - \Delta x_1) \frac{1}{\operatorname{tg}\alpha_1 + \operatorname{tg}\alpha_2}. \qquad (3.74)$$

Entsprechend ergibt sich für die Ortsveränderung

$$\Delta z = \Delta z_1 + (\Delta x_2 - \Delta x_1) \frac{\operatorname{tg}\beta}{\operatorname{tg}\alpha_1 + \operatorname{tg}\alpha_2} \qquad (3.75a)$$

$$\Delta z = \Delta z_2 + (\Delta x_2 - \Delta x_1) \frac{\operatorname{tg}\beta}{\operatorname{tg}\alpha_1 + \operatorname{tg}\alpha_2}. \qquad (3.75b)$$

Die Ortsveränderung Δz wird von beiden Kameras unter demselben Winkel β gesehen und kann entweder aus Δz_1 oder aus Δz_2 berechnet werden. Ein etwaiger Unterschied zwischen beiden Werten ist ein Maß für die Genauigkeit dieser Meßmethode.

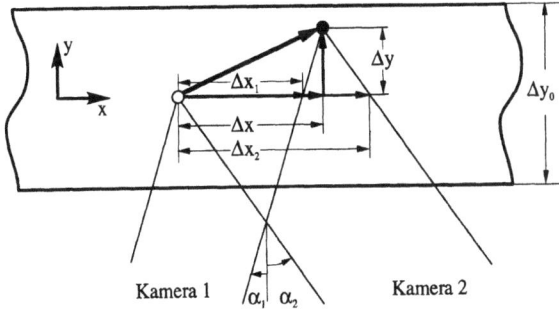

Bild 3.44: Lichtschnitt der Tiefe Δy_0 und Projektion der Bewegung eines Streuteilchens in die xy-Ebene. Δx ist die Ortsveränderung, die mit einer Kamera mit optischer Achse senkrecht zur Lichtschnittebene gemessen wird. Durch Beobachtung mit zwei Kameras aus unterschiedlichen Richtungen werden unterschiedliche Strecken Δx_1 und Δx_2 gesehen, aus denen die Ortsveränderung Δy berechnet werden kann.

194   3 Optische Meßmethoden

Wie bei einer zweidimensionalen wird auch bei der dreidimensionalen Geschwindigkeitsfeldmessung die Ortsveränderung aus einer Mittelung über viele im Abtastflecken b_{ik} vorhandene Streuteilchenbilder gewonnen. Dabei wird jede der beiden Stereoaufnahmen (Bild 3.45) wie eine einfache zweidimensionale Aufzeichnung behandelt, aus der die Ortsveränderungen ΔX_{ik1}, ΔZ_{ik1} bzw. ΔX_{ik2}, ΔZ_{ik2} in der Bildebene für sich entsprechende Abtastflecken ermittelt werden. Der Index 1 oder 2 bezeichnet die jeweilige Kamera. Bis auf die in der Symmetrieebene zwischen den Kameras aufgenommenen Streuteilchen werden diese jeweils unter einem anderen Winkel ($\alpha_1 \pm \alpha_2$) gesehen. Dadurch können bei den aufgenommenen Ortsveränderungen in den Bildebenen 1 und 2 unterschiedliche Verzerrungen auftreten, so daß die Koordinaten sich entsprechender Abtastflecken nicht mehr unmittelbar bekannt sind. Eine Zuordnung kann dann über eine Kreuzkorrelation (die Ortveränderung ΔZ ist in beiden Bildebenen gleich) oder durch eine Kalibrierung erfolgen. Im letzten Fall können zur Ermittlung eines gemeinsamen Koordinatensystems z.B. in der Lichtschnittebene angebrachte Marken oder schon im Strömungsfeld befindliche Gegenstände dienen.

Zwischen den aus beiden Aufnahmen für sich entsprechende Abtastflecken b_{ik1}, b_{ik2} ermittelten Ortsveränderungen ΔX_{ik1}, ΔZ_{ik1} bzw. ΔX_{ik2}, ΔZ_{ik2} in der Bildebene, wofür

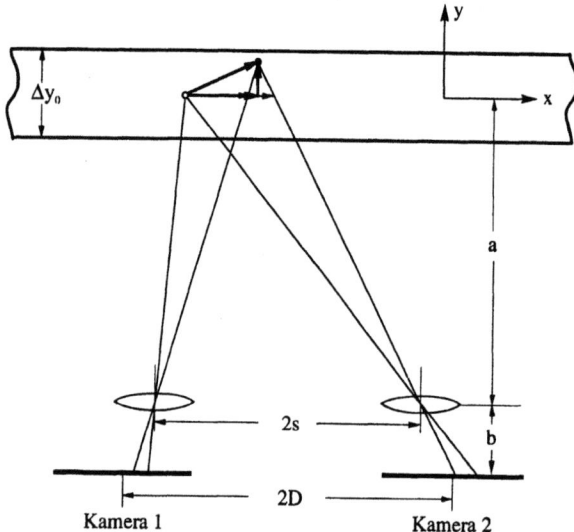

Bild 3.45:   Prinzipielle Anordnung für eine stereskopische Messung der Ortsveränderung von Streuteilchen in der Lichtschnittebene. a: Objektweite, b: Gegenstandsweite, 2 s: Abstand der Kameraobjektive, 2D: Abstand zwischen den Mitten der Bildebenen.

eine der im Unterkap. 3.3.1.3 beschriebenen Methoden benutzt werden kann, und den Ortsveränderungen in der Lichtschnittebene (Objektebene) bestehen nach Prasad und Adrian (1993) die folgenden Beziehungen:

$$\Delta y_{ik} = \frac{-a}{2 M s - (\Delta X_{ik1} - \Delta X_{ik2})} \quad (3.76)$$

$$\Delta x_{ik} = \frac{\Delta X_{ik1}(x_{ik} - s) - \Delta X_{ik2}(x_{ik} + s)}{2 M s - (\Delta X_{ik1} - \Delta X_{ik2})} \quad (3.77)$$

$$\Delta z_{ik} = \frac{-z_{ik} \Delta y_{ik}}{a} + \frac{\Delta Z_{ik1} + \Delta Z_{ik2}}{2 M} \left[\frac{\Delta y_{ik}}{M} - 1 \right]. \quad (3.78)$$

Es bedeuten x_{ik}, z_{ik} die durch Kalibrierung ermittelten Koordinaten der Abtastflecken b_{ik1} und b_{ik2} in der Objektebene und a die Objektweite, die hier anstelle der drei Winkel α_1, α_2, β (Bild 3.44) benutzt werden sowie $M = b/a$ den Abbildungsmaßstab und s den halben Abstand der Kameraobjektive (Bild 3.45). Aus den Gleichungen (3.76) bis (3.78) ergeben sich nach Division durch den zeitlichen Abstand Δt zwischen den einzelnen Belichtungen die drei Geschwindigkeitskomponenten

$$U_{ik} = \frac{\Delta x_{ik}}{\Delta t} \quad (3.79)$$

$$V_{ik} = \frac{\Delta y_{ik}}{\Delta t} \quad (3.80)$$

$$W_{ik} = \frac{\Delta z_{ik}}{\Delta t}, \quad (3.81)$$

die der Mitte des Abtastfleckens b_{ik} zugeordnet werden.

Der beiden Kameras gemeinsame Bildausschnitt läßt sich bei der in Bild 3.45 gewählten Anordnung, bei der beide Bildebenen parallel zur Lichtschnittebene verlaufen, durch Verschieben der Bild- bzw. Filmebenen nach außen vergrößern. Dabei ergibt sich der halbe Abstand D zwischen den Mitten der beiden Bildebenen aus dem halben Objektivabstand s und dem Abbildungsmaßstab M zu

$$D = (1 + M) s. \quad (3.82)$$

3.3.2 Laser-Speckle-Velocimetry (LSV)

Die Laser-Speckle-Velocimetry arbeitet mit einer so hohen Teilchendichte ($P_p \gg 1$, Gl. 3.59), daß individuelle Teilchenbilder auf den Aufnahmen nicht mehr zu erkennen sind.

Die von den vielen Streuteilchen ausgehenden kohärenten Wellen überlagern sich mit unterschiedlicher Phase in der Bildebene zu einem Fleckenmuster, das sich wie die einzelnen Teilchenbilder bei der Particle-Image-Velocimetry mit der Strömung mitbewegt. Die durch Doppel- oder Mehrfachbelichtung gewonnenen Fleckenmuster können wie die Teilchenbilder mit Hilfe räumlicher Korrelationsalgorithmen oder auch optisch ausgewertet werden (vergl. 3.3.1.3). Da die Fleckenmuster meist gleichmäßig über eine Aufnahme verteilt sind, lassen sie eine lückenlose Geschwindigkeitsmessung über das gesamte abgebildete Feld zu, was aber durch eine etwas ungenauere Ortsbestimmung bezahlt werden muß. Hinzu kommt, daß bei einer hohen Teilchendichte die Durchsichtigkeit des Strömungsfelds leidet. Wegen dieser Nachteile wird die Laser-Speckle- Velocimetry nur selten angewendet. Es gibt außerdem eine Methode gleichen Namens, die auch auf einer Fleckenmusterverschiebung beruht, die aber nicht durch eine Teilchenbewegung, sondern durch eine lokale Dichteänderung des Fluids und einer damit verbundenen Brechungsindexänderung (Gl. 3.84) hervorgerufen wird. Diese auch als Speckle-Photographie bezeichnete Methode geht auf Debrus et al. (1972) und Köpf (1972) zurück und ist mit dem in Kapitel 3.4.2 beschriebenen Schlierenverfahren verwandt.

3.3.2.1 Speckle-Photographie

Jenes Prinzip der Speckle-Photographie, das auf einer Brechungsindexänderung beruht, soll an dem von Wernekinck und Merzkirch (1987) benutzten Aufbau (Bild 3.46) beschrieben werden. Das zu untersuchende Strömungsfeld wird mit einem aufgeweiteten Laserstrahl auf einer Mattscheibe abgebildet. Durch Belichtung einmal mit und einmal ohne Strömung entstehen auf einer Aufnahme zwei Fleckenmuster, die dann wie Teilchenaufnahmen punktweise ausgewertet werden müssen (vgl. 3.3.1.3).

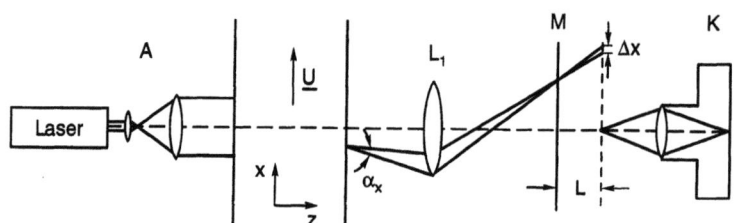

Bild 3.46: Schematischer Aufbau der Speckle-Photographie. A: Optik zum Aufweiten des Laserstrahls, L_1: Linse, M: Mattscheibe. Die Kamera K wird auf eine Ebene im Abstand L von der Mattscheibe fokussiert (Wernekinck und Merzkirch 1987).

Ein Punkt des Strömungsfeldes wird mit und ohne Strömung im gleichen Punkt auf der Mattscheibe abgebildet. Um ein veränderliches Fleckenmuster zu erhalten, wird die Kamera auf eine Ebene im Abstand L vor der Mattscheibe fokussiert. Dadurch werden die einzelnen Strahlen, abhängig vom Winkel α_x oder α_y, unter dem sie das Strömungsfeld verlassen, um Δx bzw. Δy voneinander getrennt. Wie Bild 3.45 zeigt, gilt für zwei sich entsprechende Strahlen (ohne und mit Strömung)

$$\Delta x = \alpha_x L. \qquad (3.83)$$

Eine entsprechende Beziehung besteht auch zwischen Δy und α_y. Damit lassen sich mit der Speckle-Photographie und unter Ausnutzen der für die Particle-Image-Velocimetry entwickelten Auswerteverfahren durch Messen der Ortsveränderungen Δx und Δy lokal die Winkel α_x (Gl. 3.93) und α_y (Gl. 3.94) bestimmen und damit quantitative Aussagen über das Dichtefeld der Strömung machen, was mit dem Schlierenverfahren (Kap. 3.4.2) nicht möglich ist.

3.3.3 Particle-Tracking-Velocimetry (PTV)

Die Particle-Tracking-Velocimetry ist eine Methode zur Bestimmung von Geschwindigkeitsvektoren innerhalb eines Beobachtungsvolumens. Dabei werden die Koordinaten einer großen Anzahl von Streuteilchen vermessen. Dies geschieht mit Hilfe mehrerer Video- oder Filmkameras, die die in einem endlichen Volumen des Strömungsfelds vorhandenen Streuteilchen gleichzeitig aus verschiedenen Richtungen aufnehmen. Die stereoskopisch aufgezeichneten Daten werden digitalisiert und die sich auf den einzelnen Aufnahmen entsprechenden Teilchen identifiziert und dann Bild für Bild verfolgt. Hierbei können Farbe und Größe der Teilchen hilfreiche Parameter sein. Da hier nicht über viele Teilchen gemittelt wird, sondern die Bahnkurven einzelner Teilchen ermittelt werden, muß die Teilchendichte wesentlich geringer als bei der Particle-Image-Velocimetry sein. Hinzu kommt, daß für beide Methoden dieselben Beleuchtungsquellen (Rubin-, Nd: YAG-, Kupferdampf-, He-Ne-Laser) zur Verfügung stehen und bei der Particle-Tracking-Velocimetry im allgemeinen ein wesentlich größeres Volumen ausgeleuchtet werden muß, so daß, um ausreichend Streulicht zu erhalten, mit größeren Teilchen gearbeitet werden muß. Dies ist aber nur in Flüssigkeiten wegen der besseren Dichteanpassung der Teilchen sinnvoll.

Als Beispiel zeigt Bild 3.47 Bahnlinien von etwa 1000 Streuteilchen, die aus einer Sequenz von 31 Aufnahmen von Malik, Dracos und Papantoniou (1993) mit Hilfe der Particle-Tracking-Velocimetry gewonnen wurden. Zur Erzeugung eines turbulenten

Nachlaufs wurde ein Gitter durch einen Wassertank gezogen und das so erzeugte Geschwindigkeitsfeld mit 25 Bildern pro Sekunde stereoskopisch aufgenommen. In Bild 3.47 ist nur ein Ausschnitt des Strömungsfeldes dargestellt.

Die bei der Particle-Tracking-Velocimetry erreichte Auflösung - ein paar tausend Vektoren im Beobachtungsvolumen - ist geringer als bei der Particle-Image-Velocimetry, bei der in einer dünnen Schicht des Strömungsfelds zu einem vorgegebenen Zeitpunkt leicht einige tausend Vektoren auf einmal erhalten werden können.

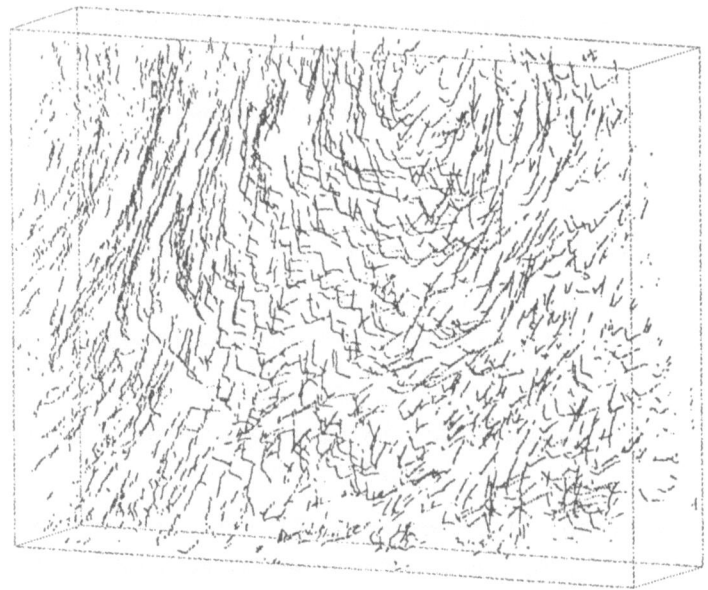

Bild 3.47: Hinter einem Turbulenzgitter mit Hilfe der Particle-Tracking-Velocimetry gewonnene Bahnlinien. Das dargestellte Volumen beträgt 20 × 16 × 5 cm³ (Malik, Dracos, Papantoniou 1993).

3.4 Optische Verfahren, die auf der Dichteabhängigkeit des Brechungsindex beruhen

Die in diesem Abschnitt dargestellten optischen Meßverfahren beruhen darauf, daß sich die Dichte des Fluids entweder lokal oder zeitlich ändert. Bei Gasströmungen können

3.4 Optische Verfahren, die auf der Dichteabhängigkeit des Brechungsindex beruhen   199

Dichteänderungen im Strömungsfeld durch Umwandlung von kinetischer in potentielle Energie, z. B. durch Aufstau vor einem Körper, entstehen. Man spricht dann von einer kompressiblen Strömung. Wie im Unterkap. 1.1.2.2 gezeigt wurde, kann die Kompressibilität von Luft bis etwa 60 m/s vernachlässigt werden (1% Fehler bei der Geschwindigkeitsmessung). Eine Luftströmung unter 60 m/s kann aber auch nennenswerte Dichteänderungen zeigen, wenn der Strömung Energie von außen in Form von Wärme zugeführt wird. Man denke an eine bei konstantem Druck ablaufende Konvektionsströmung (aufsteigende Luft über einem Heizkörper), bei der die relative Dichteänderung $\Delta \rho/\rho$ proportional der relativen Temperaturänderung $-\Delta T/T$ ist. Auch Flüssigkeitsströmungen können lokale und zeitliche Dichteänderungen aufweisen, wenn z.B. Flüssigkeitsströme verschiedener Dichten zusammentreffen, z.B. Salz- und Süßwasser oder kaltes und warmes Wasser.

Mit der Dichte ρ ändert sich auch der Brechungsindex n des Fluids. Für Gase und verdünnte Lösungen gilt die Gladstone–Dale-Beziehung (siehe z.B. Pohl 1958 oder Merzkirch 1974, 1981)

$$n - 1 = K \rho . \qquad (3.84)$$

Die Konstante K, die von der Lichtwellenlänge λ und der Temperatur T abhängt, besitzt für Luft, $\lambda = 567{,}7$ nm (grünes Licht) und T = 288 K einen Wert von $0{,}2264 \cdot 10^{-3}$ m³/Kg.

Der Brechungsindex eines Fluids ist im allgemeinen Fall eine Funktion des Ortes n = n (x,y,z). Bei einer instationären Strömung hängt er zusätzlich noch von der Zeit ab. Ein Parallellichtbündel, das ein durchsichtiges Fluid mit veränderlichem Brechungsindex durchdringt, wird abgelenkt (α), erfährt dadurch eine Strahlverschiebung ($\overline{PP'}$) und erleidet einen Gangunterschied $\Delta s = s - s'$ (Bild 3.48).

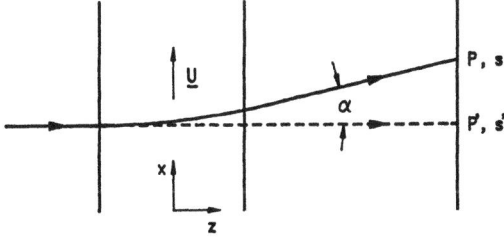

Bild 3.48:   Ablenkung eines Lichtstrahls beim Durchgang durch ein Fluid mit veränderlicher Dichte.

Nach dem Fermatschen Prinzip legt das Licht den Weg zwischen zwei Punkten im Raum in möglichst kurzer Zeit zurück. Anders ausgedrückt: Ein Lichtstrahl verbindet zwei Punkte des Raumes auf einem Weg, dessen optische Weglänge kürzer ist als die jedes Nachbarweges, d.h.

$$\int dt = \int \frac{ds}{c(x,y,z)} \sim \int n(x,y,z)\, ds = \text{Min.} \tag{3.85}$$

Hierbei bedeuten c die Lichtgeschwindigkeit und $ds = \sqrt{dx^2 + dy^2 + dz^2}$ das Differential in Richtung des Lichtwegs. Die Lösung dieses Variationsproblems führt auf die Euler–Lagrangeschen-Differentialgleichungen der Form (Merzkirch 1974),

$$\frac{d}{ds}\left(n\frac{dx}{ds}\right) = \frac{\partial n}{\partial x}, \tag{3.86}$$

$$\frac{d}{ds}\left(n\frac{dy}{ds}\right) = \frac{\partial n}{\partial y}, \tag{3.87}$$

$$\frac{d}{ds}\left(n\frac{dz}{ds}\right) = \frac{\partial n}{\partial z}, \tag{3.88}$$

die für die gesuchten Funktionen x(s), y(s), z(s) drei gewöhnliche Differentialgleichungen zweiter Ordnung darstellen. Da sich für dieses Problem keine exakte Lösung angeben läßt, d.h. aus der Strahlverschiebung oder der Ablenkung (Bild 3.48) nicht eindeutig auf die Dichteverteilung des Strömungsfelds geschlossen werden kann, sind die auf der Bestimmung dieser beiden Größen basierenden Schatten– bzw. Schlierenverfahren nur für qualitative Untersuchungen des Strömungsfelds geeignet.

Für parallel zur z–Achse einfallendes Licht konnte Weyl (1954) den in den Gleichungen (3.86) bis (3.88) auftretenden Parameter s eliminieren und erhielt

$$\frac{d^2x}{dz^2} = \left[1 + \left(\frac{dx}{dz}\right)^2 + \left(\frac{dy}{dz}\right)^2\right] \left[\frac{1}{n}\frac{\partial n}{\partial x} - \frac{dx}{dz}\frac{1}{n}\frac{\partial n}{\partial z}\right], \tag{3.89}$$

$$\frac{d^2y}{dz^2} = \left[1 + \left(\frac{dx}{dz}\right)^2 + \left(\frac{dy}{dz}\right)^2\right] \left[\frac{1}{n}\frac{\partial n}{\partial y} - \frac{dy}{dz}\frac{1}{n}\frac{\partial n}{\partial z}\right]. \tag{3.90}$$

Merzkirch (1974, 1981) vereinfacht diese Gleichungen weiter und erhält unter den Voraussetzungen, daß die Abweichung des Lichtbündels von der z–Richtung vernachlässigbar klein ist (dx/dz, dy/dz<<1), daß aber das Lichtbündel, das Strömungsfeld mit einer

3.4 Optische Verfahren, die auf der Dichteabhängigkeit des Brechungsindex beruhen

nicht vernachlässigbaren Krümmung verläßt und daß $\partial n/\partial x$, $\partial n/\partial y$ und $\partial n/\partial z$ von gleicher Größenordnung sind

$$\frac{d^2x}{dz^2} = \frac{1}{n}\frac{\partial n}{\partial x}, \qquad (3.91)$$

$$\frac{d^2y}{dz^2} = \frac{1}{n}\frac{\partial n}{\partial y}. \qquad (3.92)$$

Durch Integration ergeben sich daraus die Ablenkwinkel α_x (Bild 3.49) und α_y

$$\alpha_x = \frac{dx}{dz}\bigg|_{z_2} = \int_{z_1}^{z_2} \frac{1}{n}\frac{\partial n}{\partial x}\,dz, \qquad (3.93)$$

$$\alpha_y = \frac{dy}{dz}\bigg|_{z_1} = \int_{z_1}^{z_2} \frac{1}{n}\frac{\partial n}{\partial y}\,dz, \qquad (3.94)$$

und die Strahlverschiebungen in x– und y–Richtung

$$\overline{P_x P'_x} = L\frac{dx}{dz}\bigg|_{z_2} = L\int_{z_1}^{z_2} \frac{1}{n}\frac{\partial n}{\partial x}\,dz, \qquad (3.95)$$

$$\overline{P_y P'_y} = L\frac{dy}{dz}\bigg|_{z_2} = L\int_{z_1}^{z_2} \frac{1}{n}\frac{\partial n}{\partial y}\,dz. \qquad (3.96)$$

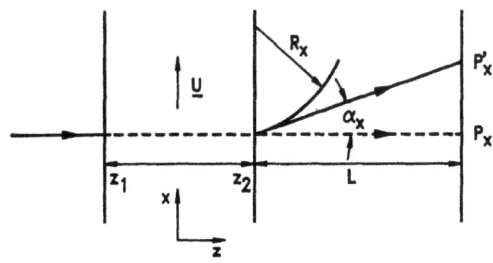

Bild 3.49: Lichtablenkung in x–Richtung in einem homogenen Strömungsfeld

Für den Gangunterschied zwischen den Lichtwegen mit und ohne Strömung erhält man

$$\Delta s = \int_{z_1}^{z_2} (n - n_o) \, dz \, . \tag{3.97}$$

Der Gangunterschied zwischen zwei um Δx bzw. Δy getrennten Lichtwegen ergibt sich zu

$$\Delta s_x = \int_{z_1}^{z_2} \left[n(x+\Delta x, y, z) - n(x, y, z) \right] dz \approx \Delta x \int_{z_1}^{z_2} \frac{\partial n}{\partial x} \, dz \, , \tag{3.97a}$$

$$\Delta s_y = \int_{z_1}^{z_2} \left[n(x, y+\Delta y, z) - n(x, y, z) \right] dz \approx \Delta y \int_{z_1}^{z_2} \frac{\partial n}{\partial y} \, dz \, . \tag{3.97b}$$

Je nachdem, ob die Strahlverschiebung, die Winkelablenkung oder der Gangunterschied ausgenutzt wird, spricht man vom Schatten-, Schlieren- oder Interferenzverfahren. Für eine quantitative Auswertung eignet sich nur das Interferenzverfahren, bei dem ein durch das Strömungsfeld gelaufenes Strahlenbündel mit einem kohärenten, am Strömungsfeld vorbeigeführten Strahlenbündel verglichen wird. Allen drei Verfahren gemeinsam ist, daß das Strömungsfeld bei der Messung nicht durch Einbringen von Sonden oder Streuteilchen gestört wird. Jedoch muß in allen drei Fällen ein ebenes oder rotationssymmetrisches Strömungsfeld vorausgesetzt werden. Das Licht muß dabei die Strömung in Richtung des konstanten Zustandes (z–Richtung) durchdringen. Ein Vorteil dieser Verfahren ist, daß über das gesamte Strömungsfeld gleichzeitig eine Aussage gemacht werden kann.

3.4.1 Schattenverfahren

Das Schattenverfahren kommt in seiner einfachsten Form ohne optische Komponenten aus. Man denke an die Schattenbilder an der Wand über einem sonnenbestrahlten Heizkörper. Das von Dvorak (1880), einem Mitarbeiter von E. Mach, erstmals angegebene Schattenverfahren arbeitet mit einer punktförmigen Lichtquelle. Im Labor wird heute meist paralleles Licht benutzt, das mit Hilfe einer Linse L_1 (Bild 3.50) oder eines Parabolspiegels erzeugt wird. Als Lichtquelle dient ein von hinten beleuchteter Spalt B oder eine Lochblende. Das Strömungsfeld wird in Richtung seines konstanten Zustandes durchstrahlt. Ein in der Bildebene E angebrachter Schirm würde schon ein Schattenbild

3.4 Optische Verfahren, die auf der Dichteabhängigkeit des Brechungsindex beruhen

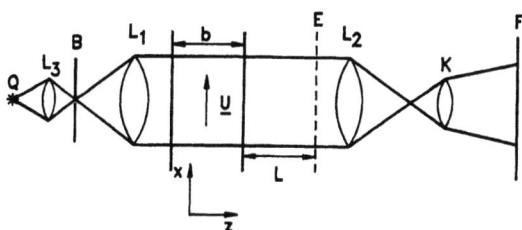

Bild 3.50: Schematischer Aufbau des Schattenverfahrens; B: Lochblende; L_1, L_2: Linsen; L_3: Kondensorlinse, Q: Lichtquelle, E: Bildebene; K: Kameraobjektiv; F: Film; $\underline{U}$: Strömungsvektor, L: Abstand der Bildebene vom Strömungskanal, b: Breite des Strömungsfeldes.

der Strömung liefern, aber dieses ist für praktische Zwecke meist zu groß. Mittels einer zweiten Linse L_2 oder eines zweiten Parabolspiegels und eines Kameraobjektivs K kann das in der Bildebene E entstehende Schattenbild auf einem Film F abgebildet werden.

Um zu zeigen, daß beim Schattenverfahren der relative Intensitätsunterschied $\Delta I/I = (I'-I)/I$ der zweiten Ableitung der Dichte bzw. des Brechungsindex proportional ist, wird ein infinitesimal kleines Gebiet der Bildebene E, das ohne Strömung gleichmäßig ausgeleuchtet ist, betrachtet (Bild 3.51).

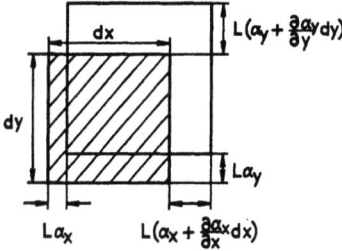

Bild 3.51:
Zur Ableitung des Zusammenhangs zwischen relativer Intensitätsänderung und Brechungsindex- bzw. Dichteänderung

Mit Strömung werden die Strahlen, die vorher die Fläche $F = dx\, dy$ ausgeleuchtet haben, auf die Fläche

$$F' = dx \left[1 + L\frac{\partial \alpha_x}{\partial x}\right] dy \left[1 + L\frac{\partial \alpha_y}{\partial y}\right] \qquad (3.98a)$$

$$\approx dx\, dy \left[1 + L\frac{\partial \alpha_x}{\partial x} + L\frac{\partial \alpha_y}{\partial y}\right] \qquad (3.98b)$$

verteilt. Unter der Voraussetzung, daß die relative Intensitätsänderung gleich der relativen Flächenänderung ist, also

$$\frac{\Delta I}{I} = \frac{F'-F}{F} = L\left[\frac{\partial \alpha_x}{\partial x} + \frac{\partial \alpha_y}{\partial y}\right] \tag{3.99}$$

wird, ergibt sich für $z_2 - z_1 = b$ (Breite des Strömungsfeldes) mit Gl. (3.93) und (3.94)

$$\frac{\Delta I}{I} = L \int_0^b \frac{1}{n} \left(\frac{\partial^2 n}{\partial x^2} + \frac{\partial^2 n}{\partial y^2}\right) dz. \tag{3.100}$$

Bei einem ebenen Strömungsfeld hängt der Brechungsindex nicht mehr von z ab ($\frac{\partial}{\partial z} = 0$) und es gilt

$$\frac{\Delta I}{I} = \frac{b\,L}{n}\left(\frac{\partial^2 n}{\partial x^2} + \frac{\partial^2 n}{\partial y^2}\right). \tag{3.101}$$

Mit der Gladstone–Dale-Beziehung Gl. (3.84) ergibt sich dann

$$\frac{\Delta I}{I} \sim \left[\frac{\partial^2 \rho}{dx^2} + \frac{\partial^2 \rho}{\partial y^2}\right]. \tag{3.102}$$

Beim Schattenverfahren ist die relative Intensitätsänderung, also der Unterschied zwischen Schatten und Aufhellung der zweiten Ableitung der Dichte proportional. Wegen dieses komplizierten Zusammenhangs ist dieses Verfahren für eine quantitative Auswertung der Dichteverteilung eines Strömungsfeldes ungeeignet. Das Schattenverfahren kann aber auf einfache Weise eine Übersicht über ein Strömungsfeld liefern. Bei transsonischen Strömungen und bei Überschallströmungen ist es gut geeignet, Stoßwellen, Verdünnungsfächer, Freistrahlen und Nachläufe sichtbar zu machen.

Das von Bradshaw (1964) mit Hilfe des Schattenverfahrens gewonnene Strömungsfeld einer mit Ma = 1,6 freifliegenden Kugel ist in Bild 3.52 dargestellt. Obwohl es sich hierbei nicht um ein ebenes Strömungsfeld handelt, sind abgelöster Verdichtungsstoß, Verdünnungsfächer und Nachlauf hinter der Kugel deutlich zu erkennen.

3.4 Optische Verfahren, die auf der Dichteabhängigkeit des Brechungsindex beruhen

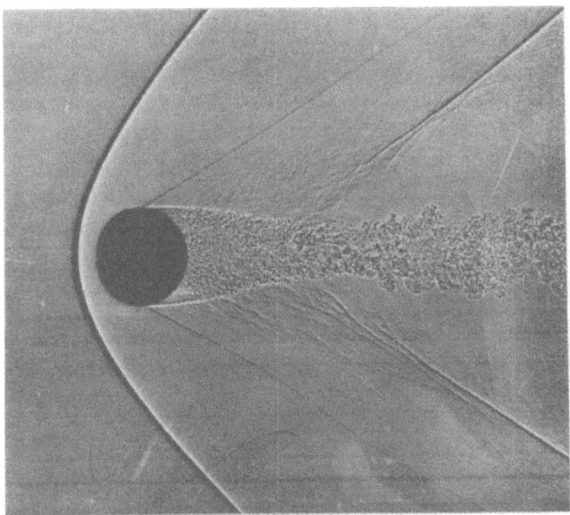

Bild 3.52: Schattenaufnahme einer mit Ma = 1,6 frei fliegenden Kugel (Bradshaw 1964)

3.4.2 Schlierenverfahren

Durch das Einbringen einer geeigneten Blende S in die Brennebene der Linse L_2 (Bild 3.50) geht das Schatten– in das Schlierenverfahren über (Bild 3.53). Hierdurch erhöhen sich gegenüber dem Schattenverfahren Auflösung und Empfindlichkeit.

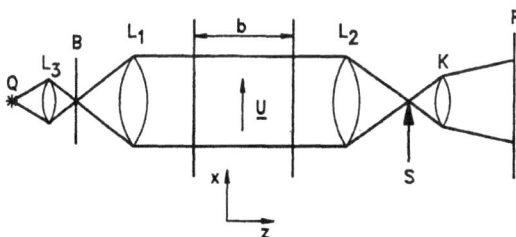

Bild 3.53: Schematischer Aufbau des Schlierenverfahrens; B: Blende; L_1, L_2: Linsen; L_3 Kondensorlinse; Q: Lichtquelle; S: Schlierenkante; K: Kameraobjektiv; F: Film; U: Strömungsvektor; b: Breite des Strömungsfeldes.

Bei den von Toepler (1864) angegebenen Schlierenverfahren wird das Licht, das das zu untersuchende Objekt parallel durchsetzt hat, im Brennpunkt der Linse L_2 gesammelt. Da hier die Lichtverteilung ein Abbild der Lichtquelle (von rückwärts beleuchtete Blende B) ist, sollte die Form der Schlierenkante der der Lichtquelle entsprechen. Als Beispiel ist das Bild einer beleuchteten Spaltblende am Ort der Schlierenkante in Bild 3.54 gezeigt. Ohne Strömung deckt die Schlierenkante S die Hälfte des Lichts der Linse L_2 ab. Durch eine geeignete Orientierung von Blende und Schlierenkante, relativ zum Strömungsfeld, kann eine bestimmte Richtung des Dichtegradienten der Strömung sichtbar gemacht werden. In dem in Bild 3.54 gezeigten Fall führt z.B. eine Verschiebung Δb des Spaltbildes in y-Richtung zu keiner Intensitätsänderung, wohl aber eine Verschiebung Δa in x-Richtung.

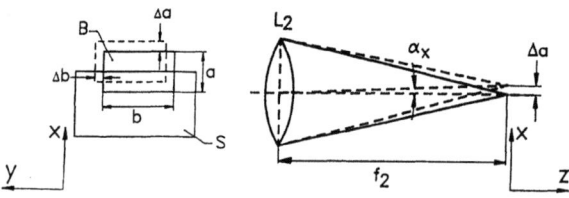

Bild 3.54: Bild einer beleuchteten Spaltblende B, die ohne Strömung zur Hälfte von der Schlierenkante S abgedeckt wird. Mit Strömung wird das Spaltbild um Δa in x-Richtung und Δb in y-Richtung verschoben. Bezeichnungen wie in Bild 3.53; f_2: Brennweite von L_2.

Bei dem Schlierenverfahren ergibt sich für die relative Intensitätsänderung, wie man mit Hilfe von Bild 3.54 leicht zeigen kann,

$$\frac{\Delta I}{I} = \frac{\Delta a}{a/2}. \tag{3.103}$$

Wird die Verschiebung $|\Delta a| > a/2$, versagt das Schlierenverfahren, weil dann entweder alles oder überhaupt kein Licht an der Schlierenkante vorbeikommt. Die sich hieraus ergebende Charakteristik einer Schlierenkante zeigt Bild 3.55.

Mit

$$\Delta a = f_2 \, tg \, \alpha_x \approx f_2 \, \alpha_x \tag{3.104}$$

(Bild 3.54) und durch Einsetzen von Gl. (3.93) erhält man

3.4 Optische Verfahren, die auf der Dichteabhängigkeit des Brechungsindex beruhen 207

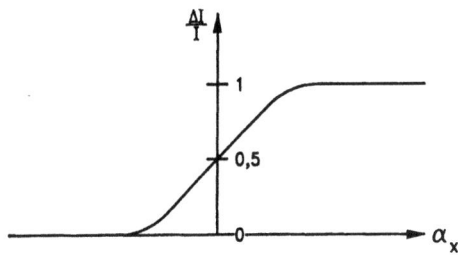

Bild 3.55: Charakteristik einer Schlierenkante

$$\frac{\Delta I}{I} = \frac{2f_2}{a} \int_0^b \frac{1}{n} \frac{\partial n}{\partial x} dz . \qquad (3.105)$$

Für ein ebenes Strömungsfeld ($\frac{\partial}{\partial z} = 0$) der Breite b wird n = n(x,y), und es ergibt sich

$$\frac{\Delta I}{I} = \frac{2f_2}{a} \frac{b}{n} \frac{\partial n}{\partial x} . \qquad (3.106)$$

Mit der Gladstone–Dale-Beziehung Gl. (3.84) folgt dann schließlich

$$\frac{\Delta I}{I} \sim \frac{\partial \rho}{\partial x} . \qquad (3.107)$$

Durch das Einbringen einer Schlierenkante in den Strahlengang wird damit die relative Intensitätsänderung proportional zur ersten Ableitung der Dichte normal zur Schlierenkante. D.h. die Ableitung erniedrigt sich gegenüber dem Schattenverfahren um eins. Trotzdem ist dieses Verfahren für die quantitative Auswertung eines Strömungsfeldes nur bedingt geeignet. Des weiteren sind, wie die hier durchgeführten Rechnungen zeigen, bei der Ableitung von Gl. (3.93) Vereinfachungen gemacht worden, die in der Praxis nicht immer erfüllt sind.

Da große Linsen sehr schwer und unhandlich sind, werden statt dessen bei großen Abmessungen der Versuchsanlagen lieber Konkavspiegel benutzt (Bild 3.56). Bei der Verwendung von Spiegeln können Lichtquelle und Beobachtungsebene (Kamera), da sie sonst stören würden, nicht mehr auf der optischen Achse angeordnet werden. Hierdurch treten Abbildungsfehler auf, die durch einen z–förmigen Strahlengang teilweise kompensiert werden können.

208   3 Optische Meßmethoden

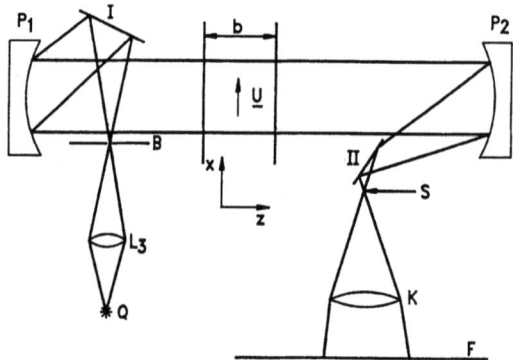

Bild 3.56:   Schematischer Aufbau einer Schlierenapparatur mit Spiegeln; B: Spaltblende; P_1, P_2: Parabolspiegel; L_3 Kondensorlinse; I,II: Planspiegel; S: Schlierenkante; K: Kameraobjektiv; F: Film; $\underline{U}$: Strömungsvektor; b: Breite des Strömungsfeldes.

Da das Auge auf Farbveränderungen empfindlicher als auf Helligkeitsschwankungen reagiert, wird häufig die einfache Schlierenkante (Schneide) durch ein farbiges Gitter oder durch ein Prisma ersetzt. Statt eines in der Helligkeit veränderlichen Bildes wird dann ein farbiges Bild erhalten. Die sog. Farbschlieren sind schon sehr alt und gehen auf Rheinberg (1896) zurück. Durch Anpassung von Form und Größe der Gitter an ein gegebenes Problem kann eine optimale Darstellung gefunden werden. Bild 3.57 zeigt eine Zusammenstellung von Schlieren– und Beleuchtungsblenden zur Erzeugung von Farbschlieren.

Für das Schlierenverfahren sollen zwei Beispiele gegeben werden: Als erstes eine Stoß–Grenzschicht–Wechselwirkung auf der Oberseite eines schlanken Tragflügelprofils bei einer Anströmmachzahl 0,9 und einem Anstellwinkel 2° (Bild 3.58). Für die Aufnahme wurde eine einfache Schlierenkante benutzt (Bradshaw 1964). Die Umströmung eines Plattengitters, die mit einem farbigen Bandgitter (band lattice in Bild 3.57) als Schlierenkante sichtbar gemacht wurde, ist als Schwarz–Weiß–Aufnahme in Bild 3.59 dargestellt. Das Gitter, das aus 20 versetzt angeordneten, 3 mm starken Platten von 60 mm Länge und 125 mm Tiefe besteht, ist parallel zur Anströmung ausgerichtet. Die Machzahl beträgt 0,8 (Lawaczeck und Heinemann 1975). Es sind in der Mitte eine Platte des Gitters, darüber die Vorder– und darunter die Hinterkante jeweils einer weiteren Platte sowie die Befestigungsbolzen der Platten zu sehen. Außer einer Strömungsablösung an der Plattenvorderkante erkennt man konzentrisch von der Plattenhinterkante ausgehende Störungen und eine Wirbelstraße.

3.4 Optische Verfahren, die auf der Dichteabhängigkeit des Brechungsindex beruhen

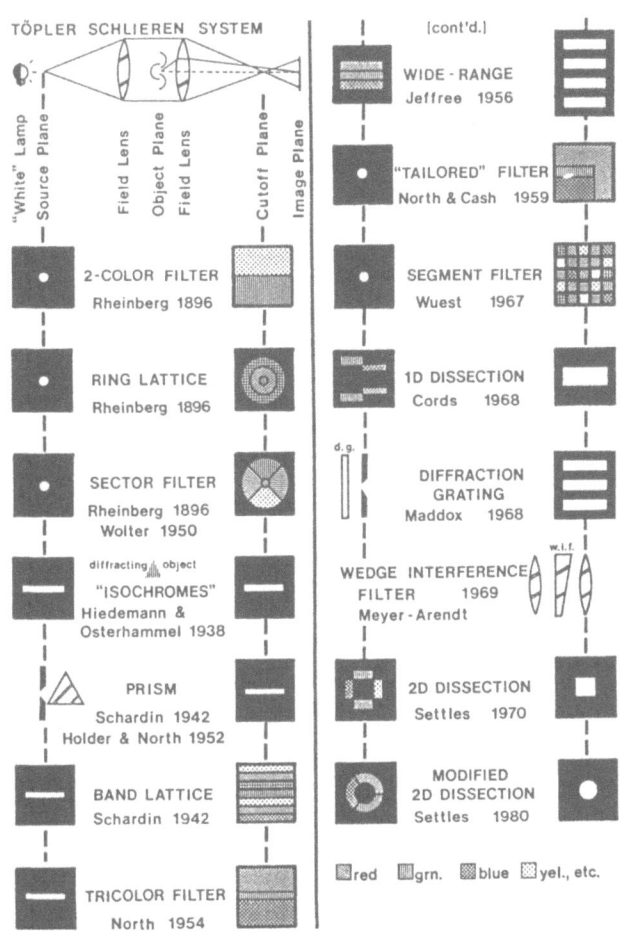

Bild 3.57: Zusammenstellung von Schlierenblenden und zugehörigen Beleuchtungsblenden zur Erzeugung von Farbschlieren (Settles 1980)

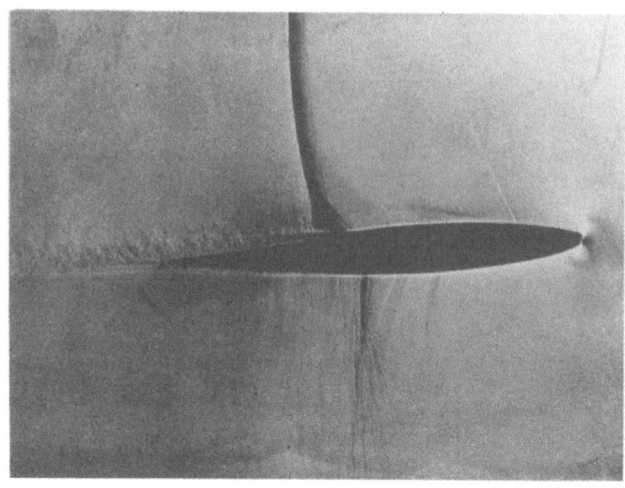

Bild 3.58: Schlierenaufnahme eines mit Ma = 0,9 angeströmten schlanken Tragflügelprofils (Bradshaw 1964)

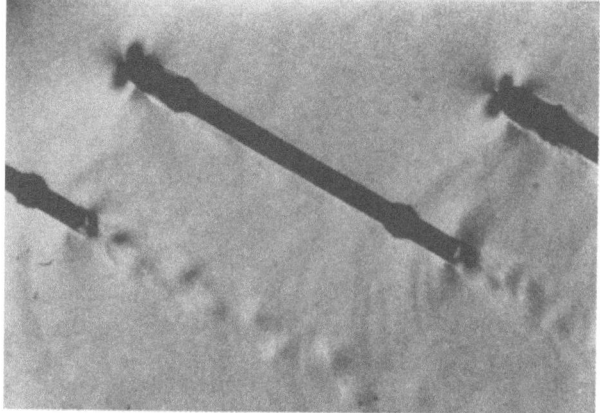

Bild 3.59: Schlierenaufnahmen von Ausschnitten einer Plattengitterströmung. Die Anströmmachzahl beträgt 0,8 (Lawaczeck und Heinemann 1975)

3.4 Optische Verfahren, die auf der Dichteabhängigkeit des Brechungsindex beruhen   211

3.4.3 Interferenzverfahren

Die in diesem Kapitel behandelten Verfahren beruhen auf dem Vergleich zweier kohärenter Strahlenbündel, von denen das eine ein unbekanntes Dichtefeld und das andere einen Referenzzustand durchlaufen hat. Eine Überlagerung beider Strahlenbündel führt aufgrund unterschiedlicher Gangunterschiede vergleichbarer Strahlen des Bündels zu einem Interferenzstreifenbild, aus dem die Dichteverteilung berechnet werden kann.

Die beiden kohärenten Strahlenbündel können dabei entweder räumlich oder zeitlich voneinander getrennt werden. Bei der räumlichen Trennung durchläuft ein Strahlenbündel das unbekannte Dichtefeld, während das andere daran vorbeigeführt wird (Mach–Zehnder–Interferometer) oder beide Strahlenbündel durchlaufen das unbekannte Dichtefeld auf benachbarten Wegen (Differentialinterferometer). In der englischen Literatur wird das Differentialinterferometer wegen der Ähnlichkeit der Gleichungen (3.97a) und (3.97b) mit den Gleichungen (3.93) und (3.94) auch als Schliereninterferometer bezeichnet, obwohl dieses Interferometer nichts mit dem Schlierenverfahren zu tun hat. Bei der zeitlichen Trennung der kohärenten Strahlenbündel wird zuerst ein Referenzzustand holographisch gespeichert, der nach Entwickeln des Hologramms mit einem durch das unbekannte Dichtefeld geführten Strahlenbündel zur Interferenz gebracht wird. Die nach diesem Prinzip arbeitenden Geräte werden holographische Interferometer genannt.

3.4.3.1 Mach-Zehnder-Interferometer

Ludwig Mach (1892), ein Sohn Ernst Machs, und Ludwig Zehnder (1891) haben unabhängig voneinander ein Interferometer konzipiert, das heute den Namen beider trägt. Den prinzipiellen Aufbau eines Mach-Zehnder–Interferometers zeigt Bild 3.60. Eine monochromatische Lichtquelle Q wird durch die Kondensorlinse L_3 auf die Irisblende B abgebildet, die im Brennpunkt der Linse L_1 steht. Das damit von der Linse L_1 erzeugte Parallellichtbündel wird an dem halbdurchlässigen Spiegel I in zwei Anteile gleicher Intensität aufgeteilt, dann auf zwei räumlich getrennten Wegen weitergeführt und am halbdurchlässigen Spiegel III wieder vereinigt. Die Meßstrecke mit dem zu untersuchenden ebenen Dichtefeld $\rho(x,y)$ ist im oberen Strahlengang zwischen den Spiegeln II und III angeordnet. Zum Ausgleich des Lichtwegs befindet sich im unteren Strahlengang zwischen den Spiegeln I und IV eine Kammer mit baugleichen Fenstern wie in der Meßstrecke, in der Dichte ρ_0, Druck p_0 und Temperatur T_0 vorgegeben werden können. Sind alle vier Spiegel parallel und unter 45° zur Achse des einfallenden Parallellichtbündels ausgerichtet und die physikalischen Parameter in Meßstrecke und Ausgleichskammer

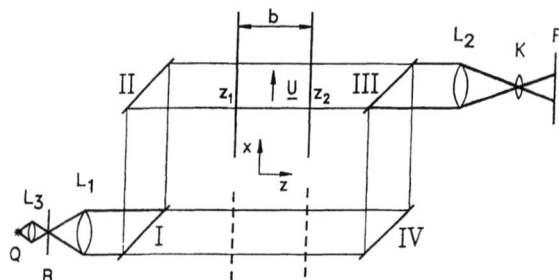

Bild 3.60: Schematischer Aufbau eines Mach–Zehnder–Interferometers; B: Lochblende; L_1, L_2: Linsen; L_3 Kondensorlinse; Q: Lichtquelle; II, IV: Spiegel; I, III: halbdurchlässige Spiegel; K: Kameraobjektiv; F: Film; $\underline{U}$: Strömungsvektor; $z_1 - z_2 = b$: Breite des Strömungsfeldes

gleich, so treffen am Spiegel III zwei ebene Wellenfronten zusammen, die, wenn der Gangunterschied Δs kleiner als die Kohärenzlänge des Lichts ist, miteinander interferieren können. Ist λ die Wellenlänge des benutzten Lichts, dann wird für $\Delta s = m\lambda$, $m = 0, \pm 1, \pm 2, \pm 3 \ldots$, eine hell ausgeleuchtete Fläche F (Bild 3.60) erhalten. Beträgt dagegen $\Delta s = l\lambda/2$, $l = \pm 1, \pm 3, \pm 5 \ldots$, so ist F gleichmäßig dunkel. Wird im oberen Strahlengang die ebene Wellenfront durch lokale Dichteänderungen z.b. beim Durchgang durch ein zweidimensionales Strömungsfeld verformt, so entstehen aus der Überlagerung beider Wellenfronten je nach Gangunterschied helle und dunkle Linien. Dies sind Linien konstanter Dichte. Wie Kinder (1946) gezeigt hat, werden ein Objekt in der Meßstrecke (z.B. ein Tragflügelprofil) und die Interferenzstreifen nur dann gleichzeitig scharf durch die Linse L_2 und das Kameraobjektiv K auf der Filmebene F abgebildet, wenn der Spiegel IV und die Mitte der Meßstrecke gleichweit vom halbduchlässigen Spiegel III entfernt sind. Diese Bedingung führt dann beim Mach-Zehnder-Interferometer zu einer rechteckigen Spiegelanordnung mit einem Seitenverhältnis von 1:2.

Ein mit einem Mach-Zehnder-Interferometer sichtbar gemachtes zweidimensionales Dichtefeld in der Nähe des vorderen Staupunkts eines Tragflügelprofils zeigt Bild 3.61. Die Linien konstanter Dichte verlaufen nahezu symmetrisch zum Staupunkt. Die Gebiete höherer Geschwindigkeit beiderseits des Staupunkts, die durch die Verdrängungswirkung des Profils entstehen, sowie die sich mit zunehmender Lauflänge verdickenden Grenzschichten auf der Ober- und Unterseite des Profils sind gut zu erkennen.

Der Gangunterschied der einzelnen Streifen gegenüber dem Streifen nullter Ordnung (ohne Strömung) berechnet sich aus Gl. (3.97) nach Einsetzen von G. (3.84) zu

3.4 Optische Verfahren, die auf der Dichteabhängigkeit des Brechungsindex beruhen   213

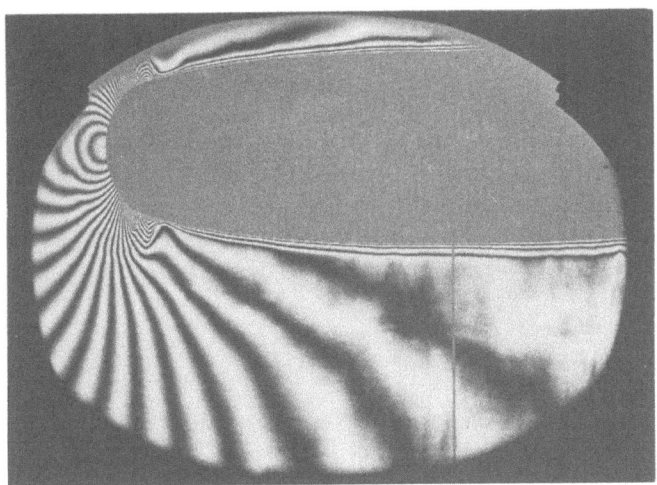

Bild 3.61: Mit einem Mach-Zehnder-Interferometer sichtbar gemachtes zweidimensionales Dichtefeld in der Nähe des vorderen Staupunkts eines Tragflügelprofils (Hiller und Meier 1971)

$$\Delta s = K \int_{z_1}^{z_2} \left[\rho(x,y) - \rho_0 \right] dz = m\lambda, \quad m = 0, \pm 1, \pm 2, \ldots . \quad (3.108)$$

Das Integral kann, da ρ nicht von z abhängt, leicht berechnet werden und ergibt mit $z_2 - z_1 = b$ (Bild 3.60)

$$\Delta s = K b \left[\rho(x,y) - \rho_0 \right] = m\lambda; \quad m = 0, \pm 1, \pm 2 \ldots . \quad (3.109)$$

K ist die Gladstone-Dale-Konstante. Für den Streifen nullter Ordnung ist $\rho_0(x,y) = \rho_0$ die bekannte Gasdichte in der Ausgleichskammer. Für den Streifen m-ter Ordnung kann daraus dann die Dichte

$$\rho_m(x,y) = \rho_0 + \frac{m}{K} \frac{\lambda}{b}, \qquad m = \pm 1, \pm 2, \pm 3, \ldots \quad (3.110)$$

bzw. das Dichteverhältnis

$$\frac{\rho_m}{\rho_0} = 1 + \frac{m}{K b} \frac{\lambda}{\rho_0}, \qquad m = \pm 1, \pm 2, \pm 3, \ldots \quad (3.111)$$

berechnet werden. In welcher Richtung die Ordnung der Streifen relativ zum Streifen nullter Ordnung zu- oder abnimmt, ist aus einem Interferogramm nicht ohne weiteres zu erkennen und muß durch andere Überlegungen geklärt werden. So nimmt z.B. in Bild 3.61 die Geschwindigkeit zum Staupunkt hin ab, so daß Druck und Dichte in dieser Richtung zunehmen müssen.

Sind das Dichteverhältnis und die Ordnung der einzelnen Streifen bekannt, kann daraus mit Hilfe der Adiabatengleichung (Gl. 1.13) das Druckverhältnis

$$\frac{p_m}{p_0} = \left[\frac{\rho_m}{\rho_0}\right]^\kappa \tag{3.112}$$

und bei Annahme eines idealen Gases auch das Temperaturverhältnis

$$\frac{T_m}{T_0} = \left[\frac{\rho_m}{\rho_0}\right]^{\kappa-1} \tag{3.113}$$

berechnet werden. Beides setzt voraus, daß die Bezugswerte p_0 und T_0 für den Streifen nullter Ordnung bekannt sind. Da T_m/T_0 wegen $a^2 = \kappa RT$ auch gleichzeitig das Verhältnis des Quadrats von lokaler Schallgeschwindigkeit $a_m^2 = \kappa RT_m$ zu Ruheschallgeschwindigkeit $a_0^2 = \kappa RT_0$ darstellt, kann mit Hilfe von Gl. (3.113) nach Einsetzen der Bernoulli Gleichung (Gl. 1.16) jedem Streifen eine Geschwindigkeit U_m zugeordnet werden:

$$\left[1 - \frac{(\kappa-1) U_m^2}{2 a_0^2}\right] = \left[\frac{\rho_m}{\rho_0}\right]^{\kappa-1}. \tag{3.114}$$

Der Streifen nullter Ordnung kann mit Weißlicht (Glühlicht) identifiziert werden. Wegen der geringen Kohärenzlänge des Glühlichts erscheint nur dieser Streifen dunkel. Weil aber das aus dem Rotanteil des Glühlichts gebildete Interferenzstreifensystem einen größeren Abstand als das aus dem Blauanteil gebildete besitzt, werden die Streifen mit zunehmender Ordnung breiter und laufen dabei, symmetrisch zum Streifen nullter Ordnung, farbig auseinander.

Kann der Streifen nullter Ordnung nicht mit Weißlichtinterferenz bestimmt werden, ist eine Bestimmung der absoluten Streifenordnung nicht möglich. In diesem Fall kann eine Zuordnung der Streifenordnung nur über eine gleichzeitig durchgeführte Druck- und Temperaturmessung, z.B. im Staupunkt des Profils (Bild 3.61), erfolgen.

3.4 Optische Verfahren, die auf der Dichteabhängigkeit des Brechungsindex beruhen

Die bisher beschriebene Grundeinstellung des Mach-Zehnder-Interferometers, bei der alle Spiegel parallel zueinander ausgerichtet sind, wird auch als Streifenbreite unendlich bezeichnet. Durch Drehen z.B. des Spiegels IV (Bild 3.60) um eine beliebige Achse können auch bei gleichen Bedingungen ρ_0, p_0, T_0 in Meßstrecke und Ausgleichskammer künstlich Interferenzstreifen in der Bildebene F erzeugt werden. Diese Streifen, die parallel zur Drehachse des Spiegels verlaufen, entstehen dadurch, daß in diesem Fall eine ebene und eine geneigte Wellenfront zur Interferenz gebracht werden. Statt der Linien konstanter Dichte, die bei der Streifenbreite unendlich erhalten werden, ändert sich bei den künstlich erzeugten Streifen der Abstand zwischen den einzelnen Streifen proportional zur Dichte. Während also im ersten Fall dann Streifen erzeugt werden, wenn sich die Dichte in der Meßstrecke gegenüber dem entsprechenden Ort in der Ausgleichskammer geändert hat, verändert sich im zweiten Fall der Streifenabstand proportional zum Dichteunterschied zwischen Meßstrecke und Ausgleichskammer.

Als Beispiel für das Arbeiten mit endlicher Streifenbreite zeigt Bild 3.62 (Kinder 1950) im oberen Teil ein durch Drehen des Spiegels IV (Bild 3.60) erzeugtes horizontales Streifensystem und ein in der Meßstrecke eingebautes 1 m langes Metallrohr, das sich auf der Bezugstemperatur T_0 befindet. Wegen der in der Meßstrecke parallel laufenden Strahlen erscheint das Rohr nur als Ring. Die Streifensysteme des um 1° C erwärmten Rohrs bei monochromatischer Beleuchtung und bei Weißlicht werden im zweiten und dritten Teilbild von oben gezeigt. Bei der hier verwendeten Schwarz-Weiß-Darstellung ist der Streifen nullter Ordnung (vierter von oben) nur an der geringen Breite zu erkennen. Wegen der verschiedenen Farbanteile des Weißlichts, die alle Interferenzstreifensysteme mit unterschiedlichen Abständen erzeugen, laufen die Streifen mit zunehmender Ordnung symmetrisch zum Streifen nullter Ordnung farbig auseinander. Schließlich werden zum Vergleich im unteren Teil des Bildes auch die mit parallel ausgerichteten Interferometerspiegeln (Streifenbreite unendlich) erzeugten Streifen konstanter Dichte für das um 1° C erwärmte Metallrohr gezeigt. Durch Verbinden von Orten gleicher Streifenauslenkung (zweites Teilbild von oben) lassen sich die Linien konstanter Dichte (unteres Teilbild) daraus konstruieren.

Zum Betrieb eines Mach–Zehnder–Interferometers eignen sich monochromatische Lichtquellen, wie Quecksilberdampflampen mit Filter, lichtemittierende Dioden (LED) und Laser sowie Glühlicht für die Weißlichtinterferenz. Mit einer Lichtquelle der Wellenlänge λ und einer spektralen Breite $\pm \Delta \lambda$ lassen sich maximal

$$N = \lambda/2\Delta\lambda . \tag{3.115}$$

Interferenzstreifen erzeugen.

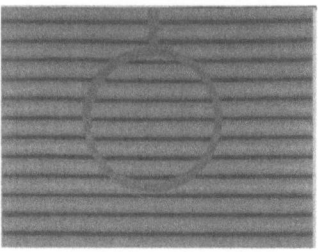
Durch Drehen des Spiegels IV um seine horizontale Achse erzeugtes Interferenzstreifensystem und auf Bezugstemperatur T_0 befindliches Metallrohr in der Meßstrecke.

Interferenzstreifen des um 1°C erwärmten Metallrohrs

Interferenzstreifen des um 1° C erwärmten Metallrohrs bei Weißlichtinterferenz. Der Streifen nullter Ordnung (vierter von oben) ist in dieser Schwarz-Weiß-Darstellung nur an der geringen Breite zu erkennen. Die Streifen höherer Ordnung werden zunehmend breiter, da die einzelnen Farbanteile des Weißlichts unterschiedliche Streifenabstände besitzen.

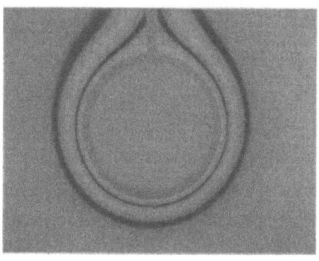
Bei Streifenbreite unendlich erhaltene Interferenzstreifen des um 1° C erwärmten Metallrohrs.

<u>Bild 3.62:</u>   Mach–Zehnder–Interferogramme eines 1 m langen, auf 1° C erwärmten Metallrohres (Kinder 1950).

3.4 Optische Verfahren, die auf der Dichteabhängigkeit des Brechungsindex beruhen

Wie Grigull und Rottenkolber (1967) gezeigt haben, können bei Verwendung eines Lasers als Lichtquelle wegen des geringen Strahldurchmessers auf dem Referenzweg des Lichts die Spiegelabmessungen kleiner gehalten werden.

3.4.3.2 Differentialinterferometer

Eine Schlierenapparatur kann leicht in ein Differentialinterferometer umgebaut werden. Hierfür ist die Schlierenblende B und die Schlierenkante S (Bild 3.53) jeweils durch ein Wollaston Prisma und ein Polarisationsfilter zu ersetzen und statt Weißlicht monochromatisches Licht zu verwenden. Den prinzipiellen Aufbau eines Differentialinterferometers zeigt <u>Bild 3.63</u>. Die Wollaston Prismen dienen dazu, zum einen das Licht in zwei um den Abstand D getrennte Bündel aufzuspalten und zum anderen, die beiden korrespondierenden Lichtbündel zur Interferenz wieder zusammenzuführen. Dieses Meßprinzip wurde ursprünglich von Francon (1952) und Nomarski (1956) für die Interferenzmikroskopie entwickelt.

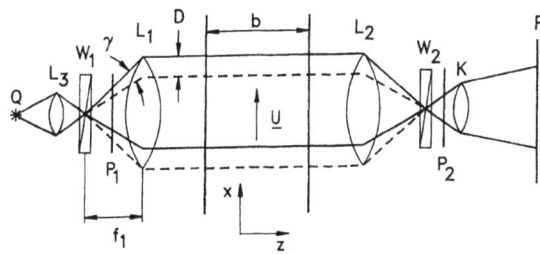

<u>Bild 3.63</u>: Schematischer Aufbau eines Differentialinterferometers; Q: Lichtquelle; L_3: Kondensorlinse; W_1, W_2: Wollaston Prismen; P_1, P_2: Polarisationsfilter; L_1, L_2: Linsen; K: Kameraobjekt; F: Film oder Beobachtungsebene; <u>U</u>: Strömungsvektor; f_1: Brennweite von L_1; D: Trennung der beiden Teillichtbündel in x–Richtung; γ: Aufspaltungswinkel; b: Breite des Strömungsfeldes

Ein Wollaston Prisma (<u>Bild 3.64</u>) ist aus zwei Einzelprismen eines doppelbrechenden, einachsigen Kristalls (Quarz oder Kalkspat) aufgebaut. Die beiden Einzelprismen sind so aus dem Kristall geschnitten, daß die optischen Achsen (durch | und · markiert) senkrecht aufeinander stehen. Ein von links in das Wollaston Prisma eintretender Lichtstrahl wird in einen ordentlichen und in einen außerordentlichen Strahl aufgespalten. Beide sind senkrecht zueinander polarisiert und durchlaufen das erste Prisma mit unterschiedlicher Geschwindigkeit. An der Trennfläche zum zweiten Prisma treten beide Strahlen mit unterschiedlichen Winkeln in das zweite Prisma ein und verlassen dieses dann unter

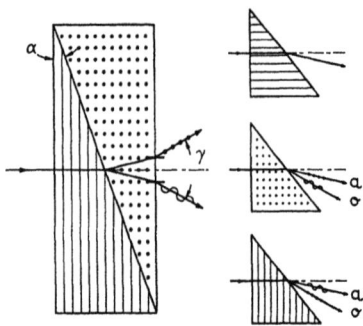

Bild 3.64:
links: Wollaston Prisma und Strahlengang. Die beiden austretenden Strahlen sind senkrecht zueinander linear polarisiert, die Schwingungsebene des unteren Strahls ist die Zeichenebene;
rechts: die Aufspaltung des Lichts in einen ordentlichen und einen außerordentlichen Strahl bei einem einachsigen, doppelbrechenden Kristall in Abhängigkeit von der Orientierung der optischen Achse.

dem Winkel γ. Differentialinterferometer arbeiten mit Wollaston Prismen mit relativ kleinen brechenden Winkeln $1^0 \leq \alpha \leq 10^0$ und damit auch nur mit einer geringen räumlichen Trennung

$$D = f_1 \, \text{tg}\gamma \qquad (3.116)$$

der beiden Teillichtbündel im Strömungsfeld. Für Licht der Wellenlänge $\lambda = 589$ nm beträgt für Quarz oder Kalkspat der Brechungsindex des ordentlichen Strahls $n_o = 1{,}5442$ bzw. $1{,}6584$ und der des außerordentlichen Strahls $n_a = 1{,}5533$ bzw. $1{,}4864$. Zwischen dem Winkel γ und dem brechenden Winkel α besteht die Beziehung

$$\gamma = 2\alpha \, |(n_a - n_o)| \, . \qquad (3.117)$$

Für $\alpha = 10^0$ beträgt bei Quarz $\gamma = 0{,}182^0$ und bei Kalkspat $\gamma = 3{,}44^0$. Nach Hiller (1968) gelten diese Winkel auch noch, wenn statt eines Strahls ein schlankes Strahlenbündel mit einem räumlichen Öffnungswinkel bis zu 4^0 benutzt wird, bei dem die Bündelachse senkrecht auf das Wollaston Prisma trifft.

Die beiden das Wollaston Prisma W_1 unter dem Winkel γ verlassenden Strahlen werden von der Linse L_1 zu zwei Bündeln aufgeweitet, die das Strömungsfeld um die Strecke D versetzt durchlaufen (Bild 3.63). Beide Bündel können nur dann miteinander interferieren, wenn sie dieselbe Polarisationsrichtung besitzen. Um dies zu gewährleisten, muß die Ebene des Polarisationsfilters P_1 um 45^0 gegen die der beiden Teillichtbündel gedreht werden. Hierdurch wird zum einen eine gemeinsame Polarisationsebene definiert und zum anderen erreicht, daß beide Bündel die gleiche Intensität besitzen. Durch die Linse L_2 werden die beiden Bündel wieder zu zwei Einzelstrahlen fokussiert, die unter dem Winkel γ in das Wollaston Prisma W_2 eintreten. Polarisiert, als ordentlicher und außerordentlicher Strahl durchlaufen beide Strahlen die erste Hälfte des Prismas mit unter-

3.4 Optische Verfahren, die auf der Dichteabhängigkeit des Brechungsindex beruhen

schiedlicher Geschwindigkeit und vereinigen sich dann an der Trennfläche zum zweiten Teilprisma zu einem Strahl. Damit es aber zur Interferenz kommen kann, muß wieder eine gemeinsame Schwingungsebene für die beiden Komponenten des vereinigten Strahls definiert werden, was mit Hilfe des Polarisationsfilters P_2 geschieht. Je nach der relativen Stellung der beiden Polarisationsfilter zueinander (Bild 3.65) addieren sich beide Strahlkomponenten gleich- oder gegenphasig.

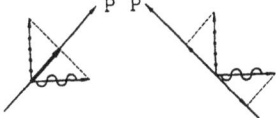

Bild 3.65:
Zur Definition einer gemeinsamen Polarisationsebene P

Ohne Strömung kann das Differentialinterferometer durch Verschieben eines der Wollaston Prismen in Lichtausbreitungsrichtung so justiert werden, daß der Gangunterschied zwischen den Teilstrahlen null wird. Die Filmebene F erscheint dann je nach Stellung der beiden Polarisationsfilter zueinander gleichmäßig hell oder gleichmäßig dunkel (Streifenbreite unendlich). Kommt es mit Strömung auf benachbarten Lichtwegen zu Gangunterschieden, so führt dies, wie beim Mach-Zehnder-Interferometer, zu Interferenzstreifen. Durch gemeinsames Drehen beider Wollaston Prismen um eine Achse in Lichtausbreitungsrichtung kann der Versatz der beiden Lichtbündel D (Bild 3.63) in der x-y Ebene gedreht und das Interferometer so den Versuchsbedingungen optimal angepaßt werden. Ein Kippen eines der Prismen um eine Achse senkrecht zur Lichtausbreitungsrichtung erzeugt, wie beim Mach-Zehnder-Interferometer, in der Filmebene parallele Streifen. Der Abstand der Streifen nimmt mit zunehmendem Kippwinkel ab.

Die von Schäfer (1994) mit Hilfe eines Differentialinterferometers sichtbar gemachte Dichteverteilung innerhalb und außerhalb eines durch thermische Marangonikonvektion angetriebenen Wassertropfens von 2 mm Durchmesser in einer mit Butylbenzoat gefüllten Meßzelle zeigt Bild 3.66. Beide Flüssigkeiten sind nicht mischbar. Das Butylbenzoat in der Meßzelle ist stabil geschichtet (oben geheizt, unten gekühlt). Zusätzlich zur Schwerkraft wirkt auf den Tropfen die durch die Temperaturabhängigkeit der Grenzflächenspannung hervorgerufene Marangonikraft, die den Tropfen gegen die Schwerkraft so lange zur wärmeren Seite (nach oben) hin bewegt, bis Schwerkraft und Marangonikraft im Gleichgewicht sind.

3.4.3.3 Holographische Interferometer

Die holographische Interferometrie geht auf zwei Arbeiten von Powell und Stetson (1965) zurück. Die miteinander zur Interferenz gebrachten Strahlenbündel werden hier

220   3 Optische Meßmethoden

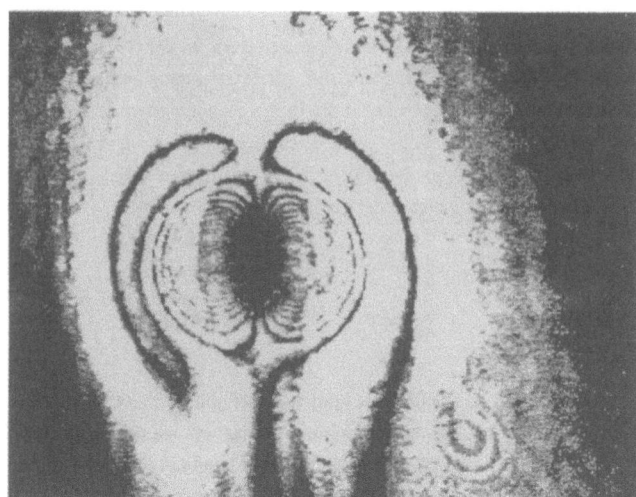

Bild 3.66: Mit einem Differentialinterferometer sichtbar gemachtes Dichtefeld innerhalb und außerhalb eines sich aufgrund von Marangonikraft und Schwerkraft bewegenden Tropfens (Schäfer 1994).

nicht räumlich wie beim Mach-Zehnder-Interferometer, sondern zeitlich getrennt. D.h. beide Strahlenbündel durchlaufen nacheinander denselben Weg. Eine zeitliche Trennung ist möglich, da Lichtwellen holographisch gespeichert und dann wieder vollständig rekonstruiert werden können. Der Vorteil einer zeitlichen Trennung besteht darin, daß der in beiden Fällen vom Strahlenbündel durchlaufene Weg exakt der gleiche ist. Hierdurch läßt sich der optische Aufbau erheblich vereinfachen, da nicht, wie beim Mach-Zehnder-Interferometer, zwei unterschiedliche Lichtwege auf Bruchteile einer Lichtwellenlänge übereinstimmen müssen. Der schematische Aufbau eines holographischen Interferometers ist in Bild 3.67 dargestellt. Als Lichtquelle für das Interferometer dient ein Laser. Der mit Hilfe des Strahlteilers I gewonnene Referenzstrahl wird am Strömungsfeld vorbeigeführt.

Die Erstellung eines holographischen Interferogramms erfolgt in zwei Schritten. Im ersten wird ein Hologramm erstellt, das dann für die weiteren interferometrischen Untersuchungen als Referenzzustand dient. Dabei wird der durch ein bekanntes Dichtefeld aufgeweitet hindurchgeführte Laserstrahl mit einem am Dichtefeld vorbeigeführten und und dann aufgeweiteten Referenzstrahl zur Interferenz gebracht und als Hologramm gespeichert. Das entwickelte Hologramm muß später an genau derselben Stelle wieder in den Strahlengang eingebaut werden, wo es erstellt wurde. Durch den aufgeweiteten Referenzstrahl wird hinter dem Hologramm ein Strahlenbündel erzeugt, das als Referenz-

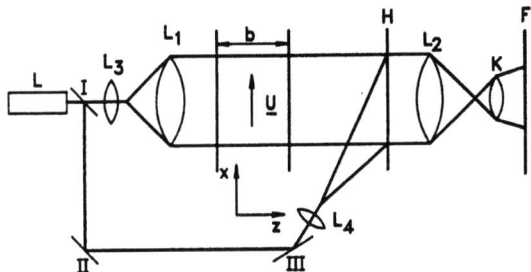

Bild 3.67: Schematischer Aufbau eines holographischen Interferometers; L: Laser; I: halbdurchlässiger Spiegel; II,III: Spiegel; L_1, L_2, L_3, L_4: Linsen; H: Hologramm; K: Kameraobjektiv; F: Film; $\underline{U}$: Strömungsvektor; b: Breite des Strömungsfeldes

zustand dient. Im zweiten Schritt wird ein aufgeweiteter Laserstrahl durch das unbekannte Dichtefeld geschickt und mit dem vom Hologramm rekonstruierten Referenzlichtbündel zur Interferenz gebracht. Das Interferenzstreifenbild kann mit Hilfe einer Kamera aufgenommen werden.

Als Grundzustand wird, wie beim Mach-Zehnder-Interferometer, die Streifenbreite unendlich bezeichnet, die dann erhalten wird, wenn das vom Hologramm erzeugte Strahlenbündel und das durch den Strömungskanal gelaufene Strahlenbündel exakt dieselbe Ausbreitungsrichtung besitzen. Um das zu erreichen, muß das Hologramm, das zum Zwecke der Entwicklung aus dem Strahlengang herausgenommen wurde, so justiert werden, daß Meß- und Referenzstrahlengang parallel verlaufen. Durch Drehen und Neigen des Hologramms können, wie beim Mach-Zehnder-Interferometer, Streifen in jeder gewünschten Richtung und Breite überlagert werden.

Bild 3.68 zeigt ein von Basler (1987) erstelltes holographisches Interferogramm des Strömungsfeldes um ein Tragflügelprofil bei Ma = 0,737. Auf der Oberseite des Profils sind ein Verdichtungsstoß und die abgelöste Grenzschicht hinter dem Stoß zu erkennen.

3.5 Optische Druckmessung

Die optische Druckmessung beruht darauf, daß bestimmte Polymere, die durch eine vorangegangene Energieabsorption zum Leuchten angeregt wurden (Lumineszenz), durch Sauerstoff deaktiviert werden können. Diese Polymere, auch Luminophore genannt, sind in eine Trägerschicht eingebettet, die für Sauerstoff durchlässig ist. Werden die Luminophore durch kurzwelliges Laserlicht im sichtbaren Bereich zum Leuchten ange-

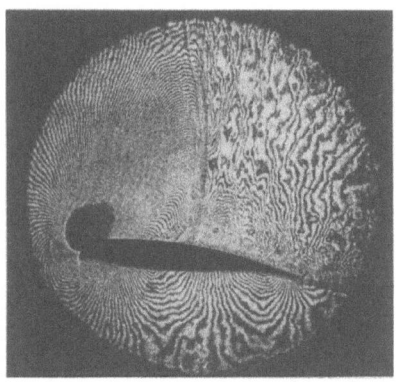 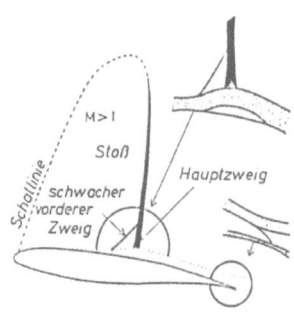

Bild 3.68 Holographisches Interferogramm (links) und Schema der Stoßkonfiguration (rechts) für das Strömungsfeld um ein Tragflügelprofil bei Ma = 0,73 (Basler 1987)

regt, dann hängt die erhaltene Emission im wesentlichen von der Konzentration des in die Trägerschicht diffundierten Sauerstoffs ab, weil dieser die angeregten Luminophore quenchen*) kann. Da die Sauerstoffkonzentration in der Trägerschicht dem äußeren Luftdruck proportional ist, kann dieser damit über die Lichtemission gemessen werden. Durch Aufbringen von Luminophoren auf eine Modelloberfläche (z.B. Tragflügel) ist es möglich, nach einer Kalibrierung nicht nur das momentane Druckfeld, sondern gleichzeitig auch Information über die Grenzschicht, wie z.B. Ablösen oder Wiederanlegen, zu erhalten. Die optische Druckverteilungsmessung wurde zuerst von Vollan und Alati (1991) beschrieben. Diese Methode läuft in der englischsprachigen Literatur unter der Bezeichnung "Pressure Sensitive Paint".

Zur Messung der Druckverteilung mit der optischen Methode muß die Modelloberfläche entsprechend beschichtet werden. Als erstes wird zur Abschirmung störender Reflexionen eine etwa 10 μm starke, diffus reflektierende Lackschicht auf die meist polierte Modelloberfläche gebracht, auf die dann eine etwa 2 μm starke Haftschicht und als Abschluß die Trägerschicht mit den Luminophoren in einer Stärke von 5 bis 40 μm aufgetragen wird. Angeregt werden die Luminophore durch Laserlicht mit einer Wellenlänge von etwa 350 nm bei einer Leistungsdichte auf der Modelloberfläche von etwa 1 W/m^2. Die

---

*) Unter "quenchen" versteht man den Effekt, daß ein angeregtes Molekül durch Stoß mit einem anderen geeigneten Molekül die gesamte Anregungsenergie wieder abgeben und so ohne Lichtemission in den Grundzustand zurückkehren kann.

Wellenlänge des emittierten Lichts liegt dabei je nach Luminophor zwischen 400 und 550 nm. Die Ansprechzeit auf Druckänderungen, die durch die speziellen Eigenschaften der Luminophore und der Trägerschicht bestimmt wird, variiert bei den üblicherweise benutzten Trägerschichtdicken von 20 bis 40 μm zwischen 0,1 und 1 sec. Bei Schichtdicken von 5 μm können auch 10^{-3} sec erreicht werden.

3.5.1 Theoretische Grundlagen

Bei konstanter Temperatur und einer gegebenen Konzentration n von Quenchern (Sauerstoffmoleküle), die die zum Leuchten angeregten Moleküle deaktivieren können, ist die Intensität I der Lumineszenz durch die Stern-Volmer-Gleichung

$$\frac{I_0}{I} = a + k\,n \tag{3.118}$$

gegeben. I_0 ist die Intensität des emittierten Lichts ohne Quencher, a und k sind Konstanten. Bei einer Flüssigkeit besteht zwischen der Konzentration der Quencher n und dem Partialdruck p des Quenchergases an der Flüssigkeitsoberfläche ein linearer Zusammenhang:

$$n \sim p \,. \tag{3.119}$$

Für die in eine Trägerschicht eingebetteten Luminophore kann diese Beziehung nach Vollan und Alati (1991) durch

$$n = b_1\,p + b_2\,p^2 \tag{3.120}$$

ersetzt werden, wobei die Konstanten b_1 und b_2 von den benutzten Luminophoren, den Materialeigenschaften der Trägerschicht und der Temperatur abhängig sind. Setzt man Gl. (3.120) in Gl. (3.118) ein, so ergibt sich

$$\frac{I_0}{I(p)} = a + b_1\,p + b_2\,p^2 \,, \tag{3.121}$$

ein Zusammenhang, der durch das Experiment gut bestätigt wird (Bild 3.69). Die drei Konstanten a, b_1, b_2 müssen durch Kalibrierung bestimmt werden.

3.5.2 Kalibrierung und Druckverteilungsmessung

Zur Kalibrierung wird die mit Luminophoren und Trägerschicht sowie mit Haft- und Abschirmschicht versehene Modelloberfläche mit einem geeigneten Laser gleichmäßig

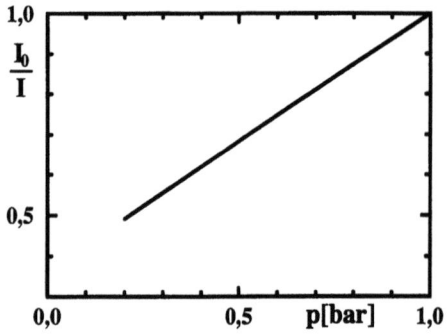

Bild 3.69:
Kalibrierkurve für eine Trägerschicht mit Luminophoren. Konstanten in Gl. (3.121): a = 3,60 10^{-1}, b_1 = 6,5 10^{-1}, b_2 = -1,20 10^{-2} (Engler und Klein 1997)

ausgeleuchtet und die bei vorgegebenen Drucken p emittierte Lumineszenzintensität I(p) mit einer hochauflösenden speziellen CCD-Kamera aufgezeichnet und gespeichert. Da die Lumineszenzintensität auch noch von der Temperatur abhängig ist, muß die Kalibrierung in dem für die Messungen wichtigen Intervall bei unterschiedlichen Temperaturen T erfolgen. Aus der so für jeden einzelnen Punkt der Modelloberfläche ermittelten Abhängigkeit I = I(p,T) kann bei der Messung die gesuchte räumliche Druckverteilung berechnet werden. Um nicht noch eine zusätzliche Winkelabhängigkeit der Intensitätsverteilung zu begründen, sollten bei Kalibrierung und Messung Beleuchtungs- und Beobachtungsrichtung relativ zum Modell unverändert bleiben.

Eine von Engler und Klein (1995) gemessene räumliche Druckverteilung (hoher Druck dunkel, niedriger Druck hell dargestellt) und daraus berechnete Isobaren auf der Modelloberseite eines DASA-HYTEX Raumgleiters zeigt Bild 3.70. Zusätzlich ist für einen Querschnitt in der Nähe der Hinterkante des Modells auch der Druckverlauf dargestellt.

3.5 Optische Druckmessung   225

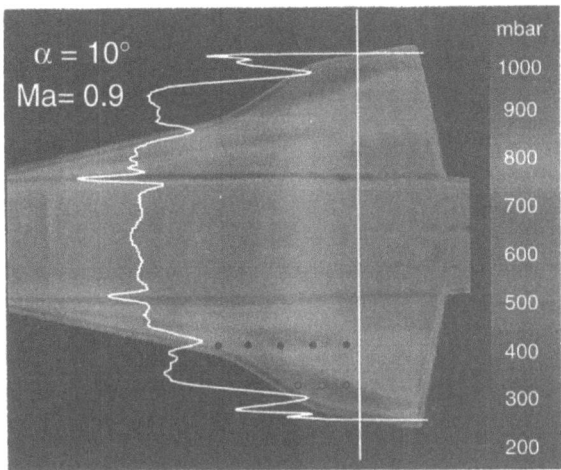

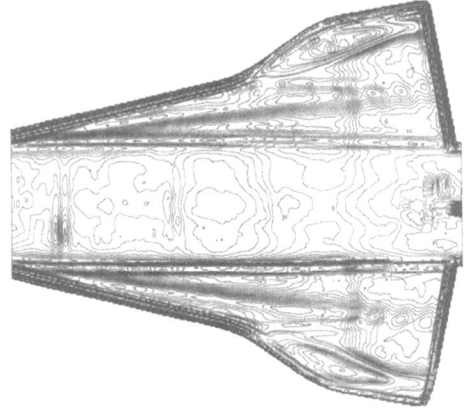

Bild 3.70:   Räumliche Druckverteilung (oben) und Isobaren (unten) auf der Modelloberseite eines DASA-HYTEX Raumgleiters. Zusätzlich ist noch im oberen Bild der Druckverlauf über einen Querschnitt in der Nähe der Hinterkante des Modells dargestellt (Engler und Klein 1997).

3.6 Schrifttum

Adrian, R.J.	Scattering particle characteristics and their effect on pulsed laser measurements of fluid flow: speckle velocimetry vs particle image velocimetry. Appl. Optics **23** (1984) 1690–1691
Basler, D.	Experimentelle Untersuchung der Ausbreitung stoßinduzierter Störungen an transsonischen Profilen. Dissertation, Georg–August–Universität Göttingen, 1987
Bradshaw, P.	Experimental fluid mechanics, Pergamon Press, Oxford, London Frankfurt 1964
Brayton, D.B.	Small particle signal characteristics of dual-scatter laser velocimeter. Appl. Optics **13** (1974) 2346-2351
Brede, M.	Persönliche Mitteilung, Göttingen 1994
DANTEC	Towing Tank LDA. DANTEC Publ. No. 80203E, Skovlunde Dänemark 1980
Debrus, S. Françon, M. Grover, C.P. May, M. Roblin, M.L.	Groundglass differential interferometer. Appl. Opt. **11** (1972) 853–857
Dvorak, V.	Über eine neue einfache Art der Schlierenbeobachtung. Ann. Phys. Chem. **9** (1880) 502–512
Engler, R.H. Klein, Ch.	First results using the new DLR PSP System - Intensity and lifetime measurements. Wind tunnels and wind tunnel test techniques, pp. 43.1-43.9, Royal Aeronautical Society, Cambridge, UK, 1997, ISBN 1 85768 048 0
Françon, M.	Interférométrie par double réfraction en lumière blanche. Rev. Opt **31** (1952) 65–80
George, W.K.	Limitations to measuring accuracy inherent in the laser Doppler signal. Proceedings of the LDA–Symposium Kopenhagen 1975, (eds. P. Buchave et al.), 20–63 , Skovlunde, Dänemark 1976

Grigul, U. Rottenkolber, H.	Two–beam interferometer using a laser. J.Opt. Soc. Amer. **57** (1967) 149–155
Hiller, W.	Experimentelle Untersuchung über die Realisierbarkeit einer verdichtungsstoßfreien Überschalldüsenströmung. Max-Planck-Institut für Strömungsforschung, Bericht 3/1968, Göttingen 1968
Hiller, W. Meier, G.E.A.	persönliche Mitteilung (1971)
Kaene, R.D. Adrian, R.J.	Optimizaation of particle image velocimetry. Part I: Double pulsed systems, Meas. Sci. Technol. **1** (1990) 1202-1215
Kinder, W.	Theorie des Mach–Zehnder–Interferometers und Beschreibung eines Gerätes mit Einspiegeleinstellung. Optik **1**, 413–448 (eds. F. Gößler und N. Günther), Wiss. Verlagsgesellschaft, Stuttgart 1946
Kinder, W.	Ein Interferometer nach Mach und Zehnder. Zeiss–Werkschrift Nr. 37 (1950) 3–10
Köpf, U.	Application of speckling for measuring the deflection of laser light by phase objects. Opt. Commun. **5** (1972) 347-350
Kogelnik, H.	Imaging of optical modes–resonators with internal lenses. Bell Systems Techn. J. **44**, (1965) 455–494
Kogelnik, H. Li. T.	Laser beams and resonators. Appl. Optics **5** (1966) 1550-1567
Landreth, C.C. Adrian, R.J.	Measurement and refinement of velocity data using high image density analysis in particle image velocimetry. Applications of Laser Anemometry to Fluid Mechanics, (ed. R.J. Adrian et al.), 484-497, Springer Berlin 1989
Lawaczeck, O. Heinemann, H.–J.	Von Karman vortex streets in the wake of subsonic and transonic cascades. DFVLR/AVA Bericht 75/A12, Göttingen 1975

Mach, L.   Über einen Interferenz–Refraktor. Z. Instrumentenkunde 12 (1892) 89–93

Malik, N.A.
Dracos, Th.
Papantoniou, D.A.   Particle tracking velocimetry in three–dimensional flows. Exp. Fluids 15 (1993) 279–294

McLaughlin, D.K.
Tiederman, W.G.   Biasing corrections for individual realization of laser anemometer measurements in turbulent flows. Phys. Fluids 16 (1973) 2082–2088

Merzkirch, W.   Flow Visualization, Kap. 3, Academic Press, New York, San Francisco, London 1974

Merzkirch, W.   Density Sensitive Flow Visualization. In: Marton, L., Marton C: Methods of Experimental Physics, 18A, Fluid Dynamics, (ed. R. J. Emrich) 345–403, Academic Press, New York, 1981

Mie, G.   Beiträge zur Optik trüber Medien. Ann. Physik 25 (1908) 377–445

Minkwitz, G.   Eine geometrische Interpretation der Abbildungsgesetze für Gaußsche Laserstrahlbündel. Optica Acta 23 (1976) 179–186

Nomarski, G.   Remarques sur le fonctionnement des dispositifs interférentieles à polarisation. J. Phys. (Paris) 17 (1956) 15–35

Pohl, R.W.   Optik und Atomphysik, § 135, 10. verbesserte Auflage, Springer Berlin, Göttingen, Heidelberg 1958

Powell, R.L.
Stetson, K.A.   Interferometric vibration analysis of three–dimensional objects by wavefront reconstruction. J. Opt. Soc. Amer. 55 (1965) 1593–1598

Prasad, A.K.
Adrian, R.J.   Stereoscopic particle image velocimetry applied to liquid flows. Exp. Fluids 15 (1993) 49–60

Raffel, M.   PIV-Messungen instationärer Geschwindigkeitsfelder an einem schwingenden Rotorprofil. Deutsche Forschungsanstalt für Luft- und Raumfahrt, Forschungsber. DLR-FB 93-50 Göttingen 1993

Rheinberg, J.　　　J. Royal Microscopical Soc. (August) 373–388 (1896)

Schäfer, M.　　　Experimentelle Untersuchung der thermokapillaren Wechselwirkung zweier Tropfen in einer Matrixflüssigkeit. Max-Planck-Institut für Strömungsforschung, Bericht 25/1994, Göttingen 1994.

Schodl, R.　　　A laser dual beam method for flow measurement in turbomachines. ASME Paper 74–GT–157 (1974)

Settles, G.S.　　　Color schlieren optics – A review of techniques and applications. Flow Visualization II (ed. W. Merzkirch) 187–197, Hemisphere Washington, 1982

Stetson, K.A.　　Interferometric hologram evaluation of real–time vibration analysis of diffuse objects. J. Opt. Soc. Amer. **55** (1965) 1694–1695
Powell, R.L.

Thiele, B.　　　Application of a partly submerged two component laser-Doppler anemometer in a turbulent flow. Exp. Fluids **17** (1994) 390–396
Eckelmann, H.

Thompson, D.H.　　A tracer-particle fluid velocity meter incorporating a laser. J. Phys. E: J. Sci. Instrum. **1** (1968) 929–932

Toepler, A.　　　Beobachtungen nach einer neuen optischen Methode, Max Cohen und Sohn, Bonn 1864, oder Ostwalds Klassiker d. exakten Wiss. Nr. 157

Vogt, A.　　　Optische Auswertung von Particle-Image-Velocimetry-Messungen im Nachlauf eines quer angeströmten Kreiszylinders. Deutsche Forschungsanstalt für Luft- und Raumfahrt, Forschungsbericht DLR–FB 93–49, Göttingen 1993

Vollan, A.　　　A new optical pressure measurement system. Proceedings ICIASF Congress, Washington D.C. (1991)
Alati, L.

Wernekinck, U.　　Speckle photography of spatially extended refractive index fields. Appl. Opt. **26** (1987) 31–32
Merzkirch, W.

Weyl, F.J.	Physical measurements in gas dynamics and combustion, (ed. R.W. Ladenburg) 3-21, Princeton Univ. Press, Princeton, New Jersey 1954
Yeh, Y. Cummins, H.Z.	Localized flow measurements with an He–Ne laser spectrometer. Appl. Phys. Lett. 4 (1964) 176–178
Zehnder, L.	Ein neuer Interferenzrefraktor. Z. Instrumentenkunde 11 (1891) 275–285

3.6.1 Nicht im Text genanntes Schrifttum

Adrian, R.J.	Particle-image techniques for experimental fluid mechanics. Ann. Rev. Fluid Mech. **23** (1991) 261–304
Buchhave, P. George, W.K. Lumley, J.L.	The measurement of turbulence with the laser–Doppler anemomometer. Ann. Rev. Fluid Mech. 11 (1979) 443–503
Caulfield, H.J.	Handbook of Holography, Academic Press, New York, San Francisco, London 1979
Durst. F. Melling, A. Whitelaw, J.H.	Theorie und Praxis der Laser–Doppler–Anemometer, G. Braun, Karlsruhe 1989
Kiemle, H. Röss, D.	Einführung in die Technik der Holographie, Akademische Verlagsgemeinschaft Frankfurt 1969
Ostrovski, Y.I.	Interferometry by Holography, Springer–Verlag Berlin, Heidelberg, New York, Tokio 1980
Ruck, B.	Einführung in die LDA–Meßtechnik, AT–Fachverlag, Stuttgart 1989
Wiedemann, J.	Laser–Doppler Anemometrie, Springer–Verlag Berlin, Heidelberg, New–York, Tokyo 1984

4 Methoden der Strömungssichtbarmachung

Die meisten Strömungsvorgänge verlaufen unsichtbar. Häufig kann aber schon durch Zugabe von Teilchen oder lokales Einleiten von Rauch oder Farbe bei geeigneter Beleuchtung eine Strömung sichtbar gemacht werden und so eine schnelle Vorstellung vom Strömungsablauf gewonnen werden. Es läßt sich z.B. erkennen, ob eine Strömung laminar oder turbulent ist, oder ob an einer Stelle eine Strömungsablösung vorliegt. Die gleiche qualitative Information ist mit Sonden nicht so einfach und meist nur auf kompliziertere Weise zu erhalten. Hinzu kommt noch die Schwierigkeit, daß auch die Sonde selbst die Strömung stören kann. Z.B. ist der laminar-turbulente Übergang sehr empfindlich und kann leicht durch eine Sonde verfälscht werden.

Die Sichtbarmachung gehört mit zu den ältesten Verfahren der Strömungsmeßtechnik. Schon lange bevor es eine Strömungsmechanik gab, zeichnete Leonardo da Vinci (1452-1519) seine Wasserwirbel (Bild 4.1). Die Sichtbarmachung des laminar–turbulenten Übergangs bei einer Rohrströmung mit Hilfe eines Farbfadens durch Reynolds (1883) (Bild 4.2) oder die Demonstration der Grenzschichtablösung durch Prandtl (1904) zählt zu den Pioniertaten der Strömungssichtbarmachung. Bild 4.3 zeigt eine später von Prandtl und Tietjens (1931) aufgenommene Grenzschichtablösung. Hierfür wurde ein stumpfer Körper durch einen Wassertank geschleppt und die Strömung auf der Wasseroberfläche durch Aluminiumpulver sichtbar gemacht.

Bild 4.1: Umströmung eines Hindernisses. Zeichnung von Leonardo da Vinci (1452–1519), Windsor Castle, Royal Library

Bild 4.2: Demonstration des laminar–turbulenten Übergangs bei einer Rohrströmung (Reynolds 1883).

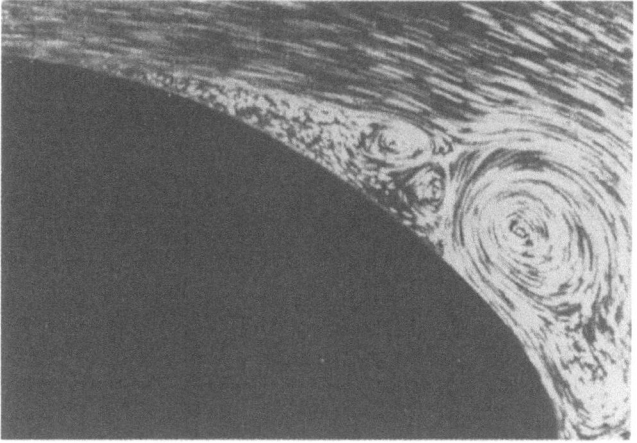

Bild 4.3: Grenzschichtablösung an der Rückseite eines stumpfen Körpers (Prandtl und Tietjens 1931).

Zur Beschreibung und Darstellung von Strömungsfeldern werden Bahn-, Strom-, Streich- und Zeitlinien benutzt, die jetzt hier eingeführt werden sollen:

1. Unter einer <u>Bahnlinie</u> versteht man die Kurve, die ein bestimmtes Fluidteilchen mit der Zeit durchläuft.

Eine Bahnlinie kann z.B. dadurch erhalten werden, daß ein kleines angefärbtes Fluidgebiet oder ein Streuteilchen, das dem Fluid beigegeben wurde, mit einer langen Belichtungszeit fotografiert wird. Die auf der Aufnahme erscheinende Linie ist dann die Bahnlinie des ins Auge gefaßten Fluidteilchens.

2. Unter einer <u>Stromlinie</u> versteht man die Integralkurve des Richtungsfeldes der Geschwindigkeit $\underline{U}(x,y,z,t)$ zu einem bestimmten Zeitpunkt t_o.

Das momentane Richtungsfeld einer Strömung zur Zeit $t=t_0$ kann dadurch erhalten werden, daß gleichzeitig viele kleine angefärbte Fluidgebiete oder Streuteilchen mit einer Belichtungszeit fotografiert werden, die so bemessen ist, daß die angefärbten Gebiete oder Teilchen auf der Aufnahme als mehr oder weniger kurze Striche erscheinen (<u>Bild 4.4 oben</u>). Bei hinreichend kurzer Belichtungszeit sind dann an gewissen Stellen des Strömungsfelds Betrag (proportional zur Strichlänge) und Richtungssinn (aber nicht die Richtung!) des Geschwindigkeitsvektors bekannt. Durch Verlängern und Verbinden zusammengehöriger Segmente kann aus dem Richtungsfeld das Stromlinienbild für den Zeitpunkt $t=t_0$ erhalten werden (<u>Bild 4.4 unten</u>). Die Richtung der Stromlinien ergibt sich auf diese Weise nicht. Sie muß entweder bekannt sein oder aus anderen Überlegungen gefolgert werden. Aber auch ohne die Verbindungslinien einzeichnen zu müssen ist das Auge in der Lage, ein Richtungs-

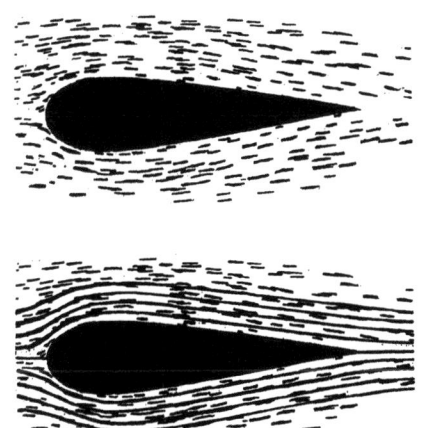

<u>Bild 4.4:</u>
oben: Richtungsfeld der Strömung um ein schlankes Tragflügelprofil
unten: daraus abgeleitetes Stromlinienbild.

feld zu einem Stromlinienbild zu ergänzen. Man beachte, daß Bahn- und Stromlinien sich mit dem Bezugssystem ändern. Es ergeben sich unterschiedliche Bilder, wenn z.b. Kamera und Fluid ruhen und ein Körper bewegt wird, oder wenn Kamera und Körper mit der gleichen Geschwindigkeit bewegt werden. Stromlinien veranschaulichen das momentane Strömungsfeld. Sie entsprechen den Kraftlinien bei Kraftfeldern und verlaufen überall in Richtung der Strömung. Da Stromlinien im allgemeinen zu verschiedenen Zeitpunkten aus unterschiedlichen Fluidteilen gebildet werden, besteht zwischen den Stromlinien und den einzelnen Fluidteilchen keine Beziehung.

Die Linienelemente d$\underline{s}$ des Richtungsfeldes sind in jedem Punkt mit der momentanen lokalen Geschwindigkeit $\underline{U}$ gleichgerichtet, d.h.

$$\underline{U} \times d\underline{s} = 0 \,. \tag{4.1}$$

In Komponentenschreibweise bedeutet das

$$(\underline{i}\, U + \underline{j} V + \underline{k}\, W) \times (\underline{i}\, dx + \underline{j}\, dy + \underline{k}\, dz) = 0\,,$$

woraus sich für die einzelnen Komponenten die Gleichungen

$$W\, dy = V\, dz, \quad U\, dz = W\, dx, \quad V\, dx = U\, dy$$

ergeben. Diese drei Gleichungen lassen sich zu der Gleichung

$$dx : dy : dz = U : V : W \tag{4.2}$$

zusammenfassen.

3. Unter einer <u>Streichlinie</u> versteht man die Kurve, die alle Teilchen zum Zeitpunkt $t=t_0$ bilden, die einmal denselben Punkt des Raumes durchlaufen haben.

Die Entstehung einer Streichlinie soll anhand der Rauchfahne eines Schornsteins (<u>Bild 4.5</u>) erklärt werden. Zur Zeit $t = -t_4$ passiert ein Fluidteilchen den Ort P und ist nach der Zeit Δt am Ort P_1 angekommen. Zu dieser Zeit $t = -t_3 = -t_4 + \Delta t$ passiert ein zweites Fluidteilchen den Ort P und erreicht, da sich jetzt die Windrichtung geändert hat, nach einem weiteren Δt den Ort P_2. Gleichzeitig hat sich das erste Fluidteilchen von P_1 nach P_1' bewegt. Ein drittes, zu dieser Zeit $t = -t_2 = -t_3 + \Delta t$ den Ort P passierendes Teilchen erreicht bei einer weiteren Windrichtungsänderung nach Δt den Ort P_3,

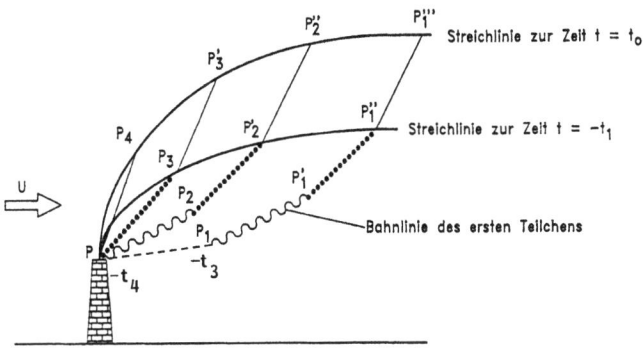

Bild 4.5:   Zur Entstehung einer Streichlinie

während die beiden vorher aus dem Schornstein ausgetretenen Teilchen jetzt an den Orten P_1'' und P_2' angekommen sind. Ein viertes Teilchen schließlich, das zu dieser Zeit $t = t_{-1} = -t_2 + \Delta t$ den Ort P verläßt, befindet sich nach Δt bei P_4 und die drei übrigen Teilchen haben P_1''', P_2'' und P_3' erreicht. Zum Zeitpunkt $t = t_0 = -t_{-1} + \Delta t$, an dem gerade ein fünftes Teilchen den Schornstein verläßt, bildet die Verbindung aller Orte, an denen sich in diesem Moment Teilchen befinden (P,P_4,P_3',P_2'',P_1'''), eine Streichlinie. Man erkennt an diesem Beispiel, daß die Bahnlinien der einzelnen Teilchen und die von der Gesamtheit der Teilchen gebildete Streichlinie nicht zusammenfallen. Insbesondere hatte die Streichlinie in dem hier konstruierten Fall zu jedem Zeitpunkt eine andere Lage. Die Streichlinie für $t = -t_1$ ist ebenfalls in Bild 4.5 dargestellt. Nur wenn sich im Laufe der Zeit die Strömung an einem Ort nicht ändert, also __stationär__ ist (d.h. $\partial/\partial t = 0$), fallen Bahn-, Strom- und Streichlinie zusammen.

Zur Erzeugung von Streichlinien wird häufig lokal in die Luft Rauch oder in das Wasser Farbe eingeleitet. Bei instationärer Strömung sagen die so erhaltenen Streichlinien aber nur wenig über die Strömung aus, da die Streichlinien auch durch ihre Vorgeschichte, d.h. von der Fluidbewegung zwischen den Orten der Farbeinleitung und der Beobachtung, geprägt werden. Dies konnte Hama (1962) an einem eindrucksvollen, hier dargestellten Beispiel zeigen.

Als Grundströmung dient ihm die im Bild 4.6 links dargestellte Freistrahlgrenze

$$U = U_0 (1 + \operatorname{tgh} y)$$
$$V = 0,$$

4 Methoden der Strömungssichtbarmachung

der eine mit $U_0 = c$ fortschreitenden Welle

$$u = 2aU_0 \frac{tghy}{coshy} \sin\frac{2\pi}{\lambda}(x - ct)$$

$$v = 2aU_0 \frac{1}{coshy} \cos\frac{2\pi}{\lambda}(x - ct)$$

als Störung überlagert ist. Die Amplitudenabhängigkeit in y-Richtung von u und v zeigt Bild 4.6 rechts. Zur Normierung werden die Geschwindigkeit U_0 (bei einem Freistrahl die halbe Ausflußgeschwindigkeit) und die Wellenlänge λ benutzt. Die Größe a ist ein Amplitudenfaktor, der wie bei Hama 0,02 gewählt wurde.

Um Streichlinien zu erzeugen, führte Hama nacheinander, um $\Delta\tau$ versetzt, an den Orten $x_0/\lambda = 0$; $y_0/\lambda = 0$, $\pm 0{,}05$, $\pm 0{,}1$, $\pm 0{,}15$ gedachte Teilchen (i = 1,2,3...n) in das Strömungsfeld ein und berechnete durch schrittweise Integration über die Zeit die neuen Teilchenorte zu späteren Zeitpunkten. Für das erste Teilchen (i=1), das am Ort x_0, y_0 zur Zeit $t = t_0$ mit $U(x_0,y_0,t_0)$ startet, ergibt sich der neue Aufenthaltsort x_1, y_1 zur Zeit $t = t_0 + \Delta t$ zu

$$x_1(t_0+\Delta t) = U(x_0,y_0,t_0)\ \Delta t + x_0$$
$$y_1(t_0+\Delta t) = V(x_0,y_0,t_0)\ \Delta t + y_0$$

und zur Zeit $t = t_0+2\Delta t$ zu

$$x_1(t_0+2\Delta t) = U(x_1,y_1,t_0+\Delta t)\ \Delta t + x_1(t_0+\Delta t)$$
$$y_1(t_0+2\Delta t) = V(x_1,y_1,t_0+\Delta t)\ \Delta t + y_1(t_0+\Delta t)$$

usw. Für ein zweites Teilchen (i=2), das um $\Delta\tau$ versetzt vom selben Ausgangspunkt

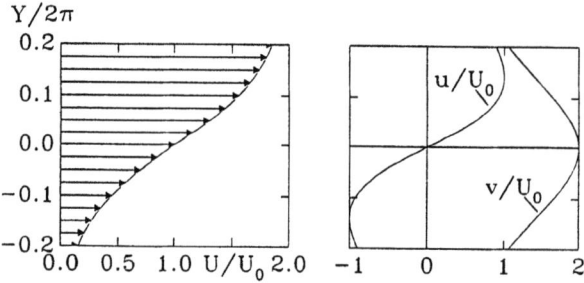

Bild 4.6: links: Grundströmung, rechts: Amplituden der Störgeschwindigkeiten u, v (Hama 1962).

(x_0,y_0) startet, gilt

$$x_2(t_0+\Delta\tau+\Delta t) = U(x_0,y_0,t_0+\Delta\tau)\,\Delta t+x_0$$
$$y_2(t_0+\Delta\tau+\Delta t) = V(x_1,y_0,t_0+\Delta\tau)\,\Delta t+y_0$$

usw. Durch sukzessives Verbinden jeweils der Teilchen, die nacheinander an einem der vorgegebenen Orte des Strömungsfeldes eingeführt wurden, werden die sieben in Bild 4.7 unten gezeigten Streichlinien erhalten. Die einzelnen Streichlinien werden aus jeweils 20 Teilchen pro Periode gebildet, die ursprünglich in gleichen Zeitabständen $\Delta\tau$ in die Strömung eingebracht wurden und die sich jetzt ungleichmäßig auf den Streichlinien verteilt haben. Die Streichlinie in der kritischen Schicht ($y_0/\lambda = 0$) wird mit zunehmendem x/λ immer welliger und rollt sich schließlich auf. Für denselben Zeitpunkt, für den

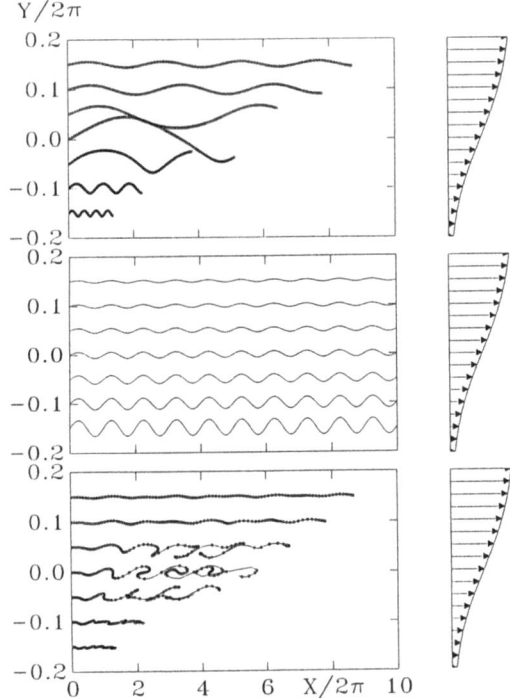

Bild 4.7: oben: Bahnlinien von sieben gleichzeitig in die Strömung eingeführten Teilchen. Mitte: Stromlinien. unten: Streichlinien, die aus jeweils 100 Teilchen gebildet werden.

in Bild 4.7 unten die Streichlinien dargestellt sind, zeigt <u>Bild 4.7 oben</u> die Bahnlinien für das jeweils erste Teilchen (i=1), das zum Zeitpunkt t = t_0 einen der sieben angegebenen Orte verlassen hat, und <u>Bild 4.7 Mitte</u> die Stromlinien, die auf keine Wirbelbewegung hindeuten. In der kritischen Schicht wandert die Störbewegung mit der lokalen Strömungsgeschwindigkeit. Ein Beobachter, der sich gerade mit U=c bewegt, sieht die in <u>Bild 4.8 oben</u> dargestellten Stromlinien, die sog. Katzenaugen. In diesem Bezugssystem ist die Strömung stationär, so daß dann Strom-, Bahn- und Streichlinien zusammenfallen. Teilchen, die in das Innere der Augen eingefangen werden (geschlossene Stromlinien), beginnen sich um das Augenzentrum zu drehen und erzeugen für einen ruhenden Beobachter den Eindruck des Aufrollens. Dabei kommt es dann zu einer Ausdünnung von Teilchen zwischen und einer Konzentration von Teilchen in den Augen. Die Stromlinien, die ein mit U<c bewegter und ein ruhender Beobachter sieht, sind in <u>Bild 4.8 Mitte</u> bzw. <u>Bild 4.8 unten</u> dargestellt. Man beachte den gegenüber Bild 4.7 geänderten Abszissenmaßstab.

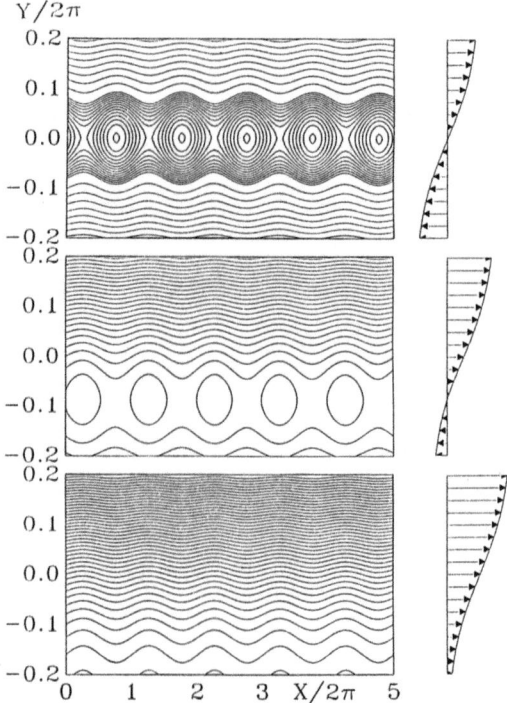

<u>Bild 4.8:</u>   Stromlinien in verschiedenen Bezugssystemen

Zusammenfassend kann gesagt werden, daß bei einer instationären Strömung Bahn- und Streichlinienbilder sehr mit Vorsicht zu interpretieren sind. Nach Möglichkeit sollte daher in einem Bezugssystem gearbeitet werden, in dem die Strömung stationär ist. Ein solches Bezugssystem braucht aber nicht zu existieren. Man denke z.B. an eine turbulente Strömung.

Als letzte Linienart werden Zeitlinien eingeführt. Sie spielen bei der Markierung von Strömungsfeldern durch Wasserstoffbläßchen (Kap. 4.2.5) eine Rolle oder treten bei photochromatischen Substanzen als Farblinien (Abschn. 4.3) auf.

4. Unter einer <u>Zeitlinie</u> versteht man den augenblicklichen Ort aller Teilchen, die zu einem frühen Zeitpunkt einmal markiert wurden.

Beispiele für Zeitlinien werden in den Bildern 4.27, 4.29 und 4.32 gegeben.

Als nächstes sollen Verfahren zur Sichtbarmachung von Luft- (Abschn. 4.1) und Wasserströmungen (Abschn. 4.2) behandelt werden.

4.1 Sichtbarmachung von Luftströmungen

Luft ist ein homogenes Medium. Einzelne Elemente, wie z.B. Turbulenzballen, Wirbel, kohärente Strukturen usw. lassen sich nicht ohne weiteres erkennen. Zur Sichtbarmachung solcher Strömungsvorgängen können Fremdkörper, wie z.B. Rauch oder Streuteilchen, aber auch lokal zugeführte Wärme, benutzt werden. Erwärmte Gebiete (vgl. Kap. 4.1.5) lassen sich über die Dichteänderung mit Hilfe des Schlierenverfahrens (Kap. 3.4.2) sichtbar machen. Ob man nun Teilchen oder okal zugeführte Wärme benutzt, in beiden Fällen wird aus dem ursprünglich homogenen ein inhomogenes Fluid. Die prinzipielle Schwierigkeit, eine Strömung nur über einen Markierungsstoff sichtbar machen zu können, läßt sich bei Luft nicht umgehen.

4.1.1 Fadensonde

Mit einem feinen Seiden-, Nylon- oder Nähgarnfaden, der am Ende eines dünnen Stiels befestigt ist und mit dem das Strömungsfeld abgetastet wird, läßt sich auf verhältnismäßig einfache Weise ein qualitativer Überblick über eine Strömung erhalten. Insbesondere lassen sich leicht die Ausdehnung eines Totwassergebiets hinter umströmten Körpern oder einer Grenzschichtablösung damit erkennen. Bei stationärer Strömung zeigt der Faden in die Richtung des Geschwindigkeitsvektors. Die Fadenlänge sollte daher immer klein gegen die zu erwartende Krümmung der Stromlinien sein. Bei instationärer Strömung ist es möglich, wenn der Faden der Bewegung trägheitslos folgen kann, mit kurzer Belichtungszeit auch die momentane Strömungsrichtung festzuhalten. Bei periodischer Strömung läßt sich die Fadenbewegung auch stroboskopisch beobachten. Fadensonden können je nach verwendetem Material von etwa 1 bis 50 m/s verwendet werden.

Werden gleichzeitig viele Fäden auf der Oberfläche eines Körpers befestigt, kann auf einfache Weise ein Gesamtüberblick über eine Strömung erhalten werden (Bild 4.9). Es ist jedoch zu beachten, daß jetzt Fäden in den Nachlauf anderer Fäden gelangen können und damit für eine etwaige stromab zu beobachtende künstliche Grenzschichtverdickung oder -ablösung verantwortlich sein können. In einem solchen Fall sollten die Fäden von rückwärts beginnend nacheinander stromauf auf dem Körper befestigt und ihre Wirkung aufeinander beobachtet werden, um sicher zu sein, daß die Strömung durch die Fäden nicht übermäßig gestört wird. Fäden können auch im Nachlauf hinter einem Körper an den Kreuzungspunkten eines Drahtgitters angebracht werden. Gersten (1956) konnte mit einem solchen Fadengitter auf eindrucksvolle Weise die Wirbel hinter einem Deltaflügel sichtbarmachen (Bild 4.10).

Bild 4.9: Auf einem Fahrzeug angebrachte Fäden zur Sichtbarmachung der Strömung auf der Oberfläche (Volkswagen AG, Forschungsfahrzeug 1981)

4.1 Sichtbarmachung von Luftströmungen

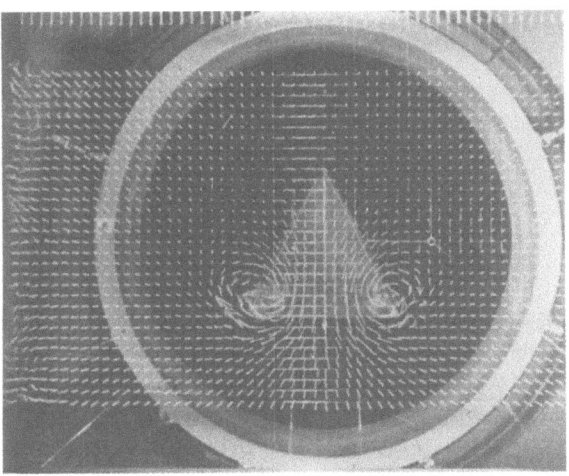

Bild 4.10: Strömung hinter einem Deltaflügel mit einem Fadensondengitter sichtbar gemacht (Gersten 1955).

4.1.2 Streuteilchen für Luft

In Luftströmungen werden Streuteilchen in fester und flüssiger Form in erster Linie für Laser-Doppler-anemometrische-Messungen (Abschn. 3.1 und 3.2) benutzt. Hierbei wird dann nicht die Geschwindigkeit der Luft selber, sondern die einzelnen Teilchen bestimmt. Wegen des großen Dichteunterschiedes muß die Masse der Streuteilchen möglichst klein gewählt werden, damit diese der Strömung möglichst gut folgen können. Das bedeutet aber, da das Dichteverhältnis mindestens von der Größenordnung $0{,}8 \cdot 10^3$ (Öltröpfchen in Luft) ist, daß die Teilchen kleine Abmessungen besitzen müssen. Damit aber die Teilchen keine nennenswerte Brownsche Bewegung ausführen, dürfen ihre Abmessungen aber auch nicht zu klein gewählt werden. Die optimale Teilchengröße liegt in der Größenordnung von 1 bis $10\mu m$. Für quantitative Messungen ist Rauch mit einem Teilchendurchmesser von etwa 0,01 bis $1\mu m$ zu klein und in seiner Größenverteilung zu inhomogen. Wenn aber Rauch als Ganzes betrachtet wird, ist er zur Strömungssichtbarmachung geeignet (siehe Kap. 4.1.3). Zur Sichtbarmachung von Luftströmungen werden auch heliumgefüllte Seifenblasen benutzt (Kap. 4.1.4).

4.1.2.1 Bewegungsgleichung für Streuteilchen

Für kugelförmige Teilchen vom Durchmesser d_p läßt sich unter der Voraussetzung, daß die Konzentration im Fluid so klein gewählt wird, daß eine Wechselwirkung der Teilchen untereinander vernachlässigt werden kann, die folgende Bewegungsgleichung angeben:

$$\rho_P \frac{dU_P}{dt} = \rho_F \frac{18\nu}{d_P^2} (U_F - U_P) + \frac{1}{2} \rho_F \frac{d(U_F - U_P)}{dt}$$

$$+ \rho_F \frac{9}{d_P} \sqrt{\frac{\nu}{\pi}} \int_{t_0}^{t} \frac{d(U_F - U_P)}{d\tau} \frac{d\tau}{\sqrt{t-\tau}} + \rho_F \frac{dU_F}{dt}. \quad (4.1)$$

Diese Gleichung wird, da sie unabhängig voneinander von Basset, Boussinesq und Oseen abgeleitet wurde, BBO–Gleichung genannt. Sie ist eine lineare Differentialgleichung, bei der die von den einzelnen Gliedern herrührenden Geschwindigkeiten superponiert werden dürfen. Es bedeuten U_P, U_F Teilchen- bzw. Fluidgeschwindigkeit, ρ_P, ρ_F Teilchen- bzw. Fluiddichte und ν die kinematische Zähigkeit des Fluids.

Das erste Glied auf der rechten Seite von Gl. (4.1) ist das Widerstandsglied. Für ein kugelförmiges Teilchen läßt sich der Widerstand W in der Dimension einer Volumenkraft mit Hilfe des Widerstandsbeiwerts c_D schreiben:

$$W = \frac{W^*}{\pi d_P^3 / 6} = \frac{3}{4 d_P} c_D \rho_F (U_F - U_P)^2. \quad (4.2)$$

Hierbei wurde angenommen, daß das Teilchen der Strömung gut folgen kann und damit zwischen Teilchen und Fluid nur ein kleiner Geschwindigkeitsunterschied besteht. Wenn die mit der Relativgeschwindigkeit des Teilchens gebildete Reynoldszahl

$$Re = \frac{|(U_F - U_P)| d_P}{\nu} \ll 1$$

ist, ergibt sich der Widerstandsbeiwert zu

$$c_D = \frac{24}{Re}, \quad (4.3)$$

womit dann für das Widerstandsglied in Gl. (4.1)

$$\underline{W} = \rho_F \frac{18\nu}{d_P^2} (U_F - U_P)$$

erhalten wird.

4.1 Sichtbarmachung von Luftströmungen

Das zweite Glied auf der linken Seite von Gl. (4.1) ist ein Trägheitsglied, das immer auftritt, wenn ein Teilchen vom Fluid nicht ganz mitgenommen wird. Das Teilchen bewegt sich dann relativ zum Fluid und setzt dadurch selbst in seiner Umgebung Fluid in Bewegung. Wie bei einer instationären Bewegung in der Potentialtheorie oder bei einem Kugelstrahler in der Akustik entspricht diese Kraft der Trägheit der halben verdrängten Fluidmasse.

Das dritte Glied auf der linken Seite von Gl. (4.1) wird auch Basset Integral genannt. Es beschreibt die Vorgeschichte des Teilchens, da es sich auf die Zeit vom Beginn der Bewegung t_o bis zum Zeitpunkt der Betrachtung t bezieht. Der Beitrag des Basset Integrals ist wichtig, wenn entweder große Beschleunigungen auftreten, oder, wenn wie bei Gasblasen in einer Flüssigkeit, das Dichteverhältnis $\rho_p/\rho_F \ll 1$ wird.

Das vierte Glied auf der linken Seite von Gl. (4.1) ist die Volumenkraft, die von der Strömung selbst auf das Teilchen ausgeübt wird.

Hjelmfelt und Mockros (1966) konnten die BBO-Gleichung lösen und zeigen, daß für $\rho_p/\rho_F \gtrsim 1000$ nur das erste Glied auf der linken Seite von Gl. (4.1) von Wichtigkeit ist. Dieser Fall liegt bei festen und flüssigen Streuteilchen in einer Luftströmung vor. Das dynamische Verhalten der Streuteilchen kann dann durch die vereinfachte Gleichung

$$\frac{d\underline{U}_P}{dt} = -k(\underline{U}_P - \underline{U}_F) \tag{4.4}$$

mit

$$k = \frac{\rho_F}{\rho_P} \frac{18\nu}{d_P^2} \tag{4.5}$$

beschrieben werden. Dieses ist eine Differentialgleichung 1. Ordnung vom selben Typ, die für die Ersatzschaltung eines Hitzdrahtes (Bild 2.20) erhalten wurde. Ganz analog zu dem dort dargestellten Fall läßt sich auch für ein Streuteilchen eine Zeitkonstante M = 1/k und eine Grenzfrequenz

$$f_g = \frac{k}{2\pi} \tag{4.6}$$

ermitteln, bis zu der ein Teilchen der Strömung trägheitslos folgen kann. Hjelmfeld und Mockros (1966) haben diese Grenzfrequenz für einen Wassertropfen ($\rho_F/\rho_P = 1{,}28 \cdot 10^{-3}$) von d = 7$\mu$m Durchmesser in einer Luftströmung als Lösung der Gl. (4.1) mit f_g = 812 Hz angegeben. Aus Gl. (4.6) wird für den gleichen Fall 835 Hz erhalten.

Haertig (1983) schätzte den Teilchenschlupf in einer stark beschleunigten Luftströmung mit Hilfe von Gl. (4.4) für den Fall ab, daß Streuteilchen für Laser-Doppler-Messungen in die Vorkammer eines Windkanals, in der die Geschwindigkeit sehr klein ist, eingegeben werden. Er setzte die Geschwindigkeit in der Vorkammer Null und nahm an, daß die Geschwindigkeit auf der Düsenachse linear anwächst. Es gilt dann

$$U_F = \alpha x. \qquad (4.7)$$

Zur Abkürzung führte er $u = (U_F - U_p)$ ein, so daß bei eindimensionaler Betrachtung Gl. (4.4) dann

$$\frac{dU_p}{dt} = \frac{d(U_F - u)}{dt} = ku$$

lautet. Da es sich um eine stationäre Düsenströmung handelt, bei der die größte Änderung in x-Richtung erfolgt, bleibt nur ein Konvektivglied übrig. Wenn $u \ll U_F$ angenommen werden kann, gilt

$$U_F \frac{dU_F}{dx} - U_F \frac{du}{dx} = ku.$$

Einsetzen von Gl. (4.7) führt dann zu

$$\alpha^2 x - \alpha x \frac{du}{dx} = ku.$$

Eine Integration liefert unter der Annahme, daß in der Vorkammer auch $u = 0$ ist,

$$u = \frac{\alpha}{\alpha + k} U_F. \qquad (4.8)$$

Wie man sieht, muß, damit $u \ll U_F$ erfüllt bleibt, auch $\alpha \ll k$ sein. Nur dann können die Teilchen mit minimalem Schlupf der Beschleunigung in der Düse folgen.

Bei dem von Haertig (1983) angegebenen Beispiel nahm die Geschwindigkeit auf der Düsenachse über eine Länge von 0,5m um 500m/s zu, so daß $\alpha = 10^3$/s ist. Für Streuteilchen von $d_p = 1~\mu m$ Durchmesser und einem Dichteverhältnis ρ_F/ρ_p von 10^{-3} wird nach Gl. (4.5) $k \approx 10^5$/s und damit der Geschwindigkeitsschlupf

$$u \approx \frac{\alpha}{k} U_F = 5~m/s.$$

Dies ist gerade 1 % der Geschwindigkeit am Düsenausgang.

4.1.2.2 Schwerkraftwirkung

Die auf ein Teilchen wirkende Schwerkraft führt dazu, daß dieses im Laufe der Zeit absinkt. Wenn die mit der Sinkgeschwindigkeit U_S gebildete Reynoldszahl sehr klein gegen eins ist, kann U_S aus dem am Teilchen angreifenden Stokesschen Widerstand

$$W^* = 3\pi\mu d_P U_S (1 + \frac{3}{16} Re - \frac{19}{1290} Re^2 + -...) \qquad (4.9)$$

und dem durch den Auftrieb verminderten Gewicht

$$G^* = \frac{g\pi d_P^3}{6} (\rho_P - \rho_F) \qquad (4.10)$$

berechnet werden. Für Re << 1 gilt:

$$U_S = \frac{g\, d_P^2}{18\,\nu} \left[\frac{\rho_P}{\rho_F} - 1\right]. \qquad (4.11)$$

Da bei Luft $\rho_P \gg \rho_F$ ist, kann vereinfachend geschrieben werden

$$U_S = \frac{g\, d_P^2}{18\,\nu} \frac{\rho_P}{\rho_F}. \qquad (4.12)$$

Für ein Wassertröpfchen von $d_P = 1\,\mu m$ Durchmesser mit $\rho_P/\rho_F \approx 0{,}8\cdot 10^3$ beträgt die so erhaltene Sinkgeschwindigkeit $U_S = 0{,}3$ mm/s. Die kleinste noch sinnvoll mit einem Laser-Doppler-Anemometer (Kap. 3.1) zu messende Geschwindigkeit U_{min} ergibt sich aus der Forderung, daß die Mindestflugzeit der Teilchen durch das Meßvolumen d_x (Gl. 3.33) klein sein soll gegen die Sinkzeit, die ein Teilchen für einen Durchmeser d_P braucht, zu:

$$U_{min} > U_S \frac{d_x}{d_P}. \qquad (4.13)$$

Bei einem Meßvolumen $d_x = 100\,\mu m$ und Wassertröpfchen von $1\,\mu m$ Durchmesser wird dann $U_{min} = 3$ cm/s.

4.1.2.3 Brownsche Bewegung

Wegen der Brownschen Bewegung kann der Aufenthaltsort der Teilchen nicht genau bestimmt werden. Für ein kugelförmiges Teilchen ergibt sich nach Einstein (1906) der

Betrag des mittleren Verschiebungsquadrats nach der Beobachtungsdauer τ zu

$$|\overline{x^2}| = (2kT/3\pi\mu d_p)\,\tau\,. \tag{4.14}$$

Es bedeuten $k = 1{,}38 \cdot 10^{-23}$ Nm/K die Boltzmannkonstante, T die absolute Temperatur, d_p den Teilchendurchmesser und μ die dynamische Zähigkeit des Fluids. Bei 300 K bewegt sich in Luft ein 1 μm großes Teilchen in der Sekunde um 7 μm. Dies ist, bezogen auf den Teilchendurchmesser, eine große Strecke.

Nimmt man für die kleinste noch zu messende Teilchenverschiebung an, daß sie nach einer Sekunde von der Größenordnung der Lichtwellenlänge ($\approx 0{,}5$ μm) sein soll, dann kann in Luft für Teilchen von 200 μm Durchmesser noch eine Brownsche Bewegung nachgewiesen werden. Feste oder flüssige Teilchen dieser Größenordnung sind aber für viele Sichtbarmachungen in Luftströmungen nicht brauchbar, da ihre Sinkgeschwindigkeit zu groß ist. Durch die Brownsche Bewegung können turbulente Schwankungen vorgetäuscht werden, die in der Strömung nicht vorhanden zu sein brauchen. Bei Laser-Doppler-Messungen sollte deshalb die während der Flugzeit durch das Meßvolumen d_x (Gl. 3.33) durch Brownsche Bewegung entstehende Verschiebung klein gegen den Teilchendurchmesser d_p sein. Die sich hieraus für die kleinste noch zu messende Geschwindigkeit ergebende Ungleichung

$$U_{min} > \frac{2\,k\,T\,d_x}{3\pi\,\mu\,d_p^3} \tag{4.15}$$

stellt für die meisten Fälle keine wesentliche Einschränkung dar. Für ein Teilchen von d_p = 1 μm Durchmesser beträgt bei einer Meßvolumenabmessung $d_x = 100$ μm in Luft $U_{min} \approx 1$ mm/s.

4.1.2.4 Wirkung eines Geschwindigkeitsgradienten

Ein Teilchen, das sich in einem Geschwindigkeitsgradienten bewegt (Bild 4.11), muß, da es nicht an jeder Stelle seines Querschnitts die Geschwindigkeit des umgebenden Fluids annehmen kann, immer einen Schlupf ($U_F > U_p$) besitzen. Dies führt dann zu einer Querkraft auf das Teilchen, die zur Seite der größeren Geschwindigkeit hingerichtet ist. Nach Saffman (1965) gilt

$$K_y \sim \rho\, d_p^2 \left[\nu \left|\frac{dU_F}{dy}\right|\right]^{1/2} (U_F - U_p)\,. \tag{4.16}$$

4.1 Sichtbarmachung von Luftströmungen

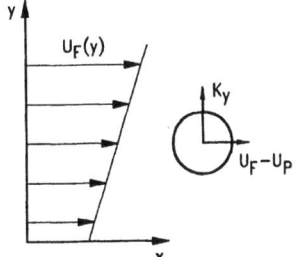

Es bedeuten d_p der Teilchendurchmesser, ρ die Dichte und ν die kinematische Zähigkeit des Fluids. Die übrigen Größen werden in Bild 4.11 erklärt.

Bild 4.11:
Bewegung eines Teilchens in einem Geschwindigkeitsgradienten

Auch in den beiden anderen Koordinaten sind zusätzliche Querkräfte K_x und K_z möglich, wenn Gradienten dU_F/dx und dU_F/dz, wie sie in einer turbulenten Strömung momentan immer vorhanden sind, und gleichzeitig ein Schlupf (V_F-V_p) oder (W_F-W_p) auftritt. Besonders unangenehm wirkt sich die Querkraft in einer Grenzschichtströmung, die einen mittleren Gradienten besitzt, aus. Die Querkraft sorgt dann dafür, daß sich die Teilchen von der Wand wegbewegen und damit nicht homogen über den Querschnitt verteilen lassen. Hierdurch werden Laser-Doppler-Messungen (Abschn. 3.1) in Wandnähe erschwert. Bei kleinen Teilchen nimmt dieser Effekt, der sich auch durch eine Dichteanpassung nicht vermeiden läßt, stark ab.

4.1.2.5 Auswahl der Streuteilchen

Luft enthält meist schon in Form von Staub auf natürliche Weise Teilchen. Staub erfüllt aber oft nicht die Anforderungen, die bei einer Strömungssichtbarmachung, Laser-Doppler- (Abschn. 3.1) oder Geschwindigkeitsfeldmessung (Abschn. 3.3) an die Streuteilchen gestellt werden müssen. Dies macht es erforderlich, Teilchen künstlich in die Strömung einzubringen. Für Luftströmungen sind Tröpfchen eines Wasser-Glyzeringemisches, Maschinen- oder Silikonöltröpfchen sowie Wassertröpfchen oder Eiskristalle, die bei adiabatischer Expansion in einer Strömung entstehen, geeignet. Tröpfchen lassen sich durch Zerstäuben in einer Größe von 1 μm bis 1 mm Durchmesser erzeugen. Es können aber auch Salzkristalle, die durch Verdampfen in der Größenordnung von Bruchteilen eines μm entstehen sowie Marmorstaub (1 μm) oder Glaskügelchen (20 μm) benutzt werden. Eine wichtige Forderung an die Teilchen ist, daß sie nicht gesundheitsschädlich sind (Silikontröpfchen) oder die Versuchsanlage angreifen (Salzkristalle). Siehe auch Tabelle 3.1 in Kap. 3.1.4.

Die Kompressibilität K einer teilchenbeladenen Strömung unterscheidet sich im allgemeinen nur sehr wenig von der der reinen Luft K_L. Der Volumenanteil V_T der Teilchen am Gesamtvolumen V_L ist meist sehr klein. Wenn K_T die Kompressibilität der Teilchen bezeichnet, beträgt

$$K = K_L \left[1 + \frac{V_T}{V_L} \frac{[K_T - K_L]}{K_L} \right]. \quad (4.17)$$

4.1.3 Rauch

Rauchteilchen haben Abmessungen von etwa 0,01 bis 1 μm. Sie sind damit groß genug, um Licht in ausreichender Menge zu streuen; sie sind aber zu klein, um auf einfache Weise individuell verfolgt zu werden. Zur Sichtbarmachung werden Rauch oder auch rauchähnliche Materialien wie Dampf oder Nebel in der Strömung erzeugt oder von außen in die Strömung eingebracht. Hierbei wird entweder das gesamte Strömungsfeld angefärbt und dann in verschiedenen Ebenen mit Hilfe eines Lichtschnittverfahrens (siehe 4.1.3.1) sichtbar gemacht, oder es werden nur einzelne Streichlinien oder Streichflächen erzeugt (siehe 4.1.3.3). Ein ganz ähnliches Bild wie beim Lichtschnittverfahren wird erhalten, wenn mit Hilfe eines Rauchdrahtes nur eine Ebene angefärbt wird (siehe 4.1.3.2). In allen diesen Fällen hat man es mit Streichlinien oder Streichflächen zu tun, die, wie eingangs an dem Beispiel von Hama (1962) gezeigt wurde, nicht nur vom Strömungsfeld am Ort der Betrachtung, sondern auch durch ihre Vorgeschichte geprägt wurden.

Bei der Strömungssichtbarmachung mit Rauch oder rauchähnlichen Materialien tritt noch ein weiteres Problem auf, das in der unterschiedlich schnell ablaufenden Teilchen- und Impulsdiffusion begründet ist. Die hierfür entscheidenden Transportkoeffizienten sind die Diffusionskonstante D und die kinematische Zähigkeit ν, die beide dieselbe Dimension besitzen. Bei einem mittels Streichlinien sichtbar gemachten Wirbel klingt, wenn von außen keine Energie mehr zugeführt wird, die Drehbewegung durch die Zähigkeitswirkung der Luft mit der Zeit langsam ab. Gleichzeitig werden die spiralförmig aufgewickelten Rauchlinien durch die Brownsche Bewegung mit der Zeit unscharf. Im mitbewegten Koordinatensystem ist das Abklingen der Drehbewegung durch die Wirbeltransportgleichung bestimmt, die für ein ebenes Strömungsfeld

$$\frac{d\omega_z}{dt} = \nu \Delta \omega_z \quad (4.18)$$

lautet. Die Komponente des Wirbelvektors $\omega_z(x,y,z)$ wurde hier in z-Richtung angenommen. Die Diffusion des Rauchs ist durch das 2. Ficksche Gesetz

$$\frac{dc}{dt} = D \Delta c, \quad (4.19)$$

in dem c die Rauchkonzentration der Streichlinien bedeutet, gegeben. Beide Vorgänge, die durch dieselbe Differentialgleichung beschrieben werden, laufen mit unterschiedlichen Zeitskalen ab. Das Verhältnis dieser Zeitskalen wird durch die Schmidt Zahl

$$\text{Sc} = \frac{\nu}{D} \qquad (4.20)$$

bestimmt. Für Rauchteilchen in Luft ist Sc >> 1. Das bedeutet, daß Rauch auch dann noch eine Drehung markiert, wenn der Wirbel schon längst durch die Wirkung der Zähigkeit abgeklungen ist. Der Grund hierfür ist, daß die Luftmoleküle als Träger der Drehbewegung durch Wechselwirkung untereinander leichter ihren Impuls austauschen können als es den viel größeren Rauchteilchen gelingt, ihren Platz zu wechseln. Mit anderen Worten, die Wirbeldiffusion läuft schneller als die Teilchendiffusion ab.

Die Diffusionskonstante für Rauchteilchen in Luft kann nach der Einsteinschen Beziehung

$$D = \frac{kT}{3\pi\mu d_p} \qquad (4.21)$$

berechnet werden. In dieser Gleichung sind $k = 1{,}38 \cdot 10^{-23}$ Nm/K die Boltzmannkonstante, T die absolute Temperatur, μ die dynamische Zähigkeit der Luft und d_p der Teilchendurchmesser. Für 0,5 μm große Rauchteilchen ergibt sich in Luft bei 300 K eine Diffusionskonstante $D = 0{,}5 \cdot 10^{-10}$ m²/s. Mit der kinematischen Zähigkeit $\nu = 1{,}55 \cdot 10^{-5}$ m²/s der Luft bei 300 K wird dann Sc = $3{,}1 \cdot 10^5$. Ein um etwa eine Größenordnung kleineres D wurde experimentell in ruhender Luft aus der Verbreiterung eines Rauchfadens mit der Zeit gewonnen. Experimente dieser Art sind nicht einfach auszuführen. Sicher ist aber, daß die Schmidt Zahl für Rauch in der Größenordnung von 10^4 bis 10^5 liegt. Das bedeutet, daß die Rauchdiffusion erheblich langsamer als die Wirbeldiffusion abläuft. Ähnliche Beispiele hierfür sind aus der Meteorologie bekannt, wo beobachtet wird, daß aus Eiskristallen bestehende Cirrus—Wolken länger erhalten bleiben als die sie erzeugenden Wirbel. Cimbala, Nagib und Roshko (1988) konnten zeigen, daß auch das Bild einer Kármánschen Wirbelstraße wesentlich davon abhängt, ob die Wirbel 4; 50; 100 oder 150 Durchmesser stromab vom Zylinder durch Rauch sichtbar gemacht werden (Bild 4.12). Im ersten Fall entsteht der Eindruck, daß die Wirbel noch mindestens 250 Durchmesser stromab vom Zylinder existieren, obwohl sie, wie die Sichtbarmachung bei 150 Durchmessern stromab zeigt, hier schon fast abgeklungen sind.

Zur Erzeugung von Rauch sind außer Öl auch Tabak, Kolophonium und Titantetrachlorid geeignet. Letzteres wird vor allem direkt auf die Oberfläche eines Modells aufgebracht und bildet mit der Feuchtigkeit der Luft einen sehr intensiven weißen Nebel aus Titanoxid und Salzsäuregas. Leider sind diese Reaktionsprodukte, wie eigentlich auch aller Rauch, für die Gesundheit nicht zuträglich.

250 4 Methoden der Strömungssichtbarmachung

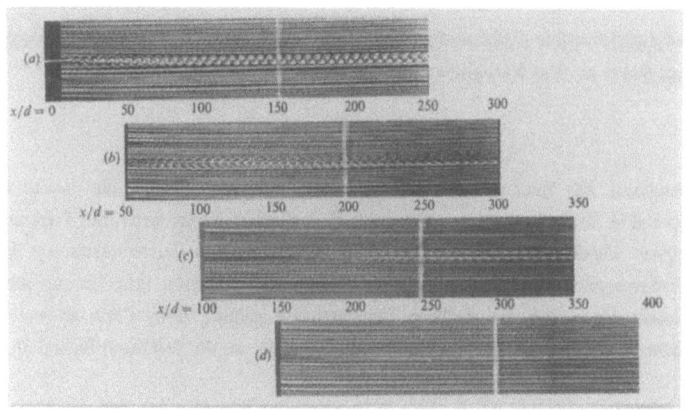

Bild 4.12: Kármánsche Wirbelstraße (Re=90), die mit einem Rauchdraht bei 4, 50, 100 und 150 Durchmessern hinter dem Zylinder sichtbar gemacht wurde (Cimbala, Nagib und Roshko, 1988)

4.1.3.1 Laserlichtschnittverfahren

Komplizierte Strömungsfelder lassen sich häufig leichter verstehen, wenn nicht das gesamte Feld auf einmal, sondern nacheinander zweidimensionale Ebenen betrachtet werden. Hierfür muß dann an geeigneter Stelle Rauch in die Strömung eingeleitet und weiter stromab ein Lichtschnitt durch das Strömungsfeld gelegt werden. Das von den Rauchteilchen gestreute Licht wird am besten aus der Richtung senkrecht zur Lichtebenen betrachtet oder fotografiert. Dabei können bei zu großer Feldtiefe die nicht beleuchteten Teilchen zwischen Lichtebene und Kamera stören. Als Lichtquelle bietet sich ein lichtstarker Argon-Ionen-Laser von einem Watt an, dessen Strahl auf einfache Weise mit der in Bild 4.13 gezeigten Anordnung zuerst mit Hilfe zweier sphärischer Linsen auf die benötigte Lichtschnittdicke D aufgeweitet und dann mittels einer Zylinderlinse in der xy-Ebene divergent gemacht wird. Der Strahlengang im Bild 4.13 wurde so gezeichnet, wie er sich bei Glühlicht als Lichtquelle ergibt.

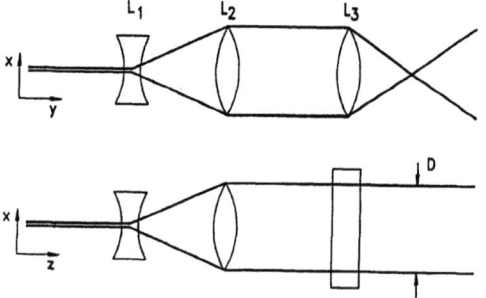

Bild 4.13: Erzeugung eines divergenten Lichtbündels mit nahezu konstanter Dicke D durch ein Dreilinsensystem. L_1, L_2: sphärische Linsen; L_3: Zylinderlinse

Bei Laserstrahlen mit gaußförmiger Intensitätsverteilung gelten andere Linsengesetze (vgl. Bild 3.13).

Einfacher läßt sich eine Ebene des Strömungsfeldes mit Hilfe eines Drehspiegels und eines mehr oder weniger aufgeweiteten Laserstrahls ausleuchten (Bild 4.14). Durch Verändern der Spiegeldrehzahl können wie beim Stroboskop periodische Vorgänge zum Stillstand gebracht werden. Ein ähnlicher Effekt läßt sich auch mit einem Schwingspiegel erreichen.

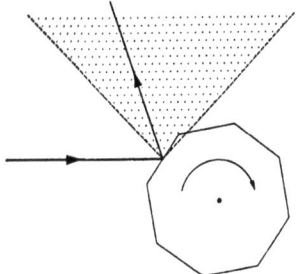

Bild 4.14:
Erzeugung einer Lichtebene durch einen Drehspiegel

Als Beispiel für das Lichtschnittverfahren zeigt Bild 4.15 einen von Falco (1977) aufgenommenen Querschnitt durch eine turbulente Wandgrenzschicht (Strömungsrichtung von links nach rechts). Feiner Ölnebel wurde stromauf in die dort noch laminare Grenzschicht eingebracht und die Grenzschicht dann durch eine Stolperkante künstlich turbulent gemacht. Die auf die Verdrängungsdicke bezogene Reynoldszahl betrug bei diesem Experiment etwa 4000.

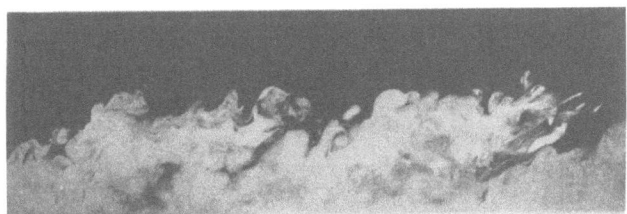

Bild 4.15: Lichtschnitt durch eine turbulente Grenzschicht. Strömungsrichtung von links nach rechts (Falco 1977)

4.1.3.2 Rauchdraht

Eine dünne Rauchschicht läßt sich leicht mit einem etwa 0,1 mm starken Widerstandsdraht erzeugen, der gleichmäßig mit Öl benetzt und durch einen kurzen Stromstoß aufgeheizt wird. Die sich dabei in der Strömung bildende Rauchschicht (Streichfläche) besteht aus vielen einzelnen Streichlinien. Diese schon recht alte Technik, bei der das Öl mit

252 4 Methoden der Strömungssichtbarmachung

einem feinen Pinsel auf einen in beliebiger Richtung angebrachten Draht aufgetragen wird, wurde von Corke et al. (1977) in der Weise verbessert, daß einem senkrechten, geheizten Draht mittels Druckluft vom oberen Ende her schubweise Öl durch eine konzentrische Düse zugeführt wird. Hierdurch können dann bei intermittierendem Betrieb Strömungen bis zu 6 m/s sichtbar gemacht werden. Bei höheren Anströmgeschwindigkeiten reicht die so erzeugte Rauchkonzentration zur Sichtbarmachung nicht mehr aus. Ein Nachteil dieser Methode ist, daß der den Rauch erzeugende Draht senkrecht angeordnet werden muß.

Bei der von Gerich (1986) entwickelten Methode wird ebenfalls ein senkrechter, geheizter Draht benutzt, der aber von oben kontinuierlich mit Öl benetzt wird (Bild 4.16). Dies ermöglicht einen Dauerbetrieb bis zu Strömungsgeschwindigkeiten von etwa 4 m/s. Wegen der erforderlichen Heizleistung von etwa 0,4 W/cm Drahtlänge ist eine Erwärmung des Rauchs nicht mehr zu vernachlässigen. Bei kleinen Geschwindigkeiten stört dann eine geringe Aufwärtsbewegung der Rauchschicht. Gerich bestimmte diese Aufwärtsbewegung bei einer Anströmgeschwindigkeit von 80 cm/s zu etwa 4 cm/s. Die Rauchschicht läßt sich über eine Länge von etwa zwei Metern gut verfolgen.

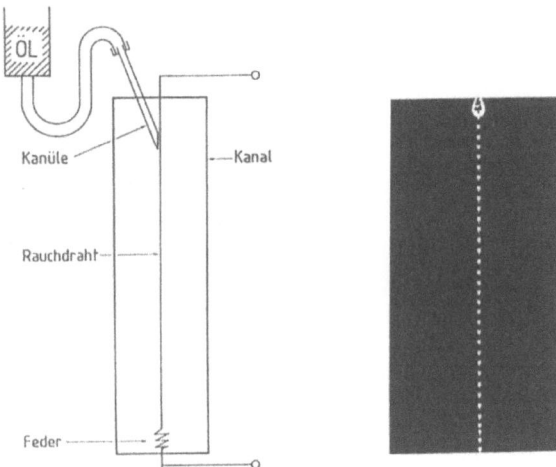

Bild 4.16: In die Meßstrecke eines Windkanals eingebauter Rauchdraht (links). Die Kanüle, eine 1 mm Injektionsnadel und der Vorratsbehälter sind stark vergrößert gezeichnet. Rechts: der ungeheizte Rauchdraht, an dem oben ein großer Öltropfen zu erkennen ist, der beim Herunterlaufen in viele kleine Tröpfchen zerfällt. (Gerich 1987)

4.1 Sichtbarmachung von Luftströmungen   253

Mit dem von Gerich entwickelten Rauchdraht hat Eisenlohr (1989) die Wirbelstraße direkt hinter einem Zylinder sichtbar gemacht (Bild 4.17 oben). Von den vielen in Bild 4.16 rechts zu sehenden Tröpfchen gehen beim erhitzten Rauchdraht einzelne Streichlinien aus (vgl. auch Bild 4.12). Bei der in Bild 4.17 unten gezeigten Seitenansicht der

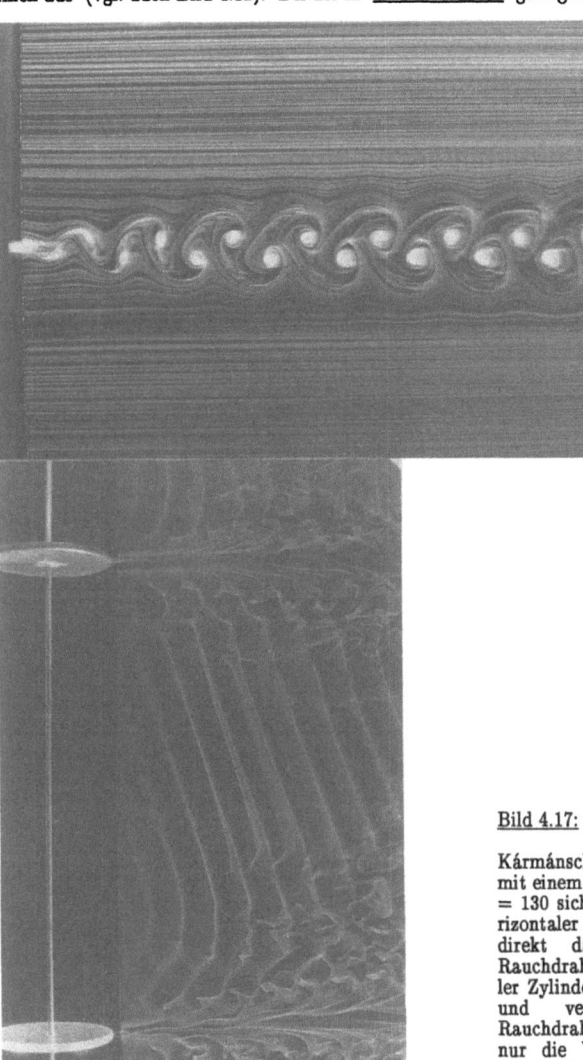

Bild 4.17:

Kármánsche Wirbelstraße mit einem Rauchdraht bei Re = 130 sichtbar gemacht. Horizontaler Zylinder und direkt dahinter vertikaler Rauchdraht (oben). Vertikaler Zylinder mit Endscheiben und vertikal versetzter Rauchdraht (unten). Es ist nur die Wirbelstraßenhälfte auf der Kameraseite zu sehen (Eisenlohr 1989).

254   4 Methoden der Strömungssichtbarmachung

Wirbelstraße sind wegen des größeren Ausschnitts die einzelnen Streichlinien auf der Aufnahme nicht mehr zu erkennen. Die Wahl des Öls ist nicht sehr kritisch. Lebensmittelöle, Märklin Modelleisenbahn–Dampf–Öl oder ein Glyzerin–Wasser–Gemisch (Disko-Nebel-Fluid) haben sich als geeignet erwiesen.

4.1.3.3 Rauchlinien

Zur Erzeugung einzelner Rauchlinien kann der Rauch entweder aus feinen Röhrchen vor dem Modell oder auch aus der Modelloberfläche heraus in die Strömung eingebracht werden. In beiden Fällen kommt es zu einer mehr oder weniger großen Störung des Strömungsfeldes, da einerseits der Nachlauf der Röhrchen nicht zu vermeiden ist und andererseits die Austrittsgeschwindigkeit des Rauchs sehr genau an die lokale Geschwindigkeit angepaßt werden muß. Letzteres ist bei Rauchaustritt aus der Modelloberfläche kaum zu realisieren, da hier wegen der Haftbedingung die Geschwindigkeit Null herrscht und damit eigentlich kein Rauch ohne einen gewissen Überdruck aus der Oberfläche austreten dürfte.

Als Beispiel für die Rauchlinientechnik zeigt Bild 4.18 die an den Tragflügelenden entstehenden und für den induzierten Widerstand verantwortlichen Wirbel. Man erkennt sofort, daß Rauchlinien nur für die Sichtbarmachung laminarer Strömungen geeignet sind. In turbulenter Strömung vermischen sich die einzelnen Linien schnell mit der umgebenen Luft.

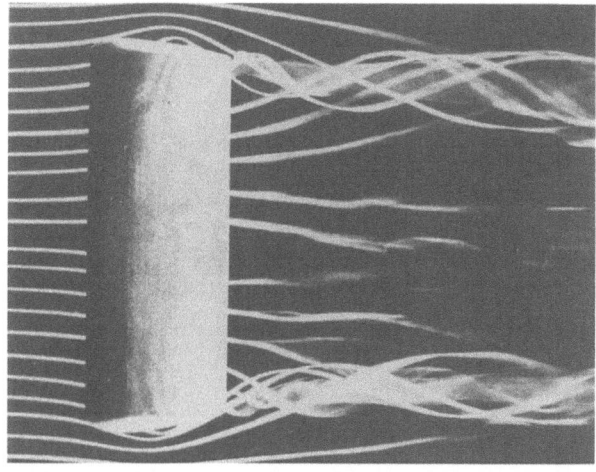

Bild 4.18:   Durch Rauchlinien sichtbar gemachte Tragflügelumströmung. Die Reynoldszahl beträgt 100.000 (Head 1982).

4.1.4 Heißdraht

Anstelle von Rauch kann bei Luft auch Wärme zur Markierung der Strömung verwendet werden. Durch lokal begrenzte Wärmezufuhr wird die Dichte eines kleinen Gebiets verringert. Ähnlich wie mit einem Rauchdraht (4.1.3.2) lassen sich auch mit elektrisch geheizten dünnen Drähten (0,05 bis 0,1 mm Durchmesser) Streichflächen aus erwärmter Luft erzeugen, die dann mit Hilfe des Schlierenverfahrens (Kap. 3.4.2) sichtbar gemacht werden können. In turbulenter Strömung versagt diese Methode, da sich die erwärmten Streichflächen dann schnell mit der Umgebung vermischen.

4.1.5 Heliumseifenbläschen

Gebräuchliche Streuteilchen für Luftströmungen besitzen eine Dichte von der Größenordnung 10^3 kg/m^3. Durch Verwenden sehr kleiner Teilchen kann erreicht werden, daß sich die Sinkgeschwindigkeit in Grenzen hält. Heliumgefüllte Seifenbläschen bieten eine Möglichkeit, Teilchen im Millimeterbereich zu realisieren, die in ihrer Dichte der der Luft sehr nahekommen. Zur Erzeugung von Heliumseifenbläschen gibt es kommerzielle Geräte, die bis zu 500 Bläschen in der Sekunde mit Durchmessern von 1,5 bis 6 mm und einer Mindestlebensdauer von 30 Sekunden erzeugen können. Die Bläschen werden durch Preßluft in einem Kopf, der wie ein Pitot-Rohr in die Strömung gebracht wird, hergestellt. Sie können bis zu Geschwindigkeiten von 60 m/s zur Strömungssichtbarmachung benutzt werden. Bild 4.19 zeigt Streichlinien aus Heliumseifenbläschen, die in einer stationären Strömung die strömungsgünstige Form eines Automobils demonstrieren sollen.

Bild 4.19: Im Windkanal von Pininfarina mit Heliumseifenbläschen sichtbar gemachtes Strömungsfeld um das Vorderteil eines Kraftfahrzeugs (Bild Adam Opel AG).

4.1.6 Anstrichbilder

Anstrichbilder werden zum einen zur Sichtbarmachung von Wandstromlinien und zum anderen zur Bestimmung des laminar-turbulenten Umschlags der Grenzschicht benutzt. Eine Methode besteht darin, die Suspension eines Farbstoffs auf die Modelloberfläche zu bringen, deren flüssige und feste Komponenten von der Strömung mehr oder weniger stark abgetragen werden. Bei einer anderen Methode wird die Oberfläche chemisch präpariert und der Luft ein Gas beigegeben, mit dem die Oberfläche reagiert.

4.1.6.1 Wandstromlinien

Zur Bestimmung des Wandstromlinienbilds kann eine Suspension aus feinkörnigem Titanweiß und Petroleum benutzt werden, die als dünner Film auf eine schwarze Oberfläche aufgesprüht wird. In der Strömung fließt das Petroleum von der Körperoberfläche ab und verdunstet, während das Titanweiß sich zu Linien formiert. Diese Linien können als Integralkurven des Richtungsfeldes der Wandschubspannung gedeutet werden. Mit dieser Technik können auch auf einfache Weise Ablöse- und Wiederanlegelinien, in denen die Wandschubspannung ihr Vorzeichen ändert, sichtbar gemacht werden. Bild 4.20

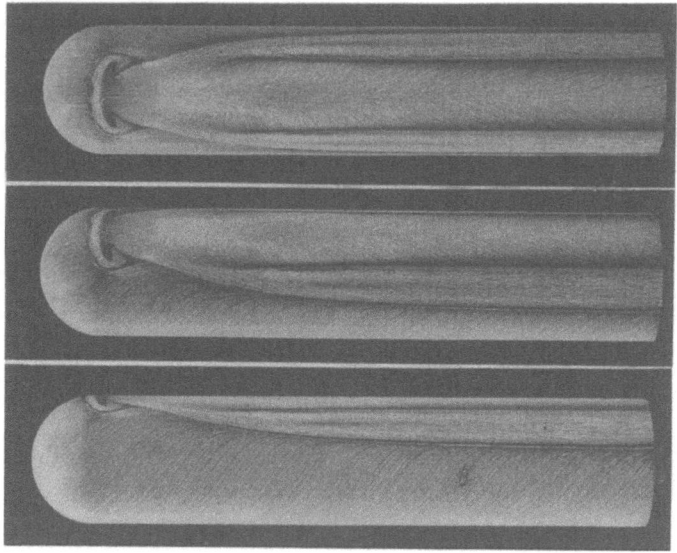

Bild 4.20: Drei verschiedene Ansichten des Wandstromlinienbildes eines von links unten angeströmten Zylinders mit kugelförmigem Kopf (Bippes 1990).

zeigt aus drei verschiedenen Blickrichtungen das Wandstromlinienbild eines schräg von links unten angeströmten Zylinders mit kugelförmigem Kopf. Im oberen Bildteil kommt die Strömung aus der Bildebene heraus. An den beiden links vorn im Bild zu sehenden dunklen Punkten entspringen zwei Wirbel die gegensinnig rotierend mit ihren Achsen nahezu parallel zum Zylinder ausgerichtet sind. Die Drehung ist so gerichtet, daß Fluid zwischen den Wirbeln zum Zylinder hin transportiert. Die beiden im mittleren und unteren Bildteil zu erkennenden Linien, die nahezu parallel zur Zylinderachse verlaufen, sind Ablöse- und Wiederanlegelinien.

4.1.6.2 Umschlag laminar-turbulent

Zur Sichtbarmachung des laminar-turbulenten Umschlags an der Wand wird davon Gebrauch gemacht, daß bei einer turbulenten Grenzschicht die Wandschubspannung und der Wärme- und Stoffaustausch größer als bei einer laminaren Grenzschicht sind. Der erhöhte Stoffaustausch führt dazu, daß bei einer Titanweiß-Petroleum-Suspension unter dem turbulenten Teil der Grenzschicht das Petroleum schneller verdunstet und wegen der größeren Wandschubspannung auch das Titanweiß schneller abgetragen wird als unter dem laminaren Teil der Grenzschicht.

Ein anderes, mehr für den Freiflug geeignetes Verfahren, bei dem ebenfalls der unterschiedliche Stoffaustausch beider Grenzschichtteile ausgenutzt wird, arbeitet mit einer Jod-Stärke-präparierten Modelloberfläche. In einem Chlor enthaltenden Luftstrom reagiert zuerst unter dem turbulenten Teil der Grenzschicht die Jod-Stärke mit dem Chlor unter Bildung von Chlor-Stärke und Jod, wodurch die usprünglich blaue Oberfläche dann in diesem Teil purpurfarbig wird.

Der unterschiedliche Wärmeübergang wird bei der Infrarotfotografie ausgenutzt. Ein erwärmtes Modell kühlt sich unter dem turbulenten Teil der Grenzschicht schneller als unter dem laminaren Teil ab. Die gute Wärmeleitung einer Metalloberfläche kann dabei störend wirken. Es kommt zu einem Wärmefluß und damit zu einem Temperaturausgleich zwischen den unterschiedlich abgekühlten Teilen der Oberfläche, wodurch dann die Trennlinie zwischen dem laminaren und turbulenten Teil der Grenzschicht nicht mehr klar zu erkennen ist. Ein dünner Überzug aus Plastik schafft Abhilfe. Mit der Infrarotfotografie können Temperaturdifferenzen bis zu $0{,}1\,^\circ C$ aufgelöst werden. Differenzen von 1 bis $2\,^\circ C$ ergeben einen guten Kontrast.

<u>Bild 4.21</u> zeigt das Infrarotbild einer von links angeströmten Tragfläche nach einer Minute Belichtungszeit. Die Tragfläche war zu Beginn des Versuchs kälter als die Luft.

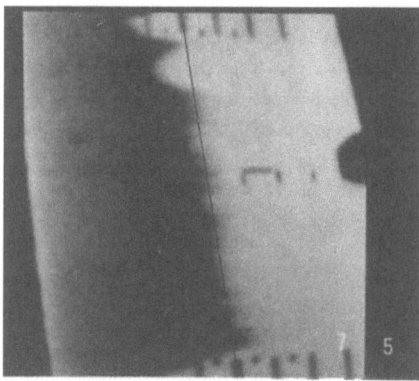

Unter dem turbulenten Teil der Grenzschicht hat sich die Tragfläche schneller erwärmt. Weiß entspricht bei der Aufnahme der höheren Temperatur.

Bild 4.21:
Laminar–turbulenter Übergang an der Oberseite einer Tragfläche, im Freiflug sichtbar gemacht durch Infrarotfotografie; Strömung von links nach rechts (Quast 1987).

4.2 Sichtbarmachung von Wasserströmungen

Wasser ist wie Luft ein homogenes Medium, bei dem die Strömungsvorgänge nicht ohne weiteres zu erkennen sind. Wegen der höheren Dichte ist es jedoch einfacher als bei Luft, geeignete Streuteilchen für die Sichtbarmachung zu finden. An die Stelle von Rauch treten bei Wasser Lebensmittelfarben oder Tinte (Kap. 4.2.3). Es gibt aber auch spezielle Verfahren, die nur bei Wasserströmungen angewendet werden können, wie die Tellur- (Kap. 4.2.4) oder die Wasserstoffbläschenmethode (Kap. 4.2.5). Mit Flüssigkristallen (Kap. 4.2.7) läßt sich neben der Strömung auch die lokale Temperatur sichtbar machen.

Die prinzipielle Schwierigkeit, Bewegungsvorgänge nur über die Wirkung auf einen Fremdkörper zu erkennen, ist bei Wasser genauso gegeben wie bei Luft. Bei Wasser besteht jedoch die Möglichkeit einer Anpassung der Teilchendichte an das Fluid.

4.2.1 Fadensonde

Es ist prinzipiell möglich, Fadensonden (vgl. 4.1.1) auch in Wasserströmungen oder an der Grenzfläche Wasser-Luft zu verwenden, wenngleich hierfür nur wenig Anwendungsbeispiele bekannt sind. Dies liegt vor allem daran, daß Wasserströmungen im allgemeinen weniger leicht zugänglich und die Modelle meist kleiner sind. Außerdem wirken im Wasser wegen der höheren Dichte auch größere Kräfte als in Luft. Hinzu kommt, daß die Grenzschichtdicken im allgemeinen geringer als in Luft sind, wodurch die Befestigung der Fäden auf einer Modelloberfläche zu größeren Störungen des Strömungsfeldes führen kann.

4.2.2 Streuteilchen für Wasser

Streuteilchen werden sowohl zur Sichtbarmachung von Strömungsvorgängen auf der Oberfläche als auch innerhalb des Wassers benutzt. Außerdem dienen sie als Streuzentren bei der Laser-Doppler-Anemometrie (Abschn. 3.1) und bei Geschwindigkeitsfeldmessungen (Abschn. 3.3). Auf der Oberfläche lassen sich Strömungsvorgänge gut verfolgen, wenn diese mit feinem Aluminiumpulver oder Bärlappsamen (Lykopodium) bestreut wird. Zur Vermeidung von störenden Oberflächeneffekten kann der durch die Oberfläche ragende Körperteil an der Grenzfläche WasserLuft mit einer dünnen Silikonschicht überzogen werden. Die im Bild 4.3 dargestellte Grenzschichtablösung wurde von Prandtl und Tietjens (1931) durch Sichtbarmachung auf der Oberfläche gewonnen. Zur Sichtbarmachung von Strömungsvorgängen innerhalb des Wassers sind feste Teilchen, wie Titandioxid oder Latex, sowie Luft- oder Wasserstoffbläschen (Kap. 4.2.5) geeignet.

Die im Unterkapitel 4.1.2.1 diskutierte Bewegungsgleichung für Streuteilchen läßt sich, wie Hjelmfelt und Mockros (1966) gezeigt haben, bei Flüssigkeiten nicht weiter vereinfachen. Bei Gasbläschen spielt vor allem der Beitrag des Basset Integrals eine wichtige Rolle. Nicht kugelförmigen Teilchen, wie z.B. dem Titandioxid, müssen, damit sie die Voraussetzungen für Gl. (4.1) erfüllen, geeignete Ersatzdurchmesser zugeordnet werden. Hjelmfelt und Mockros haben Gl. (4.1) numerisch gelöst. Sie konnten zeigen, daß z.B. ein 0,5 mm großes Sandkorn bis 0,16 Hz und ein 0,2 mm großes Wasserstoffbläschen bis 20 Hz einer instationären Strömung folgen kann.

Die Wirkung der Schwerkraft (vgl. 4.1.2.2) ist auf feste Streuteilchen in Wasser wegen des geringen Dichteverhältnisses viel geringer als in Luft. Ein Titandioxidteilchen mit einem Ersatzdurchmesser von 1 μm sinkt bei einem Dichteverhältnis $\rho_p/\rho_F = 4,2$ nach Gl. (4.11) nur mit $U_s = 1,7$ μm/s. Nach Gl. (4.13) ergibt sich dann bei einem Meßvolumen (Gl. 3.41) von $d_x = 100$ μm Durchmesser eine kleinste zu messende Geschwindigkeit von 0,17 mm/s. Bei gasgefüllten Plastikteilchen ist es auch möglich, durch eine Wärmebehandlung ihre Dichte auf die einer Flüssigkeit einzustellen (Hofbauer 1978), wodurch die Sinkgeschwindigkeit dann ganz verschwindet. Trotz dieser Möglichkeit wirkt auf ein bewegtes festes Teilchen in einem Geschwindigkeitsgradienten immer eine Querkraft (Gl. 4.16), die dazu führt, daß Teilchen in einer Grenzschichtströmung von der Wand wegbewegt werden. Ein 1 μm großes Streuteilchen legt im Wasser aufgrund der Brownschen Bewegung nach Gl. (4.14) in einer Sekunde eine Strecke von etwa 1 μm relativ zum Fluid zurück. Die Brownsche Bewegung stellt damit bei Strömungsuntersuchungen in Wasser mit Teilchen die größer als 1 μm sind kein nennenswertes Problem dar.

Gasbläschen steigen im Wasser auf. Sie verhalten sich bis auf das Vorzeichen ähnlich wie feste Teilchen in Luft (Gl. 4.12). Da Gasbläschen eine Fehlstelle in der Flüssigkeit darstellen, treibt sie eine Zentrifugalkraft zum Bewegungszentrum hin. Wegen der Temperaturabhängigkeit der Grenzflächenspannung (Gas-Flüssigkeit) wirkt in einem Temperaturgradienten auf ein Gasbläschen eine Kraft, die das Bläschen zur wärmeren Seite hin bewegt (Marangonieffekt). Diese Kraft ist besonders bei Luftbläschen in Ölströmungen nicht zu vernachlässigen.

4.2.2.1 Auswahl der Streuteilchen

Wasser enthält meist in Form von Rost, Sand oder Algen auf natürliche Weise Teilchen. Diese erzeugen bei Laser–Doppler–anemometrischen Messungen wegen ihrer verschiedenen Durchmesser und dem daraus resultierenden unterschiedlichen Folgeverhalten in der Strömung keine homogenen Dopplersignale. Es müssen daher, genau wie bei Luft künstliche Teilchen in die Strömung eingebracht werden. Für Wasserströmungen haben sich Latexteilchen, die mit Durchmessern von 0,4 bis 10 μm und einer nur geringen Größenverteilung erhältlich sind, sowie Latexwandfarben, die Teilchen mit einer größeren Durchmesservariation enthalten, als geeignet erwiesen ($\rho_p/\rho_F = 1{,}09$, $n_p/n_F = 1{,}49$). Höhere Brechzahlverhältnisse n_p/n_F besitzen Titanoxid (TiO$_2$) mit Teilchenabmessungen von 0,5 bis 20 μm ($\rho_p/\rho_F = 4{,}2$, $n_p/n_F = 2{,}6$) und Aluminiumoxid (Al$_2$O$_3$) mit Teilchenabmessungen < 8 μm ($\rho_p/\rho_F \approx 3{,}6$, $n_p/n_F = 1{,}76$). Teilchen mit einem höheren Brechzahlverhältnis sind in der Strömung besser zu erkennen und liefern bei den Laser-Doppler- und Geschwindigkeitsfeldmessungen mehr Streulicht als Latexteilchen. Titandioxid tritt in drei verschiedenen Formen auf, von denen nur die rutile Form für die Strömungssichtbarmachung geeignet ist. Hierbei handelt es sich um Plättchen von 0,5 - 20 μm Durchmesser und etwa 0,05 bis 4 μm Dicke, die sich in der Strömung parallel zu den Stromflächen ausrichten. In Flüssigkeiten können sich bei festen Teilchen Benetzungsschwierigkeiten ergeben. Es ist dann ratsam, die Teilchen vorher mit einem Entspannungsmittel (Tensid) zu behandeln.

Des weiteren sind Kondensmilch (Fettkügelchen) mit 0,1 bis 10 μm Durchmesser ($\rho_p/\rho_F \approx 1$) sowie Luft– und Wasserstoffbläschen zur Strömungssichtbarmachung geeignet. Wasserstoffbläschen werden durch Elektrolyse direkt in der Strömung erzeugt. Ihr Durchmesser hängt von der Abmessung der Elektrode, an der sie erzeugt werden, und von der Anströmgeschwindigkeit ab (Kap. 4.2.5). Typische Durchmesser liegen zwischen 2 und 70 μm ($\rho_p/\rho_F = 1{,}2 \cdot 10^{-3}$).

Die dynamische Zähigkeit μ einer teilchenbeladenen Strömung unterscheidet sich im allgemeinen nur sehr wenig von der der reinen Flüssigkeit μ_F, da die Teilchen meist nur einen sehr kleinen Volumenanteil V_T am Gesamtvolumen V_W ausmachen. Für kugelförmige Teilchen gilt nach Einstein (1906)

$$\mu = \mu_F \left(1 + 2{,}5 \; \frac{V_T}{V_W}\right). \tag{4.22}$$

Bei Laser-Doppler-Messungen werden selten höhere Teilchenkonzentration als 1 ppm (part per million $\hat{=}$ 10^{-6}) verwendet.

Als Beispiel für eine sichtbargemachte Wasserströmung zeigt Bild 4.22 einen ebenen Freistrahl der mit 30 cm/s aus einem Schlitz in der Wand austritt und dann stromab turbulent wird. Zur Sichtbarmachung wurden kleine Luftbläschen verwendet.

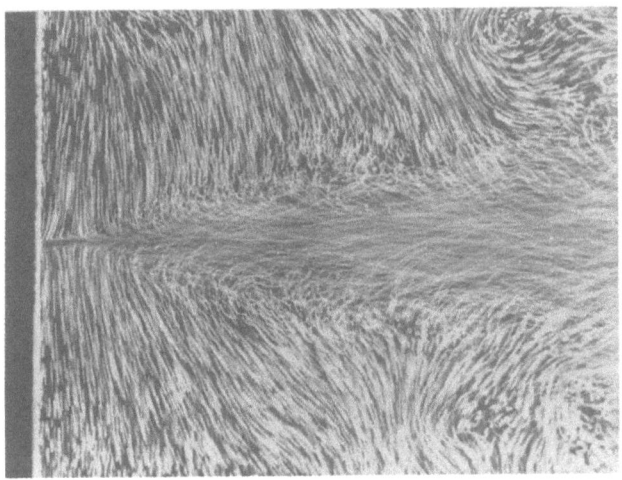

Bild 4.22: Mit Luftbläschen sichtbar gemachter ebener Wasserfreistrahl (Werlé 1974)

4.2.3 Farbe

Das Gegenstück zum Rauch bei den Luftströmungen (vgl. 4.1.3) stellen bei den Wasserströmungen Farbstoffe wie Tinte oder Milch dar, die ähnliche Teilchenabmessungen wie Rauch besitzen. Außerdem werden auch Moleküle oder Komplexionen wie Kaliumpermanganat, Lebensmittelfarben, fluoreszierende Farbstoffe mit breiten Absorptionsbanden im sichtbaren Licht benutzt. Mit diesen Farbstoffen werden in der Hauptsache Streichlinien oder -flächen angefärbt, wobei die Farbe mittels feiner Röhrchen oder Schlitze in die Strömung eingeleitet (vgl. 4.1.3.3) oder von der Oberfläche eines Körpers abgewaschen wird.

Die Schmidt Zahl (Gl. 4.20) ist auch bei Farbstoffen in wäßriger Lösung groß. Während die Wassermoleküle im Verband der Flüssigkeit um feste Plätze schwingen und so gut ihren Impuls austauschen können, sind die Fremdmoleküle oder Streuteilchen im Wasser kaum in der Lage, ihren Platz zu wechseln, d.h. daß $D \ll \nu$ ist. Damit kann es, wie bei den Luftströmungen gezeigt wurde (Bild 4.12), dazu kommen, daß eine Bewegung schon abgeklungen ist, während die Farbe aber immer noch eine Struktur markiert.

Farbstoffe sollten nicht gesundheitsschädlich sein. Daher sind Lebensmittelfarben besonders gut zur Strömungssichtbarmachung geeignet. Kaliumpermanganat ist ein sehr ergiebiger Farbstoff. Als starkes Oxidationsmittel dient es auch zur Desinfektion.

Als Beispiel für die Anwendung der Farbmethode sind in Bild 4.23 Streichflächen eines bei Re = 1500 sichtbar gemachten Ringwirbels dargestellt. Die Reynolds Zahl ist mit dem Düsendurchmesser und der Ausstoßgeschwindigkeit gebildet. Die einzelnen Bilder zeigen das Ausstoßen des Wirbels, den laminaren Wirbel, das Turbulentwerden des Wirbels, das sich aus einer sinusförmigen, in Umfangsrichtung angefachten Störung entwickelt, und schließlich den turbulenten Wirbel.

Für den in Bild 4.24 von Williamson (1989) sichtbar gemachten Zylindernachlauf wurde eine dünne, direkt auf den Zylinder aufgetragene Farbschicht benutzt. Beim Schleppen durch ruhiges Wasser löst sich die Farbe langsam auf und sammelt sich in den periodisch von beiden Seiten des Zylinders ablösenden Wirbeln (Kármánsche Wirbelstraße).

4.2.4 Tellurmethode

Mit einem dünnen Tellurdraht lassen sich in einer gut leitenden Wasserströmung auf elektrolytischem Wege Streich- und Zeitlinien erzeugen. Hierbei müssen der Tellurdraht als Kathode und eine Metallplatte an einer Stelle, wo sie die Strömung nicht stört, als Anode geschaltet sein. Der hierfür verwendete Versuchsaufbau entspricht dem für die Wasserstoffbläschenerzeugung (Bild 4.26). Bei Anlegen einer Spannung von einigen Volt und einer Stromstärke von einigen 100 mA gehen von der Tellurdrahtoberfläche Ionen in ausreichender Menge in die Flüssigkeit über. Diese Ionen werden dann durch eine Sekun-

4.2 Sichtbarmachung von Wasserströmungen

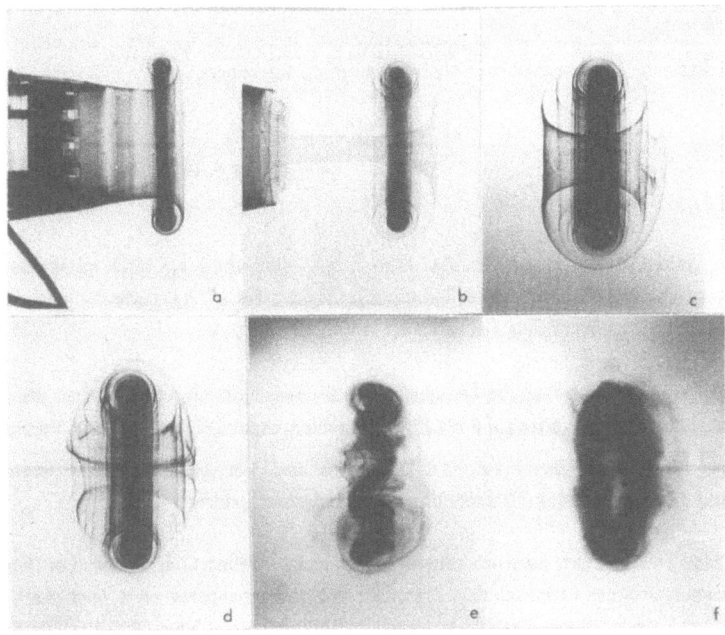

Bild 4.23: Mit Farbe sichtbar gemachter Wirbelring. Links oben im Bild (a) wird der Wirbel durch Ausstoßen von Flüssigkeit aus einer 5 cm Düse erzeugt. Die Farbe wird durch einen Schlitz am Düsenaustritt zugeführt. Mitte unten im Bild (e) ist der laminar–turbulente Übergang des Wirbels und rechts unten (f) der turbulente Wirbel zu erkennen (Didden 1977).

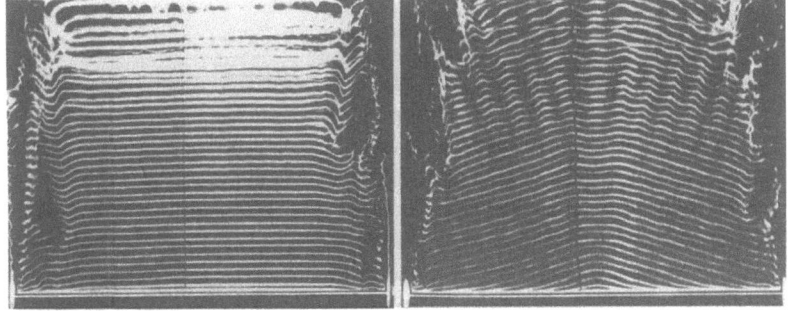

Bild 4.24: Durch Schleppen in einem Wassertank mit fluoreszierendem Farbstoff bei Re = 90 sichtbar gemachte Wirbelstraße. Aus der anfänglichen Parallelablösung der Wirbel bis zu einer Schlepplänge von 100 Zylinderdurchmessern (links) entwickelt sich eine Schrägablösung nach einer Schlepplänge von 600 Zylinderdurchmessern (rechts) (Williamson 1989).

därreaktion in tiefschwarzes elementares Tellur umgewandelt, das dann koloidal im Wasser schwimmend zur Strömungssichtbarmachung benutzt werden kann. Bei dieser von Wortmann (1953) angegebenen Methode laufen die Reaktionen

$$A: \quad 2Te + 2e^- \longrightarrow 2Te^-$$
$$2Te^- \longrightarrow Te + Te^{--}$$
und $\quad B: \quad Te + 2e^- \longrightarrow Te^{--}$

im Verhältnis 75% zu 25% ab. Das zweiwertige Tellur wird noch durch im Wasser gelösten Sauerstoff in koloidales Tellur umgewandelt, dessen Sinkgeschwindigkeit nach Messungen von Wortmann kleiner als 0,1 mm/s ist.

Bei Leitungswasser kann die Leitfähigkeit noch durch KCl vergrößert werden, dem zur Erhöhung des p_H-Wertes auf 9 bis 10, zur Stabilisierung des Koloids und zur Verkleinerung der Koloidteilchen etwas KOH beigegeben wird. Der Gehalt an freiem Sauerstoff kann durch Zugabe von Wasserstoffsuperoxid verbessert werden.

Dünne Tellurdrähte lassen sich entweder zusammen mit einem Glasröhrchen bei Rotglut ziehen, wobei das Glas nach dem Erkalten mit Flußsäure abgeätzt wird, oder durch Bedampfen eines dünnen Stahldrahts herstellen. Im Vakuum mit einer 20 µm Tellurschicht bedampfte Drähte können für etwa 150 Zeitlinien benutzt werden. Danach ist ein erneutes Bedampfen erforderlich. Es ist dabei zu beachten, daß die Drähte im Wasser wegen der kleinen kinematischen Zähigkeit ($\nu \approx 10^{-6}$ m²/s) sehr dünn sein müssen. Bei einem 50 µm starken Draht wird bereits bei einer Anströmgeschwindigkeit von 1 m/s eine Reynolds Zahl von 50 erreicht, bei der dann am Draht eine periodische Ablösung beginnt (vgl. Bild 2.28).

Mit einem senkrecht zur Wand in einer laminaren Grenzschicht angeordneten Tellurdraht machte Wortmann (1977) den Drahtnachlauf sichtbar (Bild 4.25). Ein nur wenige Millisekunden dauernder Stromstoß erzeugt eine fadenförmige Wolke koloidalen Tellurs, das dann kurze Zeit später fotografiert wird. Die Geschwindigkeit am Rande der Grenzschicht betrug 9 cm/s. Das in Bild 4.25 dargestellte Grenzschichtprofil stellt eine einzelne Zeitlinie dar. Durch periodische Stromstöße läßt sich auf diese Weise auch eine Folge von Zeitlinien herstellen. Hinter einem mit einem Dauerstrom betriebenen Tellurdraht entsteht, ähnlich wie bei einem kontinuierlich arbeitenden Rauchdraht (Bild 4.17), eine Streichfläche.

4.2 Sichtbarmachung von Wasserströmungen

Mit kurzen längsangeströmten dünnen, zwischen den Stromzuführungsdrähten gehaltenen Tellurkörpern lassen sich auch einzelne sehr feine Streichlinien erzeugen. Durch kleine halbkugelförmige, direkt auf der Wand befestigte Elektroden können nach Wortmann (1953) auch Wandstromlinien sichtbar gemacht werden (vgl. Kap. 4.2.6).

Bild 4.25:
Mit der Tellurmethode sichtbar gemachtes Geschwindigkeitsprofil einer laminaren Grenzschichtströmung (Wortmann 1977).

4.2.5 Wasserstoffbläschenmethode

Die prinzipielle Arbeitsweise der Wasserstoffbläschenmethode ist in Bild 4.26 dargestellt. Nach Schließen des Schalters entsteht an dem als Kathode geschalteten Draht durch Elektrolyse des Wassers elementarer Wasserstoff und an der, an einer nicht störenden Stelle des Strömungsfeldes angebrachen Gegenelektrode (Anode) elementarer Sauerstoff. Der am Draht in Form sehr feiner Bläschen erzeugte Wasserstoff wird von der Strömung mitgenommen und kann als einzelnes Bläschen stromab mit fotogrammetrischen Methoden sehr genau vermessen werden, wodurch diese Methode auch für die Untersuchung turbulenter Strömungen geeignet ist (Bippes 1974). Durch Umpolen ist es möglich, am Draht auch Sauerstoffbläschen zu erzeugen. Es wird dann jedoch wegen der stöchiometrischen Zusammensetzung des Wassers nur die halbe Menge Bläschen erhalten. Durch Umpolen läßt sich auch der nach längerem Betrieb passivierte Kathodendraht, an dem dann immer größere Bläschen entstehen, wieder "säubern".

Die Wasserstoffbläschenmethode wurde erstmals von Zenneck (1914) beschrieben, von Geller (1954) wiederentdeckt und dann von Clutter und Smith (1961) und Schraub et al.

(1964) zu einer gebrauchsfähigen Meßmethode weiterentwickelt. Es werden heute meist Platindrähte mit Stärken von 10 bis 40 μm benutzt, die bei 15 bis 100 Volt und 15 bis 30 mA pro Zentimeter Drahtlänge Wasserstoffbläschen von der Größenordnung des Drahtdurchmessers erzeugen. Die hohen Spannungen werden kurzzeitig für die Erzeugung von Zeitlinien benötigt. Mit zunehmender Anströmgeschwindigkeit nimmt der Bläschendurchmesser etwas ab. Ein Bläschen von $d_P = 20$ μm Durchmesser steigt nach Gl. (4.11), da $\rho_P/\rho_F \ll 1$, mit

$$U_S = g\, d_P^2/18\, \nu = 0{,}2 \text{ mm/s}, \qquad (4.23)$$

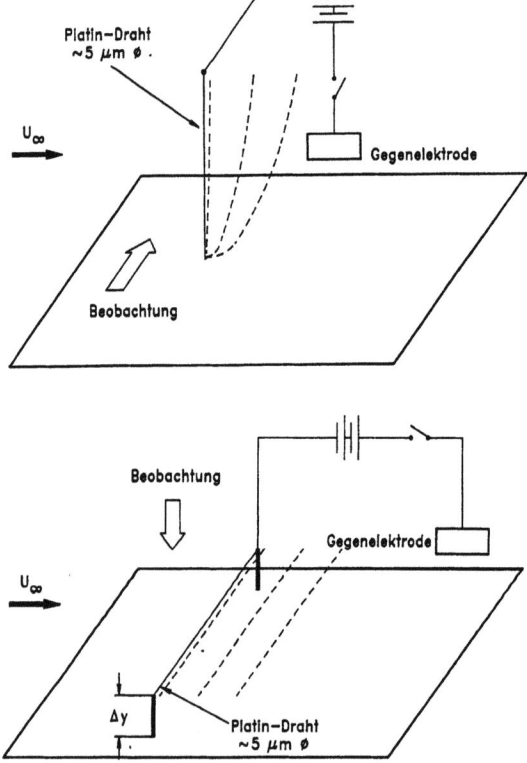

wodurch der Einsatz dieser Methode zu kleinen Geschwindigkeiten hin begrenzt wird. Aber auch bei größeren Geschwindigkeiten gibt es Schwierigkeiten, da die Wasserstoffbläschen als Defektstellen im Wasser schnellen Bewegungen in der Strömung nicht mehr trägheitslos folgen können. Nach Rechnungen von Hjelmfelt und Mockros (1966), die Gl. (4.1)

Bild 4.26:
Versuchsaufbau für die Sichtbarmachung von Strömungsvorgängen nach der Wasserstoffbläschenmethode. Durch periodisches Schließen und Öffnen des Schalters erzeugte Zeitlinien. Oben: in einer Ebene senkrecht zur Wand; unten: in einer Ebene parallel zur Wand.

numerisch für ein 200 μm großes Wasserstoffbläschen gelöst haben, kann dieses nur bis 20 Hz trägheitslos einer instationären Strömung folgen. Wasserstoffbläschen sind damit vor allem zur Sichtbarmachung bei Strömungsgeschwindigkeiten von etwa 0,5 bis 30 cm/s geeignet. Außerdem lösen sich die Bläschen mit einer Halbwertszeit von etwa drei Sekunden wieder im Wasser auf, so daß sie nicht beliebig weit verfolgt werden können. Das Wiederauflösen der Bläschen hat aber auch einen Vorteil. In geschlossenen Kanälen (Bild 5.36) oder im Schlepptank (Bild 5.41) braucht das Wasser nicht, wie bei der Verwendung von Farbe, von Zeit zu Zeit wieder erneuert zu werden.

Durch segmentweises Isolieren des Kathodendrahtes oder durch scharfe Knicke (den Draht durch zwei Zahnräder laufen lassen), an denen sich die Bläschen sammeln, kann erreicht werden, daß sich die Bläschen nicht in Form einer Schicht, sondern als segmentierte Streichflächen oder Streichlinien ablösen. Durch periodisches Aus- und Einschalten des Stroms entstehen beim geraden Draht Zeitlinien (Bild 4.27). Nach dem Ablösen vom Kathodendraht stellen sich die Bläschen sehr schnell auf die lokale Strömungsgeschwindigkeit ein. Nach Messungen von Graefe (1968) (Bild 4.28) besteht zwischen Laufzeit und zurückgelegtem Weg einer Zeitlinie ein streng linearer Zusammenhang.

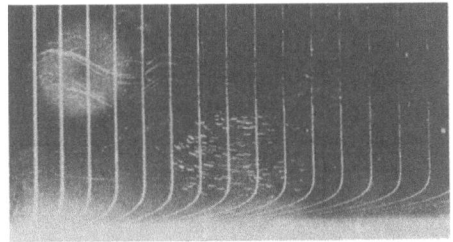

Bild 4.27:
Zeitlinien, die von einem senkrecht auf der Wand stehenden Kathodendraht erzeugt werden. Im unteren Teil des Bildes ist die Grenzschicht zu erkennen (Graefe 1968).

Wie verschieden sich bei Verwendung von Zeitlinien unterschiedlicher Folgefrequenz der periodische Nachlauf hinter einem Zylinder (Kármánsche Wirbelstraße) darstellt, bei dem Zylinder und Zeitlinien senkrecht zueinander stehen, zeigt Bild 4.29. Die Strömung kommt von links. Der Zylinder ist jeweils als weißer Punkt links im Bild zu erkennen. Der zweite, etwas stromab zu erkennende Punkt ist eine Spiegelung des Zylinders in der Glasplatte, die das Strömungsfeld zum Beobachter hin begrenzt. Die Wasserstoffbläschen werden an einem Draht stromab vom Zylinder erzeugt.

4.2.6 Anstrichbilder

Mit Ölfarbe lassen sich auch in Wasserströmungen Wandstromlinienbilder sichtbar machen (vgl. 4.1.6.1). Auf einer mit frischer Ölfarbe bestrichenen Oberfläche, die der

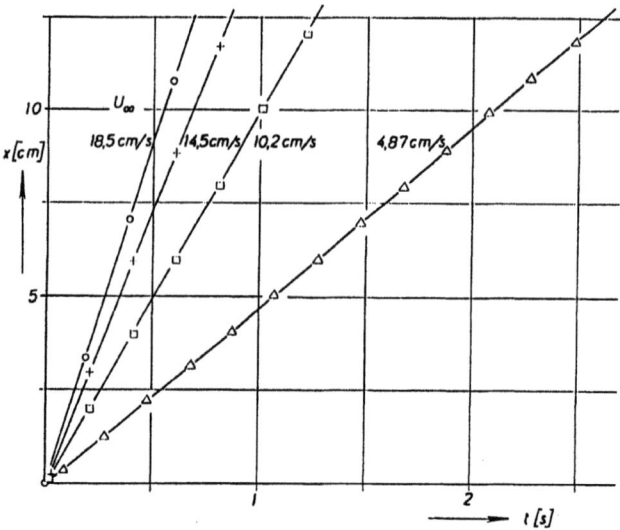

Bild 4.28: Laufstrecke der Wasserstoffbläschen als Funktion der Laufzeit für verschiedene Geschwindigkeiten der Grundströmung (Graefe 1968)

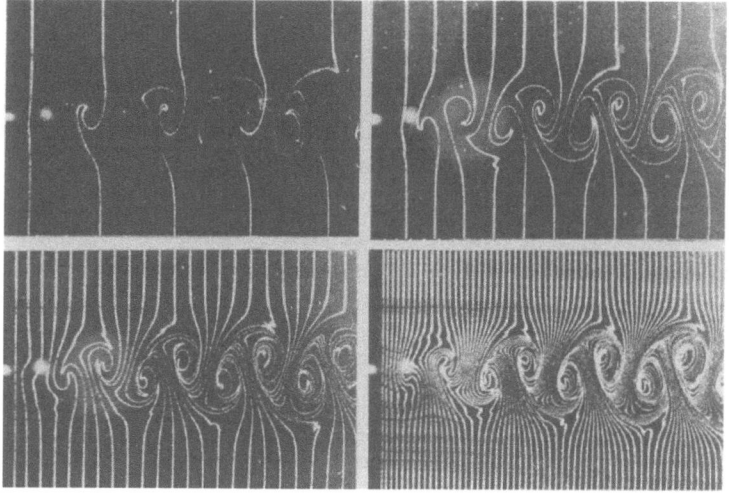

Bild 4.29: Sichtbarmachung einer Kármánschen Wirbelstraße durch Zeitlinien unterschiedlicher Folgefrequenz (von links oben nach rechts unten 2, 5, 10 und 25 Hz). Re = 160, $U_\infty = 4$ cm/s (Graefe 1968).

Strömung einige Minuten ausgesetzt wird, zeichnet sich das Richtungsfeld der Wandschubspannung ab. Hieraus lassen sich dann Rückschlüsse auf den Strömungsverlauf in wandnahen Schichten ziehen.

Statt Ölfarbe kann nach Fernholz (1988) auch Nikrosin, das in Farbgeschäften erhältlich ist, benutzt werden. Das Nikrosin wird am einfachsten bei ausgeschalteter Strömung durch die freie Wasseroberfläche auf eine darunter liegende Wand, die mit einem Glyzerin–Alkohol–Gemisch vorher präpariert wurde, aufgebracht. Bewährt hat sich, das Nikrosin durch ein Sieb zu reiben und dann so lange zu warten, bis sich die einzelnen Körner auf der präparierten Wand abgesetzt haben. In der Wasserströmung werden die Körner dann sehr langsam gelöst und zu Streifen an der Wand auseinandergezogen.

Zur Sichtbarmachung des Wandstromlinienbildes läßt sich nach Dimaczek et al. (1988) auch Kristallviolett (Neissers Lösung Ib von E. Merck Darmstadt) verwenden, das mit einem Punktdrucker (Plotter) auf entsilbertes Fotopapier aufgebracht werden kann. Das bedruckte Fotopapier wird auf die zu untersuchende Fläche aufgeklebt. Im Kontakt mit dem Wasser löst sich das Kristallviolett langsam auf und wird in Wandnähe in Richtung der Strömung mitgenommen. Durch Überziehen des bedruckten Fotopapiers mit Methylcellulose läßt sich der Lösungsvorgang im Wasser verzögern. Hierdurch kann sichergestellt werden, daß das Wandstromlinienbild nicht vom Anfahrvorgang beeinflußt wird.

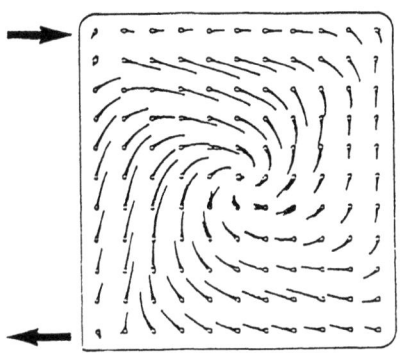

Als Beispiel für dieses Verfahren zeigt Bild 4.30 das Wandstromlinienbild in der Kühlkammer einer elektronischen Baugruppe. Zu- und Abfluß des Kühlwassers sind durch seitliche Pfeile angedeutet. Die Strömungsgeschwindigkeit betrug fünf m/s und die Aufzeichnungsdauer drei Minuten.

Bild 4.30:
Wandstromlinienbild in einer Kühlkammer (Dimaczek, Eh und Tropea 1988)

4.2.7 Flüssigkristalle

Flüssigkristalle sind temperaturempfindliche Indikatoren, die mit einer gelatineartigen Haut umgeben in Form hochkonzentrierter wäßriger Suspensionen mit Durchmessern von 4 bis 200 μm erhältlich sind. Bei Bestrahlen mit weißem Licht ändern die Flüssigkristalle in einem bestimmten Temperaturintervall in Abhängigkeit von Temperatur und Beobachtungsrichtung die Farbe des reflektierten Lichts. Flüssigkristalle gibt es für Temperaturen zwischen -20°C und 250°C. Die Temperaturintervalle, in denen sie das Licht farbig reflektieren, variieren zwischen 1°C und 30°C. Außerhalb dieses Intervalls sind sie farblos. Die Farbe ändert sich reversibel mit der Temperatur. Dabei entspricht rot der geringsten und blau der höchsten Temperatur des Intervalls.

Wenn senkrecht zur Beleuchtungsrichtung beobachtet wird, können bei geringen Konzentrationen mit Flüssigkristallen gleichzeitig Strömungs- und Temperaturfeld sichtbar gemacht werden. Bild 4.31 zeigt eine durch Mehrfachbelichtung erhaltene Farbaufnahme des Geschwindigkeits- und Temperaturfeldes in einer Vertikalebene eines 60x60x60 mm³ großen Gefäßes, dessen linke Wand geheizt und rechte Wand gekühlt wird (Hiller et al. 1988).

Flüssigkristalle können ebenfalls zur Sichtbarmachung lokaler Scherung dienen, da sich

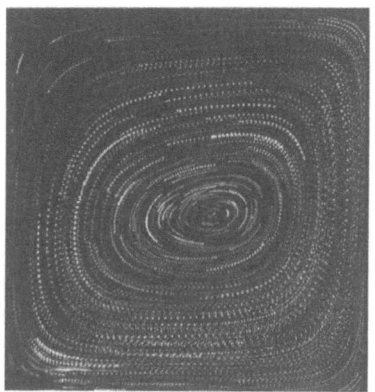

die Farbe des reflektierten Lichts auch unter dem Einfluß von Scherkräften verändert. Schließlich läßt sich damit auch die lokale momentane Oberflächentemperatur bestimmen, wenn diese auf einer Oberfläche fixiert werden (Schöler 1984).

Bild 4.31:
Geschwindigkeits- und Temperaturfeld in einer Vertikalebene eines kubischen Gefässes – linke Wand geheizt, rechte Wand gekühlt (Hiller et al. 1988).

4.3 Sichtbarmachung mit Hilfe fotochromatischer Substanzen

Fotochromatische Substanzen haben die Eigenschaft, unter Lichteinwirkung ihr Absorptionsspektrum und damit ihre Farbe zu verändern. Sie sind meist wasserklar und werden bei kurzzeitiger intensiver UV-Einstrahlung innerhalb weniger Mikrosekunden für eine halbe bis eine Sekunde farbig. Es sind verschiedene fotochromatische Substanzen bekannt, von denen in Tabelle 4.1 eine Auswahl zusammengestellt ist, die, bei geringer Konzentration in einer organischen Flüssigkeit gelöst, für strömungsphysikalische

4.3 Sichtbarmachung mit Hilfe fotochromatischer Substanzen

fotochromatische Substanz	Konzentration [Gewichts %]	Arbeits-fluid	Anregung	Bemerkung
2-2(2,4-Dinitro-benzyl) Pyriden	0,1	Äthanol	Blitzlicht, Rubinlaser	reversibel
Nitropyran	0,02	Kerosin	Blitzlicht, Rubinlaser	reversibel
1,3,3,-Trimethyl 6-Nitroindoline-2-Spiro-2-2'-Benzopyran kurz: TNSBP	0,002 bis 0,003	Petroleum-Öl-Gemisch	Stickstoff-laser	reversibel
Hexahydroxiethyl-Pararosanilen-Cyanid kurz: HPC	0,13	Äthanol	Stickstoff-laser	irreversibel

Tabelle 4.1: Fotochromatische Substanzen

Untersuchungen geeignet sind. Bei zu hoher Konzentration ist die Absorption der UV-Strahlung so groß, daß das zur Anregung benutzte Licht nicht tief genug in die organische Flüssigkeit eindringen kann. Mit Hilfe fotochromatischer Substanzen lassen sich auf einfache Weise z.B. mit einem UV-Laser lokal Gebiete anfärben oder Zeitlinien erzeugen. Da diese Methode im Gegensatz zur Tellur- (Kap. 4.2.4) oder Wasserstoffbläschenmethode (Kap. 4.2.5) ohne Drähte auskommt, ist die Störung der Strömung minimal. Der durch Lichtabsorption ausgelösten Farbumschlag wird durch eine tautomere Verschiebung einer Bindung in der fotochromatischen Substanz ausgelöst, bei der die chemische Zusammensetzung der Substanz unverändert bleibt. Daher besitzen auch die angefärbte und die nicht angefärbte Flüssigkeit dieselben strömungsphysikalischen Eigenschaften. Eine fotochromatische Substanz wurde erstmals von Popovich und Hummel (1967) zur Untersuchung der viskosen Unterschicht einer turbulenten Kanalströmung benutzt.

Das Strömungsfeld um eine Heißfilmsonde bei einer auf den Sondenkörperdurchmesser bezogenen Reynoldszahl von etwa neun zeigt Bild 4.32. Zur Sichtbarmachung ist von

Böttcher et al. (1985) eine Mischung aus 50 Gew. % Schweröl und 50 Gew. % Petroleum (AMSCO) mit 0,002 Gew. % TNSBP (siehe Tabelle 4.1) benutzt worden. Die Zeitlinien wurden mit einem Stickstofflaser ($\lambda = 337{,}1$ nm) bei 50 Hz Pulsfrequenz erzeugt.

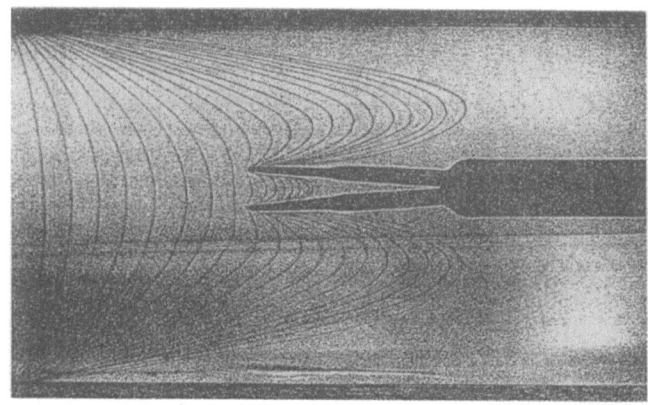

Bild 4.32: Strömungsfeld um eine Heißfilm-Gradienten-Sonde. Anströmgeschwindigkeit 2,8 cm/s, Sondenkörperdurchmesser 0,32 cm, Anström-Reynolds-Zahl etwa 9 (Böttcher et al. 1985).

4.4 Brechungsindexanpassung

Die gekrümmte Oberfläche eines Glasrohrs stört sehr oft bei der Strömungssichtbarmachung und bei der Laser-Doppler-Anemometrie (Abschn. 3.1). Durch beidseitiges Einbetten des Rohres in eine Flüssigkeit mit demselben Brechungsindex kann die störende Wirkung der gekrümmten Oberfläche beseitigt werden. Hierdurch ist dann bei gegebener Glassorte auch die Versuchsflüssigkeit festgelegt. Corino und Brodkey (1969) benutzten für die Untersuchung kohärenter Strukturen in einer turbulenten Rohrströmung die in Bild 4.33 dargestellte Anordnung, bei der Glas mit einem Brechungsindex $n_G = 1{,}475$. und Trichloräthylen (C_2HCl_3) als Versuchsflüssigkeit mit einem Brechungsindex $n_T = 1{,}474$ benutzt wurden. Da für die Beleuchtung kein monochromatisches Licht zur Verfügung stand, hätte die Brechungsindexanpassung für den gesamten Wellenlängenbereich der Lichtquelle erfolgen müssen. Da dies aber wegen der unterschiedlichen Dispersion beider Medien nicht möglich war, wurde eine Anpassung auf zwei Stellen hinter dem Komma als ausreichend erachtet. Hierdurch war die Wand dann noch ganz schwach zu erkennen, was wiederum für eine Bestimmung des Wandabstands der Strukturen sehr von Vorteil war.

Flüssige Kohlenwasserstoffe besitzen Brechungsindizes zwischen etwa 1,28 und 1,75, so daß für den weiten Brechungsindexbereich der Gläser 1,46 (Quarzglas) bis 1,74 (schweres Flintglas) immer eine passende Flüssigkeit gefunden werden kann.

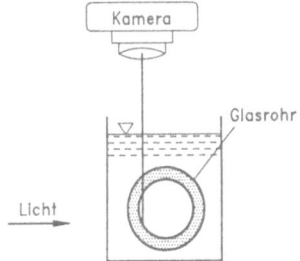

Bild 4.33:
Querschnitt durch den von Corino und Brodkey (1969) benutzten Versuchsaufbau mit Brechungsindexanpassung von Glasrohr und Versuchsflüssigkeit.

4.5 Schrifttum

Bippes, H.
Eine photogrammetrische Methode zur Messung dreidimensionaler Geschwindigkeitsfelder in einer mit Wasserstoffbläschen sichtbar gemachten Strömung. DLR-FB 74-37 (1974)

Bippes, H.
persönliche Mitteilung (1990)

Böttcher, J.
Marschall, E.
Johnson, G.
Investigation of the flowfield immediately upstream of a hot film probe. Experiments in Fluids 3 (1985) 215-220

Cimbala, J.M.
Nagib, H.M.
Roshko, A.
Large structure in the far wakes of two-dimensional bluff bodies. J. Fluid Mech. 190 (1988) 265–298

Clutter, D.W.
Smith, A.M.O.
Flow visualization by electrolysis of water. Aerosp. Engr. 20 (1961) 24-76

Corino, E.R.
Brodkey, R.S.
A visual investigation of the wall region in a turbulent flow. J. Fluid Mech. 37 (1969) 1-30

Corke, T.
Koga, D.
Drubka, R.
Nagib, H.
A new technique for introducing controlled sheets of smoke streaklines in wind tunnels. IEEE publication CH1251-8/77 AES, (1977) 74-80

Didden, N.
Untersuchung laminarer, unstabiler Ringwirbel mittels Laser-Doppler-Anemometrie. Mitt. Max-Planck-Institut für Strömungsforschung und der Aerodyn. Versuchsanstalt Göttingen, Nr. 64, Göttingen (1977)

Dimaczek, G.
Eh, C.
Tropea, C.
Strömungssichtbarmachung von Wasserströmungen mit Hilfe des Kristallviolettverfahrens. In: 2D-Meßtechnik, DGLR-Bericht 88-04, 201-208, Bonn (1988)

Einstein, A.
Zur Theorie der Brownschen Bewegung. Ann. Phys. 19 (1906) 371–381

Einstein, A.
Eine neue Bestimmung der Moleküldimension. Ann. Phys. 19 (1906) 289–306

Eisenlohr, H.	persönliche Mitteilung (1989)
Falco, R.E.	Coherent motions in the outer region of turbulent boundary layers. Phys. Fluids 20, Suppl. (1977) S124-S132
Fernholz, H.H.	persönliche Mitteilung (1988)
Geller, E.W.	An electrochemical method of visualizing the boundary layer. Master Thesis Dept. of Aeron. Engr., Mississippi State College (1954).
Gerich, D.	Über die Veränderung der Kármánschen Wirbelstraße durch Endscheiben an einem Kreiszylinder. Mitt. Max-Planck-Institut für Strömungsforschung Göttingen, Nr. 81, Göttingen (1986)
Gerich, D.	Über den kontinuierlich arbeitenden Rauchdraht und die Sichtbarmachung eines Übergangs vom laminaren zum turbulenten Nachlauf. Max-Planck-Institut für Strömungsforschung, Bericht 104/1987, Göttingen (1987)
Gersten, K.	Untersuchung über den Abwind hinter Deltaflügeln bei inkompressibler Strömung. Jahrbuch Wiss. Ges. Luft-Raumfahrt 1955, 151-161
Graefe, V.	Aufbau eines turbulenzarmen Wasserkanals zur Untersuchung instabiler Grenzschichten und Messung des Turbulenzgrades der Kanalströmung. Max-Planck-Institut für Strömungsforschung, Bericht 5/1968, Göttingen (1968)
Haertig, J.	Les particules en L.D.A. (dans les gaz) DISA Cours LDA II, März 1983
Hama, F.R.	Streaklines in a perturbated shear flow. Phys. Fluids 5 (1962) 644-650
Head, M.R.	Flow Visualization in Cambridge University Engineering Department. In: Flow Visualization II (ed. W. Merzkirch) 399-403, Hemisphere Washington 1982

Hiller, W.J.
Koch, St.
Kowalewski,T.A.
: Simultane Erfassung von Temperatur- und Geschwindigkeitsfeldern in einer thermischen Konvektionsströmung mit ungekapselten Flüssigkristallträgern. In: 2D-Meßtechnik, DGLR-Bericht 88–04, 31–39, Bonn (1988)

Hjelmfelt, A.T.
Mockros, L.F.
: Motion of discrete particles in a turbulent fluid. Appl. Sci. Res. 16 (1966) 149-161

Hofbauer, M.
: Visuelle und anemometrische Untersuchungen kohärenter Strukturen im Geschwindigkeitsfeld einer ausgebildeten turbulenten Kanalströmung. Mitt. Max–Planck–Institut für Strömungsforschung und der Aerodyn. Versuchsanstalt, Nr. 66, Göttingen (1978)

Popovich, A.T.
Hummel, R.L.
: A new method for non-disturbing turbulent flow measurements very close to a wall. Chem. Engr. Sci. 22 (1967) 21-25

Prandtl, L.
Tietjens, O.
: Hydro- und Aeromechanik II, Bewegung reibender Flüssigkeiten und technische Anwendungen. Springer Berlin 1931, Tafel 13

Prandtl, L.
: Über Flüssigkeitsbewegung bei sehr kleiner Reibung. Verhandl. d. III. Int. Math. Kongreß Heidelberg (1904)

Quast, A.
: Detection of transition by infrared image technique. IEEE publication CH2449-7/87, 125-133, ICIASF (1987) oder Bestimmung des laminar–turbulenten Umschlags mit Hilfe der Infrarottechnik. Deutsche Forschungs– und Versuchsanstalt für Luft und Raumfahrt IB 129–86/6, Braunschweig (1987)

Reynolds, O.
: An experimental investigation of the circumstances which determine whether the motion of water shall be direct or sinuous and of the law of resistence in parallel channels. Phil. Trans. Roy. Soc. London (1883) oder Scient. Papers II, 51

Saffman, P.G.
: The lift on a small sphere in a slow shear flow. J. Fluid Mech. 22 (1965) 385-400

Schöler, H.
: The measurement of heat transfer and temperature distribution in hypersonic testing. Von Kármán Inst. for Fluid Dyn. Lecture Ser. 1 "Hypersonic Aerodynamics", 6-10 Febr. 1984

Schraub, F.A.	Use of hydrogen bubbles for quantitative determination of
Kline, S.J.	time dependent velocity fields in low speed water flows. Rep.
Henry, J.	MD–10 Thermosciences Div., Dept. of Mech. Engr., Stanford
Rundstadler,P.W.jr	University (1964)
Littell, A.	

Werlé, H. — Le Tunnel Hydrodynamique au Service de la Recherche Aerospaciale. Publ. Nr. 156 ONERA, Frankreich (1974)

Williamson, C.H.K. — Oblique and parallel modes of vortex shedding in the wake of a circular cylinder at low Reynolds number. J. Fluid Mech. **206** (1989) 579-627

Wortmann, F.X. — Eine Methode zur Beobachtung und Messung von Wasserstoffströmungen mit Tellur. Z.f. angew. Physik 5 (1953) 201-206

Wortmann, F.X. — AGARD Conf. Proc. Nr. 224, Paper 12 (1977)

Zenneck, J. — Demonstration und Photographie von Strömungen im Inneren einer Flüssigkeit. Verh. d. Deutsch-Phys.-Ges. Braunschweig, Jahrg. 16, Nr. 14 (1914) 695-698

4.5.1 Nicht im Text genanntes Schrifttum

Gad-el-Hak, M. — Visualization techniques for unsteady flows: An overview. J. Fluid Engr. 110 (1989) 231-243

Hucho, W.-H. — Aerodynamik des Automobils. VDI-Verlag, Düsseldorf 1994

Merzkirch, W. — Flow Visualization. Academic Press, New York, 1974 und 1987

Settles, G.S. — Modern developments in flow visualization. AIAA Jour. **24** (1986) 1313-1323

Somerscales,E.F.C. — Measurement of velocity. In: Marton, L., Marton, C., Methods of Experimental Physics 18A, Fluid Dynamics (ed. R.J. Emrich) 1-93, Acad. Press, New York 1981

Werlé, H. — Hydrodynamic flow visualization. Ann. Rev. Fluid. Mech. 5 (1973) 361-382

5 Versuchsanlagen für Modelluntersuchungen

Trotz steigender Bedeutung der numerischen Strömungsmechanik, die z.b. Widerstand und Auftrieb von Flugzeugen schon weitgehend vorausberechnen kann, wächst dennoch der Aufwand bei den Versuchsanlagen, da eine Minimierung des Strömungswiderstandes noch am einfachsten durch Modellversuche erreicht werden kann. Schon wegen der hohen Kosten und des Risikos eines Fehlschlags werden bei Neuentwicklungen von Fahrzeugen, Flugzeugen und Schiffen zuerst Modelluntersuchungen durchgeführt. Dabei besteht heute der Trend zu immer größeren Anlagen um bei den Modelluntersuchungen die Reynolds Zahl des Originals möglichst zu erreichen. Weiterhin sind Modelluntersuchungen dann von Bedeutung, wenn, wie z.b. in der Raumfahrt, Neuland betreten werden soll.

Da es bei vielen Umströmungsproblemen nur auf die Relativgeschwindigkeit zwischen Körper und Fluid ankommt, wird bei den Versuchen meist das Modell festgehalten und einem künstlich erzeugten räumlich und zeitlich konstanten Fluidstrom ausgesetzt. Bei Schiffen spielt auch die Form der freien Wasseroberfläche eine Rolle, weil das erzeugte Wellensystem zu einem besonderen Widerstand, dem Wellenwiderstand, führt. Darum ist es hier einfacher, nicht das Modell anzuströmen, sondern es durch ruhendes Wasser zu schleppen.

Wenn die Versuche im verkleinerten Maßstab oder in einem anderen Fluid durchgeführt werden, müssen Großausführung und Modell nicht nur _geometrisch_ ähnlich sein, sondern es muß auch die Fluidbewegung ähnlich verlaufen. Letzteres wird _dynamische_ Ähnlichkeit genannt. Bei der Wahl des Fluids gibt es im allgemeinen keine große Variationsmöglichkeit, so daß die Modellversuche meist im selben Fluid ausgeführt werden müssen, in dem die Großausführung später betrieben wird. Dies hat zur Folge, daß eine dynamische Änlichkeit nicht immer erreicht werden kann.

5.1 Ähnlichkeitsgesetze

Eine _geometrische_ Ähnlichkeit liegt vor, wenn zwischen allen Abmessungen von Modell und Original ein konstantes Verhältnis besteht, also das Modell eine exakte Kopie des Originals im veränderten Maßstab darstellt. Die Herstellung verkleinerter Modelle stellt, wenn der relative Fehler gleich bleiben soll, hohe Anforderungen an die Fertigungstoleranz. Bei Landschaftsmodellen, mit denen das Fließverhalten von Wasserläufen nachgebildet werden soll, müssen die vertikalen Abmessungen in einem geringeren Maßstab verkleinert werden als die horizontalen, d.h. das Gelände wird überhöht dargestellt.

5.1 Ähnlichkeitsgesetze

Hierdurch läßt sich auch die Wellenausbreitung, die von der Wassertiefe abhängig ist, richtig modellieren.

Zwei verschiedene physikalische Prozesse sind <u>dynamisch</u> ähnlich, wenn die Variablen des einen Prozesses zu den Variablen des anderen in einer festen Beziehung stehen, wenn also die Verhältnisse der an sich entsprechenden Massen angreifenden Kräfte bei Original und Modell gleich sind.

Folgende Kräfte, die, wie in der Strömungsmechanik üblich, auf die Volumeneinheit bezogen sind, spielen bei Modelluntersuchungen eine Rolle:

Trägheitskraft: $\quad \rho \dfrac{U^2}{\ell}, \; \rho \dfrac{U}{t}$

Reibungskraft: $\quad \dfrac{\mu U}{\ell^2}$

Kompressionskraft: $\quad \dfrac{p}{\ell} = \rho \dfrac{RT}{\ell} \sim \rho \dfrac{a^2}{\ell}$

Schwerkraft: $\quad \rho g$

Kapillarkraft: $\quad \dfrac{\sigma}{\ell^2}$

Es bedeuten: U, ℓ, t eine charakteristische Geschwindigkeit, – Länge und – Zeit, p den absoluten Druck, ρ die Dichte, μ die dynamische Zähigkeit, $a = \sqrt{\kappa RT}$ die Schallgeschwindigkeit, T die absolute Temperatur, $\kappa = c_p/c_v$ das Verhältnis der spezifischen Wärmen mit c_p, c_v spezifische Wärmen bei konstantem Druck bzw. Volumen, R die Gaskonstante, g die Schwerebeschleunigung und σ die Oberflächenspannung.

Die Trägheitskraft $\rho U^2/\ell$ ist bei den meisten Strömungsvorgängen von zentraler Bedeutung. Die für einen speziellen Vorgang wichtige Kennzahl, die bei einer Modellierung konstant gehalten werden muß, ergibt sich aus dem Verhältnis der für diesen Vorgang charakteristischen Kraft zur Trägheitskraft. Die sich aus den oben zusammengestellten Kräften ergebenden Kennzahlen sind die:

Reynolds Zahl: $\quad Re = \dfrac{\rho U^2 \, \ell^2}{\ell \, \mu \, U} = \dfrac{\rho U \ell}{\mu} = \dfrac{U \ell}{\nu}$ \hfill (5.1)

Strouhal Zahl: $\quad Sr = \dfrac{\rho U}{t} \dfrac{\ell}{\rho U^2} = \dfrac{\ell}{tU} = \dfrac{\ell\, f}{U}$ (5.2)

Mach Zahl: $\quad Ma = \sqrt{\dfrac{\rho U^2}{\ell} \dfrac{\ell}{\rho a^2}} = \dfrac{U}{a}$ (5.3)

Froude Zahl: $\quad Fr = \sqrt{\dfrac{\rho U^2}{\ell} \dfrac{1}{\rho\, g}} = \dfrac{U}{\sqrt{\ell\, g}}$ (5.4)

Weber Zahl: $\quad We = \dfrac{\rho U^2}{\ell} \dfrac{\ell^2}{\sigma} = \dfrac{\rho\, U^2\, \ell}{\sigma}$ (5.5)

Weitere Kennzahlen, die die Eigenschaft des Fluids charakterisieren, sind die:

Prandtl Zahl: $\quad Pr = \dfrac{\nu}{k}$ (5.6)

Schmidt Zahl: $\quad Sc = \dfrac{\nu}{D}$ (5.7)

Knudsen Zahl: $\quad Kn = \dfrac{\ell}{\ell}$ (5.8)

Es bedeuten: $\nu = \mu/\rho$ die kinematische Zähigkeit, $k = \lambda/\rho\, c_p$ die Temperaturleitfähigkeit, λ die Wärmeleitfähigkeit, D die Diffusionskonstante und ℓ die mittlere freie Weglänge. Bei periodischen Vorgängen wird in Gl. (5.2) anstelle der charakteristischen Zeit t auch die Frequenz f benutzt.

Bei Strömungen mit Wärmeübergang zwischen einem Fluid und einer Wand ist die

Nußelt Zahl: $\quad Nu = \dfrac{\alpha\, \ell}{\lambda}$ (5.9)

wichtig. Sie ist das Verhältnis der durch Konvektion pro Zeit und Flächeneinheit auf die Wand übertragenen Wärmemenge $\dot{q}_W = \alpha(T_F - T_W)$ zu der bei gleichem Temperaturunterschied durch Wärmeleitung übertragenen Wärmemenge $\dot{q}_L = \lambda(T_F - T_W)/\ell$. Es bezeichnen: α: die Wärmeübergangszahl, T_F: die Fluidtemperatur und T_W: die Wandtemperatur. Bei natürlicher Konvektion gibt es keine charakteristische Geschwindigkeit. Die

5.1 Ähnlichkeitsgesetze

Grashof Zahl $\quad\quad Gr = \dfrac{g\beta |T_W - T_F| \ell^3}{\nu^2}$ \quad\quad (5.10)

charakterisiert dann in ähnlicher Weise das Strömungsfeld wie die Reynolds Zahl bei erzwungener Konvektion. Bis auf den thermischen Ausdehnungskoeffizienten β, der für Gase gerade $1/T$ ist, sind alle Größen bereits im Text eingeführt. Vielfach wird anstelle der Grashof Zahl auch die

Rayleigh Zahl: $\quad\quad Ra = Gr \cdot Pr$ \quad\quad (5.11)

benutzt.

Bei Modellversuchen können nicht alle Kennzahlen gleichzeitig konstant gehalten werden. Die gleichzeitige Erfüllung aller Kennzahlen würde keine Freiheit mehr bei der Modellierung (z.B. Verkleinerung) zulassen. Welche Kennzahl konstant gehalten werden muß, hängt vom speziellen Problem ab. Bei einem schnellfahrenden Schiff z.B., bei dem der Wellenwiderstand die Hauptrolle spielt, ist die Froude Zahl (Gl. 5.4) wichtiger als die Reynolds Zahl (Gl. 5.1). Beide Kennzahlen ließen sich in demselben Fluid auch nicht gleichzeitig konstant halten. Z.B. fordert Gl. (5.1) $U_M \ell_M = U_G \ell_G$ und Gl. (5.4) $U_M^2/\ell_M = U_G^2/\ell_G$ (M: Modell, G: Großausführung), was sich offensichtlich widerspricht.

Bei vielen Modellversuchen ist es nicht einmal möglich oder meist auch zu aufwendig, selbst die Reynolds Zahl (Gl. 5.1) konstant zu halten. Sieht man einmal davon ab, daß bei Luft über Druck und Temperatur Dichte ρ und dynamische Zähigkeit μ verändert werden können (siehe hierzu den Hochdruckwindkanal Bild 5.15 und Kapitel 5.2.3), so erkennt man, daß eine dynamische Ähnlichkeit nicht zu erreichen ist, da die Geschwindigkeit in dem Maße vergrößert wie die Modellabmessung verkleinert werden müßte. Der Geschwindigkeit sind aber nach oben Grenzen gesetzt, da die Kompressibilität schnell ins Spiel kommt. Soll beispielsweise das Modell eines langsam fliegenden Flugzeugs bei einem Zehntel seiner Originalgröße in Luft untersucht werden, so müßten, wenn die Reynolds Zahl konstant gehalten werden soll, die Versuche bei der zehnfachen Geschwindigkeit ausgeführt werden. Einer Geschwindigkeit von 60 m/s beim Original entspräche dann beim Modell fast die doppelte Schallgeschwindigkeit. Es ergäbe sich damit in beiden Fällen ein ganz anderes Strömungsfeld. Während die Kompressibilität der Luft beim Original noch vernachlässigt werden kann, beherrscht sie beim Modell das Strömungsfeld. Oder anders ausgedrückt, die für das Modell strömungsgünstigste Form, ein Überschallflugzeug, hat mit dem Original, einem Flugzeug für kleine Reisegeschwindigkeiten nichts mehr zu tun. Dieses Beispiel zeigt, daß, wenn nicht durch andere Mittel wie Druck oder Temperatur Dichte und Zähigkeit zu verändern sind, die Modellversuche nicht bei der vollen Reynolds Zahl ausgeführt werden können. Ist es nicht möglich, die Reynolds Zahl konstant zu halten, so muß bei den Modellversuchen doch angestrebt werden, diese so groß wie möglich zu machen. Da bei großen Reynolds Zahlen die Grenzschicht meist turbulent ist, dies bei der Modellgrenzschicht aber noch nicht der Fall zu sein braucht, wird hier vielfach ein künstlicher Grenzschichtumschlag eingeleitet. Diese Maßnahme ist aber nur dann sinnvoll, wenn einmal sichergestellt ist, daß beim Original nicht schon eine laminare Grenzschichtablösung vorliegt, die dann die Ausbildung einer turbulenten Grenzschicht verhindern würde und zum anderen die Modell-Reynolds-Zahl nicht zu klein ist, so daß übermäßig große Störungen zum Einleiten des Grenzschichtumschlags erforderlich wären, die dann die Geschwindigkeitsverteilung am Modell zu stark verfälschen. Versuchstechnisch werden die Störungen entweder durch Rauhigkeitselemente am Modell oder durch ein Gitter, das den gesamten ankommenden Luftstrom turbulent macht, erzeugt. Wenn es jedoch auf die letzten Feinheiten bei den Modelluntersuchungen ankommt, ist ein Einhalten der Reynolds Zahl unerläßlich (siehe hierzu auch Kapitel 5.2.3). Dies hat insbesondere auch dazu geführt, daß Kraftfahrzeuge heute in Originalgröße im Windkanal untersucht werden.

Die Mach Zahl (Gl. 5.3) ist bei Modellversuchen meist wesentlich einfacher als die Reynolds Zahl konstant zu halten. Solange aber die Kompressibilität des Fluids noch keine wesentliche Rolle spielt (vgl. Gl. 1.23 und Bild 1.4), also bei Geschwindigkeiten bis etwa 68 m/s (entspr. Ma = 0,2), braucht man sich um die Mach Zahl nicht zu kümmern.

Die Froude Zahl (Gl. 5.4) ist in Luftströmungen bei der Simulation des Trudelns, wo es auf das Verhältnis von Zentrifugalbeschleunigung U^2/ℓ und Endbeschleunigung g ankommt, von Wichtigkeit. Körper, wie z.B. Schiffe, die sich an der freien Wasseroberfläche bewegen, erzeugen ein Wellensystem, das in komplizierter Weise von Körperform und Geschwindigkeit abhängt und das zu einem sogenannten Wellenwiderstand führt. Auch hier spielt die Froude Zahl eine Rolle, die in diesem Fall das Verhältnis von Körpergeschwindigkeit U und Wellengeschwindigkeit $\sqrt{\ell\,g}$ darstellt.

Wenn bei Strömungen die Oberflächenspannung σ eine Rolle spielt, z.B. bei der Modellierung von Tropfen, Blasen oder Kapillarwellen, ist die Weber Zahl (Gl. 5.5) wichtig. Die Strouhal Zahl (Gl. 5.2) kann als ein Maß für die Abweichung vom stationären Zustand angesehen werden. Sie wird Null, wenn eine Strömung stationär ist. Die Strouhal Zahl wird aber auch häufig zur dimensionslosen Darstellung der Frequenz benutzt.

5.2 Windkanäle

Ein Windkanal ist eine Strömungsmaschine zur Erzeugung eines räumlich und zeitlich konstanten Luftstroms für aerodynamische Meßzwecke. Er dient vor allem dazu, die Bewegung von Körpern (Fahrzeugen, Flugzeugen, Raumfahrzeugen usw.) relativ zur ungestörten Luft oder die von der Strömung auf einen ruhenden Körper (wie z.B. Bauwerke) ausgeübten Kräfte zu untersuchen. Windkanäle werden nach den Geschwindigkeits- oder Mach–Zahl-Bereichen, in denen sie betrieben werden, eingeteilt. Man unterscheidet Windkanäle für

niedrige Geschwindigkeiten	$0 < Ma < 0{,}2$
hohe Unterschallgeschwindigkeiten	$0{,}2 < Ma < 0{,}9$
transsonische Geschwindigkeiten	$0{,}8 < Ma < 1{,}3$
Überschallgeschwindigkeiten	$1{,}2 < Ma < 5$
Hyperschallgeschwindigkeiten	$5 < Ma$.

Als weitere Versuchseinrichtungen für aerodynamische Zwecke seien genannt

Stoßwellenrohr
Stoßwellenkanal
Rohrwindkanal.

Eine weitere Einteilung der Windkanäle ist nach ihrer Betriebsweise möglich. Bis in den Überschallbereich hinein arbeiten diese stationär als Umlaufkanäle (Bild 5.2). Wenn die hohe Antriebsleistung, die für große Geschwindigkeiten nötig ist, nicht mehr zur Verfügung steht oder ein kontinuierlicher Betrieb nicht erforderlich ist, werden Windkanäle auch intermittierend betrieben. Die notwendige Energie wird dann in einem Überdruck- oder Vakuumkessel (Bild 5.1) gespeichert. Durch Öffnen eines Schnellschlußventils (Ve) läßt sich für einige Sekunden in der Meßstrecke (M) eine Überschallströmung erzeugen. Die Wirkungsweise der einzelnen in Bild 5.1 mit Buchstaben bezeichneten Elemente des Windkanals werden in den folgenden Unterkapiteln beschrieben.

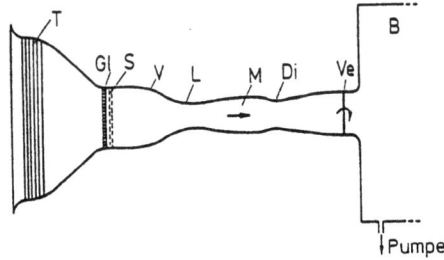

Bild 5.1: Vakuumspeicher–Windkanal, T: Lufttrockner; Gl: Gleichrichter; S: Siebe; V: Vorkammer; L: Laval Düse; M: Meßstrecke; Di: Diffusor; Ve: Schnellverschlußventil, B: Vakuumkessel.

5.2.1 Niedergeschwindigkeitswindkanäle

Windkanäle für niedrige Geschwindigkeiten decken den Mach-Zahl-Bereich bis 0,2 ab, was bei Atmosphärendruck (Schallgeschwindigkeit a ≈ 340 m/s) Strömungsgeschwindigkeiten bis etwa 68 m/s entspricht. Nach Gl. (1.23) nimmt bei kleinen Geschwindigkeiten der Kompressibilitätseinfluß etwa quadratisch mit der Mach Zahl zu und erreicht bei Ma = 0,2 etwa 1% (vgl. Bild 1.4). Bis zu dieser Mach Zahl können Luftströmungen inkompersibel, also wie Flüssigkeitsströmungen behandelt werden.

Zwei Bauarten sind bei den Niedergeschwindigkeitskanälen gebräuchlich. Bei der Göttinger Bauart oder dem Prandtlschen Windkanal (<u>Bild 5.2</u>) zirkuliert die Luft in einem geschlossenen Kreislauf. Dies hat den Vorteil, daß vom Antrieb nur die Verluste im Kanal aufgebracht werden müssen, die im wesentlichen durch die Einbauten wie Siebe (S), Gleichrichter (Gl), Umlenkecken, dem Modell in der Meßstrecke, aber auch durch die Wandreibung und bei einer offenen Meßstrecke durch die Vermischungszone des Freistrahls, entstehen. Die Güte eines Kanals kann durch den Leistungsfaktor f < 1, der auch die Wirkungsgrade von Gebläse (G) und Diffusor (Di) enthält, angegeben werden. Zwischen Antriebsleistung N_A und Strahlleistung N_S (siehe auch 5.2.1.7) besteht der Zusammenhang

$$N_A = f \, N_S \,. \qquad (5.12)$$

Bradshaw und Pankhurst (1962) geben an, daß bei guten Kanälen ein f von 0,2 erreicht werden kann. Da aber Göttinger Windkanäle mit einer offenen Meßstrecke leicht zu Pulsationen oder Windkanalschwingungen neigen (siehe 5.2.1.6) werden bei dieser Bauart keine extrem kleinen Leistungsfaktoren angestrebt. Kanäle mit kleinen Leistungsfaktoren haben noch einen weiteren Nachteil. Sie reagieren sehr empfindlich auf kleine Widerstandsänderungen. Wenn etwa der Anstellwinkel eines Modells verändert wird, ändert sich auch der Gesamtwiderstand des Kanals und damit die Strahlgeschwindigkeit.

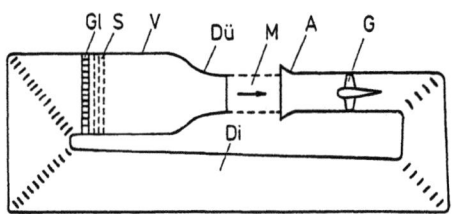

Bild 5.2:   Windkanal Göttinger Bauart, Gl: Gleichrichter; S: Siebe; V: Vorkammer; Dü: Düse; M: Meßstrecke; A: Auffangtrichter; G: Gebläse; Di: Diffusor.

In der meist offfenen Meßstrecke (M) des Prandtlschen Windkanals herrscht Atmosphärendruck, wodurch die dort angebrachten Modelle immer leicht zugänglich sind. Bei entsprechenden konstruktiven Voraussetzungen ist es möglich, bei geschlossener Meßstrecke durch Vergrößern des Kanalinnendrucks die Luftdichte zu erhöhen (Bild 5.15). Man spricht dann von einem aufgeladenen Kanal. Auch durch Abkühlen läßt sich die Dichte der Luft erhöhen und zusätzlich die kinematische Zähigkeit verkleinern. Kombiniert man beides, lassen sich bei relativ kleinen Modellabmessungen große Reynolds Zahlen erreichen (Bild 5.16).

Bei der zweiten Bauart für Niedergeschwindigkeitskanäle, dem Eiffelkanal (Bild 5.3), wird die Luft aus der ruhenden Atmosphäre angesaugt und später wieder ins Freie geblasen. Bei diesem, in seinem Aufbau sehr einfachen Kanal herrscht in der Meßstrecke (M) immer ein leichter Unterdruck. Die Meßstrecke muß deshalb entweder geschlossen oder von einer Meßkammer umgeben sein. Der zwischen Meßstrecke und Gebläse (G) angebrachte Diffusor (Di) dient dem verlustfreien Abbau des Unterdrucks, so daß im Idealfall vom Gebläse nur die Reibungsverluste im Kanal und die am Gebläseaustritt verlorengehende Strahlleistung aufgebracht werden müssen.

Bei geringer Strahlleistung, wie z.B. bei Sondeneichkanälen, wird vielfach auch auf einen Diffusor verzichtet und direkt ins Freie geblasen. Das Gebläse (G) ist dann zwischen Einlauf und Gleichrichter (Gl) angebracht, so daß auch Meßkammer und Auffangtrichter (A) entfallen können.

Um einen über den Meßquerschnitt räumlich und zeitlich konstanten Luftstrom zu erzeugen, besitzen beide Windkanalarten vor der Düse (Dü) eine Beruhigungsstrecke, die sogenannte Vorkammer (V), in deren Einlauf ein Strömungsgleichrichter (Gl) und mehrere hintereinander angeordnete Siebe (S) angebracht sind. Die Aufgabe des Gleichrichters ist es, Querschwankungen und eine eventuelle Drehung in der ankommenden Strömung zu beseitigen, da beide bei der nachfolgenden Beschleunigung in der Düse verstärkt werden. Die hinter dem Gleichrichter angeordneten Siebe vergleichmäßigen die

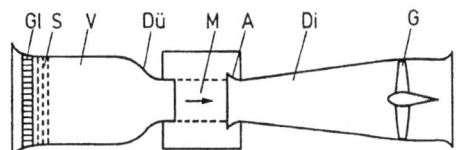

Bild 5.3: Eiffelkanal, Gl: Gleichrichter; S: Siebe; V: Vorkammer; Dü: Düse; M: Meßstrecke; A: Auffangtrichter; Di: Diffusor; G: Gebläse.

räumliche Geschwindigkeitsverteilung und dämpfen gleichzeitig die Längsschwankungen der Geschwindigkeit. Die durch die Siebe entstehenden Störungen und die Restschwankungen klingen beim Durchlaufen der Vorkammer weiter ab, bevor dann die Luft in der Düse auf die Endgeschwindigkeit gebracht wird. Bei einer offenen Meßstrecke bildet sich am Düsenausgang ein Strahl aus, der den freien Raum gradlinig durchsetzt und der von den Rändern her durch Vermischen mit der umgebenden ruhenden Luft allmählich aufgelöst wird (Bild 5.10). Der laminare Kern dieses Strahls bildet über eine Länge von etwa zwei Düsendurchmessern bis zum Auffangtrichter (A) den für die Meßzwecke geeigneten Luftstrom.

Bei einer geschlossenen Meßstrecke (in den Bildern 5.2 und 5.3 gestrichelt dargestellt) entfällt der Auffangtrichter. Hier muß sich, wenn der statische Druck in der Meßstrecke konstant bleiben soll, der Querschnitt stromab etwas erweitern, um das Anwachsen der Grenzschicht an den Wänden auszugleichen. In dem stromab hinter der Meßstrecke liegenden Teil, dem Diffusor, erweitert sich der Kanalquerschnitt bei beiden Bauarten. Die Aufgabe des Diffusors ist es, einen möglichst großen Teil der in der Meßstrecke vorhandenen kinetischen Energie wieder in Druckenergie zurückzuverwandeln.

Im folgenden sollen die Funktionen der wichtigsten Teile eines Windkanals behandelt werden.

5.2.1.1 Antriebsmotor, Gebläse und Umlenkung

Die Geschwindigkeit in der Meßstrecke kann leicht über die Gebläsedrehzahl verändert werden. Eine Regelung über den Anstellwinkel der Gebläseschaufeln ist auch möglich, wird aber wegen des komplizierten Verstellmechanismus nur bei großen Leistungen angewandt.

Das Gebläse wird weit von der Meßstrecke entfernt angebracht, damit die von den Schaufelspitzen ausgehenden Wirbelbänder und der Nabennachlauf möglichst wenig stören. Durch feststehende Leitschaufeln, die gleichzeitig auch als Gebläsehalterung dienen können, läßt sich der größte Teil des vom Gebläses erzeugten Dralls wieder aus der Strömung herausnehmen.

Die Umlenkschaufeln in den Kanalkrümmern sind so konzipiert, daß die Strömung die Umlenkung wieder wandparallel verläßt. Im letzten Krümmer vor der Meßstrecke werden häufig dichterstehende, kürzere Schaufeln verwendet. Diese Anordnung hat zwar einen höheren Widerstand, der störende Schaufelnachlauf klingt aber auch schneller ab.

5.2.1.2 Diffusor

Ein Diffusor für Unterschallströmungen ist ein sich stetig erweiternder Kanal beliebigen Querschnitts, der dazu dient, die in der Volumeneinheit gespeicherte kinetische Strömungsenergie $\frac{\rho}{2} U^2$ möglichst verlustlos in Druck p umzuwandeln (Bild 5.4). Diffusoren für Überschallströmungen werden im Unterkapitel 5.2.4.4 behandelt.

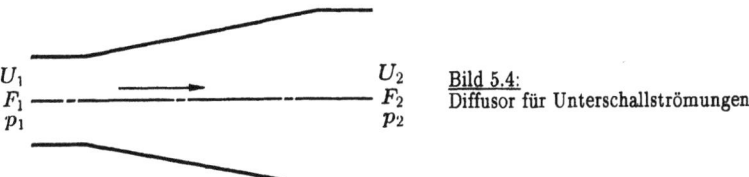

Bild 5.4:
Diffusor für Unterschallströmungen

Wird ein Diffusor von einem reibungsfreien, inkompressiblen Fluid durchströmt und beträgt der Volumenstrom pro Zeiteinheit $\dot{V}$, so herrscht in allen Querschnittsflächen F eine gleichmäßige Geschwindigkeitsverteilung $U = \dot{V}/F$. Ein reales Fluid haftet an den Wänden und wird hier in der Grenzschicht gegenüber dem übrigen Fluid verzögert. Bei einer schnellen Querschnittserweiterung und einem damit verbundenen steilen Druckanstieg kann sich diese Grenzschicht von der Wand ablösen (Bild 5.5), weil hier die kinetische Strömungsenergie pro Volumeneinheit kleiner ist als in der Kernströmung und damit nicht mehr in der Lage ist, gegen den Druckanstieg anzukommen. Nur in der Kernströmung ist die Abnahme von $\frac{\rho}{2} U^2$ gleich dem Druckanstieg von p. Die Rückströmung an der Wand führt zu einem Abtransport von Grenzschichtmaterial in die Kernströmung des Diffusors. Hinter der Grenzschichtablösung bringt eine Querschnittsvergrößerung keinen weiteren Druckanstieg mehr.

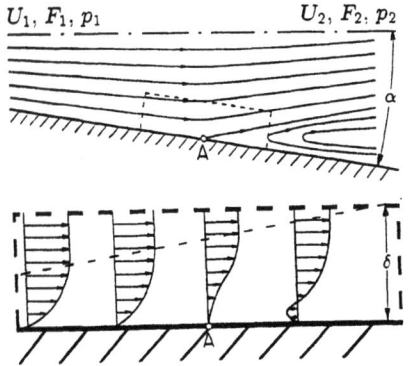

Bild 5.5:
Grenzschichtablösung in einem Diffusor für Unterschallströmungen (oben). Grenzschichtprofile in der Umgebung des Ablösepunktes A (unten).

Als Wirkungsgrad η eines Diffusors wird der tatsächliche Druckanstieg (p_2-p_1) zum theoretisch möglichen bei reibungsfreier Strömung bezeichnet:

$$\eta = \frac{p_2 - p_1}{\frac{\rho}{2} U_1^2 [1 - (\frac{F_1}{F_2})^2]} \qquad (5.13)$$

Dabei sind p_1 der statische Druck, U_1 die über den Querschnitt gemittelte Geschwindigkeit, F_1 die Querschnittsfläche am Diffusoreinlauf und ρ die Dichte des Fluids sowie p_2, F_2 die entsprechenden Werte am Auslauf. Experimentelle Untersuchungen haben ergeben, daß der Öffnungswinkel α (Bild 5.5 oben) eines Diffusors nur maximal $4°$ betragen darf. Bei großer Grenzschichtdicke δ am Einlauf, einer sich verändernden Querschnittsform (z.B. rund auf oval) oder einer Krümmung des Diffusors muß α kleiner gewählt werden.

Während die Umwandlung von Druck in Bewegungsenergie in einer Düse (siehe 5.2.1.4) über eine relativ kurze Strecke erfolgen kann, erfordert der umgekehrte Vorgang im Diffusor wegen der hier beschriebenen Schwierigkeiten große Lauflängen. Daraus resultieren dann vor allem bei der Göttinger Bauart, aber auch beim Eiffeltyp große Kanallängen.

5.2.1.3 Vorkammer, Strömungsgleichrichter und Siebe

Der Bereich eines Windkanals mit dem größten Querschnitt vor der Düse wird Vorkammer genannt. Hier herrschen der höchste statische Druck p_0 und die niedrigste Geschwindigkeit U_0, und hier besitzen Einbauten wie Strömungsgleichrichter und Siebe, die zur Vergleichmäßigung der Strömung dienen, den geringsten Widerstand. Diese Einbauten werden nicht unmittelbar vor der Düse angebracht, damit die von ihnen erzeugten Störungen (z.B. Nachlauf hinter den Sieben) genügend Zeit zum Abklingen haben. Der Querschnitt der Vorkammer sollte im Vergleich zum Düsenendquerschnitt möglichst groß sein. Im Idealfall würde die Luft in der Vorkammer zur Ruhe kommen ($U_0 = 0$) und die Störungen abgeklungen sein. Dann würde die Luft beim Durchlaufen der Düse vom Druckgefälle (p_0-p_1) von Null auf die sich nach der Bernoulligleichung (Gl. 1.7) ergebene Geschwindigkeit

$$U_1 = \sqrt{\frac{2}{\rho}(p_0 - p_1)} \qquad (5.14)$$

beschleunigt und störungsfrei sein. Der Index 1 bezieht sich auf Größen am Düsenausgang. In der Realität herrscht in der Vorkammer aber immer noch eine kleine Geschwindigkeit, der geringe Geschwindigkeitsschwankungen überlagert sind, und es gilt

$$U_1 = \sqrt{\frac{2}{\rho}(p_0-p_1)} \; \frac{1}{\sqrt{1-n^2}} \, . \tag{5.15}$$

Hier bezeichnet n das später durch Gl. (5.19) eingeführte Kontraktionsverhältnis der Düse.

Im nächsten Unterkapitel (5.2.1.4) wird gezeigt werden, daß eine Düse einerseits die Störungen in der Strömung verkleinert, andererseits aber auch eine eventuell vorhandene Drehung verstärkt. Siebe sind nicht geeignet, die Drehung einer Strömung zu beseitigen. Diese Aufgabe hat der Gleichrichter, der im wesentlichen die ankommende Strömung in viele einzelne Bereiche zerlegt und dabei parallel ausrichtet. Gebräuchliche Gleichrichter bestehen aus aufeinander geschichteten runden Rohrenden, aus bienenwabenähnlichen Strukturen oder einfach aus gekreuzten Blechstreifen (Bild 5.6). Nach Prandtl (1932) sind Gleichrichter, deren Länge in Strömungsrichtung, die das vier- bis siebenfache der Teilung beträgt, am günstigsten.

Längsschwankungen der Geschwindigkeit werden durch einen Gleichrichter nicht verkleinert. Hierfür werden Drahtsiebe benutzt. Diese erzeugen ihrerseits, wenn die mit dem Drahtdurchmesser gebildete Reynolds Zahl größer als etwa 45 ist, einen periodischen Nachlauf. Die Siebe müssen daher in einem Windkanal dort angeordnet werden, wo die Geschwindigkeit am kleinsten ist und dies ist in der Vorkammer vor der Düse. Der Strömungswiderstand eines Siebes, der durch den Druckabfall (p_*-p_0) charakterisiert wird (Bild 5.7), ist dem Quadrat der Anströmgeschwindigkeit U_0 proportional. Ein Sieb besitzt damit für eine Strömung mit räumlich nebeneinanderliegenden Gebieten unterschiedlicher Geschwindigkeit dort, wo die Geschwindigkeit etwas größer als die mittlere Geschwindigkeit ist, einen höheren Widerstand als dort, wo sie etwas kleiner als diese ist. Das führt dann bei konstantem Druckabfall vor dem Sieb zu einem räumlichen Anwachsen der etwas schnelleren und einem Zusammenziehen der etwas langsameren Gebiete bei gleichzeitiger Abnahme der Abweichung von der mittleren Geschwindigkeit (Bild 5.7). Ein Sieb trägt damit zu einer räumlichen Vergleichmäßigung der Strömung bei. Mit einem Sieb lassen sich aber auch turbulente Störungen dämpfen und eine Schräg-

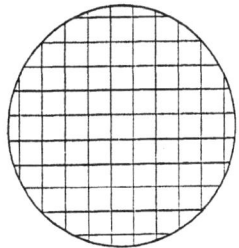

Bild 5.6:
Querschnitt eines Strömungsgleichrichters mit quadratischen Kanälen

anströmung zur Siebnormalen hin ablenken. Auf die letzte Eigenschaft soll hier nicht weiter eingegangen werden.

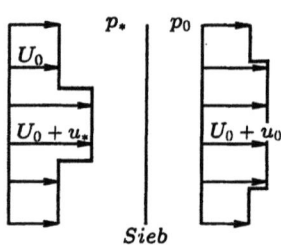

Bild 5.7: Ausgleich eines räumlich schnelleren Gebietes durch ein Sieb

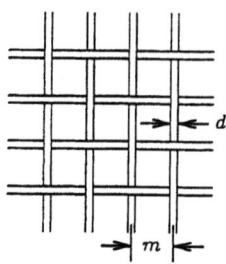

Bild 5.8: Siebausschnitt, d: Drahtstärke, m: Maschenweite

Zwischen Widerstandsbeiwert c_w, Drahtdruchmesser d und Maschenweite m eines Siebes mit quadratischen Maschen (Bild 5.8) besteht der empirische Zusammenhang

$$c_w = \frac{p_* - p_0}{\frac{\rho}{2} U_0^2} = \frac{1-(1-d/m)^2}{(1-d/m)^4} \quad . \tag{5.16}$$

Nach Bradshaw (1964) sollte die Porosität eines Siebes $(1 - d/m)^2$ größer als 0,57 sein. Eine Übersicht über die Strömung durch Siebe geben Laws und Livesey (1978). Für das Verhältnis der Effektivwerte turbulenter Schwankungen hinter und vor dem Sieb wird nach Collar (1939) für die Längsschwankungen

$$\frac{\sqrt{\overline{u_0^2}}}{\sqrt{\overline{u_*^2}}} = \frac{1 - 0{,}4\, c_w}{1 + 0{,}4\, c_w} \tag{5.17}$$

und für die Querschwankungen

$$\frac{\sqrt{\overline{v_0^2}}}{\sqrt{\overline{v_*^2}}} = \frac{\sqrt{\overline{w_0^2}}}{\sqrt{\overline{w_*^2}}} = 1 - \frac{c_w}{10\,(1 + 0{,}4\, c_w)} \tag{5.18}$$

erhalten. Die Indizes * und o beziehen sich auf die Größen vor bzw. hinter dem Sieb.

Während nach Gl. (5.17) die Längsschwankungen hinter einem Sieb mit $c_w = 2{,}5$ verschwinden können, werden die Querschwankungen nach Gl. (5.18) wesentlich schwächer gedämpft. Hierfür läßt sich kein optimaler Widerstandsbeiwert angeben. Es ist daher wichtig, daß der Strömung schon vor den Sieben durch Ausrichten die Querschwankungen und ein etwaiger Drall genommen werden. In der Praxis ist es zudem schwierig, über einen größeren Geschwindigkeitsbereich mit nur einem Sieb schon eine zufriedenstellende Vergleichmäßigung des Luftstroms in der Vorkammer zu erreichen. Es werden daher mehrere Siebe hintereinander angeordnet.

5.2.1.4 Düse

Eine Düse für Unterschallströmungen ist ein sich stetig verengender Kanal beliebigen Querschnitts, der dazu dient, Druck (p) möglichst verlustlos in kinetische Strömungsenergie ($\frac{\rho}{2} U^2$) umzuwandeln (Bild 5.9). Düsen für Überschallströmungen, sogenannte Laval Düsen, werden im Unterkapitel 5.2.4.2 behandelt.

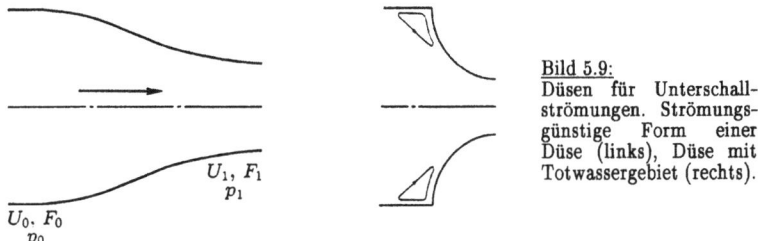

Bild 5.9:
Düsen für Unterschallströmungen. Strömungsgünstige Form einer Düse (links), Düse mit Totwassergebiet (rechts).

Eine Düse für Unterschallströmungen wird durch das Kontraktionsverhältnis

$$n = \frac{F_1}{F_0} < 1 \tag{5.19}$$

charakterisiert. Dies ist das Verhältnis von Austrittsfläche F_1 zu Eintrittsfläche F_0. Die mittlere Geschwindigkeit am Düsenausgang U_1 ist aufgrund der Kontinuität $F_0 U_0 = F_1 U_1$ das $1/n$-fache der mittleren Geschwindigkeit U_0 am Düseneintritt.

$$U_1 = \frac{1}{n} U_0 \tag{5.20}$$

Bei einer oberflächlichen Betrachtung wäre zu vermuten, daß im Gegensatz zu einem Diffusor (5.2.1.2) bei einer beschleunigten Strömung, wie sie in einer Düse vorliegt, keine

Grenzschichtablösung zu erwarten ist. Das ist nicht richtig. Auch in einer schlecht konzipierten Düse kann es zu Ablösungen kommen, die dann zu instationären Schwankungen des Luftstroms oder zur Ausbildung von Längswirbeln, wie sie Mokhtari und Bradshaw (1983) beschreiben, führen.

Am besten bewährt hat sich eine Düsenform, wie sie in Bild 5.9 links dargestellt ist. Ihre Kontur mit horizontalen Tangenten am Ein- und Auslauf kann eine Arcustangensfunktion sein oder aus dem Strömungsfeld zwischen zwei Dipolringen durch Verfestigen zweier geeigneter Stromlinien gewonnen werden (Brede, Ohle und Eckelmann 1993). Eine Düsenkontur mit vertikaler Tangente am Einlauf, die sich aus dem Strömungsfeld eines Ringwirbels oder einfach aus einem Viertelkreisbogen ableitet (Bild 5.9, rechts), neigt dazu, Gebiete mit Sekundärströmungen am Übergang zur Vorkammer auszubilden, die, wenn sie sich ablösen, zu instationären Geschwindigkeitsschwankungen führen.

Eine richtig ausgelegte Düse bewirkt eine Vergleichsmäßigung der Strömung, da im wesentlichen der Druck p_0 am Düseneinlauf in Bewegungsenergie umgewandelt wird und die Längsschwankungen des ankommenden Luftstroms sich nur in abgeschwächter Form am Düsenausgang wiederfinden. Nach der Bernoulligleichung (Gl. 1.7) ist der Druckabfall über die Düse

$$p_0 - p_1 = \frac{\rho}{2}(U_1^2 - U_0^2), \tag{5.21}$$

was sich mit Gl. (5.20) in

$$p_0 - p_1 = \frac{\rho}{2} U_1^2 (1 - n^2) \tag{5.22}$$

umformen läßt, wobei die Indizes 0 und 1 für den Ein- bzw. Auslauf der Düse gelten. Die diesem Druckabfall pro Volumeneinheit entsprechende potentielle Energie wird jedem Fluidteilchen erteilt. Davon abzuziehen ist der schwankungsbehaftete, von der Geschwindigkeit U_0 in der Vorkammer herrührende Teil $\frac{\rho}{2} U_1^2 n^2$, der um so kleiner ist, je weiter sich eine Düse verengt, d.h. je kleiner also n ist. Daraus ergibt sich, daß die Längsschwankungen u durch eine Düse proportional n abgeschwächt werden, also

$$\frac{u_1}{u_0} = n \tag{5.23}$$

gelten muß.

Die Querschwankungen werden in einer anderen Weise durch eine Düse beeinflußt. Besitzt z.B. eine Strömung eine Drehung, so wird diese durch die Düse noch verstärkt.

Dies läßt sich an einer Wirbelröhre klarmachen, deren Fläche sich beim Passieren der Düse in gleicher Weise wie die Fläche der Düse (n) verkleinern muß. D.h. der Radius r muß auf $\sqrt{n}$ ab- und die Drehgeschwindigkeit v_ϑ um den Faktor $1/\sqrt{n}$ zunehmen, damit nach dem Thomsonschen Wirbelsatz (siehe z.B. Wieghardt 1965, Kap. 2.1.3) die Zirkulation

$$\Gamma = \oint \underline{U} \cdot d\underline{s} = v_\vartheta 2\pi r \qquad (5.24)$$

der Wirbelröhre konstant bleibt. Ganz analog muß sich für die beiden Querschwankungskomponenten der Geschwindigkeit v, w ergeben, daß diese auch durch eine Düse nicht abgeschwächt, sondern wie

$$\frac{v_1}{v_0} = \frac{w_1}{w_0} = \frac{1}{\sqrt{n}} \qquad (5.25)$$

verstärkt werden.

Am Düsenausgang nehmen also die absoluten Werte der Längsschwankungen ab, die der Querschwankungen aber zu. Hinzu kommt noch, daß Siebe die Querschwankungen nicht sehr effektiv verkleinern. Daher besitzt der Gleichrichter als ein Instrument zur Dämpfung der Querschwankungen und zur Beseitigung der Drehung einer Strömung eine große Bedeutung. Die einzelnen Schwankungskomponenten dürfen jedoch nicht absolut, sondern müssen auf die mittlere Geschwindigkeit U_1 in der Meßstrecke bezogen gesehen werden. Da in der Düse die mittlere Geschwindigkeit ($\sim 1/n$) aber schneller anwächst als die Querschwankungen ($\sim 1/\sqrt{n}$) zunehmen, wird insgesamt mit einer Düse eine Dämpfung aller Schwankungskomponenten erreicht.

5.2.1.5 Meßstrecke

Am Auslauf der Düse beginnt die Meßstrecke eines Windkanals. Die Meßstrecke kann offen oder geschlossen sein. Im ersten Fall durchsetzt bei Atmosphärendruck ein Strahl den freien Raum zwischen Düse (D) und Auffangtrichter (A) (Bild 5.2 und 5.3). Die Länge der Meßstrecke (M) ist begrenzt, da der Strahl von den Rändern her durch Vermischen mit der umgebenden ruhenden Luft allmählich aufgelöst wird. Nach etwa sechs Düsendurchmessern d ist der Rand bis zur Strahlmitte vorgedrungen (<u>Bild 5.10</u>), so daß ein solcher Freistrahl nur über eine kurze Strecke für Messungen zu nutzen ist. Der Abstand zwischen Düse und Auffangtrichter wird daher nur auf 1,5 bis 2 Düsendurchmesser beschränkt. Eine geschlossene Meßstrecke kann länger sein, da die Grenzschicht an ihren Wänden viel langsamer anwächst als ein vergleichbarer Freistrahl von den

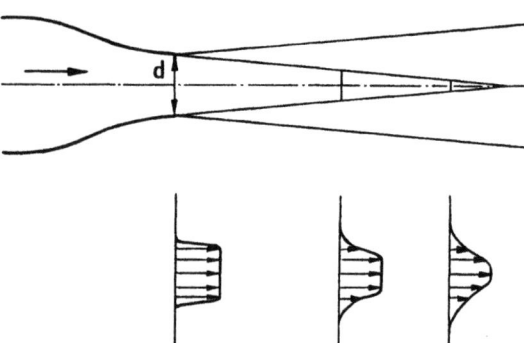

Bild 5.10: Freistrahl in ruhender Luft mit Vermischungszone (oben) und zugehörige Geschwindigkeitsprofile direkt am Düsenausgang und bei 3d und 5d stromab von der Düse (unten).

Rändern aufgelöst wird. Durch die Grenzschicht entsteht eine Verdrängungswirkung. Der damit verbundene Druckabfall in Strömungsrichtung läßt sich durch eine langsame Erweiterung der Meßstrecke ausgleichen. Wegen der unterschiedlichen Grenzschichtdicke muß diese Erweiterung aber bei jeder Geschwindigkeit anders aussehen.

Ein Maß für die Qualität der Strömung in der Meßstrecke ist der Turbulenzgrad

$$Tu = \frac{\sqrt{\frac{1}{3}(\overline{u_1^2} + \overline{v_1^2} + \overline{w_1^2})}}{U_1}, \qquad (5.26)$$

der das Verhältnis des mittleren Effektivwertes der Schwankungsgeschwindigkeiten zur Geschwindigkeit U_1 in der Meßstrecke angibt. Da bei einem guten Windkanal die einzelnen Schwankungsgeschwindigkeiten $\sqrt{\overline{u_1^2}}$, $\sqrt{\overline{v_1^2}}$, $\sqrt{\overline{w_1^2}}$ sehr klein sind und die beiden Querschwankungskomponenten dann schwerer zu messen sind, begnügt man sich vielfach mit der Angabe der Längskomponente allein und definiert dann als Turbulenzgrad

$$Tu = \frac{\sqrt{\overline{u_1^2}}}{U_1}. \qquad (5.27)$$

Es sollte beachtet werden, daß eine Düse die relativen Längsschwankungen wesentlich stärker als die relativen Querschwankungen reduziert, so daß in der Meßstrecke die

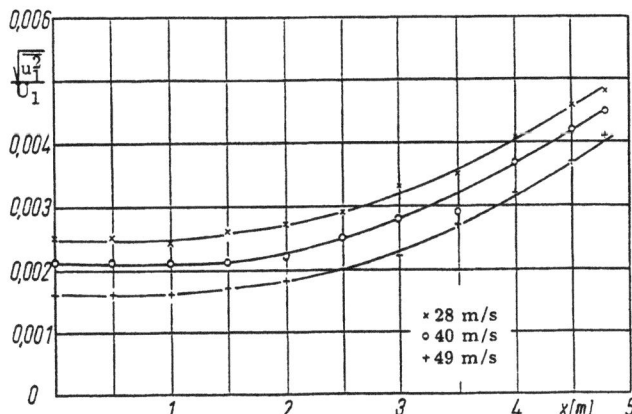

Bild 5.11: Verlauf des Turbulenzgrades längs der Strahlachse bei dem 3 m– Windkanal (Bild 5.13) mit Seiferthflügeln für drei verschiedene Geschwindigkeiten (Eckelmann 1970)

turbulenten Schwankungen stark anisotrop werden. Dies führt dazu, daß in der Meßstrecke laufend Energie von den Quer– in die Längsschwankungen übergehen muß, wodurch stromab dann die Längsschwankungen ansteigen (Bild 5.11).

Der Turbulenzgrad eines guten Windkanals ist sehr klein. Er hängt außer von der Geschwindigkeit U_1 auch noch vom Ort in der Meßstrecke ab. Als Beispiel sei der 3m-Windkanal der DLR in Göttingen (Bild 5.13) betrachtet. Die Abhängigkeit des nach Gl. (5.27) berechneten Turbulenzgrads längs der Strahlachse ist für die Geschwindigkeiten $U_1 = 28$, 40 und 49 m/s in Bild 5.11 dargestellt. Die Verteilung des Turbulenzgrades über die y- bzw. z-Achse bei x = 1,5 m und 3,0 m Abstand von der Düse zeigt Bild 5.12 für $U_1 = 40$ m/s. Man erkennt, daß der Turbulenzgrad bei einem Düsenabstand x = 1,5 m von 0,21% auf der Strahlachse zunächst schwach und von y, z = 1 m an dann stark zu den Rändern hin zunimmt. Bei x = 3 m nimmt der Turbulenzgrad von 0,28% auf der Strahlachse schon ab y, z ≈ 0,8 m stark zu.

5.2.1.6 Auffangtrichter

Bei einer offenen Meßstrecke wird der freie Strahl von einem Auffangtrichter (A) (Bilder 5.2 und 5.3) gesammelt und wieder dem geschlossenen Teil des Kreislaufs zugeführt. Da der Strahl ruhende Luft aus der Umgebung mitreißt, ist immer mehr Luft, als die Düse

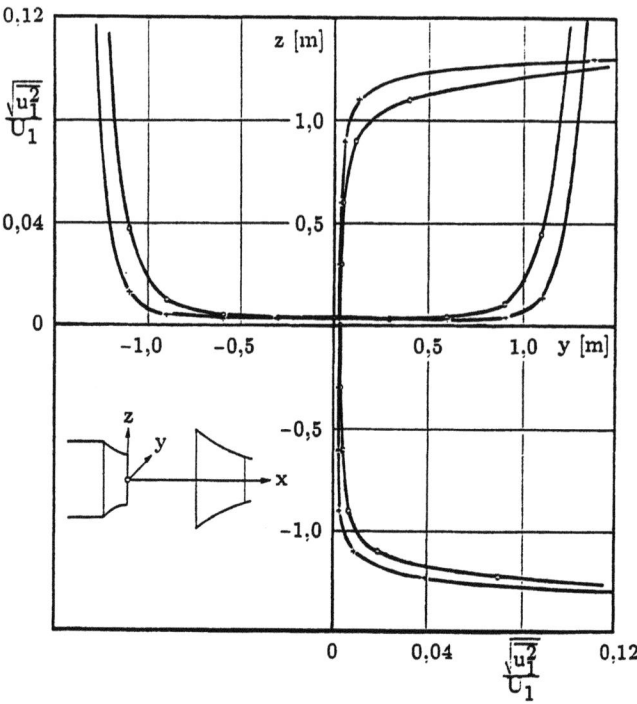

Bild 5.12: Verlauf des Turbulenzgrades über den Strahlquerschnitt bei dem 3m-Windkanal (Bild 5.13) für $U_1 = 40$ m/s. +: $x = 1,5$ m, o: $x = 3,0$ m (Eckelmann 1970)

verlassen hat, in Bewegung. Um die Überschußmenge wieder aus dem geschlossenen Teil des Kreislaufs herauszubekommen, werden schlitzförmige Öffnungen hinter dem Auffangtrichter oder vor dem Diffusor angebracht. Bei Luftüberschuß im Kreislauf können Kanäle Göttinger Bauart zu "pumpen" anfangen. Es entstehen an der Düse Wirbelringe, die, wenn sie am Auffangtrichter auftreffen, die Schwingung weiter anfachen. Weil Göttinger Windkanäle mit kleinen Leistungsfaktoren f (Gl. 5.12) auch bei richtigem Luftdurchsatz leicht wie eine Orgelpfeife schwingen können, werden am inneren Düsenrand Spreiz- oder Seiferthflügel (Bild 5.13) angebracht, mit denen die Wirbelringe zerstört werden und der Windkanalschwingung der Anregungsmechanismus genommen wird (Seiferth 1946, Eckelmann 1970).

5.2.1.7 Beispiele für ausgeführte Windkanäle

In Bild 5.13 ist der 3 m–Windkanal der DLR in Göttingen dargestellt. Die Bezeichnung "Dreimeterkanal" ergibt sich aus der Düsenabmessung, die hier 3 m × 3 m beträgt. Bis auf den Gebläseteil, der rund ist, besitzt der Kanal einen eckigen Querschnitt mit unterschiedlichen Seitenverhältnissen. Eine Besonderheit dieses Kanals sind die beiden

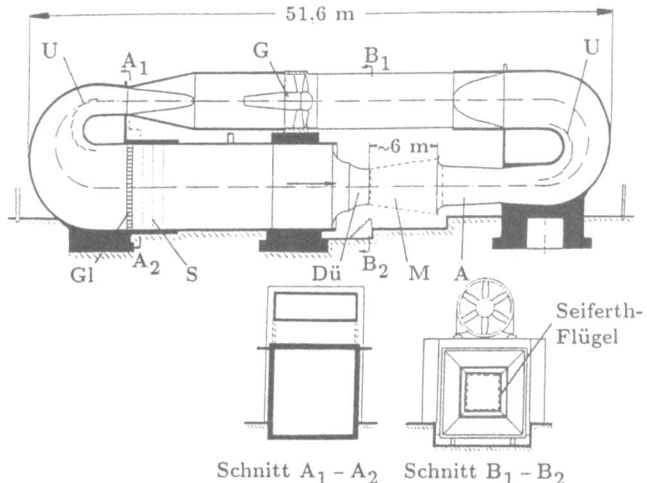

Bild 5.13:   3 m–Windkanal der DLR in Göttingen. U: Umlenkschaufeln im Diffusor, G: Gebläse, Gl: Gleichrichter, S: Siebe, Dü: Düse, M: offene Meßstrecke, A: Auffangtrichter (Eckelmann 1970)

Diffusoren, die sich nur in einer Richtung erweitern und die in die Umlenkecken integriert wurden. Zur Vermeidung von Strömungsablösungen sind in den beiden Krümmern Umlenkschaufeln (U) angebracht. In der besonders langen Vorkammer haben die von den Sieben erzeugten Störungen genügend Zeit zum Abklingen, woraus sich ein geringer Turbulenzgrad ergibt (vgl. Bilder 5.11 und 5.12). Das Gebläse besitzt eine Antriebsleistung $N_A = 556$ kW und kann damit in der Meßstrecke einen Staudruck, der bei atmosphärischem Druck gleich dem dynamischen Druck ist, von 180 mm WS erzeugen. Dies entspricht nach Gl. (1.11) einer Geschwindigkeit $U = 53{,}67$ m/s. Die Strahlleistung N_S eines Windkanals setzt sich aus der kinetischen Energie, die pro Zeiteinheit durch die Meßstrecke der Fläche F strömt, und der Druckarbeit, die pro Zeiteinheit an der Volumeneinheit geleistet wird, zusammen und beträgt

$$N_S = \left(\frac{\rho}{2} U^2 + p\right) FU \qquad (5.28)$$

Da in erster Näherung der Druck vor dem Gebläse und in der Meßstrecke etwa gleich ist, kann das Druckglied unberücksichtigt bleiben und es ergibt sich

$$N_S = \frac{\rho}{2} U^3 F \,. \qquad (5.29)$$

Die Strahlleistung nimmt linear mit der Luftdichte und der Düsenfläche aber mit der dritten Potenz der Geschwindigkeit zu. Für den 3 m Kanal beträgt

$$N_S = \frac{1{,}20}{2} \frac{\text{kg}}{\text{m}^3} \cdot (53{,}67)^3 \left[\frac{\text{m}}{\text{s}}\right]^3 \cdot 3^2 \text{m}^2$$

$$= 835 \cdot 10^3 \frac{\text{Nm}}{\text{s}} = 835 \text{ kW} \,,$$

woraus sich nach Gl.(5.12) ein Leistungsfaktor

$$f = N_A/N_S = 0{,}67$$

ergibt. Es müssen damit nur 2/3 der Strahlleistung als Antriebsleistung aufgebracht werden. Leistungen dieser Größenordnung können bei großen Kanalabmessungen noch über die Wände, die hier größtenteils aus Beton bestehen, abgeführt werden. Nach der Inbetriebnahme steigt die Lufttemperatur zunächst schnell an und erreicht beim 3 m Kanal bei voller Leistung etwa 35° bis 40°C.

Zum Vergleich einzelner Windkanäle untereinander wird eine Reynolds Zahl Re_{max} gebildet, die auf die Maximalgeschwindigkeit und auf das 0,1fache der Wurzel aus der Meßstreckenfläche bezogen wird. Diese Reynolds Zahl beträgt beim 3 m-Kanal etwa 10^6.

Der zweite hier gezeigte Kanal für niedrige Geschwindigkeiten ist der Grenzschichtkanal des Max-Planck-Instituts für Strömungsforschung in Göttingen (Bild 5.14). Es ist ein Eiffelkanal mit einer geschlossenen Meßstrecke von 0,28 m Breite, 1,4 m Höhe und 9 m Länge. Die Düse verengt sich nur in einer Richtung von 1,4 m auf 0,28 m. Die maximale Geschwindigkeit in der Meßstrecke beträgt 30 m/s. Besonderheiten dieses Kanals sind

5.2 Windkanäle 299

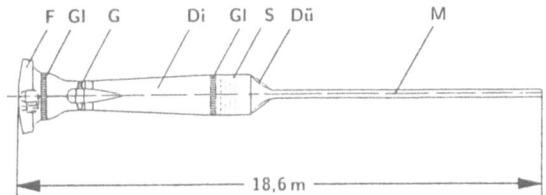

Bild 5.14: Grenzschichtkanal des MPI für Strömungsforschung in Göttingen. F: Luftfilter, Gl: Gleichrichter, G: Gebläse, Di: Diffusor, S: Siebe, Dü: Düse, M: Meßstrecke (Kastrinakis und Eckelmann 1983)

ein Luftfilter und ein zweiter Gleichrichter am Einlauf vor dem Gebläse. Mit dem Filter werden Staubteilchen aus der angesaugten Luft entfernt, die bei Hitzdrahtmessungen (siehe Abschnitt 2.2) zu einer Zerstörung der Sondendrähte führen können. Die lange Meßstrecke wird für die Entwicklung einer dicken Grenzschicht oder zur Erzeugung einer turbulenten Kanalströmung benötigt. Der Einlauf zur Meßstrecke, wo die Grenzschicht noch dünn ist, kann zur Untersuchung zweidimensionaler Körper (Tragflügelprofile, Zylinder usw.) benutzt werden. Re_{max} liegt bei diesem Kanal bei 130.000. Die Antriebsleistung beträgt etwa 10 kW.

Zur Erzeugung hoher Reynolds Zahlen bei kleinen Körperabmessungen und niedrigen Geschwindigkeiten dient der in Bild 5.15 dargestellte Hochdruck-Windkanal der DLR in Göttingen. Dieser Kanal Göttinger Bauart kann bis auf 100 bar aufgeladen werden. Bei diesem Innendruck, einer maximalen Geschwindigkeit von 39 m/s und einer Düsenab-

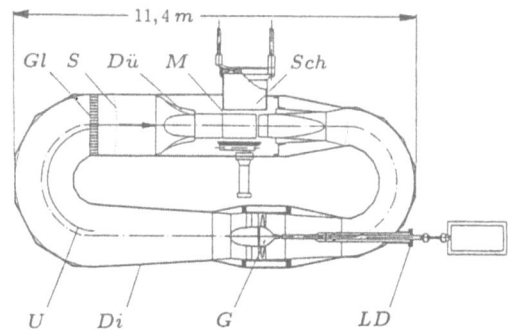

Bild 5.15: Hochdruck-Windkanal der DLR in Göttingen. Gl: Gleichrichter, S: Sieb, Dü: Düse, M: Meßstrecke, Sch: Schleuse, U: Umlenkblech, Di: Diffusor, G: Gebläse, LD: Labyrinthdichtung der Antriebswelle (Schewe 1989)

messung von 0,6 m × 0,6 m wird ein Re_{max} von 10^7 erreicht. Die hierfür erforderliche Antriebsleistung beträgt 470 kW. Um auch bei vollem Kanalinnendruck Umbauten am Modell vornehmen zu können, kann ein Teil der geschlossenen Meßstrecke einschließlich Modell über eine Schleuse (Sch) nach außen gefahren werden. Eine dicke Stahlplatte, die sich während der Messungen hinter der Meßstrecke befindet, dichtet dann den Kanal zur Schleuse hin ab. Die Antriebswelle des Gebläses ist über eine Labyrinthdichtung (LD) nach außen geführt.

5.2.2 Windkanal für hohe Unterschallgeschwindigkeiten

Windkanäle für hohe Unterschallgeschwindigkeiten decken den Mach–Zahl–Bereich oberhalb von 0,2 bis etwa 0,9 ab. Sie werden für einen kontinuierlichen Betrieb als geschlossene Umlaufkanäle nach Göttinger Bauart ausgeführt und haben einen ähnlichen Aufbau wie die Windkanäle für niedrige Geschwindigkeiten. Der höhere Staudruck in der Meßstrecke macht die Verwendung eines mehrstufigen Gebläses und die damit verbundene höhere Antriebsleistung zusätzlich einen Luftkühler erforderlich. Intermittierend betriebene Kanäle werden nach der Eiffelschen Bauart ausgeführt (vgl. Bild 5.1).

Nur bis zu Strömungsgeschwindigkeiten von etwa 70 m/s ist der Einfluß der Mach Zahl sehr gering, so daß die gleichzeitig bei einer Veränderung der Reynolds Zahl über die Geschwindigkeit auftretende Änderung der Mach Zahl keine Rolle spielt (Gl. 1.23). Im sich daran anschließenden Geschwindigkeitsbereich nimmt der Mach–Zahl–Einfluß dann stark zu, so daß Mach- und Reynolds Zahl unabhängig voneinander veränderbar sein müssen. Während die Mach Zahl über die Geschwindigkeit eingestellt werden kann, müssen für die gleichzeitige Wahl der Reynolds Zahl Luftdichte und Zähigkeit verändert werden. Um dies zu ermöglichen, sind Windkanäle für hohe Unterschallgeschwindigkeiten geschlossen.

5.2.3 Transsonischer Windkanal

Eine Strömung, bei der gleichzeitig nebeneinander Bereiche mit Unter- und Überschallgeschwindigkeit auftreten, wird transsonisch genannt. Ein Beispiel hierfür ist die in Bild 1.3 gezeigte Umströmung eines stumpfen Körpers. Die Anström–Mach–Zahl ist größer als eins. Im Bereich des Staupunktes hinter dem Verdichtungsstoß entsteht ein Gebiet mit $Ma < 1$.

Transsonische Windkanäle werden entweder stationär als Umlaufkanal oder intermittierend als Eiffelkanal betrieben. Sie decken etwa den Bereich $0,8 < Ma < 1,3$ ab und dienen z.B. dazu, den Reiseflug von Verkehrsflugzeugen strömungsmechanisch zu simulieren. Die Meßstrecke ist geschlossen. Die Wände sind geschlitzt oder perforiert, um den Einfluß auf das Modell möglichst klein zu halten. Hinter der Perforation befinden sich entweder Hohlräume, oder es wird die Grenzschicht abgesaugt. Hierdurch läßt sich die durch das Modell hervorgerufene Versperrung der Meßstrecke verkleinern. Solange die Anström-Mach-Zahl kleiner als eins ist, kann diese über die Gebläsedrehzahl eingestellt werden. Um Anström-Mach-Zahlen größer als eins in der Meßstrecke zu erzeugen, müßte ein solcher Kanal eigentlich eine Lavaldüse (5.2.4.2) besitzen. Durch Absaugen durch die perforierten Wände lassen sich auch schon Mach Zahlen, die etwas größer als eins sind, realisieren.

In Bild 5.16 ist der Europäische Transsonische Windkanal (ETW), der sich in Köln-Porz befindet, dargestellt. Die Düse besitzt am Ausgang eine Abmessung von 2,4 m × 2,0 m und die zu realisierenden Mach Zahlen liegen zwischen 0,15 und 1,3. Die auf eine charakteristische Länge $0,1\sqrt{4,8 \text{ m}^2} = 0,22$ m bezogene maximale Reynolds Zahl beträgt $5 \cdot 10^7$. Eine so hohe Reynolds Zahl wird durch Absenken der Betriebstemperatur bis auf 90 K und bei einem Kanalinnendruck von 4,5 bar erreicht. Zur Kühlung dient flüssiger Stickstoff, der vor dem Gebläse (G), einem mehrstufigen Verdichter, bei (I) eingespritzt und gasförmig hinter dem Hauptdiffusor (Di) bei (Au) wieder ausgeblasen wird. Der gesamte Kanal ist nach außen hin wärmeisoliert. Zum Antrieb des Kanals sind 50 MW erforderlich.

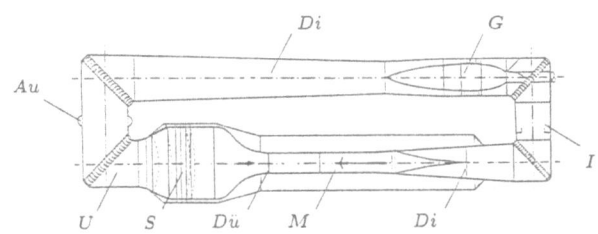

Bild 5.16: Europäischer Transsonischer Windkanal (ETW). Di: Diffusor, G: Gebläse, I: Einspritzung für flüssigen Stickstoff, M: Meßstrecke, Dü: Düse, S: Siebe, U: Umlenkecken, Au: Ausblasung von gasförmigem Stickstoff

Die relativen Änderungen von Dichte ρ, Schallgeschwindigkeit a und dynamischer Zähigkeit μ sowie von Reynolds Zahl Re, Staudruck q und Antriebsleistung N in Abhängigkeit von der Ruhetemperatur sind in Bild 5.17 dargestellt. Die Bezugstemperatur beträgt 322 K.

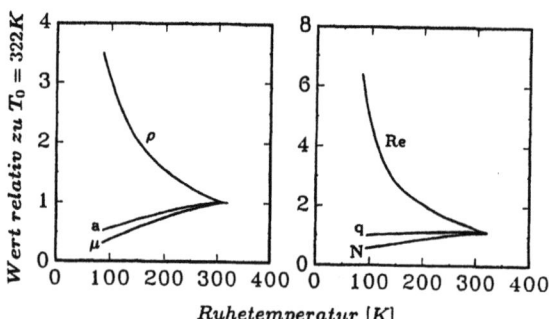

Bild 5.17: Einfluß der Temperaturerniedrigung beim ETW (Bild 5.16) auf die Dichte ρ, Schallgeschwindigkeit a und dynamischer Zähigkeit μ des Arbeitsmediums (links) sowie auf die Antriebsleistung N, die Reynoldszahl Re und den Staudruck q (rechts).

5.2.4 Überschallwindkanal

Überschallwindkanäle für Mach Zahlen von 1,2 bis etwa 5 werden kontinuierlich als Umlaufkanäle, aber auch intermittierend als Druck- oder Vakuumspeicherkanäle betrieben. Sie besitzen anstelle einer einfachen, nur konvergenten Düse eine Laval Düse (siehe 5.2.4.2). Dies ist eine sich zuerst verengende und dann wieder erweiternde Düse (Bild 5.19), mit der sich Überschallgeschwindigkeiten erzeugen lassen. Wegen der unabhängigen Variationsmöglichkeit von Mach- und Reynolds Zahl sind die Umlaufkanäle geschlossen, so daß mit unterschiedlichen Luftdichten gearbeitet werden kann.

5.2.4.1 Strömung eines idealen Gases aus einer nur konvergenten Düse

Mit einer sich nur verengenden Düse kann eine Strömung erzeugt werden, die an der Düsenmündung maximal Schallgeschwindigkeit erreicht. Dies soll an dem folgenden Gedankenexperiment verdeutlicht werden.

Wird das an einer konvergenten Düse angelegte Druckverhältnis p_0/p_1 in infinitesimal kleinen Schritten erhöht, was bei festem p_0 durch ein stufenweises Absenken des Druckes p_1 am Düsenausgang erreicht werden soll, so läuft bei jeder Druckerniedrigung solange eine Welle mit Schallgeschwindigkeit in die Düse hinein und stellt den neuen Strömungszustand her, bis die Geschwindigkeit an der Düsenmündung gerade die lokale Schallgeschwindigkeit $a_1 = \sqrt{\kappa\, p_1/\rho_1}$ erreicht hat. Die folgenden Druckerniedrigungen können sich dann nicht mehr bis in die Düse hinein ausbreiten und damit wirksam werden, da sie sich selbst nur mit Schallgeschwindigkeit stromauf fortpflanzen. Damit bleibt von jetzt an der Zustand unverändert, an dem auch ein weiteres Absenken des Druckes p_1 bis auf Null nichts ändern kann. Der bei einer weiteren Druckerniedrigung mit Schallgeschwindigkeit in ein Gebiet zu kleinen Druckes einströmende Düsenstrahl erweitert sich dann allseitig explosionsartig über seine Gleichgewichtslage hinaus, wodurch im Strahlkern ein Unterdruck entsteht, der den Strahl wieder zusammenzieht. Dieses Spiel wiederholt sich unter gleichzeitiger Abschwächung periodisch in Ausbreitungsrichtung des Düsenstrahls.

Das Druckverhältnis p_1/p_0, bis zu dem eine Druckerniedrigung auch zu einer Geschwindigkeitserhöhung in der Düsenmündung führt, kann für ein ideales Gas aus der Bernoulligleichung in der Form der Gl. (1.16) abgeleitet werden, die etwas umgeschrieben

$$\frac{U_1^2 - U_0^2}{2} = \frac{\kappa}{\kappa-1} \frac{p_0}{\rho_0} \left[1 - \left[\frac{p_1}{p_0} \right]^{\frac{\kappa-1}{\kappa}} \right] \tag{5.30}$$

lautet. Unter der Voraussetzung, daß vor der Düse die Geschwindigkeit so klein ist, daß dort näherungsweise $U_0=0$ gesetzt werden kann, erhält man für die Mündungsgeschwindigkeit

$$U_1 = \sqrt{\frac{2\kappa}{\kappa-1} \frac{p_0}{\rho_0} \left[1 - \left[\frac{p_1}{p_0} \right]^{\frac{\kappa-1}{\kappa}} \right]} \,. \tag{5.31}$$

Nach dem Gedankenexperiment kann diese Gleichung aber nur bis zu dem Druck $p_1 = p_L$ (Gl. 5.35) gelten, bei dem gerade an der Düsenmündung die lokale Schallgeschwindigkeit $U_1 = a_1$ erreicht wird. Die pro Zeiteinheit aus der Düse mit der Fläche F_1 austretende Masse

$$\dot{m}_1 = \rho_1 U_1 F_1 \tag{5.32}$$

kann nach Einsetzen der Adiabatengleichung

$$\rho_1 = \rho_0 \left[\frac{p_1}{p_0} \right]^{1/\kappa} \tag{5.33}$$

geschrieben werden als

$$\dot{m}_1 = \left[\frac{p_1}{p_0} \right]^{\frac{1}{\kappa}} F_1 \sqrt{\frac{2\kappa}{\kappa-1} p_0 \rho_0 \left[1 - \left[\frac{p_1}{p_0} \right]^{\frac{\kappa-1}{\kappa}} \right]} \,. \tag{5.34}$$

Man erkennt, daß $\dot m_1$ sowohl für $p_1/p_0 = 0$ als auch für $p_1/p_0 = 1$ Null wird und dazwischen, wie durch Ableiten von $\dot m_1$ nach p_1/p_0 gezeigt werden kann, ein Maximum besitzt (Bild 5.18).

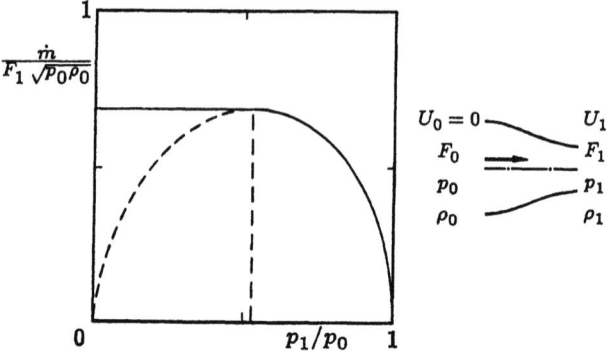

Bild 5.18: Aus einer Düse pro Zeiteinheit austretende normierte Luftmasse in Abhängigkeit vom angelegten Druckverhältnis p_1/p_0

Das zu diesem Maximum gehörende Druckverhältnis wird kritisches - oder auch Laval Druckverhältnis

$$\frac{p_L}{p_0} = \left[\frac{2}{\kappa+1}\right]^{\frac{\kappa}{\kappa-1}} \tag{5.35}$$

genannt und besitzt in Luft ($\kappa=1{,}4$) den Wert $p_L/p_0 = 0{,}528$.

Bei einer nur konvergenten Düse nimmt für $p_1/p_0 < p_L/p_0$ die Geschwindigkeit U_1 nicht weiter zu und der Massenfluß nicht wieder ab (Bild 5.18). Es muß daher in den Gleichungen (5.31) und (5.34) für diesen Bereich das Druckverhältnis p_1/p_0 durch p_L/p_0 ersetzt werden. Aus den Gleichungen (5.34) und (5.35) erhält man schließlich

$$\dot m_{1max} = \left[\frac{2}{\kappa+1}\right]^{\frac{\kappa+1}{2(\kappa-1)}} F_1 \sqrt{\kappa\ p_0 \rho_0}\ , \tag{5.36}$$

was bei Luft den Wert $\dot m_{1max}/F_1\sqrt{p_0\rho_0} = 0{,}685$ ergibt.

Die Maximalgeschwindigkeit am Düsenausgang U_{1max}, die gleich der örtlichen Schallgeschwindigkeit a_1 ist, wird kritische - oder auch Laval Geschwindigkeit

$$a_L = \sqrt{\kappa \, p_L/\rho_L} \tag{5.37}$$

genannt und ergibt sich durch Einsetzen von Gl. (5.35) in Gl. (5.31) zu

$$a_L = \sqrt{\frac{2\kappa}{\kappa+1} \frac{p_0}{\rho_0}} = \sqrt{\frac{2}{\kappa+1}} \, a_0 \, . \tag{5.38}$$

Die Laval Geschwindigkeit hängt damit wegen

$$a_0 = \sqrt{\kappa \, RT_0} \tag{5.39}$$

nur von der absoluten Temperatur T_0 vor der Düse und von der Art des Gases ab, das durch das Verhältnis der spezifischen Wärmen κ charakterisiert wird (R: Gaskonstante). Die Laval Geschwindigkeit ist in Luft um den Faktor $\sqrt{2/(\kappa+1)} = 0{,}913$ kleiner als a_0, da sich das Gas bei der Beschleunigung in der Düse auf $T_L = (\sqrt{2/(\kappa+1)}) \, T_0 = 0{,}833 \, T_0$ abkühlt.

5.2.4.2 Laval Düse

Mit einer sich nur verengenden Düse kann, wie im vorherigen Unterkapitel gezeigt wurde, beim Druckverhältnis $p_L/p_0 = 0{,}528$ gerade die Mach Zahl $Ma_1 = U_1/a_L = 1$ erreicht werden. Auch wenn in der Meßstrecke $p_1 < 0{,}528 \, p_0$ oder − was das gleiche bedeutet − vor der Düse $p_0 > 1{,}89 \, p_1$ gemacht wird, steigt die pro Zeiteinheit aus der Düse ausströmende Masse nicht über den durch Gl. (5.36) gegebenen Wert an. Wie Laval zeigen konnte, läßt sich bei einem vergrößerten Druckverhältnis unter Beibehaltung von $\dot{m}_{1max}$ die Geschwindigkeit am Ausgang der Düse dadurch weiter erhöhen, daß an die auf F_1 verengte Fläche eine schlanke Erweiterung auf F_2 angeschlossen wird (<u>Bild 5.19</u>). Im engsten Querschnitt bei F_1 wird dann wieder die lokale Schallgeschwindigkeit a_L (Gl. 5.38) erreicht, nur steigt jetzt bei weiter abnehmendem Druck die Geschwindigkeit gemäß Gl. (5.31) weiter auf Überschallgeschwindigkeit an. Dies läßt sich mit Hilfe der Kontinuitätsgleichung

$$F_1 \rho_1 U_1 = F \rho U = \dot{m}_{1max} \, , \tag{5.40}$$

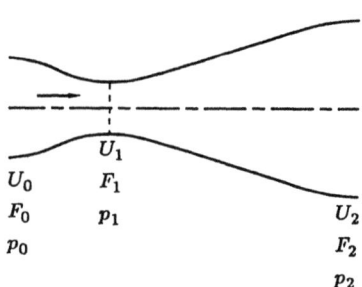

die für jeden Querschnitt gelten muß, zeigen. Nach logarithmischer Differentiation wird aus Gl. (5.40)

$$\frac{dF}{F} + \frac{d\rho}{\rho} + \frac{dU}{U} = 0 \qquad (5.41)$$

oder

$$\frac{U}{F}\frac{dF}{dU} = -\frac{U}{\rho}\frac{d\rho}{dU} - 1. \qquad (5.42)$$

Bild 5.19: Laval Düse

Aus der Definition der Mach Zahl und der Schallgeschwindigkeit ergibt sich

$$Ma^2 = \frac{U^2}{a^2} = U^2 \frac{d\rho}{dp} = \frac{U}{\rho}\frac{d\rho}{dU}\left[\rho U \frac{dU}{dp}\right]. \qquad (5.43)$$

Die Klammer wird gleich -1, wie durch Differentiation der Bernoulligleichung in der Form der Gl. (5.21) gezeigt werden kann, womit dann die Hygoniotgleichung

$$\frac{U}{F}\frac{dF}{dU} = Ma^2 - 1 \qquad (5.44)$$

erhalten wird. Bei Unterschallströmungen (Ma < 1) muß, da dann

$$\frac{dF}{F} \sim -\frac{dU}{U} \qquad (5.45)$$

ist, mit abnehmender Querschnittsfläche die Geschwindigkeit zunehmen. Für Überschallströmungen (Ma > 1) ändert sich das Vorzeichen, so daß dann

$$\frac{dF}{F} \sim \frac{dU}{U} \qquad (5.46)$$

gilt. Jetzt nimmt die Geschwindigkeit unter gleichzeitiger Abnahme der Dichte mit zunehmender Querschnittsfläche auch zu.

Zu jeder Düsenaustrittsfläche F_2 gehört genau ein Enddruck p_2, der eingestellt werden muß, damit die Expansion am Düsenausgang abgeschlossen ist. Bei einem zu kleinen Druck $p < p_2$ setzt sich am Düsenausgang die Expansion explosionsartig ohne eine wei tere Geschwindigkeitserhöhung fort. Bei einem zu großen Druck $p > p_2$ entsteht in der Laval Düse ein Verdichtungsstoß. Siehe hierzu 5.2.4.3.

Die mit einer Laval Düse erreichbare Geschwindigkeit ist begrenzt, nicht aber die Mach Zahl, da mit der Dichteabnahme in der Düse die lokale Schallgeschwindigkeit a_2 stärker ab- als die Geschwindigkeit U_2 zunimmt (Bild 5.20). Die maximale Geschwindigkeit, die bei einer Expansion bis auf Vakuum ($p_2=0$) theoretisch für ein ideales Gas erreichbar ist, kann aus der Bernoulligleichung (Gl. 5.30) berechnet werden. Die Vorkammer soll so groß sein, daß $U_0=0$ und p_0=const. angenommen werden können. Setzt man für den Index 1 in Gl. (5.30) 2, so ergibt sich

$$U_{2max} = \sqrt{\frac{2\kappa}{\kappa-1} \frac{p_0}{\rho_0}} = \sqrt{\frac{2\kappa}{\kappa-1} RT_0} = \sqrt{\frac{2}{\kappa-1}} a_0 . \qquad (5.47)$$

Das bedeutet gaskinetisch, daß bei einer Expansion bis auf $p_2 = 0$ die gesamte Bewegungsenergie der Moleküle, die bei $U_0 = 0$ nur in Form von innerer Energie vorliegt, in eine einheitlich gradlinige Bewegung der Geschwindigkeit U_{2max} verwandelt wird und daß die Gastemperatur auf $T_2 = 0$ abgesunken ist. Für Luft beträgt U_{2max} das $\sqrt{2/(\kappa-1)}$ = 2,24fache der Ruheschallgeschwindigkeit a_0 in der Vorkammer. In einem hypersonischen Windkanal (siehe 5.2.5) können wegen auftretender Realgaseffekte (z.B. ist die Annahme eines idealen Gases mit einer konstanten spezifischen Wärme bis $T_2 = 0$ nicht richtig) nur etwa 90% dieses Wertes erreicht werden. Die auf die Laval Geschwindigkeit (Gl. 5.38) am engsten Düsenquerschnitt bezogene Maximalgeschwindigkeit beträgt

$$\frac{U_{2max}}{a_L} = \sqrt{\frac{\kappa+1}{\kappa-1}}, \qquad (5.48)$$

was besagt, daß die Geschwindigkeit im divergenten Teil der Laval Düse bei Luft theoretisch nur noch um den Faktor 2,45 weiter ansteigen kann.

Der Zusammenhang zwischen der Geschwindigkeit U und der lokalen Schallgeschwindigkeit a ergibt sich längs einer Stromlinie aus der Bernoulligleichung (Gl. 5.30), die für U_0 = 0 in der Vorkammer und unter Fortlassen des zweiten Index nach Umformung mit der Adiabatengleichung

$$\frac{\kappa}{\kappa-1} \frac{p_0}{\rho_0} = \frac{U^2}{2} + \frac{\kappa}{\kappa-1} \frac{p}{\rho} \qquad (5.49)$$

oder

$$\frac{a_0^2}{\kappa-1} = \frac{U^2}{2} + \frac{a^2}{\kappa-1} \qquad (5.50)$$

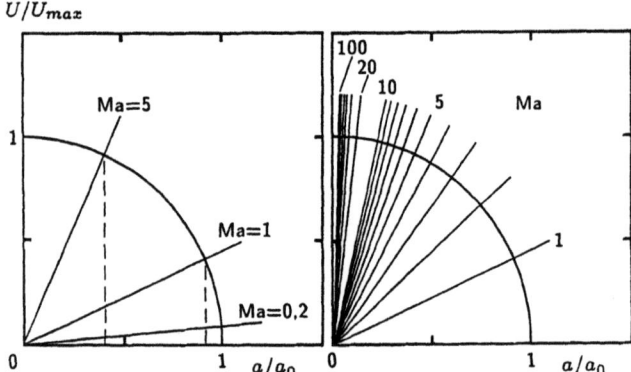

<u>Bild 5.20:</u> Zusammenhang zwischen Geschwindigkeit U und lokaler Schallgeschwindigkeit a längs einer Stromlinie

lautet und durch Einsetzen von Gl. (5.47) auf die Form einer Ellipsengleichung

$$\frac{a^2}{a_0^2} + \frac{U^2}{U_{max}^2} = 1 \qquad (5.51)$$

mit den Halbachsen a_0 bzw. U_{max} gebracht werden kann. Den Zusammenhang zwischen U und a zeigt <u>Bild 5.20</u>. Die einzelnen Mach Zahlen sind als Strahlen durch den Nullpunkt dargestellt. Im linken Teil des Bildes erkennt man, daß sich die Mach Zahlen eins und fünf entsprechen. Während sich im Bereich $0 < Ma \leq 1$ die Schallgeschwindigkeit nur wenig ändert und eine Vergrößerung der Mach Zahl in der Hauptsache durch eine Erhöhung der Geschwindigkeit erreicht wird, ändert sich im Bereich $5 \leq Ma < \infty$ die Geschwindigkeit nur noch wenig, und eine Erhöhung der Mach Zahl entsteht in der Hauptsache durch eine Abnahme der Schallgeschwindigkeit. Dieser Sachverhalt wird durch den rechten Teil des Bildes noch weiter verdeutlicht.

5.2.4.3 Laval Düse mit falschem Gegendruck

Zu einer bestimmten Erweiterung einer Laval Düse von F_1 auf F_2 (Bild 5.19) gehört auch ein ganz bestimmtes Druckverhältnis p_2/p_0, wozu sich dann aus Gl. (5.31) die Endgeschwindigkeit U_2 ergibt. Ist der Enddruck $p < p_2$, so stellt sich zwar an der Düsenmündung p_2 ein, es setzt sich aber, wie bei einer nur konvergenten Düse für $p < p_L$ (Gl. 5.35), die Expansion hinter der Düse weiter fort, ohne daß dabei die Geschwindigkeit auf den zu dem Druck p gehörenden Wert weiter ansteigt. Liegt der Enddruck p im Intervall

$p_L > p > p_2$, also zwischen Laval Druck p_L und richtigem Düsenenddruck p_2, so expandiert zunächst die Strömung in der Laval Düse soweit, daß p_2 am Ende erreicht wird. Über die Wandgrenzschicht, in der die Geschwindigkeit bei Annäherung an die Wand auf Null absinkt und in der es ein Gebiet mit einer Unterschallströmung gibt, gelangt die Information vom falschen Enddruck an der Überschallströmung vorbei stromauf und drängt die Grenzschicht von der Wand ab. Es stellt sich im divergenten Teil der Düse ein schiefer Verdichtungsstoß ein (Bild 5.21) Zum Verdichtungsstoß siehe Kap. 5.2.6.

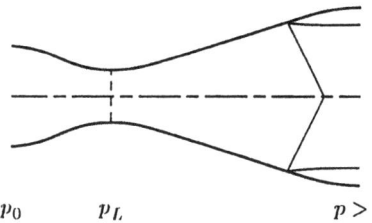

Bild 5.21:
Schiefer Verdichtungsstoß und Strömungsablösung in einer Laval Düse mit zu großem Enddruck

$p_0 \qquad p_L \qquad\qquad p > p_2$

Um einen Verdichtungsstoß in oder eine Nachexpansion hinter der Düse zu vermeiden, müssen bei einer Laval Düse Endquerschnitt F_2 und Enddruck p_2 genau aufeinander abgestimmt sein. Daraus ergibt sich, daß bei einem Überschallwindkanal allein durch Verändern des Druckunterschieds (p_0-p_2) zwischen Vorkammer und Düsenausgang, wie es beim Unterschallwindkanal üblich ist, die Geschwindigkeit nicht verändert werden kann. Vielmehr muß zur Variation der Mach Zahl mit jedem neuen Druckverhältnis auch die Düsenkontur mitverändert werden. Das bedeutet entweder, daß ein ganzer Satz austauschbarer Düsen vorhanden oder aber die Düsenkontur verstellbar sein muß. Da bei einem Windkanal die Abmessung der Meßstrecke vorgegeben ist, wird jeweils der engste Querschnitt der Düse verändert werden. Als Beispiel zeigt Bild 5.22 einen Querschnitt durch die verstellbare Überschalldüse des Vakuumspeicher Windkanals der DLR in Göttingen. Diese Düse besteht aus zwei starren Seitenwänden und aus zwei biegsamen Wänden, denen über verstellbare Stempel die gewünschte Kontur aufgeprägt wird. Konstruktionsbedingt kann sich eine solche Düse nur zweidimensional erweitern. In den beiden ebenen Seitenwänden sind auf Höhe der Meßstrecke Fenster angebracht, um die Strömung um das Modell mit Hilfe des Schatten- (3.4.1), Schlieren- (3.4.2) oder Interferenzverfahrens (3.4.3) sichtbar machen zu können.

5.2.4.4 Überschalldiffusor

Ein Diffusor für Überschallströmungen, mit dem Druck aus kinetischer Strömungsenergie gewonnen und gleichzeitig die Geschwindigkeit von Über- auf Unterschall gebracht wer-

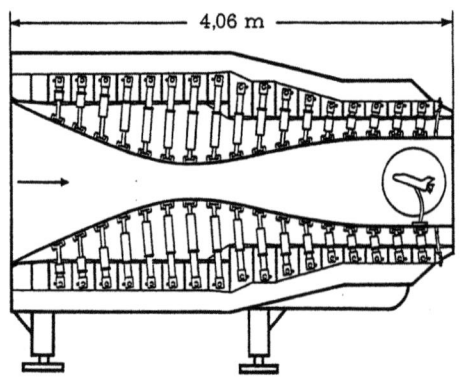

Bild 5.22:
Überschallverstelldüse des Vakuumspeicher Windkanals (Bild 5.27) der DLR (Ludwieg und Hottner 1963)

den kann, hat eine ähnliche Form wie die in Bild 5.19 dargestellte Laval Düse. Für einen solchen Kanal veränderlichen Querschnitts sind grundsätzlich die vier in Bild 5.23 skizzierten Druck- und Geschwindigkeitsverläufe möglich. Diese unterscheiden sich dadurch, daß die Eintritts–Mach–Zahl Ma_0 kleiner oder größer als Eins ist und daß an der engsten Stelle (F_1) lokal die Mach Zahl $Ma_1 = 1$ erreicht wird oder nicht.

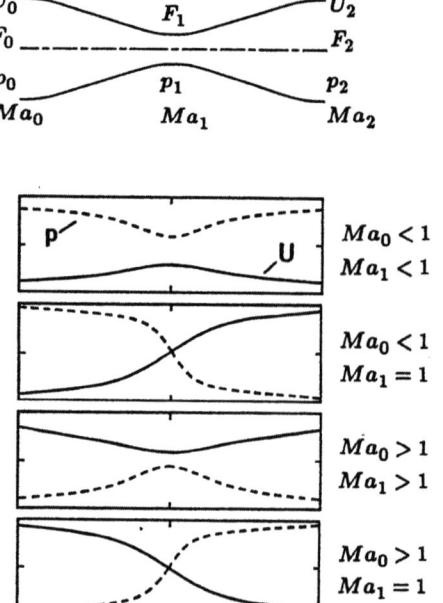

Im Bild 5.23 oben ist Ma_0 nicht groß genug, damit an der engsten Stelle des Kanals bei F_1 lokal die Schallgeschwindigkeit, also $Ma_1 = 1$, erreicht wird. Es liegt die Strömung durch ein Venturi Rohr mit einem Druckminimum und einem Geschwindigkeitsmaximum in der Mitte vor. Im zweiten Fall von oben ist Ma_0 so groß, daß bei F_1 lokal die Schall-

Bild 5.23:
Strömung in einem konvergent–divergent verlaufenden Kanal, p: Druckverlauf, U: Gechwindigkeitsverlauf

geschwindigkeit erreicht wird. Die Strömung gleicht der einer Laval Düse, bei der über die gesamte Länge Druck ab- und Geschwindigkeit zunehmen. Der zweite Fall von unten stellt ein mit Überschallgeschwindigkeit durchströmtes Venturi Rohr mit einem Druckmaximum und einem Geschwindigkeitsminimum bei F_1 dar. Ganz unten schließlich sinkt die Geschwindigkeit in der Verengung weit genug ab, so daß sich bei F_1 lokal Schallgeschwindigkeit einstellt. Dies ist der idealisierte Fall eines Überschalldiffusors. Dieser Fall kommt aber in der Realität nicht vor, da der Übergang von Über- auf Unterschall über einen Verdichtungsstoß (siehe 5.2.6.) abläuft. Es stellt sich vielmehr schon vorher beim Überschall–Venturi-Rohr kurz hinter der engsten Stelle ein senkrechter Verdichtungsstoß ein, über den sich die Geschwindigkeit unstetig von Über- auf Unterschall verringert. Bei einer zu großen Verengung und einer damit verbundenen starken Verzögerung der Überschallströmung kann der Verdichtungsstoß auch schon vor der engsten Stelle auftreten. Er bleibt dann nicht mehr ortsfest, sondern läuft der Strömung entgegen. Dieser Fall muß vermieden werden. Zur Optimierung des Wirkungsgrades lassen sich bei großen Überschallwindkanälen die Diffusoren ähnlich wie die Düsen verstellen.

5.2.4.5 Meßstrecke

Die Meßstrecke (M) eines Überschallwindkanals ist zwischen den beiden Verengungen von Laval Düse (L) und Überschalldiffusor (Di) angeordnet (Bild 5.24). Beim Anlauf des Kanals muß der engste Querschnitt des Diffusors größer als der engste Querschnitt der Laval Düse sein, damit bereits in der ersten Verengung Schallgeschwindigkeit erreicht wird. Nach dem Anlauf, wenn in der Meßstrecke Überschallgeschwindigkeit herrscht, kann der Diffusorquerschnitt verkleinert werden, wodurch sich der Wirkungsgrad des Diffusors erhöht. Die Meßstrecke ist geschlossen, damit unabhängig voneinander über den Druck p_2 in der Meßstrecke die Reynolds Zahl und über die Düsenkontur und das Druckverhältnis p_2/p_0 (p_0 Druck in der Vorkammer) die Mach Zahl eingestellt werden können. Um in der Meßstrecke eine Parallelströmung zu erhalten, muß der Übergang von dem sich erweiternden Teil der Düse, in dem eine divergente Strömung vorliegt, auf den

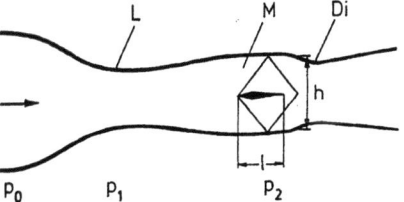

Bild 5.24:
Anordnung einer Überschallmeßstrecke, L: Lavaldüse, M: Meßstrecke, Di: Diffusor

konstanten Querschnitt der Meßstrecke so gestaltet sein, daß die an diesem Übergang entstehenden Kompressionswellen gerade die vom vorderen Teil der Düse ausgehenden Expansionswellen auslöschen.

Bei gegebener Mach Zahl Ma_2 in der Meßstrecke ist die maximale Modellänge ℓ (Bild 5.24) durch die Meßstreckenhöhe h vorgegeben. Es sollte $\ell < h \cot \alpha$ sein, damit der von der Modellvorderkante ausgehende Stoß nach Reflexion an den Wänden der Meßstrecke nicht wieder auf das Modell trifft, weil hierdurch andere Strömungsverhältnisse als beim freien Flug geschaffen würden. In erster Näherung ist der Winkel α zwischen Stoß und Modellachse gleich dem Machschen Winkel $\alpha = 1/\arcsin Ma_2$.

Zur Minimierung der Wechselwirkung zwischen Modell und Berandung läßt sich bei einer adaptiven Meßstrecke (Bild 5.25) die Wandkontur an dem Stromlinienverlauf des

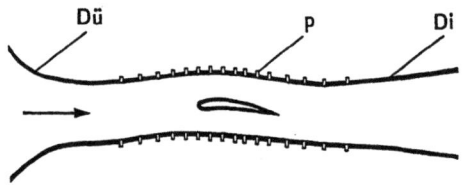

Bild 5.25: Schematische Darstellung einer adaptiven Meßstrecke, bei der die obere und untere Wand flexibel sind. Dü: Übergang zur Düse, p. Druckmeßstellen, Di: Übergang zum Diffusor

Modells anpassen. Die Wände der Meßstrecke bestehen aus einem flexiblen Material (z.B. Gummi) und können segmentweise bewegt werden. Zur Berechnung der Anfangsstellung der Wand wird meist von einer Potentialströmung um das Modell ausgegangen. Während des Betriebs wird die Kontur so lange verändert, bis der über die Druckmeßstellen (Bild 5.25) gemessene Wanddruck mit dem berechneten Wanddruck möglichst gut übereinstimmt. Eine volle dreidimensionale Anpassung ist schwierig. Bisher wurden adaptive Meßstrecken für zweidimensionale Modelle sowohl bei transsonischen Strömungen als auch bei Überschallströmungen benutzt (siehe z.B. Heddergott und Wedemeier 1988).

Die Strahlleistung eines Windkanals beträgt nach Gl. (5.29)

$$N_S = \frac{\rho_2}{2} U_2^3 F_2 = \frac{\rho_2}{2} a_2^3 Ma_2^3 F_2, \tag{5.52}$$

wobei wieder die auf die Meßstrecke bezogenen Größen mit 2 indiziert sind. Aus der Bernoulligleichung (Gl. 1.16) und der Adiabatengleichung kann der folgende Ausdruck

$$\frac{\rho_2}{\rho_0} = \left[\frac{1}{\frac{\kappa-1}{2} \text{Ma}_2^2 + 1} \right]^{\frac{1}{\kappa-1}} \tag{5.53}$$

mit ρ_0 Ruhedichte in der Vorkammer, gewonnen werden. Zwischen der Schallgeschwindigkeit in der Meßstrecke a_2 und der Ruheschallgeschwindigkeit a_0 ergibt sich über die Adiabatengleichung der Zusammenhang

$$\frac{a_2}{a_0} = \left[\frac{\rho_2}{\rho_0} \right]^{\frac{\kappa-1}{2}}. \tag{5.54}$$

Durch Einsetzen von Gl. (5.53) und Gl. (5.54) in Gl. (5.52) wird dann

$$N_S = \frac{\rho_0}{2} a_0^3 F_2 \text{Ma}_2^3 \left[\frac{1}{\frac{\kappa-1}{2} \text{Ma}_2^2 + 1} \right]^{\frac{3\kappa-1}{2(\kappa-1)}} \tag{5.55}$$

erhalten, was sich für Luft ($\kappa=1{,}4$) zu

$$N_S = \frac{\rho_0}{2} a_0^3 F_2 \text{Ma}_2^3 \left[\frac{1}{0{,}2 \text{Ma}_2^2 + 1} \right]^4 \tag{5.56}$$

vereinfacht.

Die Abhängigkeit der Strahlleistung von der Reynolds Zahl

$$\text{Re}_2 = \frac{U_2 \sqrt{F^2} \rho_2}{\mu_2} \tag{5.57}$$

und der Machzahl

$$\text{Ma}_2 = \frac{U_2}{\sqrt{\kappa R T_2}} \tag{5.58}$$

ergibt sich durch Einsetzen dieser beiden Gleichungen in Gl. (5.52), die dann

$$N_S = \text{Re}_2^2 \, \text{Ma}_2 \sqrt{\kappa R T_2} \, \mu_2^2/2\rho_2 \tag{5.59}$$

lautet. Die Größen μ_2, ρ_2 und T_2 sind nicht ohne weiteres bekannt. Da sich die Zähigkeit etwa linear mit der absoluten Temperatur ändert und aus der Adiabatengleichung für Luft (κ=1,4) der Ausdruck

$$\frac{\rho_0}{\rho_2} = \left[\frac{T_0}{T_2}\right]^{2,5} \tag{5.60}$$

gewonnen werden kann, folgt

$$\sqrt{\frac{T_0}{T_2}} \left[\frac{\mu_0}{\mu_2}\right]^2 \frac{\rho_2}{\rho_0} = 1, \tag{5.61}$$

womit dann Gl. (5.59) in

$$N_S = \text{Re}_2^2 \, \text{Ma}_2 \sqrt{\kappa R T_0} \, \mu_0^2/2\rho_0 \tag{5.62}$$

übergeht. Die Antriebsleistung N_A ist wegen des Energierückgewinns bei einem Umlaufkanal Göttinger Bauart um den Leistungsfaktor f (Gl. 5.12) kleiner als die Strahlleistung N_S. Aus Gl. (5.62) erkennt man, daß bei konstant gehaltener Reynolds Zahl die Antriebsleistung linear mit der Mach Zahl ansteigt. Man sieht aber auch, daß bei vorgegebener Mach- und Reynolds Zahl durch Arbeiten bei möglichst tiefen Ruhetemperaturen T_0 und hohen Ruhedichten ρ_0 die Antriebsleistung gesenkt werden kann (vgl. auch den in 5.2.3 beschriebenen ETW). Bei konstanter Temperatur T_0 ist eine Erhöhung der Ruhedichte ρ_0 auch mit einer Erhöhung des Ruhedruckes p_0 verbunden. Durch Verändern des Ruhedruckes läßt sich bei konstanter Mach Zahl die Reynolds Zahl verändern. Weil aber bei hohen Ruhedrucken auch große Kräfte auf Kanalgehäuse und Modell wirken, sind dem Druck nach oben Grenzen gesetzt, die bei etwa 5 bis 10 bar liegen.

Eine andere Möglichkeit, eine hohe Strahlleistung bei kleiner Antriebsleistung zu realisieren, besteht darin, einen Überschallkanal nicht stationär, sondern intermittierend zu betreiben. Die für die Strömung erforderliche Energie wird bei kleiner Antriebsleistung in einem Behälter (Druckluft oder Vakuum) gespeichert und dann kurzzeitig freigegeben.

5.2.4.6 Beispiele für ausgeführte Überschallwindkanäle

Der in Bild 5.26 oben gezeigte transsonische Windkanal der DLR in Göttingen kann auch als Überschallwindkanal betrieben werden (Bild 5.26 unten). Die transsonische

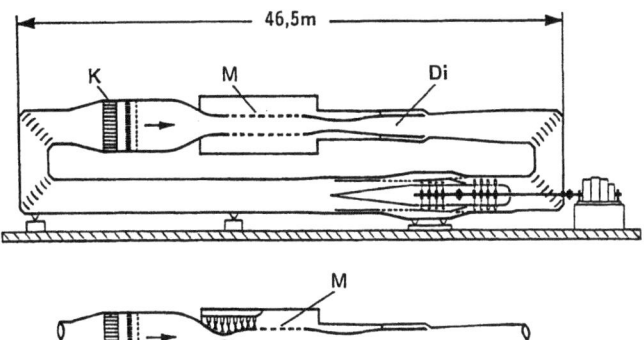

Bild 5.26: Transsonischer Windkanal der DLR in Göttingen, unten: Konfiguration als Überschallwindkanal. K: Kühler, M: Meßstrecke, Di: Verstelldiffusor

Meßstrecke wird dann durch eine auch während des Betriebes verstellbare Laval Düse für Mach Zahlen von eins bis 2,3 ersetzt. Die Meßstrecke besitzt in beiden Fällen einen Querschnitt von einem Quadratmeter. Die Strahlleistung beträgt nach Gl. (5.56) für $Ma_2=2$, Ruheschallgeschwindigkeit $a_0=330$ m/s und Ruhedichte $\rho_0 = 1,2$ kg/m³

$$N_S = \frac{1,2}{2}\frac{kg}{m^3} \cdot (330)^3 \frac{m^3}{s^3} \, 1m^2 \, 8(\frac{1}{1,8})^4 = 16,4 \cdot 10^6 \frac{Nm}{s} = 16,4 \text{ MW}.$$

Bei einer verfügbaren Antriebsleistung von 12 MW ergibt sich ein Leistungsfaktor (Gl. 5.12)

$$f = N_A/N_S = 0,73.$$

Diese Antriebsleistung ist erforderlich, um die Verluste des Kanals zu decken und findet sich in Form von Reibungswärme wieder, die aus dem Luftkreislauf durch den Kühler (K) wieder herausgenommen werden muß.

Der in Bild 5.27 gezeigte Vakuumspeicherkanal der DLR in Göttingen kann sowohl als Kanal für hohe Unterschallgeschwindigkeiten als auch als Überschallwindkanal betrieben werden, wobei entweder die in Bild 5.27 oben oder unten dargestellte Konfiguration benutzt wird. Ein etwa 10.000 m³ großer Behälter dient als Energiespeicher. Durch mehrmaliges kurzes Öffnen einer Schnellschlußklappe (S) kann für jeweils einige Sekunden eine Strömung in Gang gesetzt werden. Wenn laufend gepumpt wird und zwischen den kurzen Meßzeiten Phasen liegen, in denen Veränderungen am Modell vorgenommen

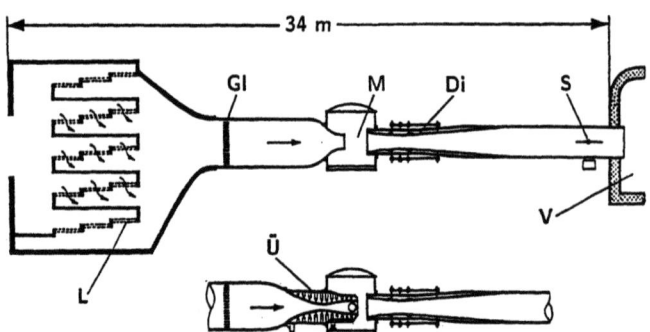

Bild 5.27: Vakuumspeicherkanal der DLR in Göttingen. Konfiguration als Unterschallkanal (oben) und als Überschallkanal (unten). Gl: Gleichrichter, M: Meßstrecke, Di: Verstelldiffusor, S: Schnellschlußklappe, V: Vakuumkessel, L: Lufttrockner, Ü: Verstellbare Laval Düse, (Bild 5.22)

werden müssen, so ist auch mit einem Speicherkanal ein praktisch kontinuierlicher Meßbetrieb möglich.

In der Unterschallkonfiguration (Bild 5.27 oben) wird der Durchfluß des Kanals und damit die Geschwindigkeit in der Meßstrecke (M) über den engsten Querschnitt des Verstelldiffusors (Di), der dann als Laval Düse arbeitet, eingestellt. Solange das Druckverhältnis an der Laval Düse kleiner oder höchstens gleich $p_L/p_0 = 0{,}528$ (Gl. 5.35) ist, herrscht im engsten Querschnitt Schallgeschwindigkeit. Die Geschwindigkeit in der Meßstrecke ist dann konstant und wird nicht vom steigenden Druck im Vakuumbehälter beeinflußt, da nach Gl. (5.36) die pro Zeiteinheit einströmende Luftmasse nur von den Ruhegrößen p_0 und ρ_0 auf der Zustromseite abhängig ist. Bei einem Druckspeicherkanal müssen diese Werte künstlich konstant gehalten werden, wenn sich die Geschwindigkeit in der Meßstrecke nicht laufend ändern soll. Da beim Vakuumspeicherkanal aus der Atmosphäre angesaugt wird, kann auf einen Lufttrockner (L) nicht verzichtet werden. Vor allem bei Überschallbetrieb, aber auch bei hohen Unterschallgeschwindigkeiten würde sonst die normale Feuchtigkeit der Luft beim starken Abkühlen in der Düse in Form von Wasser oder Eis ausfallen. Für die Lufttrocknung wird Silika Gel benutzt, dem die aufgenommene Feuchtigkeit durch Wärme wieder entzogen werden kann. Zur Regeneration des Silika Gels kann der Lufttrockner zur Vorkammer hin abgeschottet und mit heißer Luft durchströmt werden.

Bei Überschallbetrieb werden die Unterschalldüse und ein Teil der Vorkammer gegen eine verstellbare Laval Düse (Ü) (Bild 5.22) ausgetauscht. Der zwischen Meßstrecke und

Schnellschlußklappe angeordnete Verstelldiffusor arbeitet jetzt als Überschall- und Unterschalldiffusor.

Druckspeicherkanäle benötigen einen viel kleineren Behälter als Vakuumspeicherkanäle, da bei ihnen die Luft auf einen hohen Druck komprimiert werden kann. Zusätzlich brauchen sie aber noch einen Regler, mit dem die Ruhegrößen p_0, ρ_0, T_0 in der Vorkammer konstant gehalten werden können.

5.2.5 Hypersonischer Windkanal

Die mit einer Laval Düse erreichbare maximale Geschwindigkeit hängt bei einem idealen Gas nach Gl. (5.47) nur vom Verhältnis der spezifischen Wärmen κ und von der Ruhetermperatur T_0 des Gases ab und beträgt

$$U_{2max} = \sqrt{\frac{2\kappa}{\kappa-1} RT_0} .$$

Für Luft sind das bei $T_0 = 300$ K maximal 776 m/s, die durch Expansion bis auf Vakuum bei $T_2 = 0K$, aber wegen der Unerreichbarkeit des absoluten Nullpunkts, nicht verwirklicht werden können. Bei 0K wäre dann die gesamte Bewegungsenergie der Luftmoleküle in eine einheitlich gradlinige Bewegung umgewandelt. Bevor dies aber erreicht wird, kondensieren der Sauerstoff und der Stickstoff der Luft. Zur Erzeugung hoher Mach Zahlen muß daher von einer hohen Ruhetemperatur T_0 ausgegangen werden, d.h. die zur Düse geführte Luft wird vorher aufgeheizt. Zur Vermeidung sehr hoher Temperaturen kann auch Helium verwendet werden, das erst bei tieferen Temperaturen kondensiert und damit weiter als Luft expandiert werden kann. Da jedoch das Verhältnis der spezifischen Wärmen hier anders ist, müssen bei Modellversuchen die Ergebnisse korrigiert werden.

Bei der hohen Expansion in einer Laval Düse, wie sie zur Erzeugung einer Hyperschallströmung erforderlich ist, wird U_{2max} nahezu erreicht. Eine hohe Mach Zahl entsteht dabei nicht durch ein übermäßiges Anwachsen von U_2, sondern durch eine Abnahme der Schallgeschwindigkeit a_2. Je nachdem ob beim Experiment nur die hohe Mach Zahl oder auch die Ruhetemperatur simuliert werden sollen, spricht man von kalten oder heißen Hyperschall Windkanälen. Im ersten Fall wird sehr weit expandiert, so daß das Gas in einiger Entfernung vor dem Modell nahezu auf Kondensationstemperatur abgekühlt ist. Im zweiten Fall, bei dem vor dem Modell eine Tempertur wie beim Raumflug (200 bis 300 K) erreicht werden soll, muß von einer wesentlich höheren Ruhetemperatur ausgegangen werden. Es lassen sich dann auch die beim Raumflug auftretenden Schwingungsanregungen Dissoziationen, Ionisationen und chemischen Reaktionen der Moleküle simulieren.

Aus der Bernoulligleichung (Gl. 1.16) lassen sich unter Zuhilfenahme der Adiabatengleichung für $U_o=0$ folgende Zusammenhänge zwischen den Größen der Vorkammer und der Meßstrecke ableiten

$$p_2 = p_0 \left[\frac{\kappa-1}{2} Ma_2^2 + 1\right]^{-\frac{\kappa}{\kappa-1}} \tag{5.63}$$

$$\rho_2 = \rho_0 \left[\frac{\kappa-1}{2} Ma_2^2 + 1\right]^{-\frac{1}{\kappa-1}} \tag{5.64}$$

$$T_2 = T_0 \left[\frac{\kappa-1}{2} Ma_2^2 + 1\right]^{-1}. \tag{5.65}$$

Entsprechend Bild 5.19 sind die Ruhegrößen in der Vorkammer vor der Düse mit 0 und die Größen am Düsenausgang in der Meßstrecke mit 2 indiziert.

Das Verhältnis zwischen Querschnittsfläche F_2 am Eintritt zur Meßstrecke und engstem Querschnitt F_1 der Laval Düse ergibt sich aus der Kontinuitätsgleichung. Nach Erreichen der lokalen Schallgeschwindigkeit bei F_1 ist der Massenfluß pro Zeiteinheit durch Gl. (5.36) gegeben, was dann zu

$$\rho_2 U_2 F_2 = \left[\frac{2}{\kappa+1}\right]^{\frac{\kappa+1}{2(\kappa-1)}} \sqrt{\kappa p_0 \rho_0} \; F_1 \tag{5.66}$$

und

$$\frac{F_2}{F_1} = \frac{1}{Ma_2} \left[\frac{(\kappa-1) Ma_2^2 + 2}{\kappa+1}\right]^{\frac{\kappa+1}{2(\kappa-1)}} \tag{5.67}$$

führt.

Für Luft verdeutlicht Tabelle 5.1, welche Flächen-, Druck- und Temperaturverhältnisse erforderlich sind, um mit einer Laval Düse Hyperschallströmungen zu erzeugen. Sie zeigt aber auch, daß selbst bei kalten Hyperschallkanälen zur Vermeidung der Kondensation schon hohe Ruhetemperaturen erforderlich sind.

Ma_2	1	2	5	10	20
F_1/F_2	1	1,68	25	$5,4 \cdot 10^2$	$1,5 \cdot 10^4$
p_0/p_2	1,9	7,8	529	$4,2 \cdot 10^4$	$4,8 \cdot 10^6$
ρ_0/ρ_2	1,6	4,3	88	$2,0 \cdot 10^3$	$5,9 \cdot 10^4$
T_0/T_2	1,2	1,8	6	21	81

<u>Tabelle 5.1:</u>   Flächen-, Druck-, Dichte- und Temperaturverhältnis für verschiedene Mach Zahlen für ein ideales Gas mit $\kappa = 1,4$

Die hohen Druckverhältnisse lassen sich nur dadurch realisieren, daß auf kleine Drucke (technisches Vakuum $\approx 10^{-1}$ Pa) expandiert wird. Aus dem großen Flächenverhältnis ergibt sich, daß der Massenfluß durch die Düse sehr klein wird. Um z.B. eine Mach Zahl von 10 in einem Meßstreckenquerschnitt F_2 = 20 cm × 20 cm zu erzeugen, muß von einer Fläche F_1 = 0,075 cm² ausgegangen werden. Das entspricht einer Öffnung von 2,7 mm × 2,7 mm. Hieraus ergibt sich, daß der Massenfluß durch einen solchen Windkanal verhältnismäßig klein ist. Die Meßzeiten von Hyperschall Windkanälen sind dann, obwohl diese als Speicherkanal betrieben werden, lang genug, um einen nahezu kontinuierlichen Betrieb zu ermöglichen.

Im <u>Bild 5.28</u> ist der schematische Aufbau eines Hyperschall Windkanals dargestellt. Ein wichtiger Bestandteil ist der Heizer (H), mit dem die erforderliche hohe Ruhetemperatur T_0 erzeugt werden kann. Bei kalten Hyperschallkanälen und Mach Zahlen bis etwa 20 reichen Ruhetemperaturen bis zu 3.000 K aus, die sich aber nicht mehr durch einfache Widerstandsheizer erzeugen lassen. Häufig wird auch statt Luft reiner Stickstoff oder Helium benutzt, damit Graphitheizer verwendet werden können, die sonst durch den Luftsauerstoff verbrennen würden. Bei heißen Hyperschallkanälen (Plasmakanälen), die bei Ruhetemperaturen von bis zu 10.000 K arbeiten, werden Lichtbögen zum Aufheizen des Gases benutzt. Obwohl die Gastemperatur T_2 und der Druck p_2 vor dem Modell in der Meßstrecke (M) sehr klein sind, stellen sich doch im Staupunkt des zu untersuchenden Modells die Ruhegrößen T_0 und p_0 wieder ein. Ein Modell kann daher nur kurzzeitig den hohen Temperaturen ausgesetzt werden. Das bedeutet, daß nur ein intermittierender Betrieb erlaubt ist, bei dem das Modell bei der Messung nur kurzzeitig freigegeben wird und sonst durch ein Wärmeschutzschild abgedeckt werden muß. Mittels

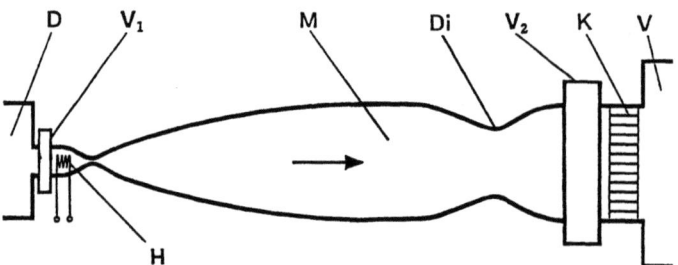

Bild 5.28: Schematischer Aufbau eines Hyperschall Windkanals, D: Druckspeicher, V_1: Ventil, H: Heizer, M: Meßstrecke, Di: Überschall-/Unterschall diffusor, V_2: Ventil, K: Kühler, V: Vakuumspeicher

der Ventile (V_1),(V_2) können Druckspeicher (D) und Vakuumspeicher (V) abgeschottet und der Massenstrom durch den Kanal unterbrochen werden. Gleichzeitig ist dann die Meßstrecke für Umbauten zugänglich. Mit einem Kühler (K) wird die in der Vorkammer über den Heizer zugeführte Wärme, die bei großen Plasmakanälen einige Megawatt betragen kann, dem Gas wieder entzogen.

5.3 Stoßwellenrohre

Ein Stoßwellenrohr ist in seiner einfachsten Ausführung ein zylindrisches oder rechteckiges Rohr, das durch eine Membran M in einen Hochdruckteil H und einen Niederdruckteil N aufgeteilt wird (Bild 5.29 a). Die Experimente werden im Niederdruckteil ausgeführt, in dem sich das Arbeitsgas mit einem Verhältnis der spezifischen Wärmen κ_0, unter einem Druck p_0, bei einer Dichte ρ_0 und einer Temperatur T_0 befindet. Die entsprechenden Daten des Treibgases im Hochdruckteil sind κ_3, p_3, ρ_3 und T_3 (Bild 5.29 b,c). Die Dichte ist im Bild 5.29 nicht dargestellt. Je nach Aufgabenstellung liegt der Druck des Treibgases zwischen einigen bar und einigen Tausend bar. Für das Arbeitsgas sind Drucke zwischen einigen bar und technischem Vakuum (10^{-6} bar) typisch. Treib- und Arbeitsgas können Luft oder Stickstoff sein. Vielfach werden als Treibgas auch leichtere Gase wie Wasserstoff oder Helium verwendet, da diese eine höhere Schallgeschwindigkeit besitzen und mit ihnen höhere Stoßmachzahlen zu erreichen sind (Gl. 5.71). Natürlich kann die Schallgeschwindigkeit des Treibgases auch durch Wahl einer höheren Temperatur T_3 vergrößert werden.

Wird die durch den Druckunterschied gespannte Membran des Stoßwellenrohres z.B. durch einen von außen zu betätigenden Auslösemechanismus zum Platzen gebracht, so

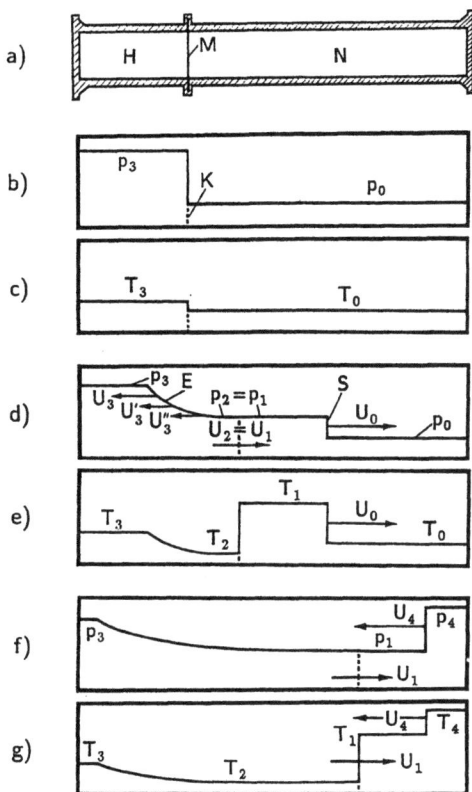

Bild 5.29: a) prinzipieller Aufbau eines Stoßwellenrohres. H: Hochdruckteil, M: Membran, N: Niederdruckteil. Druck- und Temperaturverteilung: b,c) bei unzerstörter Membran, d,e) kurz nachdem die Membran zerstört wurde, f,g) nach Reflexion des Verdichtungsstoßes am rechten Rohrende

laufen in das Arbeitsgas ein Verdichtungsstoß S und in das Treibgas ein Verdünnungs- oder Expansionsfächer E hinein (Bild 5.29 d). Gleichzeitig werden beide Gase mit der Geschwindigkeit $U_1 = U_2$ in Bewegung gesetzt. Treib- und Arbeitsgas laufen, durch eine Kontaktfläche K getrennt, hintereinander her. Die Kontaktfläche kann man sich als einen unendlich dünnen, den Verdichtungsstoß antreibenden Kolben, vorstellen. Der Verdünnungsfächer besteht aus vielen, mit immer kleiner werdender Geschwindigkeit $U_3 > U_3' > U_3'' > \ldots$ hintereinander herlaufender Expansionswellen, durch die Druck, Dichte und Temperatur (Bild 5.29 e) in infinitesimal kleinen Schritten von p_3, ρ_3, T_3 auf p_2, ρ_2, T_2 erniedrigt werden. Der Verdichtungsstoß ist das Ergebnis vieler mit immer größerer Geschwindigkeit $U_o \leq U_o' \leq U_o'' \leq \ldots$ hintereinander herlaufender Kompressionswellen, die sich ein- aber nicht überholen können und zu einer Unstetigkeitsfläche aufsteilen. Dann steigen innerhalb weniger mittlerer freier Weglängen des Arbeitsgases Druck, Dichte und Temperatur von p_0, ρ_0, T_0 auf p_1, ρ_1, T_1 an (Bild 5.29 d,e). Es ist einsichtig, daß an der Kontaktfläche $p_1 = p_2$ sein muß, denn eine verbleibende Druckunstetigkeit gleicht sich sofort als Verdünnungsfächer und Verdichtungsstoß in Treib- bzw. Arbeitsgas aus. Alle anderen thermodynamischen Größen können aber an der Kontaktfläche unstetig sein.

Wenn der Verdichtungsstoß das verschlossene Ende des Niederdruckteils erreicht hat, wird er reflektiert. Dabei erhöhen sich noch einmal hinter dem Verdichtungsstoß Druck, Dichte und Temperatur (Bild 5.29 f,g). Da das verschlossene Rohrende nicht durchströmt werden kann, ist die Stärke des reflektierenden Stoßes gerade so groß, daß das vom ankommenden Stoß in Bewegung gesetzte Gas wieder zur Ruhe gebracht wird.

Zwischen der Machzahl Ma_1, mit der sich die beiden durch die Kontakfläche getrennten Gase hinter dem Verdichtungsstoß herbewegen, und der Machzahl Ma_0, mit der der Stoß in das ruhende Arbeitsgas hineinläuft, besteht für kalorisch ideale Gase der Zusammenhang

$$Ma_1 = \frac{2(Ma_0^2 - 1)}{\sqrt{[2\kappa_0 Ma_0^2 - (\kappa_0 - 1)][(\kappa_0 - 1)Ma_0^2 + 2]}}. \qquad (5.68)$$

Das zur Erzeugung der Machzahl Ma_0 erforderliche Druckverhältnis ergibt sich aus der Beziehung

$$\frac{p_0}{p_3} = \frac{\left[1 - \frac{\kappa_3 - 1}{\kappa_0 + 1} \frac{a_0}{a_3} \left(Ma_0 - \frac{1}{Ma_0}\right)\right]^{\frac{2\kappa_3}{\kappa_3 - 1}}}{1 + \frac{2\kappa_0}{\kappa_0 + 1}(Ma_0^2 - 1)} \qquad (5.69)$$

Die Herleitungen beider Gleichungen können Lehrbüchern der Gasdynamik, wie z.B. Becker (1966) oder Zierep (1963), entnommen werden.

Sowohl die Machzahl Ma_0 des Stoßes als auch die der Kontakfläche Ma_1 ist begrenzt. Ma_0 erreicht ein Maximum, wenn $p_0/p_3 = 0$, also der Niederdruckteil (Bild 5.29 a) evakuiert wird. Nach Gl. (5.69) ergibt sich dann

$$\frac{(\kappa_3 - 1)}{(\kappa_0 + 1)} \frac{a_0}{a_3} \left(Ma_{0max} - \frac{1}{Ma_{0max}}\right) = 1. \qquad (5.70)$$

Bei großen Mach Zahlen kann das zweite Glied in der Klammer vernachlässigt werden, womit

$$\text{Ma}_{0\text{max}} \approx \frac{\kappa_0+1}{\kappa_3-1} \frac{a_3}{a_0} \tag{5.71}$$

erhalten wird. Um zu möglichst großen Stoßmachzahlen zu kommen, muß κ_3-1 klein und a_3/a_0 groß gewählt werden. Bei $T_0 = T_3 = 300$ K ergibt sich für Wasserstoff als Treibgas und Stickstoff als Arbeitsgas $(\kappa_0+1)/(\kappa_3-1) = 6$ und $a_3/a_0 = 4$ und damit $\text{Ma}_{0\text{max}} = 24$. Bei einer Luft-Luft-Kombination wird $\text{Ma}_{0\text{max}} = 6$. Die größte Gasmachzahl $\text{Ma}_{1\text{max}}$ ergibt sich aus Gl. 5.68

$$\text{Ma}_{1\text{max}} = \lim_{\text{Ma}_0 \to \infty} \text{Ma}_1 = \sqrt{\frac{2}{\kappa_0 \, (\kappa_0-1)}}. \tag{5.72}$$

Für Stickstoff oder Luft als Arbeitsgas beträgt $\text{Ma}_{1\text{max}} = 1{,}89$.

Für aerodynamische oder gasdynamische Untersuchungen wird das mit der Machzahl Ma_1 hinter dem Verdichtungsstoß in Gang gesetzte Gas benutzt. Wie Gl. (5.72) zeigt, sind die hier erreichbaren Machzahlen sehr beschränkt. Außerdem sind die Meßzeiten, die nur etwa eine Millisekunde betragen, für Kraft- und Druckmessungen zu kurz, so daß in der Hauptsache mit Schlieren-, Schatten- oder Interferenzverfahren gearbeitet werden muß. Um dennoch größtmögliche Meßzeiten zu erhalten, müssen die zu untersuchenden Körper möglichst weit entfernt von der Membran im Stoßwellenrohr, z.B. in Bild 5.30 a bei +, angeordnet werden. Die Meßzeit Δt_1, die aus dem Weg-Zeit-Diagramm (Bild 5.30 b) abgelesen werden kann, beginnt, wenn der Verdichtungsstoß S den Körper bei x_M passiert hat und endet, wenn der reflektierte Stoß S_R mit der Kontaktfläche K zusammentrifft und das Gas wieder zur Ruhe kommt. Die erzielbare Meßzeit nimmt zwar mit der Länge des Stoßwellenrohres zu, ist aber dadurch begrenzt, daß mit der Länge auch die Grenzschicht im Rohr sowohl räumlich als zeitlich anwächst und damit die gleichmäßige Geschwindigkeitsverteilung über den Querschnitt mehr und mehr verlorengeht. Zur Erzeugung hoher Machzahlen werden andere Wege beschritten, die in den beiden folgenden Kapiteln behandelt werden.

Das Stoßwellenrohr wird in erster Linie zur Erzeugung hoher Temperaturen benutzt. Diese entstehen nach der Reflexion des Verdichtungsstoßes S an der rechten Rohrwand (Bild 5.30 b). Für die Zeit Δt_2 zwischen der Stoßreflexion und dem Eintreffen des ersten an der linken Rohrwand reflektierten Verdünnungsfächers E ist die Temperatur (T_4, vgl. Bild 5.29 g) konstant. Es lassen sich so Temperaturen bis zu 8.000 K erzeugen.

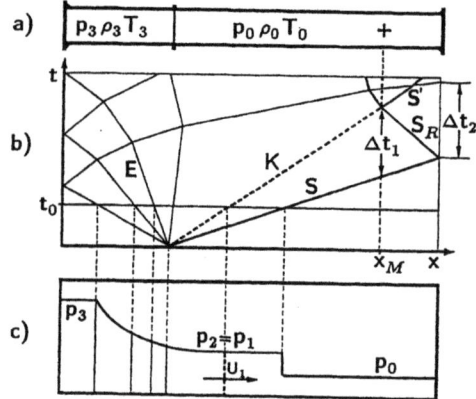

Bild 5.30: a) Stoßwellenrohr; b) Weg-Zeit-Diagramm der Strömung; c) Druckverteilung längs des Rohres zur Zeit $t=t_0$ E: Expansionsfächer, K: Kontaktfläche, S: Verdichtungsstoß, S_R: am Rohrende reflektierter Verdichtungsstoß, S': an der Kontaktfläche reflektierter Verdichtungsstoß, +: zu untersuchender Körper

5.3.1 Stoßwellenkanal

Aus einem Stoßwellenrohr wird ein Stoßwellenkanal, wenn man dieses nach rechts nicht verschließt, sondern in eine Laval Düse einmünden läßt (Bild 5.31 a). Der engste Düsenquerschnitt muß dann sehr viel kleiner als der Stoßwellenrohrquerschnitt sein, damit einerseits der Verdichtungsstoß bei der Reflexion nur wenig von der Düsenöffnung merkt, andererseits aber das am Rohrende zur Ruhe gekommene Gas sehr hoher Temperatur durch die Düse ausströmen kann. Auf diese Weise lassen sich Strömungsmachzahlen bis etwa 30 erreichen. Hierbei ist die hohe Ruhetemperatur sehr von Vorteil, da sich das Gas bei der großen Expansion in der Laval Düse stark abkühlt. Die für aerodynamische Zwecke ausnutzbare Meßzeit Δt (Bild 5.31 b) beginnt, wenn der Stoß S die Düse erreicht hat, und endet, wenn die von der Wechselwirkung zwischen reflektiertem Stoß S_R und Kontaktfläche herrührende Störung S' die Düse erreicht hat. Mit Stoßwellenkanälen lassen sich auf einfache Weise Hyperschallströmungen erzeugen, da das notwendige Aufheizen des Gases vor der Laval Düse durch die Stoßreflexion erreicht wird (vgl. Kapitel 5.25). Stoßwellenkanäle spielen eine wichtige Rolle bei der Untersuchung von Wiedereintrittsproblemen von Flugkörpern in die Erdatmosphäre, bei denen die hohen Staupunkttemperaturen nachgebildet werden müssen. Die Meßzeiten nehmen zwar, wie das Weg-Zeit-Diagramm (Bild 5.31 b) zeigt, mit der Rohrlänge zu, erreichen aber in der Praxis nur wenige Millisekunden.

5.3 Stoßwellenrohre   325

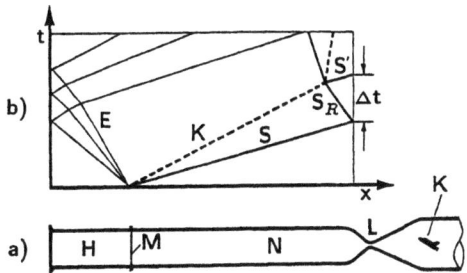

Bild 5.31: a) Stoßwellenkanal; b) Weg-Zeit-Diagramm der Strömung, E: Expansionsfächer, K: Kontaktfläche, S: Verdichtungsstoß, S_R,S': reflektierter Verdichtungsstoß, H: Hochdruckteil, M: Membran, N: Niederdruckteil, L: Laval Düse, K: zu untersuchender Körper

5.3.2 Hochenthalpiekanal

Zur möglichst realistischen Nachbildung der strömungsphysikalischen Bedingungen, wie sie beim Wiedereintritt von Raumfahrzeugen, abstürzenden Satelliten oder Meteoriten auftreten, dient der im Bild 5.32 a dargestellte Hochenthalpiekanal der DLR in Göttingen. Hierbei handelt es sich um einen 60 m langen Stoßwellenkanal mit einem freifliegenden Kolben. Durch das Hintereinanderschalten zweier Stoßwellenrohre können in der Meßstrecke Geschwindigkeiten von 8.000 m/s und Staupunkttemperaturen am Modell von mehr als 10.000 K erzeugt werden. Temperaturen dieser Größenordnung kann ein Körper aus Festigkeitsgründen nur für so kurze Zeiten, wie sie für ein Stoßrohr charakteristisch sind, ausgesetzt werden. Gleichzeitig treten in der Luft auch Realgaseffekte, wie Ionisation, Relaxation der molekularen oder atomaren Freiheitsgrade und chemische Reaktionen auf, die Temperatur, Druck und Dichte der Anströmung verändern.

Die Funktionsweise des Hochenthalpiekanals läßt sich mit Hilfe des Weg-Zeit-Diagramms (Bild 5.32 b) verstehen. Druckluft von 200 bar bewegt einen etwa 0,8 t schweren Kolben K durch das Kompressionsrohr Ko, in dem sich Helium bei ein bis zwei bar und 300 K befindet. Kurz bevor der Kolben, durch das komprimierte Helium abgebremst, die 14 mm dicke Metallmembran M_1 erreicht hat, platzt diese bei 1.800 bar und 4.500 K, und in das mit Luft oder Stickstoff von 0,4 bar und 300 K gefüllte Stoßrohr St läuft ein Verdichtungsstoß S hinein. Hinter dem an der Membran M_2 reflektierten Stoß steigen Druck und Temperatur auf 200 bar bzw. 14.000 K an. Nach dem Bersten von M_2 baut sich dann für 1,5 ms in der Meßstrecke MS von 1,2m Durchmesser, in der ein Ruhedruck

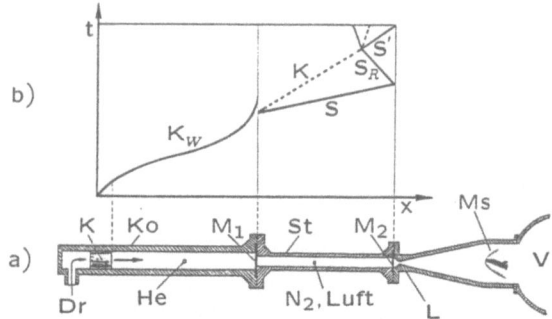

Bild 5.32: a) Hochenthalpiekanal der DLR Göttingen, K: Kolben, Ko: Kompressionsrohr, M_1, M_2: Membran, St: Stoßrohr, L: Laval Düse, MS: Meßstrecke; V: Vakuum. b) Weg-Zeit-Diagramm. K_W: Kolbenweg, K: Kontaktfläche, S: Verdichtungsstoß, S_R, S': reflektierter Verdichtungsstoß

von 10^{-3} mbar herrscht, eine Geschwindigkeit von 8.000 m/s, entsprechend Ma = 17, auf. Die Temperatur der Anströmung beträgt 2.700 K. Im Staupunkt des Modells würde sich bei einem idealen Gas wieder die Ruhetemperatur vor der Laval Düse L, die hier 14.000 K beträgt, einstellen. Durch Realgaseffekte und Einfrieren von Freiheitsgraden bei der Expansion in der Düse können im Staupunkt Temperaturen bis 22.000 K entstehen.

5.3.3 Rohrwindkanal

Der Rohrwindkanal nach Ludwieg (1955) leitet sich wie der Stoßwellenkanal auch vom Stoßwellenrohr ab und unterscheidet sich von diesem dadurch, daß die Laval Düse nicht am Ende des Niederdruckteils, sondern vor der Membran im Hochdruckteil angeordnet ist (Bild 5.33 a). Wird die durch den Druckunterschied gespannte Membran M zum Platzen gebracht, läuft eine Verdünnungswelle, die fächerartig auseinanderfließt, über den Körper und durch die Düse in den Hochdruckteil hinein. Gleichzeitig wird das Treibgas im Hochdruckteil, das hier auch das Arbeitsgas ist, in entgegengesetzter Richtung in Bewegung gesetzt. Wenn im engsten Querschnitt der Laval Düse die lokale Schallgeschwindigkeit erreicht wird, kann keine weitere Expansionswelle die Düse mehr passieren. Nur der Teil der Expansionswelle, der die Düse bereits passiert hat, läuft weiter in den Überdruckteil hinein; der andere baut im divergenten Teil der Laval Düse eine Überschallströmung auf. Hinter dem in den Hochdruckteil laufenden Verdünnungsfächer strömt das Gas mit konstanter Geschwindigkeit zur Laval Düse. Geschwindigkeit, Druck und Temperatur sind so lange konstant, bis der erste, an der linken Rohrwand

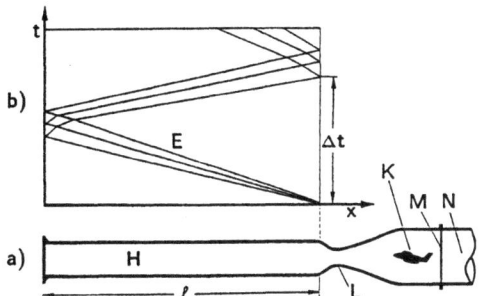

Bild 5.33: a) Rohrwindkanal; b) Weg-Zeit-Diagramm der Strömung. E: Expansionsfächer, H: Hochdruckteil, L: Laval Düse, K: zu untersuchender Körper, M: Membran, N: Niederdruckteil, ℓ: Länge des Hochdruckteils

reflektierte Verdünnungsfächer die Düse erreicht hat (Bild 5.33 b). Für diese Zeit, die beim Rohrwindkanal von der Größenordnung $\Delta t = 2\ell/a_3$ ist und bei einer Länge des Hochdruckteils $\ell = 150$ m etwa eine Sekunde beträgt, bleibt die Überschallströmung in der Düse stationär und kann für Messungen genutzt werden. Die Länge ℓ und damit auch die Meßzeit Δt ist jedoch begrenzt, da sich im Rohr mit der Zeit eine immer dicker werdende Grenzschicht ausbildet, die auch in die Laval Düse hineinwächst und zu einer scheinbaren Veränderung der Düsenkontur führt, wodurch dann keine einwandfreie Parallelströmung am Düsenausgang mehr erhalten wird. In Analogie zum Stoßwellenkanal kann man einen Rohrwindkanal auch als einen Expansionswellenkanal bezeichnen.

Eine schematische Darstellung der Rohrwindkanalanlage der DLR in Göttingen zeigt Bild 5.34. Die Anlage besteht aus drei Meßstrecken, wovon jede für einen anderen Machzahlbereich ausgelegt ist. Anstelle von Membranen werden schnellöffnende Schieber S mit Öffnungszeiten von 0,02 bis 0,05 sec benutzt, die zur Verbesserung der Strömungsqualität in der Meßstrecke hier jeweils vor der Laval Düse L angeordnet sind. Bei allen drei Rohrwindkanälen beträgt die Länge des Hochdruckteils H = 80 m. Der in Bild 5.34 unten dargestellte Rohrwindkanal besitzt eine quadratische Meßstrecke von 0,5m × 0,5m und zwei verschiedene Laval Düsen für Ma = 3 und Ma = 4. Der Ruhedruck p_3 beträgt maximal 15bar, die Ruhetemperatur 250K und die Meßzeit 0,4 sec. Die beiden anderen in Bild 5.34 dargestellten Kanäle besitzen runde Meßstrecken von 0,5m Durchmesser und verschiedene Laval Düsen für Ma = 5 bis 11. Hier ergeben sich Meßzeiten von 0,3 sec. Beide Hochdruckteile sind wärmeisoliert und können elektrisch bis 750 K bzw. 1150 K aufgeheizt und bis 40 bar bzw. 150 bar aufgeladen werden. Aus Festigkeitsgründen wird bei dem im Bild 5.34 oben gezeigten Rohrwindkanal nur ein kleiner Bereich des Hoch-

328 5 Versuchsanlagen für Modelluntersuchungen

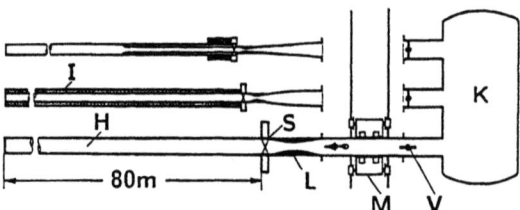

Bild 5.34: Schematische Darstellung der Rohrwindkanalanlage der DLR in Göttingen. H: Hochdruckteil (Druckspeicherrohr), S: schnell öffnender Schieber, L: Laval Düse, M: Wagen mit Modellhalterung, V: Ventil, K: Niederdruckteil (Kessel), I: Wärmeisolation

druckteils aufgeheizt, da bei den großen Mach Zahlen und der damit verbundenen hohen Expansion in der Düse nur noch ein geringer Teil der Luft während der Meßzeit ausströmt.

Wie bei einem Überschallwindkanal Göttinger Bauart (vgl. 5.2.4.5) kann auch beim Rohrwindkanal durch Verändern von p_0 in der Meßstrecke (Kesseldruck) bei festgehaltener Machzahl (also konstantem Druckverhältnis p_0/p_3) die Modell-Reynoldszahl verändert werden. Auf diese Weise lassen sich mit einem Rohrwindkanal trotz relativ kleiner Abmessung der Meßstrecke hohe Modell-Reynoldszahlen erreichen. Die Modelle sind bei der in Bild 5.34 gezeigten Anlage in einer Halterung befestigt und können zwischen den, bei unterschiedlichen Machzahlen arbeitenden Rohrwindkanälen und den drei durch Ventile V verschlossenen Kesselöffnungen verschoben werden.

Ein Rohrwindkanal kann auch als Windkanal für hohe Unterschallgeschwindigkeiten oder als transsonischer Windkanal betrieben werden. In diesem Fall befindet sich vor der Laval Düse noch eine Unterschalldüse. Diese liefert das Strömungsfeld für die Untersuchungen. Die Geschwindigkeit in der Meßstrecke wird (wie auch beim Vakuumspeicherkanal, Bild 5.27 beschrieben) über den engsten Querschnitt der Laval Düse, der den Durchfluß bestimmt, eingestellt.

Eine schematische Darstellung des Kryo-Rohrwindkanals der DLR in Göttingen zeigt Bild 5.35. Zur Erhöhung der Modell-Reynoldszahl wird dieser Kanal bei Temperaturen bis zu 100 K und einem maximalen Ruhedruck in der Meßstrecke von 5 bar betrieben (vgl. Bild 5.17). Als Treib- und Arbeitsgas dient gekühlter Stickstoff. Auf diese Weise wird ein $Re_{max} = 1,5 \cdot 10^7$ erreicht. Dieser Wert ist vergleichbar mit dem des Europäischen Transsonischen Windkanals, der bei $Re_{max} = 5 \cdot 10^7$ liegt. Die Länge des Hochdruckteils des Kryo-Rohrwindkanals beträgt 130 m. Die Meßstrecke besitzt einen Querschnitt von 0,4 m × 0,35 m. Im Machzahlbereich von 0,25 bis 0,95 ergeben sich

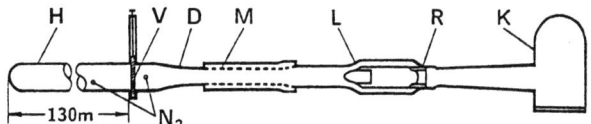

Bild 5.35: Kryo-Rohrwindkanal der DLR in Göttingen. H: Hochdruckteil (Druckspeicherrohr), V: Ventil, D: Unterschalldüse, M: Meßstrecke, L: regelbare Laval Düse, R: schnell öffnendes Ringschieberventil, K: Niederdruckteil (Kessel)

Meßzeiten zwischen 1,0 und 0,6 sec. Die Einstellung der Machzahl in der Meßstrecke erfolgt über die stromab angebrachte verstellbare Laval Düse L, bei der der engste Querschnitt ringförmig durch einen Konus verstellt werden kann. Diese Regeldüse ist mit einem Ringschieberventil R kombiniert, das hier die Funktion der Membran übernimmt. Das Ventil V dient dazu, die Meßstrecke vom Hochdruckteil abzuschotten, um Veränderungen der Meßstrecke vornehmen zu können.

5.4 Wasserkanäle

Ein Wasserkanal ist eine Strömungsmaschine zur Erzeugung eines räumlich und zeitlich konstanten Wasserstroms für hydrodynamische Meßwecke. Er dient dazu, die Bewegung von Körpern relativ zum ungestörten Fluid oder die von der Strömung auf einen ruhenden Körper ausgeübten Kräfte zu untersuchen. Wasser wird bei Modelluntersuchungen häufig auch anstelle von Luft als Arbeitsfluid eingesetzt, weil wegen der geringeren kinematischen Zähigkeit und der größeren Dichte hiermit leichter als in Luft große Reynolds Zahlen bei gleichzeitig größeren Kräften und Drucken erreicht werden können. Außerdem hat auch die Verwendung einer Flüssigkeit gegenüber einem Gas bei der Strömungssichtbarmachung Vorteile (vergl. Abschnitt 4.2).

Solange die Kompressibilität der Luft keine bedeutende Rolle spielt, verlaufen die Strömungen bei gleicher Reynolds Zahl

$$\frac{U_W \ell_W}{\nu_W} = \frac{U_L \ell_L}{\nu_L} \qquad (5.73)$$

in Wasser (Index W) und in Luft (Index L) gleichartig. Nach Gl. (1.23) ist der Kompressibilitätseinfluß der Luft bis zu Mach Zahlen von 0,2 entsprechend $U_L \approx 68$ m/s kleiner

330 5 Versuchsanlagen für Modelluntersuchungen

als 1%. Bis zu dieser Mach Zahl etwa können auch Luft- durch Wasserströmungen modelliert werden. Umgekehrt lassen sich auch Wasser- durch Luftströmungen darstellen, wenn eine freie Oberfläche für das Problem, wie z.B. bei einem Schiff, nicht grundlegend ist. Für Schiffsuntersuchungen werden große Wasserbecken, sog. Schlepptanks (siehe Kap. 5.4.3), durch die die Modelle gezogen werden, benutzt. Wasser kann auch dann nicht Luft ersetzen, wenn in der Strömung Gebiete auftreten, in denen lokal der örtliche Druck den Dampfdruck des Wassers unterschreitet, das Wasser also anfängt zu sieden und es dadurch zur Bildung von Dampfblasen kommt. Dieses Phänomen wird als Kavitation bezeichnet. Zur Untersuchung solcher Strömungen dienen spezielle Wasserkanäle, die in Kap. 5.4.2 beschrieben werden. Schließlich können für spezielle Untersuchungen auch andere Fluide als Wasser oder Luft, wie z.B. Öl oder Glyzerin, vorteilhafter sein (siehe hierzu Kap. 5.4.4).

5.4.1 Wasserumlaufkanal

Ein Wasserumlaufkanal gleicht in seiner Bauart dem im Bild 5.2 dargestellten Prandtlschen Windkanal mit geschlossener Meßstrecke. Man erkennt auch bei dem in <u>Bild 5.36</u> gezeigten Wasserkanal des Max-Planck-Instituts für Strömungsforschung in Göttingen alle wesentlichen im Kap. 5.2.1 beschriebenen Teile eines Windkanals wieder, wie Umlenkecken (U), Gleichrichter (Gl), Siebe (S), Vorkammer (V), Düse (Dü), Diffusor (Di)

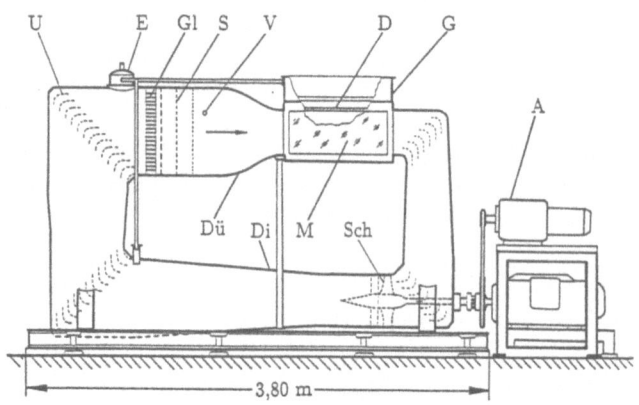

<u>Bild 5.36:</u>   Wasserkanal des Max-Planck-Instituts für Strömungsforschung in Göttingen. U: Umlenkschaufeln, E: Entlüftungsdom, Gl: Gleichrichter, S: Siebe, V: Vorkammer, Dü: Düse, D: Deckel zum Verschließen der Meßstrecke, G: Gefäß oberhalb der Meßstrecke, M: Meßstrecke, Di: Diffusor, Sch: Schraubenantrieb, A: Antrieb.

5.4 Wasserkanäle

und Schraubenantrieb (Sch). Neu ist ein an der höchsten Stelle des Kanals angebrachter Dom (E), in dem sich ausgeschiedene Luft sammeln kann. Im Wasser, das frisch aus einer Leitung kommt und hier unter Druck gestanden hat, ist im allgemeinen viel Luft gelöst, die sich nach dem Füllen des Kanals in Form von Blasen ausscheidet. Werden diese Blasen nicht entfernt, können sie sich auf Kanalwänden, Modell oder Sonden festsetzen und so empfindliche Messungen stören. In Wasserkanälen ist die Verwendung von Sieben zur Vergleichmäßigung der Strömung in der Vorkammer nicht unproblematisch (siehe hierzu Fey 1994). Wegen der kleinen kinematischen Zähigkeit des Wassers kann hier die mit dem Drahtdurchmesser des Siebes gebildete Reynolds Zahl größer als 45 werden. Es entsteht dann hinter den Sieben ein periodischer Nachlauf, der die Strömungsqualität stark beeinträchtigt. Lumley und McMahon (1967) schlagen deshalb vor, nur einen Gleichrichter (vergl. Bild 5.6) zu verwenden, dessen Länge in Strömungsrichtung so groß ist, daß sich in den einzelnen Kanälen des Gleichrichters eine turbulente Strömung ausbilden kann. In der hinter dem Gleichrichter wieder zusammengeführten, aus vielen kleinen turbulenten Freistrahlen bestehenden Strömung klingen die Schwankungen dann schneller ab als sie es im periodischen Nachlauf hinter einem Sieb tun würden. Bei dem von Lumley und McMahon vorgeschlagenen Gleichrichter war die Länge der einzelnen hexagonalen Zellen das 82fache der Teilung. Bei dieser Länge ergab sich auch ein hinreichend großer Strömungswiderstand, so daß dann der Gleichrichter ähnlich wie ein Sieb wirkt und so auch zur Vergleichmäßigung der Strömung beiträgt.

Der in Bild 5.36 dargestellte Wasserkanal besitzt eine Meßstrecke (M) von 0,25 m Breite, 0.33 m Höhe und 0.9 m Länge. Bei einer Antriebsleistung von 5 KW beträgt die maximale Geschwindigkeit in der Meßstrecke etwa 6 m/s. Die Meßstrecke im oberen Teil des Kanals ist durch Abnehmen eines Deckels (D) leicht zugänglich. Über der Meßstrecke befindet sich ein rechteckiges Gefäß (G), dessen oberer Rand höher als der Ruhewasserstand im Kanal ist. Auf diese Weise kann bei konstantem Druck in der Meßstrecke der Kanal auch ohne Deckel betrieben werden.

Sieht man einmal davon ab, daß die Verwendung von Wasser an Stelle von Luft als Arbeitsfluid zusätzliche Probleme aufwirft, worauf später eingegangen wird, so kann die Verwendung von Wasser mit einer mehr als 800 mal größeren Dichte und einer mehr als 13 mal kleineren kinematischen Zähigkeit gegenüber Luft den Vorteil haben, daß bei gleicher Modellgröße ($\ell_W = \ell_L$ in Gl. 5.73) und gleicher Reynolds Zahl die Drucke und Kräfte im Wasser etwa 4,5 mal und die charakteristische Zeit mehr als 13 mal größer als in Luft werden. Dies läßt sich für den Druck p leicht dadurch zeigen, daß man p mit dem dynamischen Druck $\rho U^2/2$ entdimensionalisiert und U_W/U_L mit Hilfe von Gl. (5.73) ersetzt. Man erhält dann

$$p_W = p_L \frac{\rho_W \, \nu_W^2}{\rho_L \, \nu_L^2}. \tag{5.74}$$

Für die charakteristische Zeit ergibt sich ganz analog aus Gl. (5.2)

$$t_W = t_L \frac{\nu_L}{\nu_W}. \tag{5.75}$$

Größere Drucke und größere Kräfte lassen sich genauer bestimmen, und langsamer verlaufende Vorgänge sind einfacher, unter Umständen schon mit bloßem Auge, zu verfolgen. Der letzte Punkt kann vor allem bei der Untersuchung instationärer Vorgänge wichtig sein. Ein weiterer Vorteil des Wassers gegenüber der Luft ist, daß bei gleicher Modellgröße die gleiche Reynolds Zahl schon bei etwa einem Dreizehntel der Geschwindigkeit erreicht wird, wie sich aus Gl. (5.73) ergibt

$$U_W = U_L \frac{\nu_W}{\nu_L}. \tag{5.76}$$

Messungen im Wasser gestalten sich im allgemeinen etwas komplizierter als in Luft. Zum einen können Luftblasen empfindliche Messungen stören, so daß das im Umlauf befindliche Wasser häufig entgast werden muß. Hierzu kann einem Teil des Wassers in einem Bypass während der Messungen durch gezielte Kavitationsbildung die Luft entzogen werden. Des weiteren führt eine starke Lichteinstrahlung in verglasten Teilen des Kanals zu einer Algenbildung, die sich durch Abdunkeln und chemische Zusätze zum Wasser verlangsamen läßt. Schließlich kann auch Rost, der sich an ungenügend geschützten Stahlteilen, wie z.B. an Flanschkanten bildet, zu einem Problem werden, wenn er, von der Strömung mitgenommen, sich an Modell und Sonden absetzt und so die Messungen stört.

5.4.2 Kavitationskanal

Unter Kavitation oder Hohlraumbildung versteht man die Bildung von Dampfblasen in Gebieten einer Flüssigkeit, in denen der lokale Druck p unter den Dampfdruck p_D der Flüssigkeit absinkt. Zu einer solchen Druckabsenkung kann es z.B. bei schnellbewegten Körpern in Unterdruckbereichen (z.B. auf der Saugseite eines Flügelprofils) kommen. Hier siedet dann die Flüssigkeit unter Blasenbildung. Beim Wiederansteigen des Druckes fallen die Blasen an festen Oberflächen unter Abstrahlung von Schall (Kavitationsge räusch) in sich zusammen und beschädigen dabei die umströmten Oberflächen. Man spricht dann von Kavitationsfraß, der von Schiffschrauben, Wasserturbinen, Ventilen und Pumpen hinreichend bekannt ist. Aber auch an Sonden können durch Kavitation Dampfblasen gebildet werden (Bild 1.18), die dann zu einer Verfälschung des gemessenen Druckes führen (vergl. Unterkapitel 1.1.3.4, 4). Durch das Auftreten von Kavitation wird das ursprüngliche Strömungsfeld wesentlich verändert.

Die kritische Geschwindigkeit U_{krit}, bei der der Dampfdruck p_D an einer Stelle der Oberfläche des in Bild 5.37 gezeigten Körpers erreicht wird, ergibt sich aus der Bernoulligleichung (1.7)

$$\frac{\rho}{2} U_1^2 + \rho g h_1 + p_1 = \frac{\rho}{2} U_{krit}^2 + p_D \, . \tag{5.77}$$

Hier bedeutet p_1 den statischen Druck, der auf der Wasseroberfläche lastet und h_1 die Tiefe der betrachteten Stromlinie vor dem Körper. Damit ergibt sich dann

$$U_{krit} = U_1 \sqrt{1 + \sigma} \, , \tag{5.78}$$

wobei

$$\sigma = \frac{p_1 + \rho g h_1 - p_D}{\rho/2 \, U_1^2} \tag{5.79}$$

die schon durch Gl. (1.32) eingeführte Kavitations-Zahl und $p_1 + \rho g h_1 = p_o$ den statischen Druck der ungestörten Strömung bedeuten.

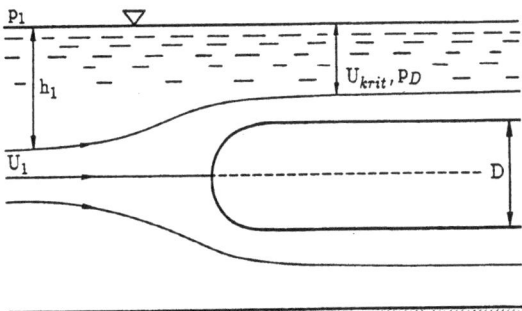

Bild 5.37:   Umströmung eines zylindrischen Körpers mit halbkugelförmigem Kopf.

334 5 Versuchsanlagen für Modelluntersuchungen

Der Dampfdruck des Wassers ist stark temperaturabhängig. Bei $20^{\circ}C$ beträgt p_D = 0,025 Pa. Eine Blasenbildung kann schon bei Drucken $p > p_D$ einsetzen, wenn im Wasser Luft gelöst ist. Dagegen kann sich die Kavitation bei sehr reinem Wasser, wenn die für die Blasenbildung nötigen Keime fehlen, auch verzögern und erst bei $p < p_D$ einsetzen.

Ein Kavitationskanal ist prinzipiell wie der im Kap. 5.4.1 beschriebene Wasserumlaufkanal aufgebaut. In Bild 5.38 ist als Beispiel der Kaviationskanal des Max-Planck-Instituts für Strömungsforschung dargestellt. Zur Einstellung des statischen Druckes p_o und damit auch zur Einstellung der Kavitations-Zahl σ besitzt dieser Kanal einen Behälter (B) mit einer freien Wasseroberfläche. Der Raum über dem Wasser kann evakuiert oder unter höheren Druck gesetzt werden. Auf dem Kanalantrieb (S) der 6 m tiefer als die Meßstrecke (M) angeordnet ist, lastet zusätzlich zum eingestellten Druck p_o noch der statische Druck des darüberliegenden Wassers. So kann verhindert werden, daß im Falle einer kleinen Kavitations-Zahl in der Meßstrecke auch an den Schaufeln des Antriebs Kavitation auftritt. Durch Verändern der Kavitations-Zahl bei festgehaltener Reynolds Zahl (Geschwindigkeit) können das Entstehen und Verschwinden der Dampfblasen, z.B. an Schiffsschrauben- oder Wasserturbinenmodellen, leicht verfolgt und dabei Schubkräfte und Momente ausgemessen werden.

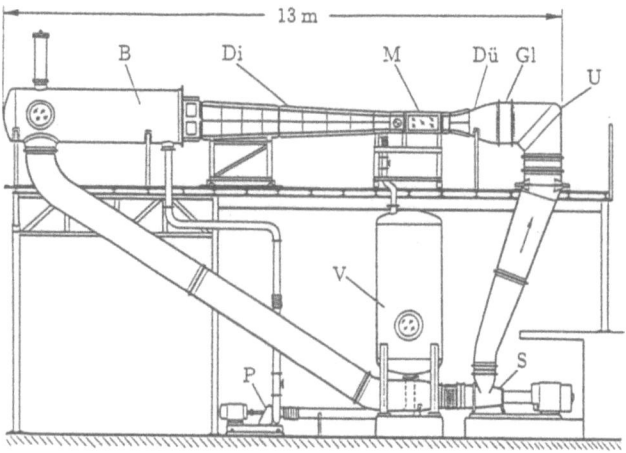

Bild 5.38: Kavitationskanal des Max-Planck-Instituts für Strömungsforschung in Göttingen. B: Behälter mit freier Wasseroberfläche, Di: Diffusor, M: Meßstrecke, Dü: Düse, Gl: Gleichrichter, U: Umlenkecken, S: Schraubenantrieb, P: Pumpe zum Leeren des Vorratsbehälters, V: Vorratsbehälter.

In der horizontalen Meßstrecke ändert sich der statische Druck und damit auch die Kavitations-Zahl mit der Ortshöhe. Um eine konstante Kavitations-Zahl zu erhalten, dürfte nicht in einer allseitig berandeten Meßstrecke gemessen werden, sondern es müßte ein Freistrahl, der durch einen Raum konstanten statischen Druckes geführt wird, benutzt werden. Reichardt (1945) bildete zu diesem Zwecke die Meßstrecke seines Kavitationskanals als Freistrahl, der zwischen zwei vertikalen Seitenwänden geführt wurde, aus.

Für den Aus- und Einbau von Modellen in der seitlich zu öffnenden Meßstrecke (Bild 5.38) kann ein Teil des im Umlauf befindlichen Wassers im Vorratsbehälter (V) aufgefangen und nach Abschluß der Umbauarbeiten mit Hilfe der Pumpe (P) wieder in den Kanal zurücktransportiert werden. Sehr leicht entsteht Kavitation in den großen Wirbeln, die von den Schiffspropellerflügeln, Naben oder den Schaufelenden schnellaufender Wasserturbinen ausgehen. Eine geringe Blasenbildung ist manchmal sogar gewünscht, da sie zu einer Widerstandsverminderung führen kann. Starke Kavitation vergrößert fast immer die Verluste, verschlechtert den Wirkungsgrad und verkleinert die übertragene Energie. Hinzu kommt noch das schon erwähnte Anfressen der umströmten Oberflächen beim Zusammenfallen der Blasen. Die Dampfblasenbildung an einem angetriebenen Propeller zeigt Bild 5.39 im Modellversuch. Es ist eine Blasenausscheidung auf der Saugseite etwa von der Mitte bis zur Hinterkante des Propellerprofiles zu erkennen.

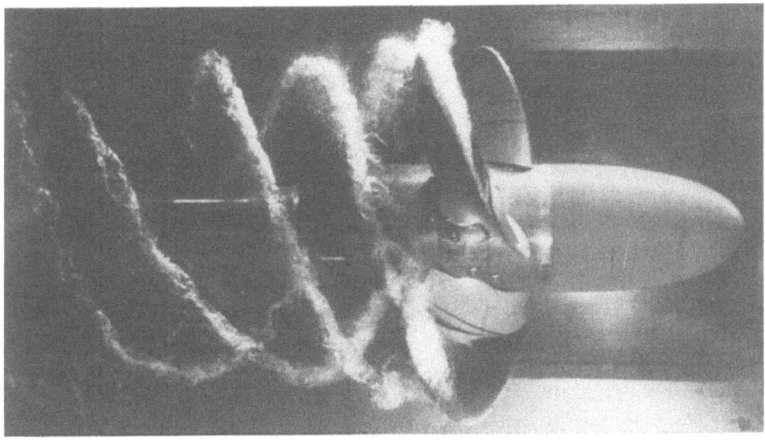

Bild 5.39: Kavitation an einem angetriebenen Schiffspropeller im Modellversuch (Hamburgische Schiffsbau-Versuchsanstalt GmbH)

5.4.3 Schlepptank

Wenn ein Körper nur teilweise in eine Flüssigkeit eintaucht und sich wie z.b. ein Schiff auf der Oberfläche bewegt, werden eine Bug- und eine Heckwelle erzeugt. Ein Antrieb muß dann nicht nur die Energie für die Überwindung des Reibungswiderstands, sondern auch die Energie zur Erzeugung von Bug- und Heckwelle aufbringen. Der zweite Anteil wird auch als Wellenwiderstand bezeichnet und kann nicht direkt, sondern nur zusammen mit dem Reibungswiderstand gemessen werden. Er wird dadurch erhalten, daß vom gemessenen Gesamtwiderstand der z.b. durch Rechnung ermittelte Reibungswiderstand abgezogen wird. Während der Reibungswiderstand eine Funktion der Reynolds Zahl

$$\mathrm{Re} = \frac{U\,\ell}{\nu} \tag{5.1}$$

ist, hängt der Wellenwiderstand von der Froude Zahl

$$\mathrm{Fr} = \frac{U}{\sqrt{g\ell}} \tag{5.4}$$

ab. In beiden Gleichungen bezeichnet U die Geschwindigkeit und ℓ die Länge des Schiffes. Wie man leicht sieht, können beide Kennzahlen nicht gleichzeitig erfüllt werden. Die Ausbreitungsgeschwindigkeit c der Bug- und der Heckwelle beträgt in tiefem Wasser

$$c = \sqrt{\frac{g\lambda}{2\pi}} \tag{5.80}$$

und ist, wie man aus Experimenten weiß, gleich der Schiffsgeschwindigkeit U. Aus Gl. (5.80) und Gl. (5.4) ergibt sich dann

$$\mathrm{Fr} \approx 0{,}4\sqrt{\frac{\lambda}{\ell}}, \tag{5.81}$$

ein fester Zusammenhang zwischen der Froude Zahl, der Schiffslänge ℓ und der durch das Schiff erzeugten Bug- und Heckwellenlänge λ.

Widerstandsmessungen an Schiffen werden in großen Flüssigkeitsbehältern durch Schleppen der Modelle in ruhendem Wasser ausgeführt. Dabei wird die Froude Zahl von Modell und Großausführung konstant gehalten. Um sich von der Größe der Abmessungen eines solchen Behälters eine Vorstellung zu verschaffen, seien hier die technischen Daten des großen Schlepptanks den Hamburgischen Schiffbau-Versuchsanstalt GmbH genannt: 300 m lang, 18 m breit und 6 m tief. Modelle mit einer Länge l von bis zu 12 m werden an einem den Tank überspannenden Schleppwagen befestigt und mit Geschwindigkeiten von bis zu 8 m/s durch ruhiges Wasser (Bild 5.40) oder durch künstlich erzeugte Wellen gezogen.

Bild 5.40: Am Schleppwagen geführtes Modell im großen Schlepptank der Hamburgischen Schiffbau-Versuchsanstalt GmbH

Schlepptanks oder Schleppkanäle werden auch für Untersuchungen, die einen besonders kleinen Turbulenzgrad der Anströmung erfordern, eingesetzt. Man denke an die Untersuchung des natürlichen Umschlages laminar-turbulent in einer Grenzschicht. Durch Schleppen eines Modells durch ruhendes Wasser kann eine Strömung mit minimalen Störungen realisiert werden. Auch gute Wind- oder Wasserkanäle besitzen in der Meßstrecke immer noch Reststörungen, die durch den Antrieb, die Umlenkecken, den Gleichrichter und die Siebe hervorgerufen werden und die in einem ruhenden Fluid nicht vorhanden sind.

Bild 5.41 zeigt den großen Wasserschleppkanal der DLR in Göttingen, der eine Länge von 18 m und einen Querschnitt von 1,1 m × 1,1 m besitzt. Die Modelle sind an einem

Schleppwagen (S) befestigt, der mittels eines Zugseils (Z) über eine sehr genau ausgerichtete Laufschiene auf der Oberseite des Kanals mit Geschwindigkeiten bis zu 5 m/s bewegt werden kann. Wegen der begrenzten Kanallänge sind nur intermittierende Messungen möglich. Vor jeder neuen Messung wird das Modell wieder in die Ausgangsposition zurückgebracht. Es muß darum so lange gewartet werden, bis sich das Wasser wieder beruhigt hat, also alle Störungen im Kanal abgeklungen sind. Hierfür sind im allgemeinen 30 Minuten erforderlich. Zur Strömungssichtbarmachung eignen sich besonders die Wasserstoffbläschenmethode (Kap. 4.2.5) oder Anstrichbilder (Kap. 4.2.6), da dem Wasser keine Fremdkörper zugeführt werden müssen, die sich später entweder am Boden des Kanals wiederfinden oder mit der Zeit das Wasser undurchsichtig machen würden.

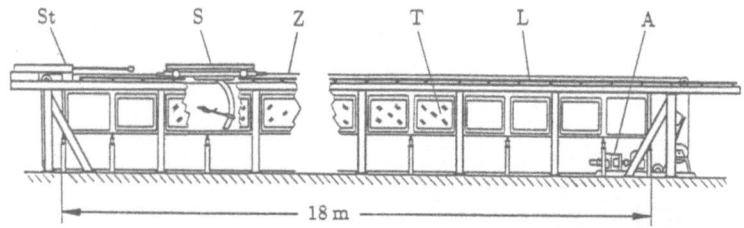

Bild 5.41: Großer Wasserschleppkanal der DLR in Göttingen. T: Wassertank, S: Schleppwagen mit Modell, Z: Zugseil, St: Stoppeinrichtung für Schleppwagen, L: Laufschiene, A: Antrieb.

5.4.4 Strömungskanäle für spezielle Aufgaben

Für spezielle Aufgabestellungen kann es vorteilhaft oder vielfach auch notwendig sein, das Arbeitsfluid Wasser durch eine Flüssigkeit mit einer anderen kinematischen Zähigkeit ν, Temperaturleitfähigkeit k, Dichte ρ oder einem anderen Brechungsindex n zu ersetzen. So lassen sich mit Glyzerin, Glyzerin-Wasser-Gemischen oder mit Öl wegen der großen kinematischen Zähigkeit auch bei nicht allzu kleinen Abmessungen l und Geschwindigkeiten U leicht kleine Reynolds Zahlen $Re = Ul/\nu$ und große Prandtl Zahlen $Pr = \nu/k$ realisieren. Durch Verwenden flüssiger Metalle wie Natrium oder Quecksilber mit einer hohen Temperaturleitfähigkeit können dagegen kleine Prandtl Zahlen erhalten werden. Um auch bei visuellen Untersuchungen durch gekrümmte Oberflächen (Rohren) einen verzerrungsfreien Zugang zur Strömung zu erhalten, bieten sich Arbeitsfluide an, die, wie z.B. Trichloräthylen, einen ähnlichen Brechungsindex wie Glas besitzen (vergl. hierzu Abschnitt 4.4). Ferner kann die Verwendung einer photochromatischen Substanz, die reversibel ihre Farbe ändern kann (Abschnitt 4.3), als Arbeitsfluid bei Strömungssichtbarmachungen geeigneter als Wasser oder Luft sein.

5.4 Wasserkanäle

Auch eine Anpassung des Strömungskanals an das Problem kann Vorteile bringen und die Meßgenauigkeit erhöhen. Als Beispiel hierfür sei der in Bild 5.42 dargestellte Ölkanal genannt, der 1954 von Reichardt im Max-Planck-Institut für Strömungsforschung zur Untersuchung wandnaher Schichten in einer ausgebildeten turbulenten Kanalströmung gebaut und später von Eckelmann (1970) benutzt und beschrieben wurde. Da dieser Kanal nicht zur Erzeugung einer möglichst turbulenzarmen, sondern einer im Mittel nicht mehr von der Zuströmung und damit auch nicht von der Lauflänge abhängigen turbulenten Strömung gebaut wurde, besitzt dieser Kanal auch nicht die sonst üblichen Teile wie Düse, Vorkammer und Diffusor, sondern lediglich außer der Kapselpumpe (K) und der Umlenkecke (U) einen Gleichrichter (Gl) und ein Sieb (S) zur Vergleichmäßigung der Strömung in der Meßstrecke.

Der Kanal befindet sich in einem 8,5 m langen, 1 m hohen und 0,5 m weiten, oben offenen Stahltank, der durch eine Trennwand in einen Vor- und einen Rücklauf geteilt wird. Der Tank ist bis zu einer Höhe von 0,85 m mit Öl gefüllt. Gemessen wird etwa 7 m von der Umlenkecke entfernt, kurz vor dem Einlauf zur Pumpe. Hier ist die Strömung, wie auch im übrigen Kanal, nach einer kurzen Anlaufzeit turbulent. Bei einer mittleren Geschwindigkeit in Kanalmitte von 20 cm/s und einem Öl mit einer kinematischen Zähigkeit von $6 \cdot 10^{-2}$ cm²/s wird eine auf die Kanalweite von 22 cm bezogene Reynolds Zahl von 7.300 erreicht. Bei dieser Reynolds Zahl beträgt die Stärke der viskosen Unterschicht, also der Wandabstand bis zu dem die Geschwindigkeit noch linear mit dem

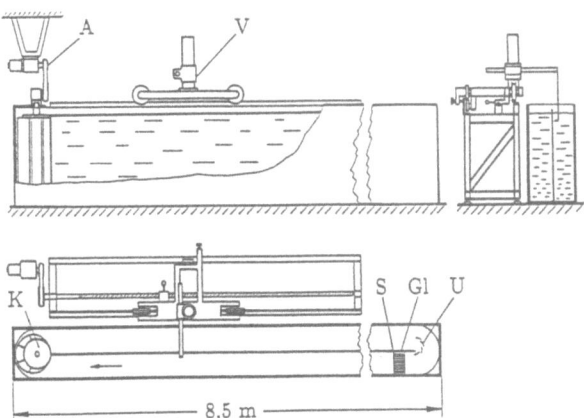

Bild 5.42: Ölkanal des Max-Planck-Instituts für Strömungsforschung in Göttingen. A: Antriebsmotor, K: Kapselpumpe, V: Verschiebeeinrichtung zur Sondenkalibrierung, S: Sieb, Gl: Gleichrichter, U: Umlenkecke

Wandabstand zunimmt, etwa 3 mm. Die viskose Unterschicht ist bei praktisch vorkommenden Strömungen so dünn, daß sie vielfach in der Größenordnung der Wandrauhigkeit liegt und damit für Messungen nicht zugänglich ist. Durch Arbeiten bei kleinen Geschwindigkeiten und Verwenden von Öl als Arbeitsfluid kann diese Schicht stark vergrößert und damit Messungen zugänglich gemacht werden.

Wegen der relativ kleinen Strömungsgeschwindigkeiten können in diesem Kanal keine Prandtl- oder Pitot Rohre (vergl. Unterkapitel 1.1.3.3) benutzt werden, da die hier vorkommenden Drucke mit diesen Geräten nicht mehr genau genug gemessen werden können. Für Geschwindigkeitsmessungen ist hier die Heißfilm-Anemometrie (vergl. Abschnitt 2.3) oder die Laser-Doppler-Anomonetrie (vergl. Abschnitt 3.1) besser geeignet. Die in Bild 5.42 neben dem Öltank abgebildete Verschiebeeinrichtung (V) dient bei Heißfilmmessungen zur Sondenkalibrierung. Hierbei werden die Sonden bei ausgeschaltetem Kanal mit vorgebbarer Geschwindigkeit durch das ruhende Öl geschleppt.

Da im abgebildeten Ölkanal eine ausgebildete turbulente Kanalströmung bei einer relativ kleinen Reynolds Zahl realisiert wird, werden großräumige Turbulenzstrukturen erhalten, die einer Messung gut zugänglich sind. Dieser Vorteil muß aber durch eine stark verlängerte Meßzeit erkauft werden, da dann auch die in der Strömung ablaufenden Vorgänge stark zeitlich gedehnt werden. Im gezeigten Ölkanal liegen bei der benutzten Geschwindigkeit von 20 cm/s in Kanalmitte die Meßzeiten für statistisch abgesicherte Mittelwerte in der Größenordnung einer halben Stunde.

5.5 Schrifttum

Becker, E.	Gasdynamik, Teubner Stuttgart 1966
Bradshaw, P.	Wind tunnel screens: flow instability and its effect on aerofoil boundary layers, J. R. Aeron. Soc. **68** (1964) 198
Bradshaw, P. Pankhurst, R.C.	The design of low-speed wind tunnels, NPL AERO rep. 1039 (1962)
Brede, M. Ohle, F. Eckelmann, H.	Verfahren zur Optimierung von Düsenkonturen, Z. angew. Math.Mech. **73** (1993) T491–T493
Collar, A.R.	The effect of a gauze on the velocity distribution in a uniform duct, NPL rep and memor. 1867 (1939)
Eckelmann, H.	Messung der Windkanalturbulenz nach der Hitzdrahtmethode und Beseitigung von Windkanalschwingungen, Deutsche Luft und Raumfahrt FB 70-39 (1970)
Eckelmann, H.	Experimentelle Untersuchung in einer turbulenten Kanalströmung mit starken viskosen Wandschichten. Mitteilungen aus dem Max-Planck-Institut für Strömungsforschung und der Aerodynamischen Versuchsanstalt Nr. 48, Göttingen (1970)
Fey, U.	Aufbau einer Versuchsanlage zur Strömungssichtbarmachung und experimentelle Untersuchung der Nachlauftransition beim Kreiszylinder. Diplomarbeit, Institut für Angewandte Mechanik und Strömungsphysik der Universität Göttingen, 1994
Heddergott, A. Wedemeyer, E.	Some new test results in the adaptive rubber test section of the DFVLR Göttingen, ICAS-88-3.8.1, 1172–1180 (1988)
Kastrinakis, E.G. Eckelmann, H.	Measurement of streamwise vorticity fluctuations in a turbulent channel flow, J. Fluid Mech. **137** (1983) 165–186
Laws, E.M. Livesey, J.L.	Flow through screens, Ann. Rev. Fluid Mech. **10** (1978) 247–266

Lumley, J.L. McMahon, J.F.	Reducing water tunnel turbulence by means of a honeycomb. Trans. ASME Series D **89** (1967) 764-770
Mokhtari, S. Bradshaw, P.	Longitudinal vortices in wind tunnel wall boundary layers, Paper 1097, Aeron. J., June/July (1983) 233-236
Ludwieg, H.	Der Rohrwindkanal, Z. Flugwiss. **3** (1955) 206-216
Ludwieg, H. Hottner, Th.	Die Überschall-Meßstrecke (710 mm x 725 mm) des Hochgeschwindigkeitswindkanals der AVA, Z. Flugwiss. **11** (1963) 137-142
Prandtl, L.	Herstellung einwandfreier Luftströme (Windkanäle), Handbuch der Experimentalphysik Bd. IV, 2 (1932) 65-106
Reichardt, H.	Über Kavitationsanlagen für kleine Kavitations Zahlen, Deutsche Luftfahrtforschung UM 6620 (1945)
Schewe, G.	Nonlinear flow-induced resonances of an H-shaped section, J. Fluids and Structures **3** (1989) 327-348
Seiferth, R.	Vorausberechnung und Beseitigung der Schwingungen von Freistrahlwindkanälen, Monographie Fortschritte Deutsche Luftfahrtforschung AVA Göttingen 1946
Wieghardt, K.	Theoretische Strömungslehre, Teubner Stuttgart (1965)
Zierep, J.	Vorlesungen über theoretische Gasdynamik, Braun, Karlsruhe (1963)

5.5.1 Nicht im Text genanntes Schrifttum

Albring, W.	Angewandte Strömungslehre, Steinkopff, Dresden 1970
Prandtl, L. Oswatitsch, K. Wieghardt, K.	Führer durch die Strömungslehre, 8. Auflage, Vieweg, Braunschweig 1984
Wuest, W.	Strömungsmeßtechnik, Vieweg, Braunschweig 1969

Namensverzeichnis

Adrian, R.J. 179, 185, 191, 195
Alati, L. 222
Barker, M. 28
Basler, D. 222
Bechert, D.W. 63, 64
Becker, E. 322
Bippes, H. 256, 265
Böttcher, J. 272
Bogar, T.J. 111
Bradbury, L.J.S. 77
Bradshaw, P. 204, 205, 208, 210, 284, 290, 292
Brayton, D.B. 157
Brede, M. 181, 188, 191, 292
Brodkey, R.S. 273
Bryant, C.N. 37
Castro, I.P. 77, 125
Champagne, F.H. 106
Cimbala, J.M. 249
Clutter, D.W. 265
Collar, A.R. 290
Corke, T. 252
Corino, E.R. 273
Cummins, H.Z. 142
DANTEC 171
Debrus, S. 196, 217
Dianat, M. 125
Didden, N. 263
Dimaczek, G. 269
Dracos, Th. 197
Dragnysh, G.L. 39
Drubka, R. 252
Dussauge, J.P. 102
Dvorak, V. 202
Eckelmann, H. 76, 78, 111, 113, 115, 174, 292, 295, 296, 297, 299, 339

Eh, C. 269
Einstein, A. 245, 249
Eisenlohr, H. 78, 253
Engler, R.H. 224, 225
Fage, A. 30
Falco, R.E. 251
Fernholz, H.H. 269
Fey, U. 78, 331
Françon, M. 196, 217
Franklin, R.E. 24
Geller, E.W. 265
George, W.K. 166
Gerich, D. 252
Gersten, K. 240
Goldstein, S. 30
Graefe, V. 267
Grigul, V. 217
Grover, C.P. 196
Gruschka, H.D. 114
Haertig, J. 244
Hama, F.R. 235, 248
Hanratty, T.J. 121, 125
Head, M.R. 254
Heddergott, A. 312
Heinemann, H.-J. 208
Henry, J. 265
Herbeck, M. 107
Hjelmfelt, A.T. 243, 259, 266
Hiller, W. 213, 218, 270
Hinze, J.O. 94
v.d. Hoeven, J.G.Th. 64
Hofbauer, M. 116, 259
Hoff, M. 116
Hoppe, G. 63, 64
Hottner, Th. 310
Hummel, R.L. 272

Johnson, F.D. 111
Johnson, G. 272
Karabales, A.J. 125
Kastrinakis, E.G. 113, 299
Keane, R.D. 185
Kinder, W. 212, 215
King, L.V. 81
Klein, C. 224, 225
Kline, S.J. 265
Koch, St. 270
König, M. 78
Köpf, U. 196
Koga, D. 252
Kogelnik, H. 154, 155
Konstantinov, N.L. 38
Kovasznay, L.S.G. 93, 102
Kowalewski, T.A. 270
Landreth, C.C. 191
Lawaczeck, O. 208
Laws, E.M. 290
Li, T. 154
Littell, A. 265
Livesey, J.L. 290
Ludwieg, H. 117, 310, 326
Lumley, J.L. 331
Maas, J.N. 30
Mach, L. 211
MacMillan, F.A. 30
Mahns, R. 64
Malik, N.A. 197
Marschall, E. 272
Marshall, D. 37
May, M. 196
McLaughlin, D.K. 166
McMahon, J.F. 331
Meier, G.E.A. 213

Merzkirch, W. 196, 199, 200
Mie, G. 160
Minkwitz, G. 154
Mitchell, J.E. 121
Mizushima, T. 124
Mockros, L.F. 243, 259, 266
Mokhtari, S. 292
Morkovin, M.V. 102
Nagib, H.M. 249, 252
Nomarski, G. 217
Ohle, F. 292
Pankhurst, R.C. 284
Papantoniou, D.A. 197
Patel, V.C. 38
Pitot, H. 22
Pohl, R.W. 199
Popovich, A.T. 272
Powell, R.L. 219
Prandtl, L. 231, 259, 289
Prasad, A.K. 195
Preston, J.H. 37, 38
Py, B. 124
Quast, A. 258
Raffel, M. 185
Rechenberg, I. 38
Reichardt, H. 335
Reif, E.-W. 63
Reynolds, O. 231
Rheinberg, J. 208
Roblin, M.L. 196
Rosemann, H. 113
Roshko, A. 78, 249
Rottenkolber, H. 217
Rundstadler, P.W. jr. 265
Saffman, P.G. 246
Schäfer, M. 219, 220
Schewe, G. 134, 136, 137, 299

Schodl, R. 177
Schöler, H. 270
Schraub, F.A. 265
Seiferth, R. 296
Settles, G.S. 209
Sleicher, C.A. 106
Smith, A.M.O. 265
Stainback, P.C. 102
Stanton, T.E. 37
Stetson, K.A. 219
Stokes, G.G. 28
Thiele, B. 174
Thompson, D.H. 177
Tiederman, W.G. 166
Tietjens, O. 231, 259
Toepler, A. 206
Tropea, C. 269
Truckenbrodt, E. 45
da Vinci, L. 231
Vogt, A. 187, 190
Vollan, A. 222
Walker, R.E. 76
Wallace, J.M. 24
Wedemeier, E. 302
Wehrmann, O.H. 106
Werlé, H. 261
Wernekinck, U. 196
Westenberg, A.A. 76
Weyl, F.J. 200
Wieghardt, K. 13, 20, 51, 293
Williamson, C.H.K. 262
Willmarth, W.W. 111
Wortmann, F.X. 264, 265
Wuest, W. 76
Yeh, Y. 142
Young, A.D. 30
Zehnder, L. 211

Zenneck, J. 265
Zierep, J. 322

Sachverzeichnis

A

Abtastflecken 186
Adiabatengleichung 18
Ähnlichkeit
- dynamische 278
- geometrische 278
- sgesetze 278 f
Aluminiumpulver 259
Anemometer
-, Flügelrad 76
-, Heißfilm 79 f
-, Hitzdraht 79 f
-, konstant Strom 83 f
-, konstant Temperatur 83, 93
-, Laser-Doppler- 142 f
-, - -, Differentialmethode 148
-, - -, Kreuzstrahlmethode 148
-, - -, Referenzstrahlmethode 145
-, - Zwei-Fokus 177
-, Pulsdraht 76, 83
-, Schalenkreuz 74
An-stellwinkel 58
- strichbilder 256 f, 267 f
Auf-fangtrichter 284 f, 295
- triebskraft 56

B

Bahnlinie 233
Bärlappsamen 259
Bandgitter 208
Barker Effekt 27
Barometer 53
Basset Integral 243, 259
BBO-Gleichung 242
Bernoulli Gleichung 13 f, 303
Betz Manometer 51, 53
- -, Luftbedarf 52
- -, Einstellzeit 52
bias Korrektur 165 f
Bildverschiebung 183 f
bleeding probe 74
Bourdon Manometer 54

Bragg Zelle 153, 169
Brechungsindexanpassung 273
Brownsche Bewegung 245, 259
burst 161

C

Chattok Manometer 49
Conrad Sonde 34 f
counter processor 164

D

Dehnung 59
- smeßstreifen 59
- - waage 59
Differential-interferometer 217 f
- methode 146 f
Diffusor 284
-, Überschall 309
-, Unterschall 287
- wirkungsgrad 287
Doppler-burst 161
- effekt 126, 143
- frequenz 145, 147
- methode 126
- signal 159 f
- -, Modulationstiefe 161
- - verbreiterung 162 f
Düse 284, 302
- nkontraktion 291
-, Überschall 306
-, Unterschall 291
Durchflußmessung 39 f, 130 f
Dreh-spiegel 251
- momentmessung 56, 60
Druck 11
-, absoluter 50
- anbohrung 16
-, dynamischer 15
- einheiten 12
-, kinetischer 19
- koeffizient 28
- meßsonden 22 f, 32 f
- messung 11 f
- -, optische 221
- -, Zähigkeitseinfluß 27
-, statischer 15

– speicherkanal 283
– waage 73
– wandler, schneller 69 f
– widerstand 62
dynamische Ähnlichkeit 278
– s Mikrophon 70

E

Effektivwerte der Schwankungsgeschwindigkeiten 104, 110, 164, 167, 177, 178, 290, 294

Eiffelkanal 285, 298

Einsteinsche Beziehung 249

elektro-chemische Methode 123 f
– dynamischer Druckgeber 70

Euler - Gleichung 13
– Lagangesche - Differentialgleichung 200

Expansions-fächer 321
– wellenkanal 327

F

Faden-gitter 240
– sonde 239, 258

Farb-e 261
– schlieren 208

Federmanometer 54

FFT-Analysator 164

Ficksches Gesetz 117, 248

Fingersonde 33

Fischmaulsonde 28, 35, 81

Flatnessfaktor 101

Flächenträgheitsmoment 60

Fluid-geschwindigkeit 11, 32
– –, Bestimmung der 17
–, inkompressibles 15
–, kompressibles 19

Flügelradanemometer 76

Flüssig-keitsmanometer 43
– kristalle 269

Fourierprozessor 187

Fotochromatische Substanz 270

Frequenz-Tracker 167
– Verschiebung 153

Froude Zahl 280, 282

G

Ganzfeldvelozimetrie 178 f

Gangunterschied 199, 202

Gasbläschen 260

Gaußsche Lichtstrahlen 159

geometrische Ähnlichkeit 278

Gesamtdruck 15
– sonde 22

Geschwindigkeits-feldmessung
– –, dreidimensionale 191 f
– –, zweidimensionale 182 f
– messung 145, 147
– – (Betrag) 22, 93, 96, 150
– – (Richtung) 33, 34, 103
– – (Schwankung) 83, 90, 93, 106, 171, 176, 178
– – (Vorzeichen) 151
– – in kompressibler Strömung 101

Giermoment 56

Gladstone-Dale-Beziehung 199

Gleichrichter 284, 331

Göttinger Bauart 284

Gradientensonde 33

Grashof Zahl 281

Grenz-flächenspannung 44
– schicht 24, 35, 117
– – ablösung 287
– –, Geschwindigkeitsmessung in der 28
– – zaun 37

H

Hagen-Poisenilleshes Gesetz 52

Hebel-manometer 49
– waage 57

Heiß-draht 255
– film 79 (siehe auch Hitzdraht)
– – anemometrie 79 f
– – messungen in Flüssigkeiten 113 f
– – sensor - zeitkonstante 88
– – – temperaturverteilung 105
– – – zur Wandschubspannungsmessung 119
– – sonde 80, 111

Heliumseifenblasen 255

Hitzdraht 79
- anemometrie 79 f
- in der Wirbelstraße 77
-, Messung von Geschwindigkeitsschwankungen 90, 106
-, Messung von Temperaturschwankungen 92
- messungen in Flüssigkeiten 113 f
- sensor - empfindlichkeit
  für Geschwindigkeitsschwankungen 88, 94, 101
  für Temperaturschwankungen 92, 101
  für Dichteschwankungen 101
- - ersatzschaltung 88
- - frequenzgang 89, 94
- - temperatur 82
- - - verteilung 105
- - Widerstand 82
- -, Richtungsempfindlichkeit 103 f
- - Zeitkonstante 88
- - - nkompensation 89, 94, 96
- sonde 80
- -, Erzeugung einer Konvektionsströmung 97
Hoch-druckkanal 299
- enthalpiekanal 325
Höhenglied 16
holographisches Interferometer 219 f
Hookesches Gesetz 59
Hygoniot Gleichung 306
hypersonischer Windkanal 307, 317 f
- -, heißer 317
- -, kalter 317

I

Infrarotfotographie 257
Inter-ferenz-verfahren 202, 211
- - streifen 150, 212, 221
- - - abstand 157
- - - bewegung 151
- - -, Intensitätsverleihung 150
- - - modell 148
- ferometer 217 f, 219 f, 211 f
- rogation spot 186
Intensitäts-änderung
- - beim Schattenverfahren 204
- - beim Schlierenverfahren 207
- - verteilung von Streulicht 160
image shifting 183 f
Impulsdiffusion 248

J

Jod-Stärke-Methode 257

K

Kanalströmung 36
kapazitiver Druckgeber 71
Kapillar-druck 45
- kraft 279
Kapselfeder Manometer 54
Kavitation 31, 332 f
- skanal 332
- s-Zahl 31
Kegelsonde 33
Keilsonde 33, 80, 116
Kennzahlen 279 f
Knudsen Zahl 280
Kompressi-bilität einer teilchenbeladenen Strömung 247
-ons-kraft 279
- - welle 322
Kondensatormikrophon 71
Konstant-Strom-Anemometer 83 f
- - -, Messung von Geschwindigkeitsschwankungen mit 83 f
- - -, Messung von Temperaturschwankungen mit 92 f
- Temperatur-Anemometer 83, 93 f
- - -, Messung von Geschwindigkeitsschwankungen mit 95 f
Kontaktfläche 321
Kontraktions-Zahl 41
- verhältnis einer Düse 291
Konzentrationsgrenzschicht 122
Koordinatensystem
- modellfestes 56
- windkanalfestes 56
Kraftmessung 56, 134 f
-, instationäre 134 f
Kreuz-sonde 107
- strahlmethode 146 f
Kristallmekrophon 71
kritische-s Druckverhältnis 304
- Geschwindigkeit 306

Sachverzeichnis

Kühlgeschwindigkeit beim Hitzdraht 104, 107 f
Kugelsonde 33 f

L

laminar-turbulenter Übergang (Sichtbarmachung) 257 f
Laser-lichtschnittverfahren 250
– Doppler-Anemometer 142 f
– – –, Beleuchtungsquelle 168
– – –, Differentialmethode 146
– – –, Kreuzstrahlmethode 146
– – –, prinzipieller Aufbau 168
– – –, Referenzstrahlmethode 143
– – –, Mehrkomponentenmessungen 171
– – –, – in Flüssigkeiten 173
– – –, – mit nur einem Modul 175
– Speckle – Velocimetry 179, 180, 195 f
– – Photographie 196
– Zwei-Fokus-Anemometer 177
Laufzeitmethode 76, 125, 126, 129

Laval Druckverhältnis 304
– Düse 305, 308
– Geschwindigkeit 305, 307

Leistungsfaktor eines Windkanals 284, 298

Linearisierung von Heißfilm- und Hitzdrahtsignalen 99 f, 110

Lykopodium 259

M

Mach-Zahl 18, 280
– Zehnder-Interferometer 211 f

Manometer 43 f
–, Betz 51, 53
–, Bourdon 54
–, Chattok 48
–, Feder 54
–, Flüssigkeits 43
–, Hebel 49
–, Membran 32
–, Mikro 43
–, Prandtl 50
–, Röhrenfeder 54
– Schrägrohr 48
–, U-Rohr 44

Massen-fluß 82
– stromdichte 117
– –, Zusammenhang von Wandschubspannung und 121

Maßsystem 11
–, physikalisches 11
–, technisches 11
–, SI 12

Mehr – Komponentenmessung der Geschwindigkeit
– – mit Hitzdraht oder Heißfilm 107 f
– – mit Laser-Doppler-Anemometer 170 f
– – – in Flüssigkeiten 173
– lochsonde 34
– sensorsonde 112 f

Meniskus 44

Meß-blende 39
– düse 39
– fehler bei statischer Druckmessung 17
– – bei Hitzdrahtmessungen 104, 109, 112
– plattform 135
– strecke 284, 293, 311
– –, adaptive 312
– volumen 153, 156 f, 160, 171
– – effektives 173
– – in Flüssigkeit 158 f

Mie Streuung 160

Mikro-phon 70 f
– manometer 43 f

Mittlungsfehler 29

Modell-gesetze 278
– untersuchung 281 f

N

Nickmoment 56

Niedergeschwindigkeitswindkanal 284

Null-instrument 49
– methode 58

Nußelt Zahl 280

O

Oberflächenzaun 38
Ölkanal 339

P

Particle-Image-Velocimetry 179, 181 f
- Tracking-Velocimetry 181, 197 f

Pedestal 161, 164

Piezoelektrischer Druckgeber 71

Pitot Rohr 22 f, 35, 81
- - Meßfehler 27
- - - Position im Scherfeld 30

Prandtl-Manometer 50
- Rohr 25 f, 82
- - Meßfehler 27
- - - , Einfluß der Kavitation 31
- - - , Einfluß der Mach-Zahl 31
- scher Windkanal 284
- Zahl 280

Preston Rohr 38

Pulsdrahtanemometrie 76, 125

R

Raumfrequenzfilter 188

Rayleigh Zahl 281

Recoverytemperatur 101

Referenzstrahlmethode 143, 145

Reibungs-kraft 279
- widerstand 35, 62
- - , Messung des 62

Reynolds Zahl 279, 281
- - , maximale (Re_{max}) 298

Richtungs-empfindlichkeit
- - Pitot-Rohr 22
- - Prandtl Rohr 27
- feld der Geschwindigkeit 233
- sonde 33, 34

Rauch-methode 241, 248 f
- diffusion 248 f
- draht 251 f
- linien 254

Rochon Prisma 177

Rohr-strömung 36
- windkanal 326 f

Rollmoment 56
- waage 62

Rückwärtsstreuung 170, 173

Ruhetemperatur 317

S

Schalenkreuzanemometer 74

Schall-druck 69
- pegel 69

Schattenverfahren 200, 202

Schiebewinkel 58

Schlepp-kanal 337
- tank 336

Schlieren-kante 206, 208
- verfahren 196 f, 200, 205 f, 217

Schmidt Zahl 280

Schneidensonde 37

Schnitt-volumen 153, 156 f, 160, 171
- - effektives 173
- - in Flüssigkeit 158 f
- winkelanpassung 169

Schrägdrahtsonde 107, 111 f

Schwankungsgeschwindigkeit 190
-, Messung der 83, 90, 93, 106, 171, 176, 178

Schweb-ekörperdurchflußmesser 42
-ungsfrequenz 145, 147

Schwerkraft 279

Sechskomponentenwaage 57, 59, 136

Seiferthflügel 296

Seitenkraft 56

Sersche Scheibe 24 f

SI-Einheiten 12

Sieb 284, 288, 331

Skewnessfaktor 110

Spannung
-, Druck 59
-, Zug 59

Speckle 179 f
- photographie 196

Sperrflüssigkeit 43 f
-, Schichten der 46

Spreizflügel 296

Stanton Rohr 37

statischer Druck 15
- - , Messung des 23 f

Staupunkt 16
-stromlinie 16

Stern-Vollmer-Gleichung 223
Stielwaage 58
Stoßwellen-kanal 324
- rohr 320

Strahl-ablenkung 199
- abstand 169
- aufweitung 156
- leistung (Windkanal) 297 f, 314
- taille 154
- verbreiterung in Flüssigkeit 159
- verschiebung 199, 201

Streichlinie 234

Streifen-abstand 157
- breite unendlich 215, 219, 221

Streu-licht
- -, Intensitätsverteilung 160, 169
- teilchen 161 f
- - für Luft 241 f
- - für Wasser 259 f
- - schlupf 244
- - sinkgeschwindigkeit 245
- - im Geschwindigkeitsgradienten 246
- - diffusion 248

Strömung
-, inkompressible 15
-, kompressible 17
- sgeschwindigkeit im Gas 17
- sgleichrichter 284, 288
- ssichtbarmachung 231
- - in Luft 239
- - in Wasser 258
- srichtung, Messung der 34
- - Sonden 32
-, stationäre 15, 17

Stromlinie 13, 233

Strouhal Zahl 132, 280, 282

T

Tellurmethode 262

Temperatur-Grenzschicht 118
- schwankungen, Messung von 83
- feld 270

Thermoimpulssonde 76

Toeplersches Schlierenverfahren 205 f

Totwinkelproblem 166

Trägheitskraft 279

transsonische-Strömung 300
-r Windkanal 300, 328

Turbulenz-grad-messung 98
- einfluß auf Druckmessung 29

turbulente Schubspannung 112, 175 f, 178

U

Überschall-Diffusor 309 f
- Düse 305 f
- strömung 20
- windkanal 302, 314

Ultraschall-Velozimetrie 126

Umlenkschaufeln 286

Unterschall-strömung 17
- windkanal 283, 300, 316

U-Rohr Manometer 44, 53
-, umgekehrtes 54
-, mit ungleichen Schenkeln 50

U-Sonde 107

V

Vakuumspeicherkanal 283, 315

Venturi Rohr 310 f

Ver-dichtungsstoß 20
- dünnungsfächer 321, 326
- stell-diffusor 316
- - düse 309, 310
- weilzeit eines Teilchens im Meßvolumen 165 f

Viersensor-Sonde 113

viskose Unterschicht 37, 117, 340

Vorwärtsstreuung 169

V-Sonde 107 f

W

Waagen 56 f, 134

Wandler 68
-, Druck 69
-, elektrodynamischer 68, 70
-, kapazitiver 71
-, passiver 68
-, piezoelektrischer 71
-, reversibler 68

Wand-anbohrung 24, 27
- schubspannung 35, 63, 116
- -, Messung der 36, 63,
  116 f, 120 f, 123 f, 125
- - sgeschwindigkeit 35
- stromlinienbild 233, 256, 269

Wärmestromdichte 117
-, Zusammenhang von Wandschubspannung und 117

Wasser-kanal 329 f
- stoffbasenmethode 265

Weber-Zahl 280, 282

Weißlichtinterferenz 214

Wellen-rohr Manometer 54
- widerstand 62, 336

Wheatstone Brücke 60, 83, 93

Widerstand
- skraft 56
- - waage 62, 63
- smoment 60

Wind-geschwindigkeitsmessung 74, 130
- kanal 283
- -, Eiffelscher Bauart 285
- -, Einteilung nach Mach-Zahl-
  Bereichen 283
- - festes Koordinatensystem 56
- -, Göttinger Bauart 284
- -, hypersonischer 307, 317 f
- -, Leistungsfaktor 284
- -, transsonischer 300, 328
- -, Überschall 302, 314
- -, Unterschall 316

Wollaston Prisma 217

X, Y

X-Sonde 107 f

Youngsche Streifen 188

Z

Zähigkeit einer teilchen-
beladenen Strömung 261

Zeitlinie 239, 264, 266, 272

Zirkulation 293

Zweiloch Sonde 33

Zylinder Sonde 33

TEUBNER-TASCHENBUCH der Mathematik

Das vorliegende »TEUBNER-TASCHEN-BUCH der Mathematik« ersetzt den bisherigen Band – Bronstein/Semendjajew, Taschenbuch der Mathematik –, der mit 25 Auflagen und mehr als 800.000 verkauften Exemplaren bei B. G. Teubner erschien.

In den letzten Jahren hat sich die Mathematik außerordentlich stürmisch entwickelt. Eine wesentliche Rolle spielt dabei der Einsatz immer leistungsfähigerer Computer. Ferner stellen die komplizierten Probleme der modernen Hochtechnologie an Ingenieure und Naturwissenschaftler sehr hohe mathematische Anforderungen.

Diesen aktuellen Entwicklungen trägt das »TEUBNER-TASCHENBUCH der Mathematik« umfassend Rechnung. Es vermittelt ein lebendiges und modernes Bild der heutigen Mathematik und erfüllt aktuell, umfassend und kompakt die Erwartungen, die an ein Nachschlagewerk für Ingenieure, Naturwissenschaftler, Informatiker und Mathematiker gestellt werden. Im Studium ist das »TEUBNER-TASCHENBUCH der Mathematik« ein Handbuch, das Studierende vom ersten Semester an begleitet; im Berufsleben wird es dem Praktiker ein unentbehrliches Nachschlagewerk sein.

Begründet von
I. N. Bronstein und
K. A. Semendjajew

Weitergeführt von
G. Grosche, V. Ziegler
und **D. Ziegler**

Herausgegeben von
Prof. Dr. **Eberhard Zeidler**
Leipzig

1996. XXVI, 1298 Seiten.
14,5 x 20 cm.
Geb. DM 59,–
ÖS 431,– / SFr 53,–
ISBN 3-8154-2001-6

Preisänderungen vorbehalten.

Aus dem Inhalt
Wichtige Formeln, graphische Darstellungen und Tabellen – Analysis – Algebra – Geometrie – Grundlagen der Mathematik – Variationsrechnung und Optimierung – Stochastik – Numerik

B. G. Teubner Stuttgart · Leipzig

MIX
Papier aus verantwortungsvollen Quellen
Paper from responsible sources
FSC® C105338

If you have any concerns about our products,
you can contact us on
ProductSafety@springernature.com

In case Publisher is established outside the EU,
the EU authorized representative is:
**Springer Nature Customer Service Center GmbH
Europaplatz 3, 69115 Heidelberg, Germany**

Printed by Libri Plureos GmbH
in Hamburg, Germany